高等学校工程热物理专业规划教材

热交换器原理与设计

（第 6 版）

史美中　王中铮　编著

东南大学出版社

·南京·

内 容 提 要

　　本书在热计算基本原理的基础上,以间壁式、混合式、蓄热式热交换器为主要对象,系统阐述其工作原理、传热计算、结构计算、流动阻力计算和设计程序,并对几种典型的高效间壁式热交换器做了集中介绍,最后又扼要地对试验研究方法、强化传热途径、优化设计和性能评价进行探讨。本书系统性强,文字简练,特色明显,并注意吸收最新进展。对书中所讨论的各种热交换器,均有较多插图和详尽的例题,有利于读者掌握所学知识,书后还有习题选编,供教学应用。

　　本书可用作为高等学校热能与动力工程、制冷与低温技术等专业的教材,也可供化工、供热通风与空调工程等专业师生以及设计、科研人员参考。

图书在版编目(CIP)数据

　　热交换器原理与设计/史美中,王中铮编著. — 6版. —南京:东南大学出版社,2018.5(2020.1重印)

　　ISBN 978-7-5641-7711-9

　　Ⅰ.①热… Ⅱ.①史… ②王… Ⅲ.①换热器—高等学校—教材 Ⅳ.①TK172

　　中国版本图书馆 CIP 数据核字(2018)第 069037 号

东南大学出版社出版发行
(南京市四牌楼 2 号　邮编 210096)
出版人:江建中
江苏省新华书店经销　　南京工大印务有限公司印刷
开本:787 mm×1092 mm　1/16　印张:20.25　字数:505 千字
2018 年 5 月第 6 版　2020 年 1 月第 3 次印刷
ISBN 978-7-5641-7711-9
印数:8001~13000 册　定价:49.80 元

前　言

　　本书初版是按原国家教委高等学校工程热物理专业教学指导委员会"八五"教材规划的要求而编写的，它自开始发行以来，一直受到各兄弟院校师生和广大读者的欢迎。在历次改版过程中，我们注重突出重点、减少篇幅、精简内容、便于自学等要求，不断对书中内容进行修改和补充，做到与时俱进，力求反映新近进展，适应我国教育和科技事业的飞速发展。

　　编写本书的初衷在于希望读者通过阅读本书，能够对热交换器的基本概念、基本原理和设计的基本思路、基本方法等有一个较全面的了解，并能在此基础上进行热交换器的工程设计、改进和创新。因而，在内容的阐述上着重以原理为基础，并注意对问题的分析；在设计方法上，以满足流动和传热为条件，进行自行设计，而不完全采用工程上的选型方法；在取材上，不仅有原理与设计，还包括试验研究、强化技术和性能的评价；在热交换器的类型上，则在全面介绍各种类型热交换器的同时，以常用热交换器作为重点论述的对象。

　　按照这样的思路，本书内容的组织是在介绍热交换器热计算基本原理（第 1 章）的基础上，全面地阐述管壳式（第 2 章）、混合式（第 4 章）、蓄热式（第 5 章）等三种主要类型的热交换器；对螺旋板式、板式、板翅式、翅片管式、热管式以及蒸发冷却器等，则作为高效间壁式热交换器，以单独一章（第 3 章）做了比较详细的讲述；对高温、低温领域使用的热交换器则作为第 2 章中的一节；对共性的问题，例如性能试验、结垢腐蚀、传热性能评价和优化问题等，则集中在第 6 章中作一些探讨。

　　此外，本书还增加了一种尚处于不够成熟阶段但却代表了一个发展方向的微型热交换器；并对近期竞相开发、有着长足发展的板壳式热交换器做了基本的阐述。这些内容虽然只是一个梗概，但对读者扩大视野、开阔思路颇有裨益。

　　所以，本书内容所涵盖的面是相当广泛的，它兼有常温、低温、高温领域中所使用的热交换器，它的读者对象可以是动力工程、热能利用、化工、冶金、供热通风、制冷空调等专业的师生以及设计、科研人员，还可供建筑设计、给水处理等专业人员参考和选读，因而它有着适用面广的优势，且系统性强，文字简练，特色明显。本书从 1989 年第 1 版至今历时近 30 年，多次再版，并在专家、学者们的论文与著作中被引用，这也从一个侧面反映出本书受到社会的认可，也给予我们编写第 6 版的正能量。在此，我们要向本书各版审稿的同仁们和曾为本书指出过问题的同志们致以衷心的感谢，同时要感谢广大读者和引用本书的同志们所给予的激励，我们还要向为本书出版做了大量工作并付出辛勤劳动的东南大学出版社的有关同志致以诚挚的谢意！

　　本书由史美中、王中铮合编。史美中编写绪论、第 1、2、4 章，并负责主编工作；王中铮编写第 3、5、6 章。为了便于教师教学和对讲授内容的理解,从第 5 版教材开始,还特邀天津大学李新国教授编制了与此书配套的课件,欢迎授课教师根据课堂讲授内容选用。下载方式,登陆东南大学出版社官网"www. seupress. com",查找"电子信息分社",进入后到"资源下载"区可免费下载。

限于编者水平有限,书中难免还有不少错误和缺点,热忱欢迎广大读者给予指正。

编　者

2018 年 3 月

目　录

0 绪 论

0.1 研究热交换器的重要性

在工程中,将某种流体的热量以一定的传热方式传递给他种流体的设备,称为热交换器。在这种设备内,至少有两种温度不同的流体参与传热。一种流体温度较高,放出热量;另一种流体温度较低,吸收热量。但是有的热交换器中也有多于两种温度不同的流体在其中传热的,例如空分装置中的可逆式板翅热交换器。

这里所讲的热交换器是指以传热为其主要过程(或目的)的设备。在工业中的有些设备,例如制冷设备、精馏设备等,在其完成指定的生产工艺过程的同时,都伴随着热的交换,但传热并非它们的主要目的,对它们的研究有其各自的专门课程而不属于热交换器的范畴。

热交换器在工业生产中的应用极为普遍,例如锅炉设备的过热器、省煤器、空气预热器、电厂热力系统中的凝汽器、除氧器、给水加热器、冷水塔,冶金工业中高炉的热风炉,炼钢和轧钢生产工艺中的空气或煤气预热,制冷工业中蒸汽压缩式制冷机或吸收式制冷机中的蒸发器、冷凝器,制糖工业和造纸工业中的糖液蒸发器和纸浆蒸发器都是热交换器的应用实例。在化学工业和石油化学工业的生产过程中,应用热交换器的场合更是不胜枚举。在航空航天工业中,为了及时取出发动机及辅助动力装置在运行时所产生的大量热量,热交换器也是不可缺少的重要部件。在各个生产领域中,要挖掘能源利用的潜力,做好节能减排,必须合理组织热交换过程并利用和回收余热,这往往和正确地设计与使用热交换器密不可分。

如今世界上因燃煤、石油、天然气资源储量有限而面临着能源短缺的局面,各国都在致力于新能源开发,因而热交换器的应用又与能源的开发(如太阳能、地热能、海洋热能)和节约紧密相连。所以,热交换器的应用可以说无处不有,它不但是一种广泛应用的通用设备,同时也是许多工业产品的关键部件。它在某些工业企业中占有很重要的地位,例如在石油化工工厂中,它的投资要占到建厂投资的1/5左右,它的重量占工艺设备总重的40%[1];在年产30万吨的乙烯装置中,它的投资约占总投资的25%[2];在我国一些大中型炼油企业中,各式热交换器的装置数达到300～500台。就其压力、温度来说,国外的管壳式热交换器的最高压力达84 MPa,最高温度达1 500 ℃,而最大外形尺寸长达33 m,最大传热面积达6 700 m²[1],现有实际情况,还要超过上面给出的数据。

根据热交换器在生产中的地位和作用,它应满足多种多样的要求。一般来说,对其基本要求有:

(1)满足工艺过程所提出的要求,热交换强度高,热损失少,在有利的平均温差下工作。

(2)要有与温度和压力条件相适应的不易遭到破坏的工艺结构,制造简单,装修方便,经济合理,运行可靠。

(3)设备紧凑。这对大型企业、航空航天、新能源开发和余热回收装置更有重要意义。

(4)保证较低的流动阻力,以减少热交换器的动力消耗。

热交换器技术的进步直接关系到国民经济的发展和人民生活水平的提高,随着生产规模的扩大和生产技术的现代化,热交换器技术的研究必须满足各种情况特殊而又条件苛刻的要求,因而各国在组织大规模工业生产的同时,都很重视热交换器的研究,并组织了较强的专业研究中心。例如,早在 20 世纪 60 年代就在传热工程领域内出现了有影响的两大国际性研究集团,即 1962 年成立的美国传热研究公司(Heat Transfer Research Inc,简称 HTRI) 和 1968 年成立的英国传热及流体流动服务公司(Heat Transfer & Fluid Flow Service,简称 HTFS)。在我国,也有兰州石油机械研究所、通用机械研究所等一些单位,在热交换器的研究和设计方面进行了多年的工作,推动了我国热交换器的设计和改进、技术标准的制定和推广。

热交换器的发展为传热学研究提供了日渐广泛而深刻的课题,而传热学的研究又为热交换器在传热性能和设计方面提供切实有效的数据和计算方法。因此,热交换器和传热机理之间的关系是互相促进、不可分割的。当前世界上一些国际性传热会议、国内学术讨论会(例如中国工程热物理学会及各有关分会的学术讨论会、有关行业的学术讨论会) 上都有一定数量的热交换器讨论专题,国内已多次举行热交换器研究的学术会议,均反映了传热学及传热设备的研究受到学术界和工程界的普遍重视。

但是,热交换器的研究又有别于传热学的研究,热交换器自身存在着从原理、设计到测试所构成的一个完整的内容体系,因而热交换器对传热虽有其依赖关系,但又有其相对的独立性。学习"热交换器原理与设计"课程,在于使读者在具备传热学基本知识的基础上,全面了解热交换器的工作原理和基本的设计方法,通过学习,为今后在工作中不断实践和开拓创新奠定基础。至于对热交换器的深入研究所要涉及的那些更为广泛的内容,例如:

强化传热机理的研究和新型热交换器的研制;

流体热物性的研究;

制造材料和防腐蚀技术的研究;

结垢和防垢技术的研究;

设计工作的自动化和制造技术的研究;

振动与防振措施的研究;

测试技术的研究;

热交换器的计算机辅助设计、自动设计、计算机模拟以及系统和设备的优化;等等。

以上这些都有一个不断认识、不断发展、不断提高的问题,因而有赖于读者自己的积极参与和不断关注。

0.2　热交换器的分类

0.2.1　分类简介

随着科学和生产技术的发展,各种工业部门要求热交换器的类型和结构要与之相适应,流体的种类、流体的运动、设备的压力和温度等也都必须满足生产过程的要求。近代尖端科学技术的发展(如高温高压、高速、低温、超低温等),又促使了高强度、高效率的紧凑型热交换器层出不穷。虽然如此,所有的热交换器仍可按照它们的一些共同特征来加以区分。例如:

（1）按照用途来分：预热器（或加热器）、冷却器、冷凝器、蒸发器等等。

（2）按照制造热交换器的材料来分：金属的、陶瓷的、塑料的、石墨的、玻璃的等等。

（3）按照温度状况来分：温度工况稳定的热交换器，热流大小以及在指定热交换区域内的温度不随时间而变；温度工况不稳定的热交换器，传热面上的热流和温度都随时间改变。

（4）按照热流体与冷流体的流动方向来分：

顺流式（或称并流式）：两种流体平行地向着同一方向流动，如图 0.1(a)。

逆流式：两种流体也是平行流动，但它们的流动方向相反，如图 0.1(b)。

错流式（或称叉流式）：两种流体的流动方向互相垂直交叉，如图 0.1(c)。当交叉次数在四次以上时，可根据两种流体流向的总趋势将其看成逆流或顺流，如图 0.1(d)及(e)。

混流式：两种流体在流动过程中既有顺流部分，又有逆流部分，图 0.1(f)及(g)所示就是一例。

（5）按照传送热量的方法来分：间壁式、混合式、蓄热式等三大类，这是热交换器最主要的一种分类方法。

间壁式：热流体和冷流体间有一固体壁面，一种流体恒在壁的一侧流动，而另一种流体恒在壁的他侧流动，两种流体不直接接触，热量通过壁面进行传递。

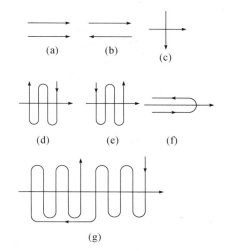

图 0.1　流体的流动方式
(a) 顺流　　　　　(b) 逆流　　　　　(c) 错流
(d) 总趋势为逆流　(e) 总趋势为顺流　(f) 先顺后逆的
　　的四次错流　　　的四次错流　　　　平行混流
(g) 先逆后顺的串联混流

混合式（或称直接接触式）：这种热交换器内依靠热流体与冷流体的直接接触而进行传热，例如冷水塔以及喷射式热交换器。

蓄热式（或称回热式）：其中也有固体壁面，但两种流体并非同时而是轮流地和壁面接触。当热流体流过时，把热量储蓄于壁内，壁的温度逐渐升高；而当冷流体流过时，壁面放出热量，壁的温度逐渐降低，如此反复进行，以达到热交换的目的。例如炼铁厂的热风炉。

在间壁式、混合式和蓄热式三种类型中，间壁式热交换器的生产经验、分析研究和计算方法比较丰富和完整，因而在对混合式和蓄热式热交换器进行分析和计算时，常采用一些来源于间壁式热交换器的计算方法。下面首先介绍间壁式热交换器的各种不同型式。

0.2.2　各种类型的间壁式热交换器

按照传热壁面的形状，间壁式热交换器又可分成管式热交换器、板式热交换器、夹套式热交换器以及各种异形传热面组成的特殊型式热交换器等类型。在这里先对管式热交换器的基本结构进行介绍，其他类型则在其他章节分别叙述。

1）沉浸式热交换器

沉浸式热交换器的管子常用直管（或称蛇管）或螺旋状弯管（或称盘香管）组成传热面，将管子沉浸在液体的容器或池内，如图 0.2 所示。这种热交换器可用作液体的预热器和蒸发器,也可用作气体和液体的冷却器或冷凝器。液槽内的液体体积大、流速低,因而管外液体中的传热以自然对流方式进行。整个液体的内部温度一般等于或接近于液体的最终温度,传热温差不大,同时由于整个液体的体积大,就使这种热交换器对于工况的改变不够敏感。

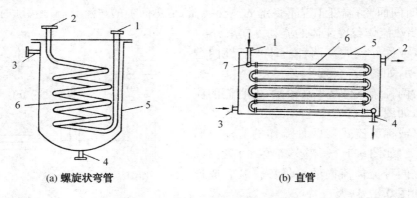

(a) 螺旋状弯管   (b) 直管

图 0.2   沉浸式热交换器

1～4-流体进、出口;5-液槽;6-管子;7-分配管

传热系数低、体积大是其根本弱点,然而它却具有构造简单,制作、修理方便和容易清洗等优点,因此现在仍有应用。由于更换管子方便,所以它还适用于有腐蚀性的流体。为了提高液槽侧的换热系数,也可在槽内装搅拌器。如果流过管内的流体流量或所需传热面较大时,可以考虑做成几圈同心的螺旋管或几排并列的蛇管,以增加传热面。

2) 喷淋式热交换器

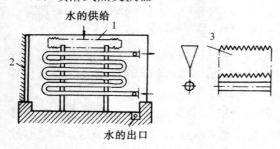

图 0.3   喷淋式热交换器

1-槽;2-百叶窗;3-槽的零件

喷淋式热交换器是将冷却水直接喷淋到管外表面上,使管内的热流体冷却或冷凝,其结构如图 0.3 所示。在上下排列着的管子之间,可借 U 形肘管连接在一起。为了分散喷淋水,在管组的上部装设了带锯齿形边缘的斜槽。也可用喷头直接向排管喷淋。在热交换器的下面设有水池,以收集流下来的水。

当喷淋的水不够充分时,被喷淋的水会蒸发汽化,因此最好是把它装在室外,此时为避免水被风吹失,在其周围装设百叶窗式的护墙。

喷淋式热交换器的优点是:结构简单,易于制造和检修,便于清除污垢;它的换热系数、传热系数通常比沉浸式大,加上管外的蒸发汽化以及空气也能吸收一部分热量,造成水和空气的共同冷却,所以传热效果好;它适用于高压流体的冷却或冷凝,由于它可用耐腐蚀的铸铁管作冷却排管,因而可用它来冷却具有腐蚀性的流体,例如硫酸工业中浓硫酸的冷却。

它的主要缺点是:当冷却水过分少时,下部的管子不能被润湿,并且几乎不参与热交换。因此对于容易发生意外事故的石油产品或有机体的冷却不宜采用这种热交换器。它的金属消耗量比较大,但比沉浸式要少。

3）套管式热交换器

套管式热交换器是将不同直径的两根管子套成的同心套管作为元件，然后把多个元件加以连接而成的一种热交换器，其结构如图0.4所示。采用不同的连接方法，可以使两种流体以纯顺流或纯逆流方式流动。它的内管内径通常在 38～57 mm 范围内选取，而外管内径在 76～108 mm 范围内选取。每根套管的有效长度一般不超过 4～6 m，太长了会使管子向下弯曲，造成环隙间的流动不均，影响传热。

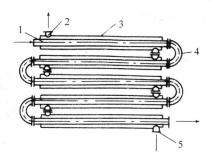

图 0.4 套管式热交换器
1—内管；2，5—接口；3—外管；4—U 形肘管

套管式热交换器的优点是结构简单，适用于高温、高压流体，特别是小容量流体的传热。如果工艺条件变动，只要改变套管的根数，就可以增减热负荷。另外，只要做成内管可以抽出的套管，就可清除污垢，所以它亦适用于易生污垢的流体。

它的主要缺点是流动阻力大，金属消耗量多，而且体积大，占地面积大，故多用于传热面积不大的换热器。

4）管壳式热交换器（或称列管式热交换器）

管壳式热交换器是在一个圆筒形壳体内设置许多平行的管子（称这些平行的管子为管束），让两种流体分别从管内空间（或称管程）和管外空间（或称壳程）流过进行热量的交换。图0.5所示的就是简单的管壳式热交换器的基本结构。

在传热面比较大的管壳式热交换器中，管子根数很多，因此壳体直径较大，以致它的壳程流通截面很大。这时如果流体的容积流量比较小，会使流速很低，因而换热系数不高。为了提高流体的流速，可在管外空间装设与管束平行的纵向隔板或与管束垂直的折流板，使管外流体在壳体内曲折流动多次。因装置纵向隔板而使流体来回流动的次数，称为程数，所以装了纵向隔板就使热交换器的管外空间成为多程。而当装设折流板时，则不论流体往复交错流动多少次，其管外空间仍以单程对待。

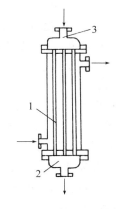

图 0.5 简单的管壳式热交换器
1—管束；2—管箱；
3—连接管

另一方面，若要提高在管内空间流动的流体的流速，也可在管箱内装以分程隔板，使进入的流体每次只流过一部分管子，而后流过另一部分管子，这样也就把管内空间分成了多程。图0.6示出了一个管外一程、管内二程的热交换器。为了表达的方便，本书往后以尖括号内两个数字来代表程数，两数字间以连接线连接，连接线之前的数字代表管外空间的程数，连接线后面的数字代表管内空间的程数，因而图0.6所示的是一个〈1－2〉型管壳式热交换器。

管壳式热交换器的主要优点是结构简单，造价较低，选材范围广，处理能力大，还能适应高温高压的要求。虽然它面临着各种新型热交换器的挑战，但由于它具有高度的可靠性和广泛的适应性，至今仍然居于优势地位。例如在日本，其产量占全部热交换器的 70%，产值占了 60%。

除以上四种间壁式热交换器之外，随着节能技术的飞速发展，热交换器种类的开发不断更新，各种新型热交换器层出不穷，例如折流杆热交换器、板壳式热交换器、插管式热交换器以及本书第3章中将要详细介绍的各种高效间壁式热交换器都代表着热交换器的新近发展和热交换技术的日臻完善。

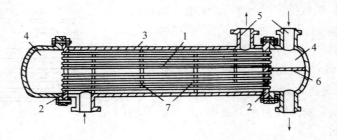

图 0.6 〈1－2〉型管壳式热交换器
1—管束；2—管板；3—壳体；4—管箱；5—接管；6—分程隔板；7—折流板

0.3 热交换器设计计算的内容

在设计一个热交换器时,从收集原始资料开始,到正式绘出图纸为止,需要进行一系列的设计计算工作,这种计算一般包括下列几个方面的内容:

(1) **热计算** 根据给出的具体条件,例如热交换器的类型,流体的进、出口温度,压力,它们的物理化学性质,在传热过程中有无相变等等,求出热交换器的传热系数,进而算出传热面积的大小。

(2) **结构计算** 根据传热面积的大小计算热交换器主要部件和构件的尺寸,例如管子的直径、长度、根数,壳体的直径,纵向隔板和折流板的尺寸和数目,分程隔板的数目和布置,以及连接管尺寸等等。

(3) **流动阻力计算** 进行流动阻力计算的目的在于为选择泵或风机提供依据,或者核算其压降是否在限定的范围之内。当压降超过允许的数值时,则必须改变热交换器的某些尺寸,或者改变流速等。

(4) **强度计算** 计算热交换器各部件尤其是受压部件(如壳体)的应力大小,检查其强度是否在允许范围内,对于在高温高压下工作的热交换器,更不能忽视这一步。在考虑强度时,应该尽量采用我国生产的标准材料和部件,按照国家压力容器安全技术标准进行计算或核算。

在热交换器向着大型化发展并对传热进行强化的情况下,有可能因流体的流速过高而引起强烈的振动,严重时甚至可使整个热交换器遭到破坏。因而在设计热交换器时,还必须对其振动情况进行预测或校核,判断有无产生强烈振动的可能,以便采取相应的减振措施,保证安全运行。

本书在叙述各种类型的热交换器时,将以热计算方面的内容为着重点;对于结构计算和流体阻力计算,则介绍它们的主要内容。振动问题,则在第2章中专列一节介绍其梗概,而强度计算因属于力学领域内专题,本书没有讨论。

1 热交换器热计算的基本原理

热计算或称热力计算,是热交换器设计的基础。

本章所述内容都以间壁式热交换器为讨论对象,但其分析问题的方法对其他类型的热交换器仍然适用。

传热系数与换热系数的计算也是热计算的内容,由于它们与热交换器的型式联系在一起,因而将它们分散于各章,结合具体类型进行叙述。

1.1 热计算基本方程式

通常可能会遇到设计性热计算和校核性热计算两种不同类型的热计算。

设计性热计算的目的在于决定热交换器的传热面积。但是同样大小的传热面可以采用不同的构造尺寸,另外,结构尺寸也影响热计算的过程。因此,实际上这种热计算往往要与结构计算交叉进行。

校核性热计算是针对现成的热交换器,其目的在于确定流体的出口温度,并了解该热交换器在非设计工况下的性能变化,判断能否完成在非设计工况下的换热任务。

为了进行热交换器的热计算,最主要的是要找到热负荷(即传热量)和流体的进出口温度、传热系数、传热面积和这些量之间的关系式。无论是设计性热计算还是校核性热计算,所采用的基本关系式有两个,即传热方程式和热平衡方程式。

1.1.1 传热方程式

传热方程式的普遍形式为

$$Q = \int_0^F k\Delta t \mathrm{d}F \tag{1.1}$$

式中　　Q——热负荷,W;

　　　　k——热交换器任一微元传热面处的传热系数,W/(m²・℃);

　　　　$\mathrm{d}F$——微元传热面积,m²;

　　　　Δt——在此微元传热面处两种流体之间的温差,℃。

式(1.1)中的 k 和 Δt 都是 F 的函数,而且每种热交换器的函数关系都不相同,这就使得计算十分复杂。但是在工程计算中采用如下简化的传热方程式也已足够精确了:

$$Q = KF\Delta t_{\mathrm{m}} \tag{1.2}$$

式中　　K——整个传热面上的平均传热系数,W/(m²・℃);

　　　　F——传热面积,m²;

　　　　Δt_{m}——两种流体之间的平均温差,℃。

由上可知,要算出传热面积 F,必须先知道热交换器的热负荷 Q、平均温差 Δt_{m} 以及平均传热系数 K 等值,这些数值的计算就成了热计算的基本内容。

1.1.2 热平衡方程式

如果不考虑散至周围环境的热损失，则冷流体所吸收的热量就应该等于热流体所放出的热量。这时热平衡方程式可写为

$$Q = M_1(i_1' - i_1'') = M_2(i_2'' - i_2') \tag{1.3}$$

式中 M_1、M_2——分别为热流体与冷流体的质量流量，kg/s；

i_1、i_2——分别为热流体与冷流体的焓，J/kg。

往后，我们均以右下角的角码"1"代表热流体，而下角码"2"代表冷流体。同时，右上角的符号"′"代表流体的进口状态，而"″"代表出口状态。

不论流体有无相变，式(1.3)都是正确的。当流体无相变时，热负荷也可用下式表示：

$$Q = -M_1 \int_{t_1'}^{t_1''} C_1 \, dt_1 = M_2 \int_{t_2'}^{t_2''} C_2 \, dt_2 \tag{1.4}$$

式中 C_1、C_2——分别为两种流体的定压质量比热，J/(kg·℃)。

比热 C 是温度的函数，在应用式(1.4)时必须知道此函数关系。为简化起见，在工程中一般都采取在 t'' 与 t' 温度范围内的平均比热，即

$$\left. \begin{aligned} Q_1 &= -M_1 c_1 (t_1'' - t_1') = M_1 c_1 (t_1' - t_1'') = M_1 c_1 \delta t_1 \\ Q_2 &= M_2 c_2 (t_2'' - t_2') = M_2 c_2 \delta t_2 \end{aligned} \right\} \tag{1.5}$$

及

式中 c_1 及 c_2——分别为两种流体在 t' 及 t'' 温度范围内的平均定压质量比热，J/(kg·℃)；

δt_1——热流体在热交换器内的温降值，℃；

δt_2——冷流体在热交换器内的温升值，℃。

式(1.5)中的乘积 Mc 称为热容量，它的数字代表该流体的温度每改变 1 ℃ 时所需的热量，用 W 表示。因而式(1.5)可写成

$$Q = W_1 \delta t_1 = W_2 \delta t_2 \tag{1.6}$$

或

$$\frac{W_2}{W_1} = \frac{t_1' - t_1''}{t_2'' - t_2'} = \frac{\delta t_1}{\delta t_2} \tag{1.7}$$

由最后这个式子可知，两种流体在热交换器内的温度变化（温降或温升）与它们的热容量成反比。有时，在计算中给定的是容积流量或摩尔流量，则在热平衡方程式中应相应的以容积比热或摩尔比热代入。

以上讨论的是没有散热损失的情况，实际上任何热交换器都有散向周围环境的热损失 Q_L，这时热平衡方程式就可写成

$$Q_1 = Q_2 + Q_L \tag{1.8a}$$

或

$$Q_1 \eta_L = Q_2 \tag{1.8b}$$

式中 η_L——以放热热量为准的对外热损失系数，通常为 0.97～0.98。

热平衡方程式除用于求热交换器的热负荷外，有时也在已知热负荷的情况下，用此来确定流体的流量。

1.2 平均温差

1.2.1 流体的温度分布

流体在热交换器内流动,其温度变化过程以平行流动最为简单。图 1.1 所示的为流体平行流动时温度变化的示意图。图中的纵坐标表示温度,横坐标表示传热面积。

图 1.1(a) 是一侧蒸汽冷凝而另一侧为液体沸腾,两种流体都有相变的传热。因为冷凝和沸腾都在等温下进行,故其传热温差为 $\Delta t = t_1 - t_2$,且在各处保持相同的数值。图 1.1(b) 表示的是热流体在等温下冷凝而将其热量传给温度沿着传热面不断提高的冷流体,其传热温差从进口端的 $\Delta t' = t_1 - t_2'$ 变化到出口端的 $\Delta t'' = t_1 - t_2''$。与此相应的另一种情况(如图 1.1(c))是冷流体在等温下沸腾,而热流体的温度沿传热面不断降低,其传热温差从进口端的 $\Delta t' = t_1' - t_2$ 变化到出口端的 $\Delta t'' = t_1'' - t_2$。

遇到最多的情况是两种流体都没有发生相变,这里又有两种不同情形:顺流和逆流。顺流的情形表示于图 1.1(d),两种流体向着同一方向平行流动,热流体的温度沿传热面不断降低,冷流体的温度沿传热面不断升高。两者的温差从进口端的 $\Delta t' = t_1' - t_2'$ 变化到出口端的 $\Delta t'' = t_1'' - t_2''$。逆流的情形示于图 1.1(e),两种流体以相反的方向平行流动,传热温差从一端的 $(t_1' - t_2'')$ 变化到另一端的 $(t_1'' - t_2')$。

图 1.1(f) 所示的冷凝器内的温度变化过程要比图 1.1(b) 所示的更加普遍一些。在这里,蒸汽(过热蒸汽)在高于饱和温度的状态下进入设备,在其中首先冷却到饱和温度,然后在等温下冷凝,在凝结液离开热交换器之前还产生液体的过冷。冷流体可以是顺流方向或逆流方向通过。传热温差的变化要比前面各种情形复杂。与此对应,图 1.1(g) 所表示的是冷流体在液态情况下进入设备吸热,沸腾,然后过热。

当热流体是由可凝蒸汽和非凝结性气体组成时,温度以更为复杂的形式分布,大体上如图 1.1(h) 所示。

从以上讨论的温度分布可见,在一般情况下,两种流体之间的传热温差在热交换器内是处处不等的,所谓平均温差系指整个热交换器各处温差的平均值。但是应用不同的平均方法,就有不同的名称,例如算术平均温差、对数平均温差、积分平均温差等等。

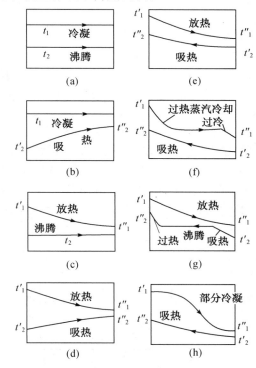

图 1.1 流体平行流动时的温度分布

(a) 两种流体都有相变　　(e) 逆流,无相变
(b) 一种流体有相变　　　(f) 一种流体有相变
(c) 一种流体有相变　　　(g) 一种流体有相变
(d) 顺流,无相变　　　　(h) 可凝蒸汽和非凝结性
　　　　　　　　　　　　　　气体混合物的冷凝

1.2.2 顺流和逆流情况下的平均温差

在《传热学》教材中，在以下几个假定的基础上，对顺、逆流热交换器的传热温差进行分析时，作过这样几个假定：① 两种流体的质量流量和比热在整个传热面上保持定值；② 传热系数在整个传热面上不变；③ 热交换器没有热损失；④ 沿管子的轴向导热可以忽略；⑤ 同一种流体从进口到出口的流动过程中，不能既有相变又有单相对流换热。

分析结果表明，传热温差沿传热面是按下面所示的指数规律变化的：

$$\Delta t_x = \Delta t' e^{-\mu K F_x}$$

当 $F_x = F$ 时，$\Delta t_x = \Delta t''$，故

$$\Delta t'' = \Delta t' e^{-\mu K F} \tag{1.9}$$

以上公式中，$\Delta t'$、Δt_x、$\Delta t''$ 分别为流体在传热面的始端（$F = 0$）、中间某断面（$F = F_x$）、终端（$F = F$）等处的温差，μ 为常数，其值为

$$\mu = \frac{1}{W_1} \pm \frac{1}{W_2}$$

此处"+"号用于顺流，"—"号用于逆流。

由上式可见，在顺流时，不论 W_1、W_2 值的大小如何，总有 $\mu > 0$，因而在热流体从进口到出口的方向上，两流体间的温差 Δt 总是不断降低，如图 1.2 所示。而对于逆流，沿着热流体进口到出口的方向上，当 $W_1 < W_2$ 时，$\mu > 0$，Δt 不断降低；当 $W_1 > W_2$ 时，$\mu < 0$，Δt 不断升高，如图 1.3 所示。

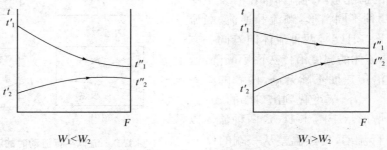

图 1.2 顺流热交换器中流体温度的变化

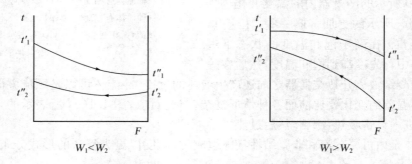

图 1.3 逆流热交换器中流体温度的变化

按照式（1.9）所示的温差变化关系，在《传热学》中已推导出对于顺流、逆流热交换器均

可适用的平均温差计算公式为

$$\Delta t_{\mathrm{m}} = \frac{\Delta t'' - \Delta t'}{\ln \dfrac{\Delta t''}{\Delta t'}} \tag{1.10}$$

由于其中包含了对数项,常称这种平均温差为对数平均温差,以 Δt_{lm} 或 LMTD 表示。如不分传热面的始端和终端,而用 $\Delta t_{\max}$ 代表 $\Delta t''$ 和 $\Delta t'$ 中之大者,以 $\Delta t_{\min}$ 代表两者中之小者,则对数平均温差可统一写成

$$\Delta t_{\mathrm{lm}} = \frac{\Delta t_{\max} - \Delta t_{\min}}{\ln \dfrac{\Delta t_{\max}}{\Delta t_{\min}}} \tag{1.11}$$

如果流体的温度沿传热面变化不太大,例如当 $\dfrac{\Delta t_{\max}}{\Delta t_{\min}} \leqslant 2$ 时,可用算术平均的方法计算平均温差(称算术平均温差),即

$$\Delta t_{\mathrm{m}} = \frac{1}{2}(\Delta t_{\max} + \Delta t_{\min}) \tag{1.12}$$

算术平均温差恒高于对数平均温差,与式(1.11)给出的对数平均温差相比较,其误差在 $\pm 4\%$ 范围之内,这是工程计算中所允许的。而当 $\Delta t_{\max}/\Delta t_{\min} \leqslant 1.7$ 时,误差可不超过 $\pm 2.3\%$。

对于图 1.1(b) 和图 1.1(c) 所示的热交换器,由于其中有一种流体在相变的情况下进行传热,它的温度沿传热面不变,因此无顺流、逆流之别,$\Delta t_{\max}$ 恒在无相变流体的进口处,而 $\Delta t_{\min}$ 恒在无相变流体的出口处。对于图 1.1(f) 和图 1.1(g) 所示的热交换器,由于都有一种流体既有相变又有单相对流换热,因此应该分段计算平均温差。对于图 1.1(h) 所示的热交换器,由于其热交换过程不同于一般,与我们在前面所作的假定不符,也不能按指数规律计算平均温差。

1.2.3 其他流动方式时的平均温差

顺流和逆流属于最简单的流动方式,工程应用上往往由于需要传递大量的热而又受到空间的限制,而要采用多流程的、错流的以及更为复杂方式流动的热交换器(见图 0.1)。

在这里,还要对混合流与非混合流加以区别,以图 1.4 所示的错流为例,图(a) 为带翅片的管束,在管外侧流过的气体被限制在翅片之间形成各自独立的通道,在垂直于流动的方向上(横向)不能自由运动,也就不可能自身进行混合,我们称该气体为非混合流。与此类似,管内的流体也被约束在互相隔开的管子中,所以它也是非混合流。而图(b) 中的管子不带翅片,管外的气流可以在横向自由地、随意地运动,称为混合流,管内的流体仍属于非混合流。错流式热交换器中,两种流体的流动虽然简单,可是非混合流的温度在流动方向上和垂直于流动的方向上都是变化的。

混流和错流流动的平均温差的计算要比顺流、逆流复杂,但在附加一些简化的假设条件后,都可用数学方法导出。不过这些公式很繁,因而常将这些流动方式的流体进出口温度先按逆流算出对数平均温差,然后乘以考虑因其流动方式不同于逆流而引入的修正系数 ψ,即

$$\Delta t_{\mathrm{m}} = \psi \Delta t_{\mathrm{lm,c}} \tag{1.13}$$

式中　　$\Delta t_{\mathrm{lm,c}}$——按逆流方式由式(1.11)算得的对数平均温差;

　　　　ψ——修正系数。

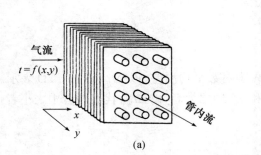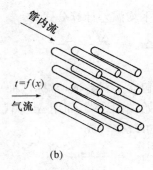

图 1.4　错流热交换器

(a) 两种流体都不混合　　(b) 一种流体混合，另一种流体不混合

为了求取 ψ 值，可对式（1.10）进行一些变换，将它写成逆流的方式，即

$$\Delta t_{\text{lm,c}} = \frac{(t_1'-t_2'')-(t_1''-t_2')}{\ln \dfrac{t_1'-t_2''}{t_1''-t_2'}}$$

若令

$$P = \frac{t_2''-t_2'}{t_1'-t_2'} = \frac{\text{冷流体的加热度}}{\text{两流体的进口温差}} \tag{1.14}$$

$$R = \frac{t_1'-t_1''}{t_2''-t_2'} = \frac{\text{热流体的冷却度}}{\text{冷流体的加热度}} \tag{1.15}$$

作为辅助参数，则可将 $\Delta t_{\text{lm,c}}$ 表达成 P、R 及 $(t_2''-t_2')$ 的函数，即

$$\Delta t_{\text{lm,c}} = \frac{(R-1)(t_2''-t_2')}{\ln \dfrac{1-P}{1-PR}} \tag{1.16}$$

由 P、R 的定义可知，P 的数值代表了冷流体的实际吸热量与最大可能的吸热量的比率，称为温度效率，该值恒小于 1。R 是冷流体的热容量与热流体的热容量之比，可以大于 1、等于 1 或小于 1。

对于某种特定的流动型式，ψ 是辅助参数 P、R 的函数，即

$$\psi = f(P \text{、} R)$$

此函数形式因流动方式而异，由于篇幅所限，下面只举出两个推导该函数的例子。

1）热流体在管外流动为一个流程，冷流体在管内先逆流后顺流流动两个流程的〈1—2〉型热交换器

在对该种方式进行推导时，除了推导对数平均温差时所用的假定外，还假定：① 管外流体在横向有充分的混合；② 管内两流程面积相等。图 1.5 为此种流动方式流体温度变化的示意图。对整个热交换器来说，其热平衡方程式为

$$W_1(t_1'-t_1'') = W_2(t_2''-t_2') \qquad \text{(a)}$$

对 $x=x$ 到 $x=L$ 段的热平衡，有

$$W_1(t_1'-t_1) = W_2(t_{2b}-t_{2a}) \qquad \text{(b)}$$

在微元段 $\mathrm{d}x$ 内，设热流体放出热量为 $\mathrm{d}Q_1$，而冷流体在第一流程吸收热量为 $\mathrm{d}Q_2'$，在第二流程吸收热量为 $\mathrm{d}Q_2''$，则

$$\mathrm{d}Q_1 = W_1 \mathrm{d}t_1 \text{，} \mathrm{d}Q_2' = W_2 \mathrm{d}t_{2a} \text{，} \mathrm{d}Q_2'' = -W_2 \mathrm{d}t_{2b}$$

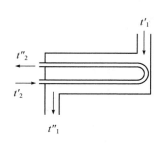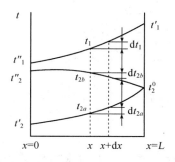

图 1.5　先逆后顺的〈1-2〉型热交换器及其温度变化示意图

故　　　　　$W_1 \mathrm{d}t_1 = W_2(\mathrm{d}t_{2a} - \mathrm{d}t_{2b})$　　　（c）

若以 S 表示每一流程中单位长度上的传热面积,则

$$W_2 \mathrm{d}t_{2a} = KS(t_1 - t_{2a})\mathrm{d}x \qquad （d）$$

$$W_2 \mathrm{d}t_{2b} = -KS(t_1 - t_{2b})\mathrm{d}x \qquad （e）$$

将式(d)、(e) 代入式(c) 得

$$\frac{W_1}{KS}\frac{\mathrm{d}t_1}{\mathrm{d}x} = 2t_1 - t_{2a} - t_{2b} \qquad （f）$$

将此式对 x 微分,则

$$\frac{W_1}{KS}\frac{\mathrm{d}^2 t_1}{\mathrm{d}x^2} = 2\frac{\mathrm{d}t_1}{\mathrm{d}x} - \frac{\mathrm{d}t_{2a}}{\mathrm{d}x} - \frac{\mathrm{d}t_{2b}}{\mathrm{d}x} \qquad （g）$$

用式(d)、(e) 代入式(g),就成为

$$\frac{W_1}{KS}\frac{\mathrm{d}^2 t_1}{\mathrm{d}x^2} = 2\frac{\mathrm{d}t_1}{\mathrm{d}x} - \frac{KS}{W_2}(t_{2b} - t_{2a}) \qquad （h）$$

再将式(b) 代入式(h) 并经整理之后可得

$$\frac{\mathrm{d}^2 t_1}{\mathrm{d}x^2} - \frac{2KS}{W_1}\frac{\mathrm{d}t_1}{\mathrm{d}x} + \left(\frac{KS}{W_2}\right)^2 (t_1' - t_1) = 0 \qquad （i）$$

此为壳侧流体温度沿着流动方向变化的微分方程式。为了求解此式,引入新变量

$$Z = t_1' - t_1 \qquad （j）$$

其中,t_1' 为热流体的起始温度,作为常量看待。于是式(i) 变成

$$\frac{\mathrm{d}^2 Z}{\mathrm{d}x^2} - \frac{2KS}{W_1}\frac{\mathrm{d}Z}{\mathrm{d}x} - \left(\frac{KS}{W_2}\right)^2 Z = 0 \qquad （k）$$

这是一个二阶齐次线性常微分方程式,设其解为

$$Z = \mathrm{e}^{mx} \qquad （l）$$

代入式(k) 中,则为

$$m^2 - 2\frac{KSm}{W_1} - \left(\frac{KS}{W_2}\right)^2 = 0 \qquad （m）$$

解此一元二次方程,可得到 m 的两个解:

$$\left. \begin{array}{l} m_a = \dfrac{KS}{W_1}(1 + \xi) \\[2mm] m_b = \dfrac{KS}{W_1}(1 - \xi) \end{array} \right\} \qquad (1.17)$$

式中 $\qquad \xi = \sqrt{1 + \left(\dfrac{W_1}{W_2}\right)^2}$

因此，由式(l)可得式(k)的通解为

$$Z = M_a \mathrm{e}^{m_a x} + M_b \mathrm{e}^{m_b x} \qquad (\mathrm{n})$$

其中的待定常数 M_a、M_b 可由边界条件

$\qquad x = 0$ 时 $\quad t_1 = t''_1$ 或 $\quad Z = t'_1 - t''_1$

$\qquad x = L$ 时 $\quad t_1 = t'_1$ 或 $\quad Z = 0$

确定。将其代入式(n)中，可求出待定常数

$$\left. \begin{aligned} M_a &= -\frac{(t'_1 - t''_1)\exp(m_b L)}{\exp(m_a L) - \exp(m_b L)} \\ M_b &= -\frac{(t'_1 - t''_1)\exp(m_a L)}{\exp(m_a L) - \exp(m_b L)} \end{aligned} \right\} \qquad (\mathrm{p})$$

将式(p)代入式(n)，则

$$Z = (t'_1 - t''_1)\frac{-\exp(m_a L + m_b x) - \exp(m_b L + m_a x)}{\exp(m_a L) - \exp(m_b L)} \qquad (\mathrm{q})$$

式(q)表示了壳侧流体温度沿距离 x 的变化规律。

若将式(n)对 x 求导，可得壳侧流体温度的变化率，即

$$\frac{\mathrm{d}Z}{\mathrm{d}x} = -\frac{\mathrm{d}t_1}{\mathrm{d}x} = M_a m_a \exp(m_a x) + M_b m_b \exp(m_b x) \qquad (\mathrm{r})$$

将式(f)代入式(r)，考虑到边界条件

$\qquad x = 0$ 时 $\quad t_1 = t''_1, t_{2a} = t'_2, t_{2b} = t''_2$

则

$$M_a m_a + M_b m_b = \frac{-KS}{M_1 c_1}(2t''_1 - t'_2 - t''_2) \qquad (\mathrm{s})$$

将由式(1.17)及式(p)确定的 m_a、m_b 及 M_a、M_b 代入式(s)就有

$$\frac{t'_1 - t''_1}{\exp(m_a L) - \exp(m_b L)}\left[(1+\xi)\exp(m_b L) - (1-\xi)\exp(m_a L)\right] = 2t''_1 - t'_2 - t''_2 \qquad (\mathrm{t})$$

进行整理后得

$$\xi(t'_1 - t''_1)\frac{\exp(m_a L) + \exp(m_b L)}{\exp(m_a L) - \exp(m_b L)} = t'_1 + t''_1 - t''_2 - t'_2 \qquad (1.18)$$

分子和分母同除以 $\exp(m_b L)$，整理之后就可得到

$$(m_a - m_b)L = \ln\left[\frac{t'_1 + t''_1 - t'_2 - t''_2 + \xi(t'_1 - t''_1)}{t'_1 + t''_1 - t'_2 - t''_2 - \xi(t'_1 - t''_1)}\right] \qquad (\mathrm{u})$$

根据式(1.17)，有

$$(m_a - m_b)L = \frac{2KSL}{W_1}\xi \qquad (\mathrm{v})$$

另一方面，对热交换器的整体，可以把传热方程和热平衡方程结合写成

$\qquad 2KSL\Delta t_\mathrm{m} = W_1(t'_1 - t''_1)$

其中 $2SL = F$ 为传热面积，所以

$$\Delta t_\mathrm{m} = \frac{W_1}{2KSL}(t'_1 - t''_1) \qquad (\mathrm{w})$$

由式(u)、(v),得

$$2KSL = \frac{W_1}{\xi}\ln\left[\frac{t_1' + t_1'' - t_2' - t_2'' + \xi(t_1' - t_1'')}{t_1' + t_1'' - t_2' - t_2'' - \xi(t_1' - t_1'')}\right] \qquad (\text{x})$$

将式(x)代入式(w),并考虑到

$$\xi = \sqrt{1 + \left(\frac{W_1}{W_2}\right)^2} = \sqrt{1 + \left(\frac{t_2'' - t_2'}{t_1' - t_1''}\right)^2} \qquad (\text{y})$$

进行整理之后,得到计算平均温差的公式如下:

$$\Delta t_m = \frac{\sqrt{(t_1' - t_1'')^2 + (t_2' - t_2'')^2}}{\ln\dfrac{t_1' + t_1'' - t_2' - t_2'' + \sqrt{(t_1' - t_1'')^2 + (t_2' - t_2'')^2}}{t_1' + t_1'' - t_2' - t_2'' - \sqrt{(t_1' - t_1'')^2 + (t_2' - t_2'')^2}}} \qquad (1.19)$$

利用式(1.14)、(1.15)给出的辅助函数 P、R,可将该式改写成

$$\Delta t_m = \frac{\sqrt{R^2 + 1}}{\ln\dfrac{2 - P(1 + R) - P\sqrt{R^2 + 1}}{2 - P(1 + R) + P\sqrt{R^2 + 1}}}(t_2'' - t_2') \qquad (1.20)$$

由式(1.13)及式(1.16),又有

$$\Delta t_m = \psi\frac{(R - 1)(t_2'' - t_2')}{\ln\dfrac{1 - P}{1 - PR}} \qquad (1.21)$$

使式(1.20)及式(1.21)相等,经过一些整理之后可得

$$\psi = \frac{\sqrt{R^2 + 1}}{(R - 1)}\frac{\ln\dfrac{1 - P}{1 - PR}}{\ln\dfrac{2 - P(1 + R - \sqrt{R^2 + 1})}{2 - P(1 + R + \sqrt{R^2 + 1})}} \qquad (1.22)$$

由上可见,该流动方式的平均温差可直接用式(1.19)、(1.20)计算,或用式(1.13)计算,其中的 ψ 值则用式(1.22)算出。

对于先顺流后逆流的〈1−2〉型热交换器推导的结果表明,式(1.22)也是适用的。

分析还表明,即使对于壳侧为一个流程、管侧为偶数流程的〈1−4〉型、〈1−6〉型、……、〈1−2n〉型热交换器,式(1.22)仍可近似使用,因为它们的 ψ 值差得很小。

2) 两种流体中只有一种流体有横向混合的错流式热交换器

图 1.6 为这种流动方式以及流体温度变化的示意图。

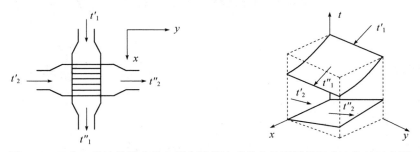

图 1.6　只有一种流体发生横向混合的错流式热交换器及其温度变化的示意图

设有长为 L、宽为 B 的壁面,热流体流动方向为 x,在 y 方向发生混合,冷流体流动方向为 y,横向不混合,如图 1.7 所示。

因而 $t_1 = f(x), t_2 = f(x,y)$

两种流体各自在入口处具有均匀的温度,分别为 t'_1 和 t'_2,另外补充假定冷流体在横向不发生导热。

由微元面积 $\mathrm{d}F (= \mathrm{d}x\,\mathrm{d}y)$ 的传热方程式和热平衡方程式,有

$$K(t_1 - t_2)\mathrm{d}x\mathrm{d}y = W_2\left(\frac{\mathrm{d}x}{L}\right)\mathrm{d}t_2$$

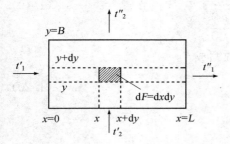

或 $\dfrac{W_2}{L}\mathrm{d}t_2 = K(t_1 - t_2)\mathrm{d}y$ (a)

因为 t_1 与 y 无关,可将式(a) 写成

$$\frac{\mathrm{d}(t_1 - t_2)}{t_1 - t_2} = \frac{-KL}{W_2}\mathrm{d}y \quad (\text{b})$$

将式(b) 在 $y = 0$ 至 $y = B$,$t_2 = t'_2$ 至 $t_2 = t_2(x,B)$ 区间分别积分,得

$$\frac{t_1 - t_2(x,B)}{t_1 - t'_2} = \exp\left(\frac{-KLB}{W_2}\right)$$

图 1.7   只有一种流体作横向混合的情况

$$t_2(x,B) = t_1 - (t_1 - t'_2)\exp\left(\frac{-KLB}{W_2}\right) \quad (\text{c})$$

该式表示了在某一位置 x 处,冷流体出口温度 $t_2(x,B)$ 与 x 处热流体温度 t_1 之间的关系。

另外,对于长为 B、宽为 $\mathrm{d}x$ 的狭条面积上两流体间的热平衡关系为

$$W_2\left(\frac{\mathrm{d}x}{L}\right)\left[t'_2 - t_2(x,B)\right] = W_1\mathrm{d}t_1 \quad (\text{d})$$

将式(c) 代入此式并经整理后可得

$$\frac{\mathrm{d}(t_1 - t'_2)}{t_1 - t'_2} = \frac{W_2}{W_1}\left[\exp\left(-\frac{KLB}{W_2}\right) - 1\right]\frac{\mathrm{d}x}{L} \quad (\text{e})$$

对式(e) 分别从 $x = 0$ 至 $x = L$ 以及 $t_1 = t'_1$ 至 $t_1 = t''_1$ 进行积分,得

$$\ln\frac{t''_1 - t'_2}{t'_1 - t'_2} = \frac{W_2}{W_1}\left[\exp\left(-\frac{KLB}{W_2}\right) - 1\right] \quad (\text{f})$$

由于对整个热交换器存在着如下的热平衡方程和传热方程

$$\frac{W_2}{W_1} = \frac{t'_1 - t''_1}{t''_2 - t'_2}; \frac{KLB}{W_2} = \frac{t''_2 - t'_2}{\Delta t_\mathrm{m}}$$

因而式(f) 成为

$$\Delta t_\mathrm{m} = \frac{-(t''_2 - t'_2)}{\ln\left[1 + \dfrac{t''_2 - t'_2}{t'_1 - t''_1}\ln\dfrac{t'_1 - t'_2}{t''_1 - t'_2}\right]} \quad\quad (1.23)$$

考虑到式(1.16) 以及

$$\frac{t''_2 - t'_2}{t'_1 - t''_1} = \frac{1}{R}; \frac{t''_1 - t'_2}{t'_1 - t'_2} = 1 - PR$$

则由式(1.23)可得

$$\psi = \frac{\ln\dfrac{1-P}{1-PR}}{(1-R)\ln\left[1+\dfrac{1}{R}\ln(1-PR)\right]} \qquad (1.24)$$

若冷流体发生横向混合而热流体不混合时,仍可利用式(1.24)进行计算,但辅助参数应取为

$$P = \frac{t_1'-t_1''}{t_1'-t_2'},\ R = \frac{t_2''-t_2'}{t_1'-t_1''}$$

综合上述,对于只有一种流体有横向混合的错流式热交换器,可将辅助参数的取法归纳为

$$P = \frac{\text{无混合流体的温度变化值}}{\text{两流体进口温度的差值}}$$

$$R = \frac{\text{混合流体的温度变化值}}{\text{无混合流体的温度变化值}}$$

工程上为使计算方便,通常将求取 ψ 值的公式绘成线图,根据 P、R 值,即可查出 ψ 值的大小,如图 1.8 ～ 图 1.14 所示。

ψ 值总是小于或等于 1 的,从 ψ 值的大小可看出某种流动方式在给定工况下接近逆流的程度。在设计中除非出于降低壁温的目的,否则最好使 $\psi > 0.9$,若 $\psi < 0.75$ 就认为不合理,此时可采用多壳程(例如将〈1－2〉型改为〈2－4〉型)或多台串联的方式来代替,因为这样可使 ψ 值提高,使流动方式更接近于逆流。

从 ψ 值的推导过程可见,它是在分析热交换器微元面积的热平衡方程和传热方程的基础上而获得的,即

$$-W_1\mathrm{d}t_1 = W_2\mathrm{d}t_2 = K(t_1-t_2)\mathrm{d}F$$

如果把热交换器中的两种流体交换一下,即下标 1 改为冷流体,下标 2 改为热流体,此时上式并不因此改变,故 ψ 值也不改变。但是根据前面对 P、R 两值所作的定义,将改变了下标之后的 P、R 以 P'、R' 表示时,应有

$$\left.\begin{aligned}
P' &= \frac{t_1''-t_1'}{t_2'-t_1'} = PR\\[2mm]
R' &= \frac{t_2'-t_2''}{t_1''-t_1'} = \frac{1}{R}
\end{aligned}\right\} \qquad (1.25)$$

因而下标改变后相当于用 PR 和 $\dfrac{1}{R}$ 代替 P 和 R。亦即

$$\psi = f(P,R) = f\left(PR,\frac{1}{R}\right) \qquad (1.26)$$

根据这一点,在查取 ψ 值的线图时,当 R 超过线图所示范围或当某些区域的 ψ 值不易读准时,可用 P' 和 R' 查图,对 ψ 值的大小并无影响。

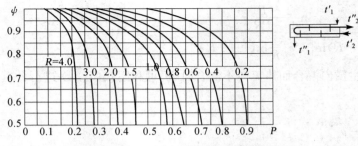

图 1.8 〈1－2〉型热交换器的 ψ 值[1]

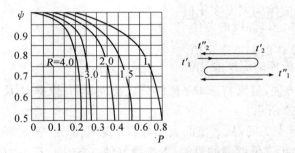

图 1.9 一个流程顺流,两个流程逆流的热交换器的 ψ 值[3]

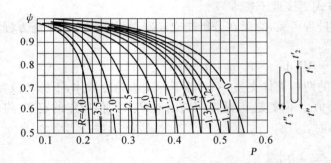

图 1.10 一个流程逆流,两个流程顺流的热交换器的 ψ 值[3]

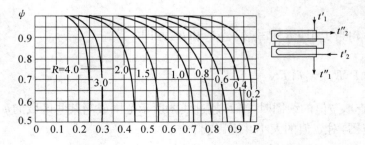

图 1.11 〈2－4〉型热交换器的 ψ 值[2]

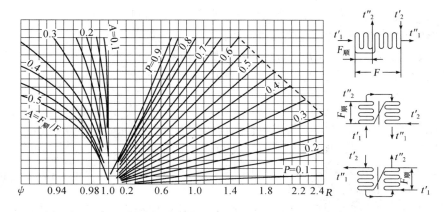

图 1.12　串联混合流型热交换器的 ψ 值[3]

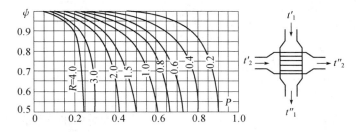

图 1.13　只有一种流体有横向混合的一次错流热交换器的 ψ 值[3]

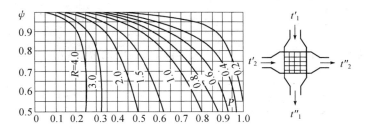

图 1.14　两种流体均无横向混合的一次错流热交换器的 ψ 值[3]

1.2.4　流体比热或传热系数变化时的平均温差

如前所述,平均温差的各个公式及线算图都是在假定流体物性(包括比热)恒定的基础上推导得到的。事实上这种情形几乎没有。由于

$$dQ = mc\,dt$$

因而当比热为定值时,流体温度的变化与吸收(或放出)的热量成正比,两者表现为线性关系,如图 1.15 所示的冷流体那样。实际上,流体的比热总是随着温度的改变有或多或少的变化,因而温度与传热量之间就不会是线性关系,如图 1.15 所示的热流体那样。

如果在讨论的温度范围内,比热随温度有显著变化(大于 2～3 倍),应当采用积分平均温差来计算。这种算法的出发点是:虽然流体的比热在整个温度变化范围内是个变量,但是若把温度变化范围分成若干小段，每个小段内的温度变化小，就可将流体的比热当做常数来处理。因此在每一小段中的传热温差就可采用对数平均或算术平均的方法计算。具体步骤如下：

（1）在已知流体比热随温度而变化的关系时，可按

$$Q = M \int_{t'}^{t''} C \mathrm{d}t$$

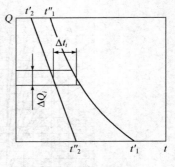

图 1.15　Q-t 图

作出如图 1.15 所示的那种 Q-t 图。或当备有流体的温－熵图或焓－熵图时，作出 I-t 图。图的纵坐标 Q（或 I）从上而下表示冷流体从它的进口起所吸收的热量，从下而上表示热流体从进口起所放出的热量；横坐标则表示流体的温度。

（2）将 Q-t 曲线分段，每段近似取为直线关系，并求出相应于各段的传热量 ΔQ_i。

（3）按具体情况用对数平均的方法或算术平均的方法求出各段的平均温差 Δt_i。

（4）计算积分平均温差：

因为各段的传热面 $\Delta F_i = \Delta Q_i / K_i \Delta t_i$，所以总传热面

$$F = \sum_{i=1}^{n} \frac{\Delta Q_i}{K_i \Delta t_i} \qquad \text{(a)}$$

又　　　$$F = \frac{Q}{K \Delta t_m} \qquad \text{(b)}$$

使式（a）和（b）相等，并假定各段的传热系数相同，则可得到总的平均温差，即积分平均温差，有时也用一个特定的符号 $(\Delta t_m)_{int}$ 表示：

$$(\Delta t_m)_{int} = \frac{Q}{\displaystyle\sum_{i=1}^{n} \frac{\Delta Q_i}{\Delta t_i}} \qquad (1.27)$$

以上步骤也可按每段传热量相同的方法分段，设这时有 n 段，则每段的传热量 $\Delta Q_i = \dfrac{Q}{n}$，于是式（a）成为

$$F = \frac{Q}{Kn} \sum_{i=1}^{n} \frac{1}{\Delta t_i} \qquad \text{(c)}$$

从式（b）、（c）两式可得积分平均温差

$$(\Delta t_m)_{int} = \frac{n}{\displaystyle\sum_{i=1}^{n} \frac{1}{\Delta t_i}} \qquad (1.28)$$

如图 1.1(f) 和图 1.1(g) 所示的热交换过程，一种流体处于冷却并冷凝、过冷，或加热并沸腾、过热时，相当于比热发生剧烈变化的情况，也应考虑分段计算；又如图 1.1(h) 所示的热交换情况，其中热流体含有不凝结气体，这时所放出的热量不与温度的变化成正比，也应分段计算平均温差。

在推导对数平均温差时也曾作过传热系数不变的假定，实际上它在整个传热过程中也是变化的，不过在工程的热交换器中由于物性的变化一般不大，反映到传热系数的变化上就更小，因此，一般工程计算中可以把热交换器中各部分的传热系数视为常量。若传热系数变化确实较大，仍可采用分段计算的办法，把每段的传热系数作为常数，分段计算平均温差和

传热量,即取

$$\Delta Q_i = K_i \Delta t_i F_i \tag{1.29}$$

式中　　ΔQ_i —— 某段传热量;

　　　　K_i —— 该段的传热系数;

　　　　Δt_i —— 该段的平均温差;

　　　　F_i —— 该段的传热面积。

而总传热量为

$$Q = \sum_{i=1}^{n} \Delta Q_i \tag{1.30}$$

如果 K 随温差 Δt 成线性变化,或 K 随两流体中任一种流体温度成线性变化时,对于顺流或逆流都可用下式计算

$$\frac{Q}{F} = \frac{K''\Delta t' - K'\Delta t''}{\ln \dfrac{K''\Delta t'}{K'\Delta t''}} \tag{1.31}$$

式中　　K'、$\Delta t'$ —— $F_x = 0$ 处的传热系数和两流体温差;

　　　　K''、$\Delta t''$ —— $F_z = F$ 处的传热系数和两流体温差。

对于其他流型,作为一种近似的计算方法,可在上式等号之右以温差修正系数 ψ 乘之,而 $\Delta t'$、$\Delta t''$ 为按逆流情况计算的端部温差。

[例 1.1]　有一蒸汽加热空气的热交换器,它将质量流量为 21 600 kg/h 的空气从 10 ℃加热到 50 ℃。空气与蒸汽逆流,其比热为 1.02 kJ/(kg·℃),加热蒸汽系压力 $p = 0.2$ MPa、温度为 140 ℃ 的过热蒸汽,在热交换器中被冷却为该压力下的饱和水。试求其平均温差。

[解]　由水蒸气的热力性质表查得蒸汽有关状态参数为:

饱和温度 $t_s = 120.23$ ℃;饱和蒸汽焓 $i'' = 2\,707$ kJ/kg

过热蒸汽焓 $i = 2\,749$ kJ/kg;汽化潜热 $r = 2\,202$ kJ/kg

于是可算出整个热交换器的传热量:

$$Q = M_2 c_2 (t_2'' - t_2') = \frac{21\,600}{3\,600} \times 1.02 \times (50 - 10) = 244.8 \text{ kJ/s}$$

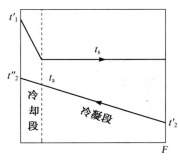

图 1.16　例题附图

从热平衡关系求蒸汽耗量 M_1:

∵　$Q = M_1 [(i - i'') + r]$

∴　$M_1 = \dfrac{Q}{i - i'' + r} = \dfrac{244.8}{2\,749 - 2\,707 + 2\,202} = 0.109\,1$ kg/s

因为在热交换器中存在冷却和冷凝段,因而将之分两段计算,如图 1.16 所示。

在过热蒸汽的冷却段放出的热量

$$Q_1 = M_1 (i' - i'') = 0.109\,1 \times (2\,749 - 2\,707)$$
$$= 4.58 \text{ kJ/s}$$

在冷凝段,则为

$$Q_2 = M_1 r = 0.109\,1 \times 2\,202 = 240.24 \text{ kJ/s}$$

为了分段求平均温度,应先求出两分段分界处的空气温度 t_a。

∵　$Q_2 = M_2 c_2 (t_a - t_2')$

$$\therefore \quad 240.24 = \frac{21\,600}{3\,600} \times 1.02 \times (t_a - 10), t_a = 49.25\ ℃$$

由此,冷却段之平均温差

$$\Delta t_1 = \frac{(140 - 50) - (120.23 - 49.25)}{\ln \dfrac{140 - 50}{120.23 - 49.25}} = 80.11\ ℃$$

而冷凝段之平均温差

$$\Delta t_2 = \frac{49.25 - 10}{\ln \dfrac{120.23 - 10}{120.23 - 49.25}} = 89.17\ ℃$$

总的平均温差为

$$(\Delta t_{\mathrm{m}})_{\mathrm{int}} = \frac{Q}{\sum\limits_{i=1}^{n} \dfrac{\Delta Q_i}{\Delta t_i}} = \frac{244.8}{\dfrac{4.58}{80.11} + \dfrac{240.24}{89.17}} = 89\ ℃$$

从此例可见,以过热蒸汽作为加热流体时,只要过热度不是很大的场合,过热蒸汽的冷却段在整个热交换器中所起的作用不是很大,因而即使以冷凝段的参数来计算,其误差也很小。

[例 1.2]　某空分装置中以产品氧气冷却空气,已知空气流量 $V_1 = 110\ \mathrm{Nm^3/h}$(这里 N 是指标准状态),氧气流量 $V_2 = 150\ \mathrm{Nm^3/h}$,压力 $p_1 = 2\,000\ \mathrm{kPa}$,$p_2 = 140\ \mathrm{kPa}$,空气与氧气逆流流动,其进、出口参数为

空气　　　$T_1' = 150\ \mathrm{K}$,$T_1'' = 120\ \mathrm{K}$

　　　　　$I_1' = 8\,717\ \mathrm{kJ/(kgmol)}$,$I_1'' = 7\,034\ \mathrm{kJ/(kgmol)}$

氧气　　　$T_2' = 94\ \mathrm{K}$,$T_2'' = 137\ \mathrm{K}$

　　　　　$I_2' = 7\,536\ \mathrm{kJ/(kgmol)}$,$I_2'' = 8\,812\ \mathrm{kJ/(kgmol)}$

因为该热交换器在低于周围环境的温度下工作,根据经验,其冷损 $Q_L = 280\ \mathrm{kJ/h}$。试求该热交换器的平均温差。

[解]　由已知条件,作出该热交换器内的流体流动示意图(见图 1.17)。由于氧气和空气的比热在所处压力下随温度的不同有较大变化,故应用积分平均温差的求法,首先作出它的 I-T 图。具体过程如下:

1) 任取一个断面 $m - n$,写出该断面以下的热平衡方程

$$\frac{V_1 \Delta I_1}{22.4} + \Delta Q_L = \frac{V_2 \Delta I_2}{22.4} \qquad (a)$$

式中　　ΔI_1、ΔI_2——分别为该段中空气焓的变化值与氧气焓的变化值,kJ/(kgmol);

　　　　ΔQ_L——该段的冷损,kJ/h。

假定冷损按氧气的焓差成比例分配,即每段的冷损:

$$\Delta Q_L = \frac{Q_L}{I_2'' - I_2'} \Delta I_2 \qquad (b)$$

将式(b)代入式(a),则得

$$\frac{V_1 \Delta I_1}{22.4} + \frac{Q_L}{I_2'' - I_2'} \Delta I_2 = \frac{V_2 \Delta I_2}{22.4}$$

即　　　　$V_1 \Delta I_1 + \dfrac{Q_L}{I_2'' - I_2'} \Delta I_2 \times 22.4 = V_2 \Delta I_2$

$$\Delta I_1 = \frac{1}{V_1}\left(V_2 - \frac{Q_L}{I_2'' - I_2'} \times 22.4\right)\Delta I_2 = \frac{1}{110}\left(150 - \frac{280}{8\,812 - 7\,536} \times 22.4\right)\Delta I_2$$

所以　　　$\Delta I_1 = 1.32\Delta I_2$　　（c）

由于这一小段是任意选取的,因此它也是热交换器任意一个截面上空气焓差和氧气焓差之间的关系。

2) 以空气进口端作起点,作如下计算:

(1) 按氧气在热交换器内吸收的热量分段,以 210 kJ/kgmol 为一段,共分成六段[最后一段为 226 kJ/(kgmol)]。从而可知各段分界处的 I_2（见表 1.1）;

表 1.1　空气与氧气的焓和温度的变化

ΔI_2,kJ/(kgmol)	0	210	420	630	840	1 050	1 276
I_2,kJ/(kgmol)	8 812	8 602	8 392	8 182	7 972	7 762	7 536
T_2,K	137	130	123	116	109.5	102	94
ΔI_1,kJ/(kgmol)	0	277	554	832	1 109	1 386	1 684
I_1,kJ/(kgmol)	8 717	8 440	8 163	7 885	7 608	7 331	7 033
T_1,K	150	142.5	136	130	124	120	120

(2) 根据各分段处的 I_2 值,用氧的温-熵图,查出与此相对应的 T_2 值;

(3) 由式(c)算出该小段空气的焓差 ΔI_1,并算出空气的焓 I_1;

(4) 再根据 I_1,用空气的温-熵图查出相应的空气温度 T_1。

计算的结果列在表 1.1 上。从表的最后一行可见,空气的最后两段已在液化区。

3) 以 I 为纵坐标,T 为横坐标,用表 1.1 中数据作出 $I-T$ 图(图 1.17)。

4) 以每个小段的 T_2 与 T_1 的进出口值求算术平均温差,其值如下:

$$\Delta t_1 = 12.75\text{ K}\quad \Delta t_2 = 12.75\text{ K}\quad \Delta t_3 = 13.5\text{ K}$$

$$\Delta t_4 = 14.25\text{ K}\quad \Delta t_5 = 16.25\text{ K}\quad \Delta t_6 = 22\text{ K}$$

5) 用式(1.28)求积分平均温差

$$(\Delta t_m)_{int} = \frac{n}{\sum\limits_{i=1}^{n}\frac{1}{\Delta t_i}} = \frac{6}{\frac{1}{12.75} + \frac{1}{12.75} + \frac{1}{13.5} + \frac{1}{14.25} + \frac{1}{16.25} + \frac{1}{22}} = 14.7\text{K}$$

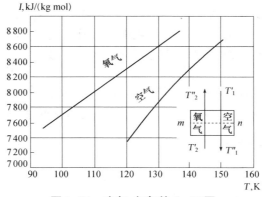

图 1.17　空气、氧气的 $I-T$ 图

1.3 传热有效度

在对热交换器作设计性热计算时,两种流体的进、出口温度均为已知或由热平衡方程式求出。此时利用平均温差来分析热交换器是方便的。然而对于校核性热计算,两种流体的出口温度往往是未知量,而在平均温差的计算式中却包含了出口温度,因此若用平均温差来分析就必须进行多次试算,这是很不方便的。另外,利用 P、R 值查取修正系数 ψ 值时,$\psi = f(P, R)$ 曲线在某些范围内的斜率 $\mathrm{d}\psi/\mathrm{d}P$ 很大,当 P 值稍有偏差,就会使 ψ 值相差很多。针对平均温差法的这些缺点,努塞尔(Nusselt W.)提出了另一种称之为传热有效度 — 传热单元数的方法(ε — NTU 法),简称传热单元数法(NTU 法)。

1.3.1 传热有效度的定义

为了定义一个热交换器的传热有效度,首先必须明确该热交换器的最大可能的传热量 Q_{max}。所谓 Q_{max} 是指一个面积为无穷大且其流体流量和进口温度与实际热交换器的流量和进口温度相同的逆流型热交换器所能达到的传热量的极限值。在这个热交换器中,热流体可以被冷却到 t_2',或者冷流体可以被加热到 t_1'。考虑到在两种流体中,只有热容量较小的那种流体,才有可能达到最大的温度变化,因此最大可能传热量可表达为

$$Q_{max} = W_{min}(t_1' - t_2') \tag{1.32}$$

式中 W_{min} 为 W_1、W_2 中之小者。

然而,实际传热量总是小于最大可能传热量。实际传热量 Q 与最大可能传热量 Q_{max} 之比,称为传热有效度,通常以 ε 表示,即

$$\varepsilon = Q/Q_{max} \tag{1.33a}$$

因此,如果 $W_1 = W_{min}$ 时

$$\varepsilon = \frac{t_1' - t_1''}{t_1' - t_2'} \tag{1.33b}$$

如果 $W_2 = W_{min}$ 时

$$\varepsilon = \frac{t_2'' - t_2'}{t_1' - t_2'} \tag{1.33c}$$

故可将传热有效度统一写成:$\varepsilon = \delta t_{max}/(t_1' - t_2')$。其中 δt_{max} 表示两流体的温度变化值中大者(即小热容量流体)的温度变化值。

根据 ε 的定义,它是一个无因次参数,一般小于1。其实用性在于:若已知 ε 及 t_1'、t_2' 时,就可很容易地由下式确定热交换器的实际传热量:

$$Q = \varepsilon W_{min}(t_1' - t_2') \tag{1.34}$$

根据求得之 Q,就可用热平衡方程式方便地求出两流体的出口温度 t_1'' 和 t_2'',所以问题就归结到如何求 ε。在明确了各种流动方式的 ε 的求法后,问题就可迎刃而解。

1.3.2 顺流和逆流时的传热有效度

由前已知,顺流时

$$\Delta t'' = \Delta t' \exp\left[-KF\left(\frac{1}{W_1} + \frac{1}{W_2}\right)\right]$$

或
$$\frac{t_1'' - t_2''}{t_1' - t_2'} = \exp\left[-KF\left(\frac{1}{W_1} + \frac{1}{W_2}\right)\right] \qquad \text{(a)}$$

由热平衡关系，应有

$$t_1'' = t_1' - \frac{W_2}{W_1}(t_2'' - t_2') \qquad \text{(b)}$$

将式(b)代入式(a)中

$$\frac{t_1' - \dfrac{W_2}{W_1}(t_2'' - t_2') - t_2''}{t_1' - t_2'} = \exp\left[-KF\left(\frac{1}{W_1} + \frac{1}{W_2}\right)\right]$$

或 $\dfrac{t_1' - t_2'}{t_1' - t_2'} - \dfrac{t_2'' - t_2'}{t_1' - t_2'} - \dfrac{W_2(t_2'' - t_2')}{W_1(t_1' - t_2')} = \exp\left[-KF\left(\dfrac{1}{W_1} + \dfrac{1}{W_2}\right)\right]$ (c)

若冷流体是热容量小的流体，则利用式(1.33c)的关系，式(c)变成

$$\varepsilon = \frac{1 - \exp\left[-\dfrac{KF}{W_2}\left(1 + \dfrac{W_2}{W_1}\right)\right]}{1 + \dfrac{W_2}{W_1}} \qquad \text{(d)}$$

若热流体是热容量小的流体，则式(a)变成

$$\varepsilon = \frac{1 - \exp\left[-\dfrac{KF}{W_1}\left(1 + \dfrac{W_1}{W_2}\right)\right]}{1 + \dfrac{W_1}{W_2}} \qquad \text{(e)}$$

由式(d)和式(e)，可以将顺流时的传热有效度统一写成

$$\varepsilon = \frac{1 - \exp\left[-\dfrac{KF}{W_{\min}}\left(1 + \dfrac{W_{\min}}{W_{\max}}\right)\right]}{1 + \dfrac{W_{\min}}{W_{\max}}} \qquad \text{(f)}$$

现将其中的 $\dfrac{KF}{W_{\min}}$ 定义为传热单元数，且以 NTU 表示，即

$$\text{NTU} = KF/W_{\min} \qquad (1.35)$$

它代表了热交换器传热能力的大小，也是一个无因次数。若再令

$$R_c = W_{\min}/W_{\max}$$

则顺流时的 $\varepsilon - \text{NTU}$ 关系式为

$$\varepsilon = \frac{1 - \exp[-\text{NTU}(1 + R_c)]}{1 + R_c} \qquad (1.36)$$

这样就把热交换器的传热有效度表示成 $\varepsilon = \phi(\text{NTU}, R_c)$ 的形式。用式(1.36)所表达的顺流时的 ε、NTU、R_c 三者的关系做成的线图，见图 1.18。

当任一种流体是在相变条件下传热，即 $W_{\max}$ 趋于无穷大时，$R_c = 0$，式(1.36)简化成

$$\varepsilon = 1 - \exp[-\text{NTU}] \qquad (1.37)$$

而当两种流体的热容量相等，即 $R_c = 1$ 时，

$$\varepsilon = \frac{1 - \exp[-2\text{NTU}]}{2} \qquad (1.38)$$

逆流时，可以用类似的推导方法得到 ε、NTU、R_c 三者的关系

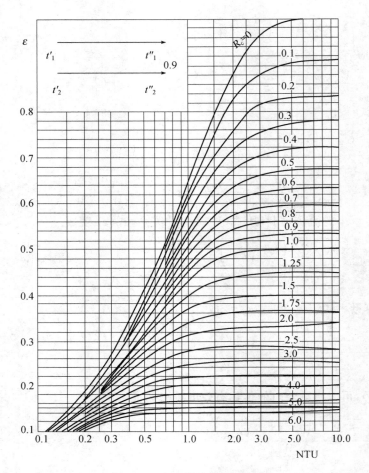

图 1.18　顺流热交换器的 ε[4]

$$\varepsilon = \frac{1-\exp[-\mathrm{NTU}(1-R_c)]}{1-R_c\exp[-\mathrm{NTU}(1-R_c)]} \tag{1.39}$$

图 1.19 即为依式(1.39)做成的线图。从式 1.39 可见,当一种流体有相变,即当 $R_c = 0$ 时,逆流的 ε 与 NTU 之关系与式(1.36)相同,而当两种流体的热容量相等,即当 $R_c = 1$ 时,经推导式(1.39)成为

$$\varepsilon = \frac{\mathrm{NTU}}{1+\mathrm{NTU}} \tag{1.40}$$

　　由以上分析可见,它们都是在传热方程式和热平衡方程式的基础上推导得到的,这与推导平均温差的过程完全相同。只不过在平均温差法中是整理成 $\psi = f(P,R)$ 的关系,而在 $\varepsilon -$ NTU 法中是整理成 $\varepsilon = \phi(\mathrm{NTU},R_c)$ 的关系,因而两者并无本质区别,只是处理方法不同。

　　在应用 $\varepsilon -$ NTU 法时,应注意以下几点:

　　(1) 在同样的传热单元数时,逆流热交换器的传热有效度总是大于顺流的,且随传热单元数的增加而增加。在顺流热交换器中则与此相反,其传热有效度一般随传热单元数的增加而趋于定值。因此在设计顺流热交换器时,当传热有效度达到一定值后,没有必要再增加传

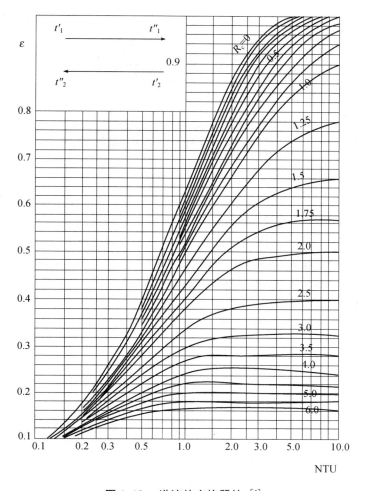

图 1.19 逆流热交换器的 ε [4]

热单元数。

（2）按照平均温差法和 $\varepsilon-\mathrm{NTU}$ 法所作的定义比较，当 $W_2 = W_{\min}$ 时，存在如下关系：

$$\varepsilon = P; \quad R_c = R$$

而且

$$\mathrm{NTU} = \frac{1}{\psi} \frac{1}{R_c - 1} \ln \frac{1 - \varepsilon}{1 - \varepsilon R_c} \tag{1.41}$$

或

$$\mathrm{NTU} = \frac{1}{\psi} \frac{1}{R - 1} \ln \frac{1 - P}{1 - PR}$$

当 $W_1 = W_{\min}$ 时的关系为

$$\varepsilon = P'; R_c = R'$$

而且仍有式（1.41）所示的关系，并且

$$\mathrm{NTU} = \frac{1}{\psi} \frac{1}{R' - 1} \ln \frac{1 - P'}{1 - P'R'}$$

因而就可借此将某种流动方式的 $\mathrm{NTU} = \phi(\varepsilon, R_c)$ 关系转化成 $\psi = f(P, R)$ 或 $\psi = f(P', R')$ 的关系。

（3）考察一下传热有效度 ε 的公式(1.33b)和式(1.33c)，它们实际上是以温度形式反映出热、冷流体可用热量被利用的程度，故此两式实质上表示了热流体的温度效率和冷流体的温度效率，因此除通常使用的传热有效度－传热单元数外，还有一种温度效率－传热单元数法[4]，后者可任意对热流体或冷流体进行定义，而不必区分何者为小热容量流体，给计算带来许多方便。

于是，仍用符号 ε 表示温度效率时：

热流体的温度效率 $\varepsilon_1 = \delta t_1/(t_1' - t_2')$，冷流体的温度效率 $\varepsilon_2 = \delta t_2/(t_1' - t_2')$。与之相应的

$$R_{c1} = W_1/W_2, R_{c2} = W_2/W_1$$

$$\mathrm{NTU}_1 = KF/W_1, \mathrm{NTU}_2 = KF/W_2$$

这时，$\varepsilon = \phi(\mathrm{NTU}, R_c)$ 的关系不变，但 R_c 值可能小于、等于或大于1，因此本书的 $\varepsilon - \mathrm{NTU}$ 图中，同时绘有 $R_c \leqslant 1$ 和 $R_c > 1$ 的曲线，而当 $R_c \leqslant 1$ 时，温度效率恰恰就是传热有效度。

以上各点，对于后面所述其他流型的 $\varepsilon - \mathrm{NTU}$ 关系同样适用。

[例1.3]　温度为99℃的热水进入一个逆流热交换器，将4℃的冷水加热到32℃。热水流量为9 360 kg/h，冷水流量为4 680 kg/h，传热系数为830 W/(m²·℃)，试计算该热交换器的传热面积和传热有效度。

[解]　按题意可将温度工况示意如下：

$$t_1' = 99\ ℃ \xrightarrow{\text{热水}} t_1'' = ?$$

$$t_2'' = 32\ ℃ \xleftarrow{\text{冷水}} t_2' = 4\ ℃$$

热水热容量　$W_1 = \dfrac{9\ 360}{3\ 600} \times 4\ 186 = 10\ 883.6 \mathrm{W/℃}$

冷水热容量　$W_2 = \dfrac{4\ 680}{3\ 600} \times 4\ 186 = 5\ 441.8 \mathrm{W/℃}$

因而　　　$W_1 = W_{\max}, W_2 = W_{\min}$

由热平衡关系 $10\ 883.6 \times (99 - t_1'') = 5\ 441.8(32 - 4)$，故

$$t_1'' = 85\ ℃$$

而　$R_c = W_2/W_1 = 5\ 441.8/10\ 883.6 = 0.5, \varepsilon = \dfrac{t_2'' - t_2'}{t_1' - t_2'} = \dfrac{32 - 4}{99 - 4} = 0.295$

将以上数据代入式(1.39)，即 $0.295 = \dfrac{1 - \exp[-\mathrm{NTU} \times 0.5]}{1 - 0.5\exp[-\mathrm{NTU} \times 0.5]}$，得

$$\mathrm{NTU} = 0.38$$

故传热面积

$$F = \frac{\mathrm{NTU} \cdot W_{\min}}{K} = \frac{0.38 \times 5\ 441.8}{830} = 2.49\ \mathrm{m}^2$$

此例若以平均温差法计算时

$$\Delta t_{1m} = \frac{(85 - 4) - (99 - 32)}{\ln \dfrac{85 - 4}{99 - 32}} = 73.8\ ℃$$

所需传热面积仍为　$F = 5\ 441.8 \times 28/(830 \times 73.8) = 2.49\ \mathrm{m}^2$

若用热流体的温度效率计算 ε、R_c、NTU 三值时，可得到 $\varepsilon_1 = 0.147, R_{c1} = 2, \mathrm{NTU}_1 = 0.19$，而 F 仍为 $2.49\ \mathrm{m}^2$。

1.3.3　其他流动方式时的传热有效度

Kays 和 London 对于许多流动方式的 $\varepsilon - \mathrm{NTU}$ 关系作了介绍[5]，并绘成线图，供设计时引用。下面仍以〈1-2〉型和错流式热交换器为例进行推导。

1)〈1-2〉型热交换器

该型热交换器的传热有效度可直接按式(1.18)作进一步分析求得。即

$$\xi(t'_1 - t''_1)\frac{\exp(m_a L) + \exp(m_b L)}{\exp(m_a L) - \exp(m_b L)} = t'_1 + t''_1 - t''_2 - t'_2$$

注意到 S 为每一流程单位长度上的传热面积，故

$$m_a L = \frac{KF}{2W_1}\left[1 + \sqrt{1 + \left(\frac{W_1}{W_2}\right)^2}\right], m_b L = \frac{KF}{2W_1}\left[1 - \sqrt{1 + \left(\frac{W_1}{W_2}\right)^2}\right]$$

为了推导的方便，假定热流体是小热容量流体，故

$$R_c = \frac{W_1}{W_2}, \frac{KF}{W_1} = \mathrm{NTU}$$

将其代入式(1.18)，得

$$\sqrt{1+R_c^2}\,\frac{\exp\left[\dfrac{\mathrm{NTU}}{2}(1+\sqrt{1+R_c^2})\right] + \exp\left[\dfrac{\mathrm{NTU}}{2}(1-\sqrt{1+R_c^2})\right]}{\exp\left[\dfrac{\mathrm{NTU}}{2}(1+\sqrt{1+R_c^2})\right] - \exp\left[\dfrac{\mathrm{NTU}}{2}(1-\sqrt{1+R_c^2})\right]}$$

$$= \frac{(t'_1 + t''_1) - (t''_2 + t'_2)}{t'_1 - t''_2} \qquad (a)$$

令 $\varGamma = \mathrm{NTU}\sqrt{1+R_c^2}$，则式(a)等号之左等于

$$\sqrt{1+R_c^2}\,\frac{\exp\left(\dfrac{\varGamma}{2}\right) + \exp\left(-\dfrac{\varGamma}{2}\right)}{\exp\left(\dfrac{\varGamma}{2}\right) - \exp\left(-\dfrac{\varGamma}{2}\right)} = \sqrt{1+R_c^2}\left(\frac{1+\mathrm{e}^{-\varGamma}}{1-\mathrm{e}^{-\varGamma}}\right) \qquad (b)$$

式(a)等号之右，由于

$$\varepsilon = \frac{t'_1 - t''_1}{t'_1 - t'_2}, 1-\varepsilon = \frac{t''_2 - t'_2}{t'_1 - t'_2}, \quad \frac{t'_1 - t''_2}{t'_1 - t''_1} = \frac{1 - \varepsilon R_c}{\varepsilon}$$

故

$$\frac{(t'_1 + t''_1) - (t''_2 + t'_2)}{t'_1 - t''_1} = \frac{2}{\varepsilon} - (1 + R_c) \qquad (c)$$

于是式(a)得到了简化，成为

$$\sqrt{1+R_c^2}\left(\frac{1+\mathrm{e}^{-\varGamma}}{1-\mathrm{e}^{-\varGamma}}\right) = \frac{2}{\varepsilon} - (1 + R_c)$$

最后得到

$$\varepsilon = \frac{2}{(1+R_c) + \sqrt{1+R_c^2}(1+\mathrm{e}^{-\varGamma})/(1-\mathrm{e}^{-\varGamma})} \tag{1.42}$$

由此绘成的线图，见图 1.20。管侧流体相对于壳侧流体来说，无论是先逆后顺，还是先顺后逆，式(1.42)和图 1.20 均适用。对于〈1-2n〉型热交换器，其 ε 与〈1-2〉型相差很小，因而也可用上述结论。

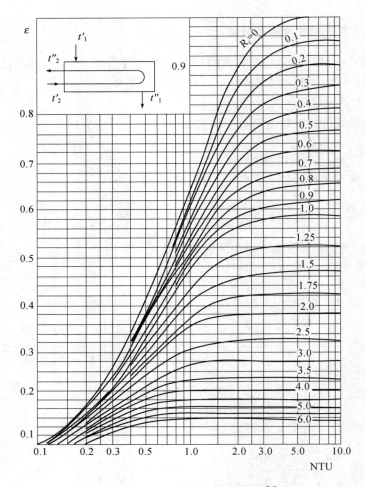

图 1.20 〈1—2〉型热交换器的 ε[4]

2) 两流体中仅一种有混合的错流式热交换器

这种流动方式已表示在图 1.4(b) 中,在推导平均温差时已得到过下式:

$$\Delta t_{\mathrm{m}} = - \frac{t_2'' - t_2'}{\ln\left[1 + \dfrac{t_2'' - t_2'}{t_1' - t_1''}\ln\dfrac{t_1' - t_2'}{t_1' - t_2''}\right]}$$

考虑到

$$\frac{t_2'' - t_2'}{\Delta t_{\mathrm{m}}} = \frac{KF}{W_2} = \mathrm{NTU}, \frac{t_1' - t_1''}{t_2'' - t_2'} = R_c$$

而由式(1.15)

$$\frac{t_1'' - t_2'}{t_1' - t_2'} = 1 - PR_c = 1 - \varepsilon R_c$$

于是上式成为

$$-\mathrm{NTU} = \ln\left[1 + \frac{1}{R_c}\ln(1 - \varepsilon R_c)\right]$$

或
$$\varepsilon = \frac{1 - \exp\{-R_c[1 - \exp(-NTU)]\}}{R_c}$$
(1.43)

此即 ε 与 NTU 间的关系,依此绘成的线图,见图 1.21。

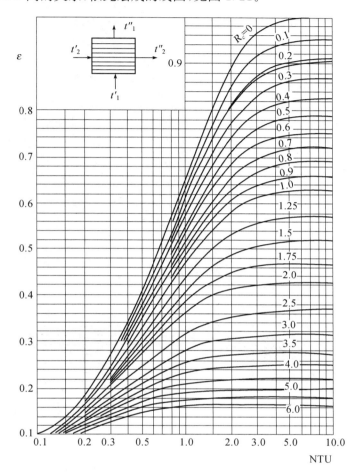

图 1.21　两种流体中仅有一种混合的错流式热交换器的 ε[4]

3) 其他更为复杂的流型

举出如下一些计算公式。对于〈2−4〉型,有

$$\varepsilon = \left[\left(\frac{1-\varepsilon_1 R_c}{1-\varepsilon_1}\right)^2 - 1\right]\left[\left(\frac{1-\varepsilon_1 R_c}{1-\varepsilon_1}\right)^2 - R_c\right]^{-1}$$
(1.44)

式中 ε_1 为由式(1.42)算得的值,它对〈2−4n〉型也适用。按式(1.44)所作的线图,见图 1.22。

对于两种流体都不混合的错流式热交换器,其近似关系如下,但下式只有在 $R_c \approx 1$ 时才有把握,一般情况下,推荐使用图 1.23 而不使用下式[6]。

$$\varepsilon = 1 - \exp[R_c(NTU)^{0.2}\{\exp[-R_c(NTU)^{0.78}] - 1\}]$$
(1.45)

对于多次错流,其组合方式很多,图 1.24 所示为流体 A 在管程内互不混合,流体 B 混合,但两种流体在两段间均有混合的二次错流,其传热有效度

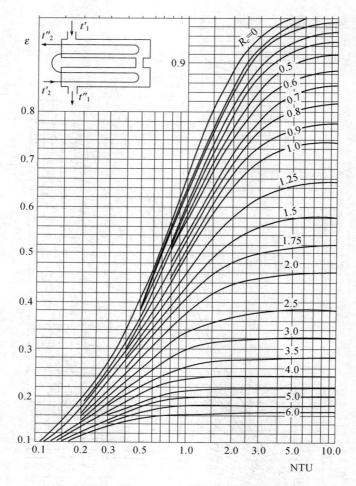

图 1.22 〈2—4〉型热交换器的 ε [4]

$$\varepsilon = \frac{2\varepsilon_i - \varepsilon_i^2(1+R_c)}{1-\varepsilon_i^2 R_c} \tag{1.46}$$

其中 ε_i 为各分段的传热有效度。当各段传热系数及传热面积相等时,总传热单元数的 1/2 即为分段的传热单元数,于是可利用式(1.43)或图 1.21 得出 ε_i。

图 1.25 表示的是三次错流,A 为非混合流,B 为混合流,但 A、B 在三段之间均有混合,其传热有效度[2]:

$$\varepsilon = \frac{3\varepsilon_i - 3\varepsilon_i^2(1+R_c) + \varepsilon_i^3(1+R_c+R_c^2)}{1-\varepsilon_i^2 R_c(3-\varepsilon_i-\varepsilon_i R_c)} \tag{1.47}$$

其中的 ε_i 仍为各分段的传热有效度,它是以总传热单元数的 1/3 作为分段的传热单元数,利用式(1.43)求得的。

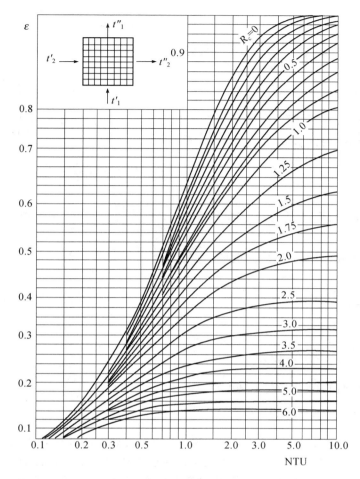

图 1.23　两种流体都不混合的错流式热交换器的 $\varepsilon^{[4]}$

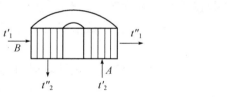

图 1.24　二次错流

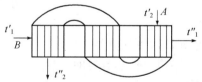

图 1.25　三次错流

[例 1.4]　有一管式空气预热器,烟气流过管内,在管程间有横向混合,如图 1.26 所示,已知其传热面积 $F = 1\,353\ \text{m}^2$,传热系数 $K = 14\ \text{W/(m}^2\cdot\text{℃)}$,烟气的热容量 $W_1 = 14\,460\ \text{W/℃}$,进口温度 $t_1' = 465\ \text{℃}$,空气热容量 $W_2 = 10\,540\ \text{W/℃}$,进口温度 $t_2' = 135\ \text{℃}$,求烟气及空气的出口温度。

[解]　传热单元数　$\text{NTU} = \dfrac{KF}{W_2} = \dfrac{14 \times 1\,353}{10\,540} = 1.8$,热容量比 $R_c = \dfrac{W_{\min}}{W_{\max}} = \dfrac{10\,540}{14\,460}$

$= 0.729$,分传热单元数 $(\text{NTU})_i = \dfrac{1}{2} \times \text{NTU} = \dfrac{1}{2} \times 1.8 = 0.9$。

查与本题相应的一次错流的线图 1.21,得 $\varepsilon_i = 0.485$,于是可利用式(1.46)计算总的传

热有效度

$$\varepsilon = \frac{2 \times 0.485 - 0.485^2 \times (1 + 0.729)}{1 - 0.485^2 \times 0.729} = 0.68$$

空气出口温度

$$t_2'' = t_2' + \varepsilon(t_1' - t_2') = 135 + 0.68(465 - 135) = 359.4 \ ℃$$

由热平衡可求出烟气出口温度

$$t_1'' = t_1' - R_c(t_2'' - t_2') = 465 - 0.729(359.4 - 135) = 301.4 \ ℃$$

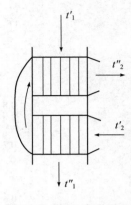

图 1.26　例 1.4 附图

1.4　热交换器热计算方法的比较

设计性热计算和校核性热计算的基本方程为
传热方程式

$$Q = KF \Delta t_{\mathrm{m}} = KFf(t_1', t_1'', t_2', t_2'')$$

热平衡方程式

$$Q = W_1(t_1' - t_1'') = W_2(t_2'' - t_2')$$

从此可知在热计算时共有七个基本量,即

$$(KF), W_1, W_2, t_1', t_1'', t_2', t_2''$$

这七个量中,必须事先给出五个才能进行计算,采用平均温差法或传热单元数法都可得到相同的结果,但在解题时的具体步骤却有所不同。通过具体设计实践可以看出,对于设计性热计算,平均温差法和传热单元数法在繁简程度上没有多大差别,但在采用平均温差法时,可以通过 ψ 值的大小判定所拟定的流动方式与逆流之间的差距,有利于流动型式的比较。而在校核性热计算时,两种方法都要试算。在某些情况下,K 是已知数值或可套用经验数据时,采用传热单元数法更加方便。

因此,在设计性热计算时,最好采用平均温差法;而在校核性热计算时,传热单元数法能显现出更大的优越性。

此外,米勒(Mueller)还提出了一种分别不同流动方式,把有关变量综合到一起加以图解的方法[7],它同时采纳了平均温差法和传热单元数法的优点,对设计计算和校核计算都很方便。此法是在图上以 $\theta = \dfrac{\Delta t_{\mathrm{m}}}{t_1' - t_2'}$ 为纵坐标,以 P 为横坐标,针对不同热容量比 R 作出一组曲线,图 1.27 所示即为〈1-2〉型热交换器的 θ-P 图。利用它,在设计热计算时,无需算出逆流时的对数平均温差,而只要由 P、R 直接查得 θ 即可求得平均温差 Δt_{m};在作校核热计算时,则可运用图上已标明的 W/KF 值(NTU 的倒数) 和 R 求得 P,进一步求出终温。此外,在图上还作有等 ψ 线,可用来比较与逆流的差距。在参考文献[7]中的第 18 篇,列出了此法的全套线图和方程式。

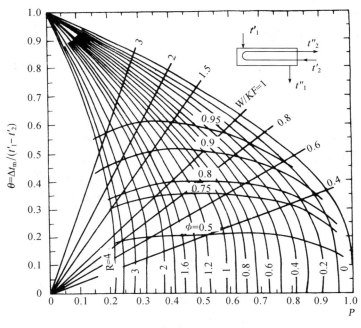

图 1.27 〈1—2〉型热交换器的 θ-P 图[7]

1.5　流体流动方式的选择

流体在热交换器内的流动方式对整个设计的合理性有很大的影响,因而对流动方式的选择,应予以充分注意。在作具体考虑时,可注意以下几个方面:

(1) 在给定的温度状况下,保证获得较大的平均温差,以减小传热面积,降低金属或其他材料的消耗;

(2) 使流体本身的温度变化值(δ_1 或 δ_2)尽可能大,从而使流体的热量得到合理利用,减少它的消耗量,并可节省泵或风机的投资与能量消耗;

(3) 尽可能使传热面的温度比较均匀,并使其在较低的温度下工作,以便用较便宜的材料制造热交换器;

(4) 应有最好的传热工况,以便得到较高的传热系数,同样起到减小传热面的作用。

以上各点往往存在矛盾,应该根据具体情况和主要要求,摒弃某些次要因素来考虑问题。

现分别就顺流和逆流以及混流和错流来做些比较。

1. 顺流和逆流

在各种流动方式中,顺流和逆流可以看做是两个极端情况。从前面所述的基本原理中,可以看出:

(1) 在流体的进、出口温度相同的条件下,以逆流的平均温差最大,顺流的平均温差最小,其他各种流动方式的平均温差均介于顺流、逆流之间。因此,在逆流时可减小所需的传热面,或者在传热面相同时,逆流可传递较多的热量。

(2) 逆流时,冷流体的出口温度 t''_2 可高于热流体的出口温度 t''_1,而在顺流时,t''_2 总是低于 t''_1,因而在逆流时,热流体或冷流体的温度变化值 δt 可以比较大,从而有可能使流体消耗量减少。但要注意，不能片面追求高的 δt，因为 δt 的增加使热交换器两端的温差 $\Delta t'$ 和 $\Delta t''$ 有所降低，因而会使平均温差有相当程度的降低，在一定的热负荷下，会影响到传热面的相应增加。

因此，从热工观点看，逆流肯定比顺流有利，工业上所使用的热交换器中，流体流动方向多数均为逆流，或者尽量设法接近逆流。

但应考虑到在采用逆流时，流体的最高温度 t_2'' 和 t_1' 发生在热交换器同一端，使该端在较高壁温下工作。再者，逆流时流体的温度变化大，使传热面在整个长度方向上温度差别大，壁面温度不够均匀，而顺流方式却在这些方面优于逆流。当冷流体在最后加热阶段遇到高温要有化学变化的危险时，就不能采用逆流。采用顺流就有可能使用较经济的材料和避免复杂的结构（由于热应力等）。因而当热流体的温度高，或当产品在高温下可能产生化学变化时，为降低进口附近的壁温，有时就有意采用顺流，或者把换热面分段串联，低温段采用逆流，高温段采用顺流，例如有的蒸汽锅炉的高温过热器就采用这种方式布置。

当一种流体在有相变的情况下传热时，就没有顺、逆流的区别。同样，当两种流体的热容量相差较大（$\frac{W_1}{W_2} > 10$ 或 $\frac{W_1}{W_2} < 0.05$）时，或者平均温差比冷、热流体本身的温度变化大得多时，顺、逆流的差别就不显著了。

2. 混流和错流

混流和错流的平均温差介于顺流和逆流之间，但纯粹的逆流和顺流，只有在套管式或螺旋板式这一类热交换器中才能实现。其他热交换器，例如为了保证管内或管外流体有足够流速，就得采用不同的程数。因此，混流或错流的选择不是完全从热工角度出发，更多的是由结构所决定。

在选用混流热交换器时应注意以下几点：

（1）若是管内程数为偶数的简单混流（所谓简单混流是指管外程数是单程），两种流体不论是先逆流还是先顺流，在相同的进、出口温度下比较，可得到同样的平均温差。另外，〈1—2n〉型（$n = 2,3,4,\cdots$）热交换器的 ψ 值比〈1—2〉型热交换器的 ψ 值虽有所降低，但相差很小。

对〈1—2〉型热交换器，有时为了获取最大的热回收量，冷流体终温 t_2'' 必须尽可能地高，（$t_1'-t_2''$）称为趋近温度（Approach Temperature），而当 $t_2'' > t_1'$ 时，称为发生了温度交叉，对于单壳程热交换器而言，此时的 ψ 值迅速下降。表 1.2 所列第一种情况和第二种情况的对比中表明，同样的布置和流动方式（图 1.28a），趋近温度值越小，ψ 值越低。

表 1.2　不同情况下的 ψ 值

项　目	第一种情况	第二种情况	第三种情况
流体温度，℃	$t_1' = 340$　$t_1'' = 240$	$t_1' = 300$　$t_1'' = 200$	$t_1' = 270$　$t_1'' = 170$
	$t_2' = 90$　$t_2'' = 190$	$t_2' = 100$　$t_2'' = 200$	$t_2' = 90$　$t_2'' = 190$
	$\delta t_1 = 100$　$\delta t_2 = 100$	$\delta t_1 = 100$　$\delta t_2 = 100$	$\delta t_1 = 100$　$\delta t_2 = 100$
趋近温度（$t_1''-t_2''$），℃	50	0	温度交叉 20
P	0.4	0.5	0.56
R	1	1	1
ψ	0.92	0.8	0.64

在采用先逆流后顺流的热交换器时,要特别注意温度交叉问题,以图1.28(b)为例,相应的温度工况如表1.2第三种情况所示,两流体有20℃的温度交叉,这时冷流体流动过程中某处的温度将比热流体的温度高,超过此处,冷流体不再被加热,而是被冷却,ψ值将降低到大约0.64。

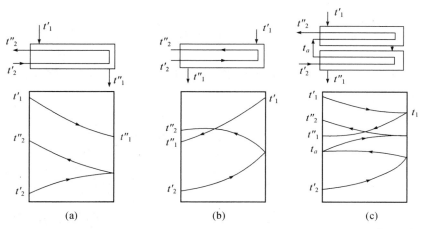

图1.28 〈1－2〉型与〈2－4〉型热交换器中的温度分布

因此,对先逆后顺的〈1－2〉型热交换器,温度交叉现象应予避免,避免的方法可以增加管外程数或改成两台单壳程热交换器串联工作,如图1.28(c)那样,对于第一台,热流体温度自t'_1降至t_1,而冷流体温度从t_a升高到t''_2。对于第二台,热流体温度从t_1降到t''_1,而冷流体温度从t'_2升高到t_a,它们都没有发生温度交叉,此时本例的ψ值约有0.93。

(2)若是管内程数为奇数的简单混流,增加其中的逆流程数,可使平均温差提高。这是很明显的,因为其中逆流部分的传热面积增加了。

(3)采用多次混流(管内与管外同时分为若干流程时),可以比较显著地提高平均温差的数值。例如〈2－4〉型可显著高于〈1－2〉型,〈3－6〉型又高于〈2－4〉型。但多次混流虽增加了平均温差,同时也提高了流速,增加了传热系数,而结构却复杂了,增加了制造的困难以及流动的阻力,故在选择时应慎重考虑。

流体间严格垂直的错流式热交换器不会遇到很多,图1.13所示只有一种流体有横向混合的一次错流是遇到较多的,而图1.14所示的两种流体均无横向混合的一次错流应用不多,但它的平均温差值要比前者高一些。

2 管壳式热交换器

从本章起,将分别叙述不同类型热交换器的具体结构、工作原理和设计步骤等方面的一些主要问题。

在间壁式热交换器这一大类中,应用得最为普遍、研究得最多的当推管壳式热交换器,因而对它的了解有着普遍的意义。

2.1 管壳式热交换器的类型、标准与结构

2.1.1 类型和标准

管壳式热交换器按其结构的不同一般可分固定管板式、U 形管式、浮头式和填料函式四种类型。

1) 固定管板式热交换器

图 0.5 和图 0.6 中所示的热交换器,是将管子两端固定在位于壳体两端的固定管板上,由于管板与壳体固定在一起,所以称之为固定管板式热交换器。与后述几种相比,它的结构比较简单,重量轻,在壳程程数相同的条件下可排的管数多。但是它的壳程不能检修和清洗,因此宜于流过不易结垢和清洁的流体,当管束与壳体的温差太大而产生不同的热膨胀时,常会使管子与管板的接口脱开,从而发生流体的泄漏。为避免后患可在外壳上装设膨胀节,如图 2.1 所示。但它只能减小而不能完全消除由于温差而引起的热应力,且在多程热交换器中,这种方法不能照顾到管子的相对移动。

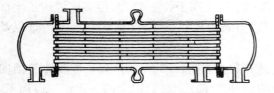

图 2.1　具有膨胀节的热交换器

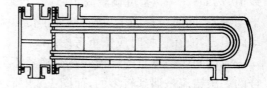

图 2.2　U 形管式热交换器

2) U 形管式热交换器

U 形管式热交换器(图 2.2)的管束由 U 字形弯管组成。管子两端固定在同一块管板上,弯曲端不加固定,使每根管子具有自由伸缩的余地而不受其他管子及壳体的影响。这种热交换器在需要清洗时可将整个管束抽出,但要清除管子内壁的污垢却比较困难;因为弯曲的管子需要一定的弯曲半径,因而在制造时需用不同曲率的模子弯管,这会使管板的有效利用率降低;此外,损坏的管子也难于调换,U 形管管束的中心部分空间对热交换器的工作有着不利的影响。由于这些缺点的存在,使得它的应用受到很大的限制。

3）浮头式热交换器

这种热交换器如图2.3所示,它的两端管板只有一端与壳体以法兰实行固定连接,这一端称为固定端。另一端的管板不与壳体固定连接而可相对于壳体滑动,这一端被称为浮头端。因此,在这种热交换器中,管束的热膨胀不受壳体的约束,壳体与管束之间不会因差胀而产生热应力。这种热交换器在需要清洗和检修时,仅将整个管束从固定端抽出即可进行。由于浮头位于壳体内部,故又称内浮头式热交换器。它的缺点是,浮头盖与管板法兰连接有相当大的面积,结果使壳体直径增大,在管束与壳体之间形成了阻力较小的环形通道,部分流体将由此处旁通而不参加热交换过程。上述优缺点表明,对于管子和壳体间温差大,壳程介质腐蚀性强、易结垢的情况,浮头式热交换器能很好地适应,但它的结构复杂,金属消耗量多,也使它的应用受到一定限制。

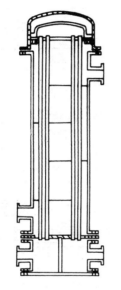

图2.3　浮头式热交换器

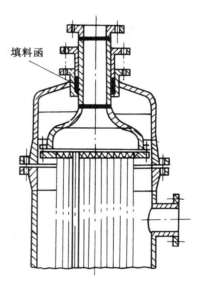

填料函

图2.4　填料函式热交换器

4）填料函式热交换器

这是一种使一端管板固定而让另一端管板可在填料函中滑动的热交换器,其结构如图2.4所示,实际上它是将浮头露在壳体外面的浮头式热交换器,所以又称外浮头式热交换器。由于填料密封处容易泄漏,故不宜用于易挥发、易燃、易爆、有毒和高压流体的热交换。而且由于制造复杂,安装不便,因而此种结构不常采用。

管壳式热交换器的主要组合部件有前端管箱、壳体和后端结构(包括管束)三部分,详细分类及代号见图2.5,三个部分的不同组合,就形成结构不同的热交换器。为了搞清管壳式热交换器的一般结构,现以一个浮头式热交换器为例,将它示于图2.6中。这台浮头式热交换器的前端管箱,属于图2.5所示的A型(平盖管箱),也可用B型(封头管箱)。而其壳体是一个单程壳体,属于图2.5中的E型。其后端结构,是一个钩圈式浮头,属于图2.5中所示的S型。因而将此热交换器命名为AES浮头式热交换器或BES浮头式热交换器,它的各个零部件名称示于表2.1。

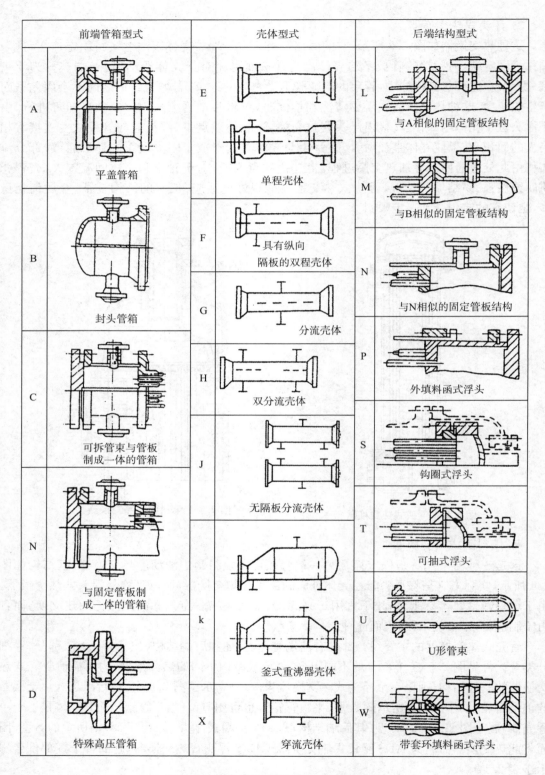

图 2.5 管壳式热交换器结构型式及代号

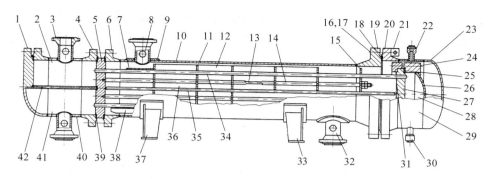

图 2.6　AES、BES 浮头式热交换器

表 2.1　AES、BES 浮头式热交换器零部件名称表

序　号	名　　称	序　号	名　　称	序　号	名　　称
1	音箱平盖	15	支持板	29	外头盖(部件)
2	平盖管箱(部件)	16	双头螺柱或螺栓	30	排液口
3	接管法兰	17	螺母	31	钩圈
4	管箱法兰	18	外头盖垫片	32	接管
5	固定管板	19	外头盖侧法兰	33	活动鞍座(部件)
6	壳体法兰	20	外头盖法兰	34	换热管
7	防冲板	21	吊耳	35	挡管
8	仪表接口	22	放气口	36	管束(部件)
9	补强圈	23	凸形封头	37	固定鞍座(部件)
10	壳程园筒	24	浮头法兰	38	滑道
11	折流板	25	浮头垫片	39	管箱垫片
12	旁路挡板	26	球冠形封头	40	管箱圆筒
13	拉杆	27	浮动管板	41	封头管箱(部件)
14	定距管	28	浮头盖(部件)	42	分程隔板

　　由于管壳式热交换器的使用历史悠久,且其结构简单、应用普遍,因而对它的设计、制造、安装、检修和管理都已积累了比较丰富的经验,各国在此基础上形成了各自的标准、规范和规定。例如美国的 TEMA 标准,日本的 JIS B 8249 标准,英国的 BS 5500 标准以及联邦德国的 AD 规范等,其中制定年代较早、广为熟知和采用的当推美国管式换热器制造商协会(Tubular Exchanger Manufactures Association)所定的 TEMA 标准。

　　我国在管壳式热交换器的设计、制造方面也早已有自己的国家标准。在经过多次修订的基础上,国家技术监督局在 1989 年发布了标准号为 GB 151—1989 的《钢制管壳式换热器》,随后国家技术监督局又在 1999 年对此标准进行修订,公布了新的标准《管壳式换热器》(标准号为 GB 151—1999)。目前,我国正在执行的是由国家质量监督检验检疫总局和国家标准化管理委员会在 2014 年 12 月 5 日共同发布的国家标准《热交换器》(标准号为 GB/T 151—2014)[1],它规定了金属制热交换器的通用要求,并规定了管壳式热交换器材料、设计、制造、检验、验收及其安装、使用的要求。

　　该标准对管壳式热交换器适用的设计压力不大于 35 MPa,适用的公称直径不大于 4 000 mm,设计压力(MPa)与公称直径(mm)的乘积不大于 2.7×10^4。

按 GB/T 151—2014 的规定,管壳式热交换器的型号由结构型式、公称直径、设计压力、公称换热面积、公称长度、换热管外径、管／壳程数、管束等级等字母代号组合表示,示例于图 2.7。

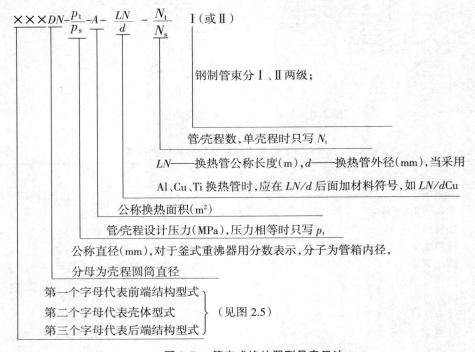

图 2.7　管壳式换热器型号表示法

示例:浮头式热交换器,可拆平盖管箱,公称直径为 500 mm,管程和壳程设计压力均为 1.6 MPa,公称换热面积为 54 m²,换热管外径 25 mm,公称长度 6 m,4 管程,单壳程的钩圈式浮头式热交换器,其型号为:

$$AES\ 500 - 1.6 - 54 - \frac{6}{25} - 4\ I$$

2.1.2　管子在管板上的固定与排列

管子构成热交换器的传热面,它的材料应根据工作压力、温度和流体腐蚀性、流体对材料的脆化作用及毒性等决定,可选用碳钢、合金钢、铜、塑料、石墨等。

1) 管子在管板上的固定

管子在管板上的固定方法应能保证连接牢固,常用的方法有胀管法与焊接法两种。在高温高压且其接头在操作中受反复热变形、热冲击和热腐蚀的作用时,为保证其可靠性,有时采取胀焊并用的方法,对于非金属管及铸铁管也采用垫塞法固定。比较先进的还有爆炸胀接法、爆炸焊接法、液压胀管法、黏胀法等等。

胀管法通常能保证连接的严密性,同时易于更换损坏的管子。胀接接头不仅受温度影响,还受到操作压力、材质和其他条件的影响,因而不能简单地判定它的适用范围。目前一般多用于压力低于 4MPa 和温度低于 300 ℃ 的条件下。因为高温要使管子与管板产生蠕变,从而引起胀接处的松弛而泄漏，故对高温、高压以及易燃、易爆的流体，比较多的采用焊接法。另外，当热交换器内压力大于 0.6MPa，或当不论何种压力但流体易挥发时，则在胀管前应在管孔中车以小槽，然后将管子胀好，以增加管子拔出时的阻力。

焊接法在高温高压下仍能保持连接的紧密性，对管板孔的加工要求较低，同时比胀管的工艺简便。但它在焊接接头处的热应力可能造成应力腐蚀和破裂，同时在管孔和管子间存在的间隙处也可能产生间隙腐蚀。为免此患，有时可先胀一下之后再焊。

2）管子在管板上的排列

在确定管子在管板上的排列方式时，应该考虑下列原则：

（1）要保证管板有必要的强度，而且管子和管板的连接要坚固和紧密；

（2）设备要尽量紧凑，以便减小管板和壳体的直径，并使管外空间的流通截面减小，以便提高管外流体的流速；

（3）要使制造、安装和修理、维护简便。

这些要求能否满足，关键在于管子的排列方式和管间距的正确选择。

管子的排列方式常用的有：等边三角形排列（或称正六角形排列）法、同心圆排列法和正方形排列法，如图 2.8 所示。

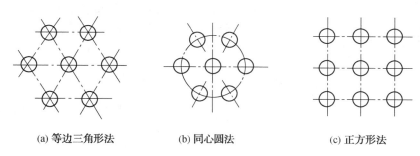

(a) 等边三角形法   (b) 同心圆法   (c) 正方形法

图 2.8　管子在管板上的排列

按等边三角形排列时，流体流动方向与三角形的一条边垂直，最内层六边形的边长等于 S，通常在管板周边与六边形的边之间的六个弓形部分内不排列管子，但当层数 $a > 6$ 时，则在这些弓形部分也应排列管子，这时最外层管子的中心不应超出最大六边形的外接圆周。

管子按同心圆排列时，管距 s 既为两层圆周之间的距离，也作为圆周上管子的间距，但是直线间距和弧形间距稍有差别，因而在圆周上布置管子只取整数，从而采用这种排列方式时，各层圆周上的管间距是不相等的，这就使得管板上的划线、制造和装配都比较困难。这种排列方式的优点是比较紧凑，且靠近壳体处布管均匀，在小直径热交换器中，这种方式的布管数比等边三角形要多。但当层数 $a > 6$ 时，由于六边形的弓形部分可排管子，故等边三角形排列显得有利，且层数越多越有利。同时从前面所提出的简单、紧凑和工艺方面的各项要求来说，等边三角形排列方式也都能得到满足，因而它也是最合理的排列方式。

对于正方形排列，在一定的管板面积上可排列的管数最少，但它易于清扫，故在易于生成污垢、需将管束抽出清洗的场合得到一定的应用，例如在浮头式和填料函式热交换器中，采用这种排列法是比较多的。

除上述三种方式外，也可采用组合的排列方式，例如在多管程热交换器中，每一程都采用等边三角形排列，而在各程相邻管排间，为便于安装隔板，则采用正方形排列，如图 2.9。值得注意的是，在多管程热交换器中，分程隔板要占一部分管板面积，因而实际排管数必须由作图确定，此外，还有使流体的流动方向与三角形的一条边平行的转角等边三角形排列法以及使流体的流动方向与正方形的一条对角线垂直的转角正方形排列法，见图 2.10。

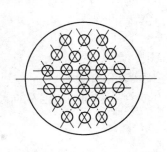

图 2.9　组合排列法

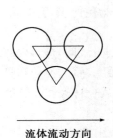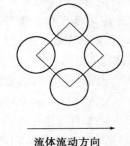

流体流动方向　　　　　流体流动方向

图 2.10　转角排列

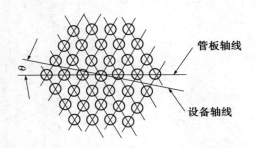

图 2.11　管板与设备轴线的偏转角

转角排列在清洗方面的条件与不转角的类似。对于卧式冷凝器，按转角等边三角形排列时，管板的轴线（指六边形对角线）与水平轴线间比较有利的偏转角，如图 2.11 所示的 θ，可按下式计算[2]：

$$\theta = 30° - \arcsin \frac{d_0}{2s} \tag{2.1}$$

式中，d_0 为管子外径；s 为管间距。对正方形排列，$\theta = 26°25'$。

3）换热管中心距

管板上两根管子中心线的距离称为换热管中心距，其大小主要与管板强度和清洗管子外表所需间隙、管子在管板上的固定方法等有关。采用焊接法时，中心距太小，焊缝太近，就不能保证焊接质量。而采用胀管法时，过小的中心距会造成管板在胀接时由于挤压力的作用而产生变形，失去了管板与管子之间的连接力。一般认为换热管中心距以不小于 1.25 倍的管外径为宜。常用的换热管中心距的值如表 2.2 所示。对于多管程分程隔板处的中心距，最小应为中心距加隔板槽密封面的宽度，其值也列在表中。

表 2.2　换热管中心距[1]　　　　　　　　　　单位：mm

换热管外径	10	12	14	16	19	20	22	25	30	32	35	38	45	50	55	57
换热管中心距 s	13～14	16	19	22	25	26	28	32	38	40	44	48	57	64	70	72
分程隔板槽两侧相邻管中心距 l_E	28	30	32	35	38	40	42	44	50	52	56	60	68	76	78	80

注：① 当管间需要机械清洗时应采用正方形排列，且管间通道应连续直通，相邻管间的净空距离（$s-d$）不宜小于 6 mm，对于外径为 10 mm、12 mm 和 14 mm 的换热管的中心距分别不得小于 17 mm、19 mm 和 21 mm。

② 外径为 25 mm 的换热管，用转角正方形排列时，其分程隔板槽两侧相邻的管间距可取 32 mm×32 mm 的正方形的对角线长，即 $l_E = 45.25$ mm。

4) 布管限定圆

按照上述方法排列管子时,热交换器管束外缘直径受壳体内径的限制,因此在设计时要将管束外缘置于布管限定圆之内,布管限定圆直径 D_L 值的大小按结构型式而异,对于浮头式热交换器,如图 2.12(a) 所示:

$$D_L = D_i - 2(b_1 + b_2 + b) \tag{2.2}$$

对于固定管板式、U 形管式热交换器,如图 2.12(b) 所示:

$$D_L = D_i - 2b_3 \tag{2.3}$$

式中 b—— 见图 2.12(a),其值可作如下选取:

当 $D_i < 1\,000$ mm 时,$b > 3$ mm;

当 $D_i = 1\,000 \sim 2\,600$ mm 时,$b > 4$ mm;

b_1—— 见图 2.12(a),当 $D_i \leqslant 700$ mm 时,$b_1 = 3$ mm;

当 $D_i > 700 \sim 1\,200$ mm 时,$b_1 = 5$ mm;

当 $D_i > 1\,200 \sim 2\,000$ mm 时,$b_1 = 6$ mm;

当 $D_i > 2\,000 \sim 2\,600$ mm 时,$b_1 = 7$ mm;

b_2—— 见图 2.12(a),$b_2 = (b_n + 1.5)$ mm;

b_3—— 固定管板式,U 形管式热交换器管束周边换热管外表面至壳体内壁的最小距离(见图 2.12(b))$b_3 > 0.25d$,且不宜小于 8 mm;

b_n—— 垫片宽度,其值

当 $D_i \leqslant 700$ mm 时,$b_n \geqslant 10$ mm;

当 $D_i > 700 \sim 1\,200$ mm 时,$b_n \geqslant 13$ mm;

当 $D_i > 1\,200 \sim 2\,000$ mm 时,$b_n \geqslant 16$ mm;

当 $D_i > 2\,000 \sim 2\,600$ mm 时,$b_n \geqslant 20$ mm。

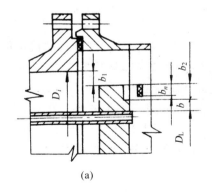 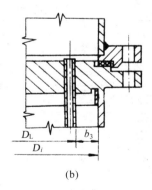

(a)   (b)

图 2.12   限定圆直径的计算

2.1.3   管板

管板是管壳式热交换器的关键零件之一,常用的为圆形平板。它的合理设计,对于节省材料和加工制造都有重要意义。

管板和壳体的连接有可拆和不可拆两种。固定管板式热交换器常用不可拆连接,两端的管板直接焊于外壳上并延伸到壳体周围之外兼作法兰,如图2.13(a)所示,拆下管箱即可检修胀口或清扫管内污垢。实践表明,把管板焊在壳体内不兼作法兰的结构用得较少。对于U形管式、浮头管式等设备,为使壳程便于清洗,常采用如图2.13(b)所示结构,将管板夹在壳体法兰和管箱法兰之间构成可拆连接。

管板的受力情况比较复杂,影响管板强度的因素很多,因而管板的分析和计算公式相当繁复。由于采用的简化假定各不相同,与管板的真实受力情况有不同程度的差别,以致在同样条件下用各国规范计算公式得出的厚度差别很大。我国的计算方法,在GB/T 151—2014中有明确的规定。

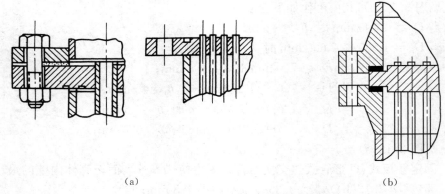

（a）   （b）

图2.13　管板与壳体的连接方法

表2.3　管板最小厚度(不包括腐蚀裕量)[1]　　　　　　　单位：mm

换热管外径 d_0		$\leqslant 25$	$25 < d_0 < 50$	$\geqslant 50$
管板最小厚度 δ_{min}	用于易燃易爆有毒介质等场合		$\geqslant d_0$	
	其他场合	$\geqslant 0.75d_0$	$\geqslant 0.70d_0$	$\geqslant 0.65d_0$

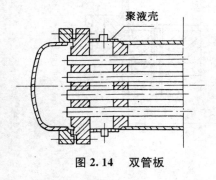

聚液壳

图2.14　双管板

管板与管子用胀接法连接时,管板的最小厚度(不包括腐蚀裕量)按表2.3规定;当用焊接法连接时,最小厚度要满足结构设计和制造的要求且不小于12 mm。

除圆形平管板外,管板的形式还有很多,例如为防止两流体泄漏的双管板(图2.14)、用于高温高压场合的椭圆形管板(图2.42)、挠性管板(图2.43)、球形管板、薄管板等。

2.1.4　分程隔板

在管箱内安装分程隔板是为了将热交换器的管程分为若干流程。流程的组织应注意每一程的管数大致相等。分程隔板的形状应力求简单,并使密封长度尽可能短。根据GB/T 151—2014的规定,所采取的程数有1、2、4、6、8、10、12等七种程数。图2.15是管程布置的一些例子。

为了在管板上安装分程隔板,在管板上应设分程隔板槽,槽的宽度、深度及拐角处的倒角等均有具体规定。

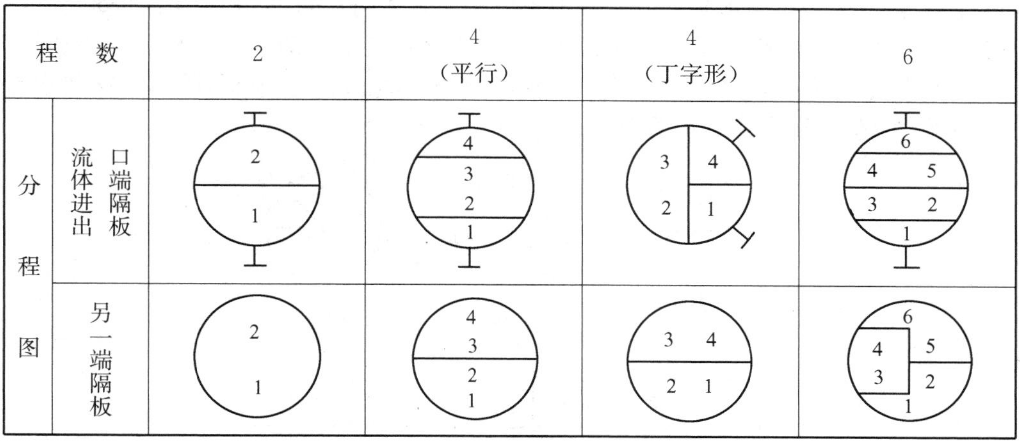

程　数		2	4 (平行)	4 (丁字形)	6
分 程 图	流体进出口端隔板	2 1	4 3 2 1	3　4 2　1	6 4　5 3　2 1
	另一端隔板	2 1	4 3 2 1	3　4 2	6 4　5 3　2 1

图 2.15　管板分程布置的一些例子

2.1.5　纵向隔板、折流板和支持板

为了提高流体的流速和湍流程度,强化壳程流体的传热,在管外空间常装设纵向隔板或折流板。

纵向隔板在 U 形管壳式热交换器中常有应用。由于它的安装难度较大,也由于它与壳体内壁之间容易存在间隙而产生流体泄漏,在它两侧的流体温度不同又存在热的泄漏,往往降低了装设纵向隔板的效果。由于这两个方面的问题,两块以上的纵向隔板在实际中很少采用。

折流板除使流体横过管束流动外,还有支撑管束、防止管束振动和弯曲的作用。它的装设不如纵向隔板那样困难,而且装设后可使流体横向流过管束,因此获得普遍应用。

折流板的常用形式有:弓形折流板、盘环形(或称圆盘－圆环形)折流板两种,弓形折流板有单弓形、双弓形和三弓形三种,如图 2.16 所示。在弓形折流板中,流体流动中的死角较小,结构也简单,因而用得最多。而盘环形结构比较复杂,不便清洗,一般用在压力较高和物料比较清洁的场合。图 2.17 表示流体在单壳程热交换器壳体内的流动示意图。

弓形折流板在卧式热交换器中的排列分为缺口上下方向交替排列和缺口左右方向交替排列两种,如图 2.18 所示。当流过壳程的全是单相的清洁物料时宜用前者。若气体中含少量液体时,则应在缺口朝上的折流板的最低处开通液口,如图 2.19(a);若液体中含少量气体时,则应在缺口朝下的折流板最高处开通气口,如图 2.19(b);卧式热交换器、冷凝器和重沸器的壳程流体为气液相共存或液体中含有固体物料时,折流板缺口应垂直左右布置,并在折流板最低处开通液口,如图 2.19(c)。

弓形折流板的缺口高度和板间距的大小是影响传热效果和压降的两个重要因素。图 2.20 表示出折流板间距和缺口高度对流动的影响,缺口高度应使流体通过缺口时与横过管束时的流速相近,缺口大小是按切去的弓形弦高占壳体内径的百分比来确定的。缺口弦高一般为壳体内径的 20% ～ 45%。

相邻两折流板之间的距离小,可保证流体横掠管束,提高换热系数。但若过小,又会增加流动阻力,难以检修和清洗;间距过大,则使流体难以垂直流过管束,使换热系数下降。为了保证设计的合理性,弓形折流板的间距一般不应小于壳体内径的 1/5,且不小于 50 mm,最大则不能超过表 2.4 的规定,且不超过圆筒内径。两块管板与端部两块折流板的距离通常大于中间一些折流板的距离,以便为壳程进出口提供额外空间。中间折流板,除有特殊要求者外,一般在管子的有效长度上作等距离布置。

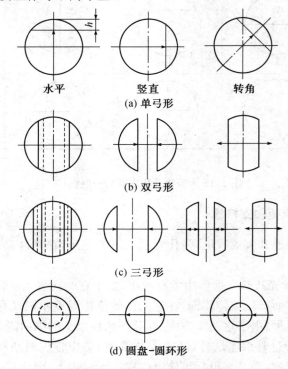

图 2.16　折流板的各种类型

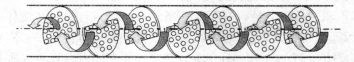

(a) 流体在单壳程水平圆缺形折流板热交换器壳体内的流动

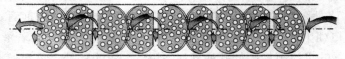

(b) 流体在单壳程垂直圆缺形折流板热交换器壳体内的流动

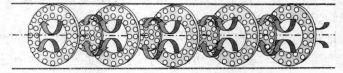

(c) 流体在单壳程盘环形折流板热交换器壳体内的流动

图 2.17　流体在单壳程热交换器壳体内的流动

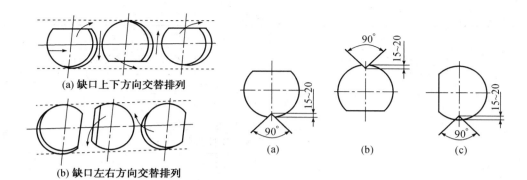

(a) 缺口上下方向交替排列

(b) 缺口左右方向交替排列

图 2.18　弓形折流板的排列

(a)　　　　　(b)　　　　　(c)

图 2.19　卧式热交换器中折流板的布置

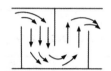

（a）缺口高度过小，板间距过大　　　（b）正常　　　（c）缺口高度过大，板间距过小

图 2.20　弓形折流板缺口高度及板间距对流动的影响

表 2.4　换热管直管最大无支撑跨距[1]

管子外径 mm	管子材料及金属温度上限	
	碳素钢和高合金钢,400℃ 低合金钢 450℃ 镍铜合金 300℃ 镍 450℃ 镍铬铁合金 540℃	在标准允许的温度范围内: 铝和铝合金 铜和铜合金 钛和钛合金 锆和锆合金
	最大无支撑跨距,mm	
10	900	750
12	1 000	850
14	1 100	950
16	1 300	1 100
19	1 500	1 300
25	1 850	1 600
30	2 100	1 800
32	2 200	1 900
35	2 350	2 050
38	2 500	2 200
45	2 750	2 400

续表 2.4

管子外径 mm	管子材料及金属温度上限	
	碳素钢和高合金钢，400℃ 低合金钢 450℃ 镍铜合金 300℃ 镍 450℃ 镍铬铁合金 540℃	在标准允许的温度范围内： 铝和铝合金 铜和铜合金 钛和钛合金 锆和锆合金
	最大无支撑跨距,mm	
50		
55	3 150	2 750
57		

注：1. 不同的换热管外径的最大无支撑跨距,可用内插法求得；
　　2. 超出上述金属温度上限时,最大无支撑跨距应按该温度下的弹性模量与本表中的上限温度下弹性模量之比的四次方根成正比地缩小；
　　3. 本表列出的最大无支撑跨距来考虑流体诱发振动,否则应参照[1]的附录 C 的准则。

为了防振并能承受拆换管子时的扭拉作用,折流板须有一定厚度,其具体规定见表 2.5。

表 2.5　折流板和支持板的最小厚度[1]　　　　　单位:mm

公称直径 DN	换热管无支撑跨距					
	≤ 300	> 300 ~ 600	> 600 ~ 900	> 900 ~ 1 200	> 1 200 ~ 1 500	> 1 500
	折流板或支持板最小厚度					
< 400	3	4	5	8	10	10
> 400 ~ ≤ 700	4	5	6	10	10	12
> 700 ~ ≤ 900	5	6	8	10	12	16
> 900 ~ ≤ 1 500	6	8	10	12	16	16
> 1 500 ~ ≤ 2 000	—	10	12	16	20	20
> 2 000 ~ ≤ 2 600	—	12	14	18	20	22
> 2 600 ~ 3 200	—	14	18	22	24	26
> 3 200 ~ 4 000	—	—	20	24	26	28

折流板的材料应比管子软,较硬会磨损管子,导致管子破裂。若材料过软,则使管子磨损折流板,将相邻管子间的部分磨损,形成穿有数根管子的大孔,使这些管子失去了这一位置的折流板支撑,引起自振频率降低,从而使管子易振进而损坏。

折流板的安装固定是通过拉杆和定距管来实现的,对于管子外径大于或等于 19mm 的管束,拉杆和管板的连接如图 2.21(a)所示。拉杆是一根两端皆带螺纹的长杆,一端拧入管板,折流板穿在拉杆上,各折流板之间则以套在拉杆上的定距管来保持板间距离,最后一块折流板用螺母拧在拉杆上给予紧固。拉杆直径 d_n 的选用与换热管外径 d 有关：

当　　$10 \leq d \leq 14$ 时,$d_n = 10$；

当　　$14 < d < 25$ 时,$d_n = 12$；

当　$25 \leqslant d \leqslant 57$ 时，$d_n = 16$。　（单位为 mm）

拉杆数量见表2.6。在保证大于或等于表中所示拉杆总截面积的情况下，拉杆的直径和数量可以变动，但其直径不得小于 10 mm，数量不得少于 4 根。拉杆应尽量均布于管束的外边缘，但对于大直径的热交换器，在布管区内或靠近折流板缺口处也应布置适当数量的拉杆。对于管子外径小于或等于 14 mm 的管束，可把折流板焊在拉杆上，如图 2.21(b)，此时则不需定距管。

热交换器组装一开始，就必须把拉杆和定距管就位，与折流板和管板一起构成一个架子，然后将管子穿入折流板中。

表2.6　拉杆数量[1]　　　　　　　　　　　　　　　　　　　单位：根

拉杆直径 mm	热交换器公称直径 DN，mm								
	< 400	400 ～ < 700	700 ～ < 900	900 ～ < 1 300	1 300 ～ < 1 500	1 500 ～ < 1 800	1 800 ～ < 2 000	2 000 ～ < 2 300	2 300 ～ < 2 600
10	4	6	10	12	16	18	24	32	10
12	4	4	8	10	12	14	18	24	28
16	4	4	6	6	8	10	12	14	16

拉杆直径 mm	热交换器公称直径 DN，mm								
	2 600 ～ < 2 800	2 800 ～ < 3 000	3 000 ～ < 3 200	3 200 ～ < 3 400	3 400 ～ < 3 600	3 600 ～ < 3 800	3 800 ～ < 4 000		
10	48	56	64	72	80	88	98		
12	32	40	44	52	56	64	68		
16	20	24	26	28	32	36	40		

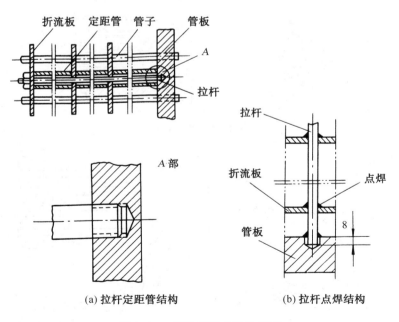

(a) 拉杆定距管结构　　　　(b) 拉杆点焊结构

图 2.21　折流板的安装和固定

当设备上无安装折流板的要求（如冷凝换热）而管子的无支撑跨距又超过表 2.4 的规定时，应该安装一定数量的支持板，用来支撑换热管，防止它产生过大挠度。

2.1.6 挡管和旁路挡板

若在参与换热的流体中，有一部分流体从主流中旁流出去，例如在浮头式热交换器中，由于安装浮头法兰的需要，圆筒内有一圈较大的没有排列管子的间隙，因而促使部分流体由此间隙短路而过，则主流速度及其换热系数都将下降。而旁路流体未经换热就到达出口处，与主流混合必使流体出口温度达不到预期的数值。挡管和旁路挡板就是为了防止流体短路而设立的构件。

挡管是两端堵死的管子，安置在相应的分程隔板槽后面的位置上，每根挡管占据一根换热管的位置，但不穿过管板，用点焊的方法固定于折流板上。通常每隔 3～4 排管子安排一根挡管，但不应设置在折流板缺口处，也可用带定距管的拉杆来代替挡管。

旁路挡板可减小管束外环间隙的短路，用它增加阻力，迫使大部分流体通过管束进行热交换。其厚度一般与折流板厚度相同，将它嵌入折流板槽内，并点焊在每块折流板上。对于固定管板式和 U 形管式热交换器，由于圆筒内径与管束外缘之间的间隙不大，故可不用旁路挡板。在有相变发生的设备中，即使此间隙较大也不必使用旁路挡板，因为它会影响汽相和液相的分离，而且此种设备的性能主要不是由错流流动决定。

对于 U 形管式热交换器，管束最里层的管间通道很宽，往往也要设置中间挡板来减少短路。

要注意，只有当壳程流体的换热系数起控制作用时，安装旁路挡板或挡管才能显著提高传热系数，旁路面积与壳程流通面积之比越大，安装它们的效果也越显著。

图 2.22 表示旁路挡板安装位置的示意图，图 2.23 除表示出旁路挡板外，还表示出挡管。

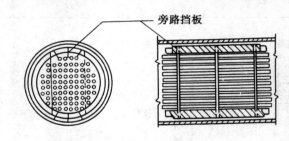

图 2.22　旁路挡板

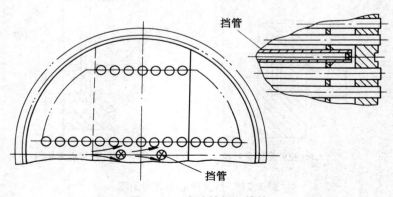

图 2.23　旁路挡板和挡管

2.1.7 防冲板与导流筒

符合下列条件之一时,应在管程进口管处设置防冲板或导流筒:

(a) 非腐蚀性的单相流体,$\rho v^2 > 2\ 230\ \text{kg/(m}^2 \cdot \text{s)}$ 者;

(b) 有腐蚀的液体,包括沸点下的液体,$\rho v^2 > 740\ \text{kg/(m}^2 \cdot \text{s)}$ 者;

(c) 有腐蚀的气体、蒸汽(气)及气液混合物。

其中,ρ— 壳程进口管的流体密度,kg/m^3;

v— 壳程进口管的流体速度,m/s。

防冲板的形式有3种,如图2.24所示,其中(a)、(b)是将防冲板两侧焊在定距管和拉杆上,(c)是把它焊在壳体上。

对管程,当液体 $\rho v^2 > 9\ 000\ \text{kg/m} \cdot \text{s}^2$ 时,采用轴向入口接管的管箱宜设置防冲结构。

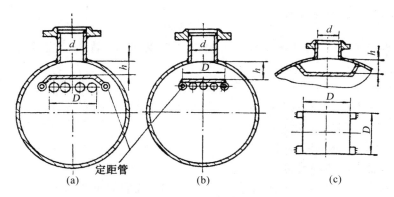

图 2.24 防冲板的形式

在立式热交换器中,为使流体更均匀地流入管间,防止流体对进口段管束的冲刷,并减小远离接管处的死区,提高传热效果,可装设导流筒。导流筒一般有内导流筒和外导流筒两种形式。图2.25(a)示出了内导流筒的结构,它是设置在壳体内部的一个圆筒形结构,在靠近管板的一端敞开,而另一端近似密封,内导流筒的结构简单,制造方便,但它占据壳程空间而排管数相应减少。外导流筒结构如图2.25(b)所示,导流筒的直径与壳体直径一致,其结构比前者复杂,但可不影响管板上的排管。

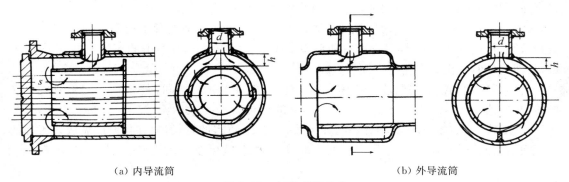

(a) 内导流筒   (b) 外导流筒

图 2.25 导流筒的结构

当壳程进出口接管距管板较远,流体停滞区过大时,应设置导流筒,以减小流体停滞区,增加换热管的有效换热长度。

2.2 管壳式热交换器的结构计算

在热交换器设计中,完成了传热计算之后,就应接着进行结构计算。有时在传热计算中确定传热系数的同时,已经部分地确定结构尺寸,这时就应继续完成结构计算的其余内容。

结构计算的任务在于确定设备的主要尺寸,对于管壳式热交换器而言则包括下列各项:(1) 计算管程流通截面积,包括确定管子尺寸、数目及程数,并选择管子的排列方式;(2) 确定壳体直径;(3) 计算壳程流通截面积;(4) 计算进出口连接管尺寸。

2.2.1 管程流通截面积的计算

计算管程流通截面积的基本方程式是连续性方程式,单管程热交换器的管程流通截面积为

$$A_t = M_t / \rho_t w_t, \mathrm{m}^2 \tag{2.4}$$

式中　　A_t——管程流通截面积,m^2;

M_t——管程流体的质量流量,$\mathrm{kg/s}$;

ρ_t——管程流体的密度,$\mathrm{kg/m^3}$;

w_t——管程流体的流速,$\mathrm{m/s}$。

为保证流体以上述流量和流速通过热交换器,则所需管数 n 为

$$n = 4A_t / \pi d_i^2 \tag{2.5}$$

式中　　d_i——管子内径,m。

关于管径和流速的选择将在 2.5 节中进行讨论。

为满足热计算所需的传热面积 $F\ \mathrm{m}^2$,每根管子的长度 L 应为

$$L = F / (\pi d n), \mathrm{m} \tag{2.6}$$

式中的 d 应为管子的计算直径,m。一般情况下,管子的计算直径取换热系数小的那一侧的,只有在两侧的换热系数相近时才取平均直径作为计算直径。

在选定每一流程的管长时应该考虑到,当传热面一定时,增大管子长度可使热交换器的直径减小,从而使热交换器的成本有所降低。但管子太长了会给管子的清洗和拆换增加困难,又使检修时抽出管子所需空间增大。

目前所采用的换热管长度与壳体直径之比,一般在 4~25 之间,通常为 6~10,立式热交换器,其比值为 4~6。GB/T 151—2014 推荐的换热管长度采用:1.0、1.5、2.0、2.5、3.0、4.5、6.0、7.5、9.0、12.0 m 等。因此,如果按式(2.6)算得的管长过长时,就应做成多流程的热交换器。当管子的长度选定为 l 后,所需的管程数 Z_t 就可按下式确定:

$$Z_t = L / l \tag{2.7}$$

于是总的管子根数为

$$n_t = nZ_t \tag{2.8}$$

以上两式中：

      L—— 管程总长，m；

      n—— 每程管数。

在确定流程数时，也要考虑到程数过多会使隔板在管板上占去过多的面积，使管板上能排列的管数减少，流体穿过隔板垫片短路的机会也增多。程数多还会增加流体的转弯次数并增加流动阻力。此外，程数宜取偶数，以使流体的进、出口连接管做在同一封头管箱上，便于制造。

2.2.2 壳体直径的确定

在确定壳体直径时，应先确定内径。壳体内径与管子的排列方式密切相关。在排列管子时，要考虑每一拉杆占一根管子的位置。在多程热交换器中，分程隔板和纵向隔板所占位置也增大了壳体内径。因此，在确定内径，尤其是多程热交换器的内径时，最可靠的方法是通过作图。

下述公式可用来粗估内径：

$$D_s = (b-1)s + 2b' \tag{2.9}$$

式中 b'—— 管束中心线上最外层管中心至壳体内壁的距离，一般取 $b' = (1 \sim 1.5)d_o$（d_o 为管外径）。

      b—— 沿六边形对角线上的管数。b 值也可作如下估算，当管子按等边三角形排列时，$b = 1.1\sqrt{n_t}$；当管子按正方形排列时，$b = 1.19\sqrt{n_t}$。

按计算或作图得到的内径应圆整到标准尺寸。至于壳体外径则应通过强度计算，按照钢制压力容器标准的规定加以确定。在 GB/T 151—2014 中，规定公称直径小于或等于 400 mm 的热交换器，可用管材制作圆筒，卷制圆筒的公称直径以 400 mm 为基数，以 100 mm 为进级挡，必要时，允许以 50 mm 为进级挡。

2.2.3 壳程流通截面积的计算

壳程流通截面积的计算在于确定纵向隔板的数目与尺寸。

1）对纵向隔板，在确定其长度时，应先采用连续性方程式算出壳程流通截面积：

$$A'_s = M_s / \rho_s w_s \tag{2.10}$$

式中 A'_s—— 壳程流通截面积，m²；

      M_s—— 壳程流体的质量流量，kg/s；

      ρ_s—— 壳程流体的密度，kg/m³；

      w_s—— 壳程流体的流速，m/s。

然后按照流体在纵向隔板转弯时的流速与各流程中顺管束流动时速度基本相等的原则确定纵向隔板长度，亦即每一流程的流通截面积 A'_s 基本相等，A'_s 值可由下式计算：

$$A'_s = \frac{\pi}{4Z_s}(D_s^2 - n_t d_o^2) \tag{2.11}$$

或流程数

$$Z_s = \frac{\pi}{4A'_s}(D_s^2 - n_t d_o^2) \tag{2.12}$$

2）弓形折流板　其缺口高度(h)应能保证流体在缺口处的流通截面积与流体在两折流板间错流的流通截面积接近，以免因流动速度变化引起压降。当选好壳程流体的流速后，就可方便地确定为保证流速所需的流通截面积(A_s)。若以 A_b 表示流体在缺口处的流通截面积，则

$$A_b = 缺口总截面积 A_{wg} - 缺口处管子所占面积 A_{wt}$$

而

$$A_{wg} = \frac{D_s^2}{4}\left[\frac{1}{2}\theta - \left(1 - \frac{2h}{D_s}\right)\sin\frac{\theta}{2}\right] \tag{2.13}$$

$$A_{wt} = \frac{\pi d_o^2}{8}n_t(1 - F_c) \tag{2.14}$$

此处 F_c 为错流区内管子数占总管数的百分数，

$$F_c = \frac{1}{\pi}\left\{\pi + 2\left(\frac{D_s - 2h}{D_L}\right)\sin\left[\arccos\left(\frac{D_s - 2h}{D_L}\right)\right] - 2\arccos\left(\frac{D_s - 2h}{D_L}\right)\right\} \tag{2.15}$$

式中　　h——折流板缺口高度；

　　　　D_s——热交换器壳体内径；

　　　　D_L——最大布管圆直径；

　　　　θ——折流板切口中心角，弧度。

$$\theta = 2\arccos\left(1 - \frac{2h}{D_s}\right) \tag{2.16}$$

流体在两折流板间错流的流通截面积，以中心线或靠近中心线处的流通截面积为基准，以 A_c 表示：

当排列方式为正方形斜转或直列排列时

$$A_c = l_s\left[D_s - D_L + \left(\frac{D_L - d_o}{s_n}\right)(s - d_o)\right] \tag{2.17}$$

当排列方式为三角形排列时

$$A_c = l_s\left[D_s - D_L + \left(\frac{D_L - d_o}{s}\right)(s - d_o)\right] \tag{2.18}$$

式中　　l_s——折流板间距；　　　d_o——管子外径；

　　　　s——管间距；　　　　　s_n——与流向垂直的管间距。

以上各式是以管子均匀排列为依据的，在其他情况下，例如分程隔板相应位置处不能排管，则应对 A_c 加以修正。各结构尺寸如图 2.26 所示。

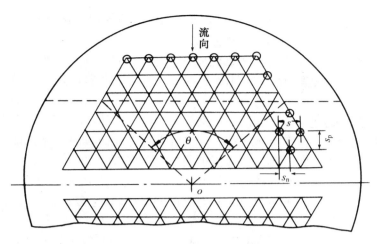

图 2.26　折流板的几何关系

A_s、A_b、A_c 之间满足以下关系：

$$A_s = \sqrt{A_b A_c} \tag{2.19}$$

3）盘环形折流板　若以 a_1 表示环板圆孔处的流通面积，a_2 表示盘板和环板之间的流通面积，则应使

$$a_1 = a_2 = a_3$$

或使

$$A_s = \sqrt{a_2 a_3} \tag{2.20}$$

$$a_2 = \pi D_m h \left(1 - \frac{d_o}{s_n}\right) \tag{2.21}$$

a_3 为盘周至圆筒内壁截面减去该处管子所占面积；

D_m 为环内径 D_1 和盘径 D_2 的算术平均值；

s_n 为与流向垂直的管间距。

2.2.4　进、出口连接管直径的计算

确定连接管直径的基本公式仍用连续性方程式，经简化之后的计算公式为

$$D = \sqrt{\frac{4M}{\pi \rho w}} = 1.13 \sqrt{M/\rho w} \tag{2.22}$$

其中流速的数值应尽量选择与设备中的相同，按上式算出的管径，还应圆整到最接近的标准管径。

2.3　管壳式热交换器的传热计算

传热计算的目的在于使所设计的热交换器能在传热系数、传热面积、平均温差等方面的综合结果满足传热方程式的要求。

2.3.1　传热系数的确定

在设计热交换器时，主要困难在于确定传热系数，困难的原因是由于热交换器传热面几

何形状的复杂，冲刷传热面的条件多种多样，流体温度沿传热面变化很多以及传热面的非等温性等。确定传热系数主要通过以下三种方法。

（1）选用经验数据　　由设计者根据经验或参考书籍选用工艺条件相仿、设备类型类似的传热系数值作为设计依据。附录 A 列出了一些常用热交换器传热系数的大致范围，可作参考。

（2）实验测定　　通过实验测定的传热系数比较可靠，不但可为设计提供依据，而且可以了解设备的性能，若能进一步测定换热系数，还可借以探讨改善设备生产能力的途径。但是实验测得的数值一般只能在与使用条件相同的情况下应用。

（3）通过计算　　在缺乏合适的经验数值，或需要知道比较准确的数值时，传热系数只能通过计算。但是计算得到的传热系数往往也与实际有出入，这主要是由于计算换热系数的公式不完全准确以及污垢热阻也不易准确估计等原因。

圆管传热属于圆筒壁面的传热问题，在应用传热系数的计算公式时，由于各层传热面积的不同，必须注明是以哪侧面积为准的传热系数。例如对光滑圆管，以外表面积为准时

$$\frac{1}{K_o} = \frac{1}{\alpha_i}\left(\frac{d_o}{d_i}\right) + \sum_{j=1}^{n}\frac{d_o}{2\lambda_j}\ln\left(\frac{d_{j+1}}{d_j}\right) + \frac{1}{\alpha_o} \qquad (2.23)$$

若以内表面积为准时

$$\frac{1}{K_i} = \frac{1}{\alpha_i} + \sum_{j=1}^{n}\frac{d_i}{2\lambda_j}\ln\left(\frac{d_{j+1}}{d_j}\right) + \frac{1}{\alpha_o}\left(\frac{d_i}{d_o}\right) \qquad (2.24)$$

以上两式中，等号右边第二项包括管内、外污垢热阻和管壁热阻，下标 j 表示第 j 层，o 表示管外，i 表示管内，α 为换热系数，d 为管径，λ 为导热系数。

因为一般情况下管壁比较薄，故也可用以下的近似公式计算传热系数，即以外表面为准时

$$\frac{1}{K_o} = \frac{1}{\alpha_i}\left(\frac{d_o}{d_i}\right) + r_{s,i}\left(\frac{d_o}{d_i}\right) + \frac{\delta_w}{\lambda_w}\left(\frac{d_o}{d_m}\right) + r_{s,o} + \frac{1}{\alpha_o} \qquad (2.25)$$

以内表面为准时

$$\frac{1}{K_i} = \frac{1}{\alpha_i} + r_{s,i} + \frac{\delta_w}{\lambda_w}\left(\frac{d_i}{d_m}\right) + r_{s,o}\left(\frac{d_i}{d_o}\right) + \frac{1}{\alpha_o}\left(\frac{d_i}{d_o}\right) \qquad (2.26)$$

以上两式中

$r_{s,i}$—— 管内壁的污垢热阻，$m^2 \cdot ℃/W$；

$r_{s,o}$—— 管外壁的污垢热阻，$m^2 \cdot ℃/W$；

δ_w—— 管壁厚度，m；

λ_w—— 管材的导热系数，$W/(m \cdot ℃)$；

d_m—— 管子的平均直径，$d_m = \dfrac{d_o - d_i}{\ln(d_o/d_i)}$，$m$。

一般情况下，金属壁面的导热热阻比流体的对流换热热阻小得多；对于新的或污垢热阻可忽略不计的热交换器，当管壁很薄时，可认为 $d_o \approx d_i$，在这样的条件下，甚至可以用

$$K = \frac{\alpha_o \alpha_i}{\alpha_o + \alpha_i} \qquad (2.27)$$

来估计传热系数，但它不能作为准确计算的依据。当管子由非金属材料制成时，以及在高强度的热交换器中，更加不能这样。本书附录 C、D、E 列出了一些污垢热阻值供参考。

2.3.2 换热系数的计算

1) 管内、外换热系数

在考虑换热系数时，虽然可从某些参考资料上查考，但由于它受众多因素的影响，还是通过公式计算比较可靠。

流体流过各种形式壁面时的换热系数，一般是在试验基础上，把它的变化规律用努塞尔准数(Nu)或传热因子(j_h)与雷诺数(Re)之间的关系用公式或线图的形式表示出来。Nu、Re的定义为

$$Nu = \alpha l / \lambda \tag{2.28}$$
$$Re = \omega l / \gamma$$

至于j_h，要注意有科恩(Kern)传热因子和柯尔本(Colburn)传热因子之分，其定义分别为

科恩传热因子

$$j_h = Nu \cdot Pr^{-1/3} (\mu/\mu_w)^{-0.14} \tag{2.29}$$

柯尔本传热因子

$$j_H = Nu/(Re \cdot Pr) \cdot Pr^{2/3} (\mu/\mu_w)^{-0.14} = \alpha/(\rho w c) \cdot Pr^{2/3} (\mu/\mu_w)^{-0.14} \tag{2.30}$$

两者之间的关系

$$j_h = j_H \cdot Re \tag{2.31}$$

各种流动方式时的Nu或j_h(或j_H)与Re的关系式在传热学的相关书籍中有专门的叙述，表2.7中摘录了一些管内换热时的准则式，图2.27示出管内换热时科恩传热因子与雷诺数的关系，对于$Pr > 0.7, l/d \geqslant 24$的管内层流、过渡流与湍流时的强制对流换热，均可从此图查取j_h值后，算出换热系数。

对于壳侧换热的计算，特别是在壳侧装有折流板时，由于其中的流动并非典型的错流，而且由于旁流和泄漏的存在，使流动的复杂性大为增加，因而历来有不少学者对壳侧换热进行多方面的研究，取得了不同的成果，以下介绍一些主要的计算方法。

(1) 无折流板　一般按纵向流过管束考虑，求得当量直径后再按管内流动公式计算。

(2) 盘环折流板，$Re = 3 \sim 2 \times 10^4$时

$$\frac{\alpha_o d_o}{\lambda_f} = 2.08 d_e^{0.6} \left(\frac{G_m d_o}{\mu_f}\right)^{0.6} Pr^{1/3} (\mu_f/\mu_w)^{0.14} \tag{2.32}$$

式中　G_m——平均质量速度，$kg/(m^2 \cdot s)$，计算G_m所用的基准面为由式(2.19)所示的A_s。

(3) 弓形折流板

弓形折流板是应用最为普遍、占主导地位的一种折流板，因而对其研究较早、较多。

对于管壳式热交换器，柯尔本早在1933年就首先提出以理想管束[*]数据为基础的关联式，对于具有折流板的实际热交换器，其情况远比理想管束复杂，因而他的公式在使用中有很大误差。1949年，多诺霍(Donohue)发表了一个在柯尔本关联式基础上加以改进的计算方法。1950年，科恩又对多诺霍法作了一些改进，在其著作[6]中提出他的计算公式，该式的优点

---

[*] 理想管束指管子与折流板上的管孔之间、壳体内壁与折流板的外缘之间、壳体内壁与管束外圆之间均无间隙的换热管束。

表 2.7 管内对流换热准则方程式[4]

符号
l——管道长度,m;
t_m——流体平均温度,℃;
T_m——流体平均绝对温度,K
T_w——壁面绝对温度,K
μ——流体动力黏度,N·s/m²;以流体平均温度为定性温度
μ_w——以壁温为定性温度的流体动力黏度,N·s/m²

序号	状态	准则方程式	定型尺寸	适用范围
1	圆管层流	$Nu=1.86(RePr)^{1/3}\left(\dfrac{d}{l}\right)^{1/3}\left(\dfrac{\mu}{\mu_w}\right)^{0.14}$	内径 d_i	$Re<2\,200,0.48<Pr<16\,700$ $0.004\,4<\dfrac{\mu}{\mu_w}<9.75,RePr\dfrac{d}{l}>10$
2	湍流	$Nu=0.023Re^{0.8}Pr^n$ 式中 流体被加热时,$n=0.4$ 流体被冷却时,$n=0.3$		$Re=1\times10^4\sim1.2\times10^5,\dfrac{l}{d_e}\geqslant60$ $Pr=0.7\sim120,$光滑管道 $|\Delta t|=|t_w-t_m|$不大
3		$Nu=0.027Re^{0.8}Pr^{1/3}(\mu/\mu_w)^{0.14}$	当量直径	$Re\geqslant1\times10^4,Pr=0.7\sim16\,700,l/d_e\geqslant60$光滑管道
4	过渡区	气体 $Nu=0.021\,4(Re^{0.8}-100)Pr^{0.4}\left[1+\left(\dfrac{d_e}{l}\right)^{2/3}\right]\left(\dfrac{T_m}{T_w}\right)^{0.45}$		$2\,100<Re<1\times10^4,0.6<Pr<1.5$ $0.5<T_m/T_w<1.5$
5		液体 $Nu=0.012(Re^{0.87}-280)Pr^{0.4}\left[1+\left(\dfrac{d_e}{l}\right)^{2/3}\right](Pr/Pr_w)^{0.14}$	d_e	$2\,200<Re<1\times10^4,1.5<Pr<500,$ $0.05<Pr/Pr_w<20$
6		$Nu=0.116(Re^{2/3}-125)Pr^{1/3}\left[1+\left(\dfrac{d_e}{l}\right)^{2/3}\right]\left(\dfrac{\mu}{\mu_w}\right)^{0.14}$		$Re=2\,200\sim10\,000,$ $Pr>0.6$

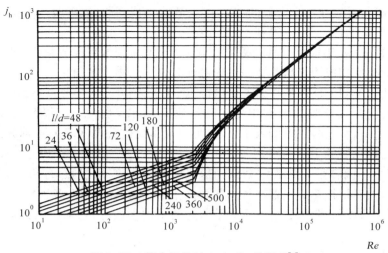

图 2.27　管内换热时 j_h 与 Re 的关系[5]

是同时考虑了传热问题以及壳程－管程流动、温度分布、结垢及结构等问题,是一个比较完整的设计公式。科恩提出,当缺口高度为 25%,$Re = 2000 \sim 10^6$ 时:

$$Nu_f = 0.36Re_f^{0.55} Pr_f^{0.33} (\mu_f/\mu_w)^{0.14} \qquad (2.33)$$

科恩法过去深受设计人员欢迎,但因过于简化,它的计算结果虽然换热系数还比较接近实际情况,但压降相差较远。

廷克(Tinker)在 1947 年提出一个引人注目的壳侧流体流动模型,它将壳侧流体分为错流、漏流及旁流等几种流路,每个流路各有自己的特点,如图 2.28 所示,其中:

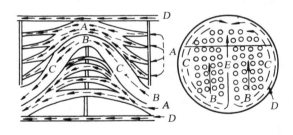

图 2.28　通过壳程的各股流路

流路 A:由于管子与折流板上的管孔间存在间隙,而折流板前后又存在压差所造成的泄漏,它随着管外壁的结垢而减小。此流路在环形间隙内有非常高的换热系数,但却降低了主流速度,故对传热不利。

流路 B:这是真正横向流过管束的流路,它是对传热和阻力影响最大的一项。

流路 C:管束最外层管子与壳体间存在间隙而产生的旁路。此旁路流量可达相当大的数值。设置旁路挡板,可改善此流路对传热的不利影响。

流路 D:由于折流板和壳体内壁间存在一定间隙所形成的漏流,它不但对传热不利,而且会使温度发生相当大的畸变,特别在层流流动时,此流路可达相当大的数值。

流路 E:对于多管程,因为安置分程隔板而使壳程形成了不为管子所占据的通道,若用来形成多管程的隔板设置在主横向流的方向上,它将会造成一股(或多股)旁路。此时若在旁通走廊中设置一定量的挡管,可以得到一定的改善。

廷克本人在 1958 年提出一种计算方法,但由于不易理解且比较繁琐,故而未获普遍使用,但他的流动模型却成为日后其他一些先进计算方法的物理基础。

1960 年,由贝尔(Bell)执笔写出了美国特拉华(Delaware)大学经过多年研究所得的壳程计算科研实验报告,又于 1963 年提出最终报告。其后贝尔又将此法加以改进,该法的特点是利用大量实验数据,引入各流路的修正系数,可以说是目前公开发表的各种方法中最先进的一种,以下介绍贝尔法的主要内容。

贝尔法的中心内容是首先假定全部壳程流体都以错流形式通过理想管束,求得理想管束的传热因子,然后根据热交换器结构参数及操作条件的不同,引入各项校正因子[8][9]。

在介绍贝尔法以前,除了了解 2.2.3 节所述的结构参数外,还须解决其他一些结构参数的计算。

(1) 总管数 n_t　从图纸上读出。

(2) 错流区管排数 N_c　最好从图纸上读出,否则按下式估算:

$$N_c = D_s \left(1 - \frac{2h}{D_s}\right) / s_p \tag{2.34}$$

s_p—— 见图 2.26

(3) 错流区内管子数占总管数的百分数 F_c　见式(2.15)。

(4) 每一缺口内的有效错流管排数 N_{cw}

$$N_{cw} = 0.8h/s_p \tag{2.35}$$

(5) 错流面积中旁流面积所占分数 F_{bp}

$$F_{bp} = \frac{(D_s - D_L)l_s}{A_c} \tag{2.36}$$

若有 E 流路存在时,则

$$F_{bp} = \frac{\left[D_s - D_L + \frac{1}{2}N_E l_E\right]l_s}{A_c} \tag{2.37}$$

式中　N_E—— 管程隔板所占的通道数(E 流路数);

　　　l_E—— E 流道的宽度。

(6) 一块折流板上管子和管孔之间的泄漏面积 A_{tb}

$$A_{tb} = \pi d_o \delta_{tb} \left(\frac{1}{2}\right)(1 + F_c)n_t \tag{2.38}$$

式中　$\delta_{tb} = d_H - d_o$,d_H 为管孔直径。

(7) 折流板外缘与壳体内壁之间的泄漏面积 A_{sb}

$$A_{sb} = \frac{D_s(D_s - D_b)}{2}\left[\pi - \arccos\left(1 - \frac{2h}{D_s}\right)\right] \tag{2.39}$$

式中　D_b—— 折流板直径。

(8) 流体通过缺口的流通面积 A_b　见式(2.13)及(2.14),A_b 为该两式相减后的值。

(9) 缺口的当量直径 D_w(用于 $Re \leqslant 100$ 的情况),这个值仅仅在计算层流区内($Re \leqslant 100$)的压降时才需要。

$$D_w = \frac{4A_b}{\frac{\pi}{2}n_t(1+F_c)d_o + D_s\theta}$$ (2.40)

（10）折流板数目

$$N_b = \frac{l}{l_s} - 1$$ (2.41)

若进、出口段板间距不等于 l_s，则

$$N_b = \left(\frac{l - l_{s,i} - l_{s,o}}{l_s}\right) + 1$$ (2.42)

式中　$l_{s,i}, l_{s,o}$——分别为进、出口段从折流板到管板的距离。

在明确结构参数后，贝尔法计算壳程换热系数的过程如下：

（1）由图 2.29 查出在热交换器中心线处，假定壳程流体全部错流流过管束，在此理想管束中纯错流时的柯尔本传热因子 j_H

$$j_H = \frac{\alpha_o}{G_s c_p} Pr^{2/3}(\mu/\mu_w)^{-0.14}$$ (2.43)

式中　G_s——壳程流体质量流速，kg/(m² · s)；

　　　μ——以流体平均温度为定性温度的黏度，Pa · s；

　　　μ_w——以壁温为定性温度的黏度，Pa · s；

　　　c_p——流体比热，J/(kg · ℃)。

（2）由图 2.30 查取折流板缺口的校正因子 j_c，j_c 是 F_c 的函数，对于缺口处不排管的结构，$j_c = 1$。

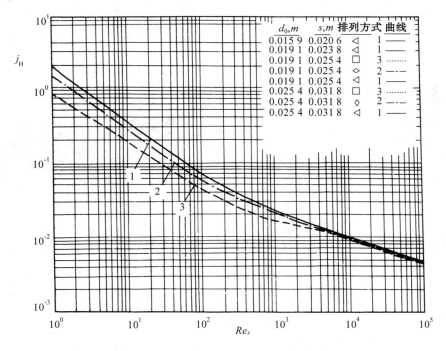

图 2.29　理想管束的传热因子[11]

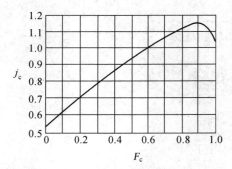

图 2.30　折流板缺口校正因子 j_c[9]

（3）由图 2.31 查取折流板泄漏影响的校正因子 j_l（A 和 D 流路），它是 $A_{sb}/(A_{sb}+A_{tb})$ 及 $(A_{sb}+A_{tb})/A_c$ 的函数。

（4）由图 2.32 查取管束旁通影响的校正因子 j_b，它是 F_{bp} 和 N_{ss}/N_c（N_{ss} 为每一错流区内旁路挡板对数，N_c 为错流区内管排数）的函数。

（5）由下式计算当热交换器进、出口段折流板间距不等时的校正因子 j_s。

$$j_s = \frac{(N_b-1)+\left(\dfrac{l_{s,i}}{l_s}\right)^{1-n}+\left(\dfrac{l_{s,o}}{l_s}\right)^{1-n}}{(N_b-1)+\left(\dfrac{l_{s,i}}{l_s}\right)+\left(\dfrac{l_{s,o}}{l_s}\right)} \tag{2.44}$$

式中，当 $Re \geqslant 100$ 时，$n=0.6$；

　　当 $Re < 100$ 时，$n=1/3$。

（6）当雷诺数较低时（壳程 $Re < 100$），将出现逆向温度梯度，采用校正因子 j_r 以考虑其影响。

当 $Re \leqslant 20$ 时，从图 2.33 中查取 $j_r = j_r^*$。

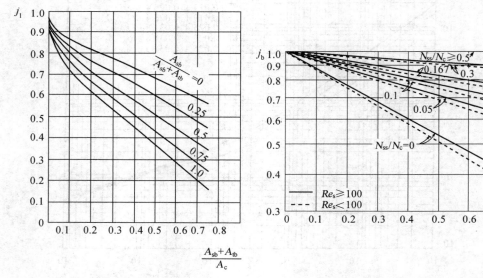

图 2.31　折流板泄漏校正因子 j_l[9]　　　　图 2.32　旁通校正因子 j_b[8]

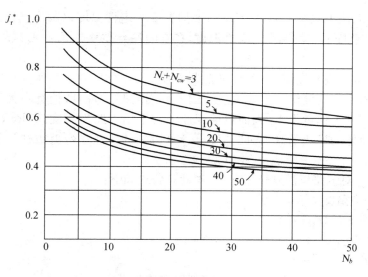

图 2.33 低 Re 时逆温度梯度的校正因子 j_r^* [8]

当 $20 < Re < 100$ 时,先从图 2.33 中查得 j_r^*,再从图 2.34 中查取 j_r。

(7) 计算壳程传热因子 j_o。

$$j_o = j_H j_c j_l j_b j_s j_r \tag{2.45}$$

并按式(2.43)算出壳程换热系数 α_o。

2) 与换热系数有关的几个问题

(1) 定性温度

准则数中的物性都随流体温度的变化而变化,因而所有准则方程式中都指明了以哪个温度为准的物性参数,用此温度确定物性,即定性温度。

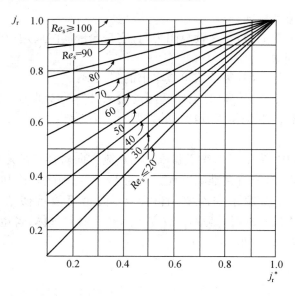

图 2.34 中等 Re 时逆温度梯度的校正因子 j_r [8]

定性温度的取法大致有:(a) 取流体的平均温度为定性温度;(b) 取壁面温度为定性温度;(c) 取流体和壁面的平均温度为定性温度。在查阅各类参考书籍时,必须弄清它的定性温度表示方法。

对于油类及其他高黏度流体,由于加热或冷却过程中黏度要发生很大变化,这时若用流体进、出口的算术平均温度作为定性温度,往往会使换热系数的数值有很大误差,虽然这时可以分段计算,但其工作量很大。因而目前工业上常采用卡路里温度(Caloric Temperature)来计算管内、外流体的换热系数,在此温度下计算得到的传热系数就被视为常量,它和对数平均温差的乘积等于变化的传热系数和实际温差的乘积。

参考文献[6]对卡路里温度作了介绍,其计算公式如下:

热流体的平均温度

$$t_{m1} = t_1'' + F_c(t_1' - t_1'') \tag{2.46}$$

冷流体的平均温度

$$t_{m2} = t_2' + F_c(t_2'' - t_2') \tag{2.47}$$

式中的 F_c 称为卡路里分数,落合安太郎[*]建议可取值如下:

壳侧流体被管侧的水冷却时, $F_c = 0.3$;

壳侧流体被管程的水蒸气加热时, $F_c = 0.55$;

壳侧和管侧均为油时, $F_c = 0.45$;

黏度在 $10^{-3}\text{Pa} \cdot \text{s}$ 以下的低黏性液体, $F_c = 0.5$。

(2) 定型尺寸

努塞尔准数、雷诺准数等的定义式中,l 为定型尺寸。通常是选取对流体运动或传热发生主导影响的尺寸作为定型尺寸。例如,在圆管内的换热过程取管子内径 d_i,在管外强迫流动换热时取管子外径 d_o。而对非圆形管道则取其当量直径 d_e。在一般情况下,当量直径的定义为

$$d_e = 4A/U \tag{2.48}$$

式中　　A—— 流体的流通截面积;

　　　　U—— 湿周边或热周边长,在计算阻力时,它是全部润湿周边;在传热计算时,是参与传热的周边。

各种流通截面的当量直径计算公式可查本书的附录 B。

也有的文献在计算阻力及传热时全用润湿周边来计算当量直径,因此在应用准则方程式时,还应注意当量直径的取法是否有特别的说明。

(3) 黏度修正

在某些准则方程式中,为了考虑非定温流动和热流方向对换热的影响,常乘有 $(\mu_f/\mu_w)^n$、$(Pr_f/Pr_w)^m$ 因子的修正项,或者在准则方程式中的 Pr 项对加热和冷却采用不同的方次。此修正项的计算,往往由于壁温未知而要用试差法;但也可取近似值:液体被加热时,取 $(\mu/\mu_w)^{0.14} \approx 1.05$,液体被冷却时,则取 $(\mu/\mu_w)^{0.14} \approx 0.95$。对气体,若也用 $(\mu/\mu_w)^{0.14}$ 因子来校正,则不论加热或冷却,均可取 $(\mu/\mu_w)^{0.14} = 1.0$。

---

[*] 落合安太郎,热交换器,第六版,日刊工业新闻社,1971 年。

（4）同时存在对流换热与辐射换热的处理

如果流体是具有辐射能力的气体（例如烟气）且温度较高时，则需要考虑流体与壁面之间的辐射换热，可将其并入对流换热，用总换热系数来处理。这时，把总换热系数写成

$$\alpha = \alpha_c + \alpha_r \tag{2.49}$$

其传热量的计算公式仍为

$$Q = \alpha F \Delta t$$

式中　α_c——对流换热系数；

　　　α_r——辐射换热系数，

$$\alpha_r = \varepsilon_n C_o \varphi \frac{\left(\dfrac{T_1}{100}\right)^4 - \left(\dfrac{T_2}{100}\right)^4}{T_1 - T_2}; \tag{2.50}$$

　　　α——总换热系数；

　　　C_o——黑体辐射常数，其值为 $5.67\ \mathrm{W/(m^2 \cdot K^4)}$；

　　　ε_n——换热系统的组合黑度；

　　　φ——角系数；

　　　T_1、T_2——两辐射物体的绝对温度。

2.3.3　壁温的计算

选择热交换器的类型和管子材料以及考虑热膨胀的补偿时均需知道壁温。在一般情况下，壁温可通过下面的公式确定：

放热侧壁温：

$$t_{w1} = t_1 - K\left(\frac{1}{\alpha_1} + r_{s,1}\right)\Delta t_m = t_1 - q\left(\frac{1}{\alpha_1} + r_{s,1}\right) \tag{2.51}$$

吸热侧壁温：

$$t_{w2} = t_2 + K\left(\frac{1}{\alpha_2} + r_{s,2}\right)\Delta t_m = t_2 + q\left(\frac{1}{\alpha_2} + r_{s,2}\right) \tag{2.52}$$

式中　$r_{s,1}$，$r_{s,2}$——分别为放热侧、吸热侧污垢热阻；

　　　q——单位面积传热量。

且 K 和 α 应以同一基准表面计算。

从式可见，要事先知道换热系数才能计算壁温，而在某些情况下（例如蒸汽凝结和自然对流换热）又要在已知壁温的条件下才能把换热系数计算出来。于是工程上一般采用试算法对壁温和换热系数进行共同计算，即

① 假定一侧壁温（例如 t_{w1}）；

② 求该侧换热系数（α_1）；

③ 由下式计算该侧单位面积传热量（q_1）：

$$q_1 = \alpha_1(t_1 - t_{w1});$$

④ 根据壁面热阻 r_w 用下式计算另一侧壁温（t_{w2}）：

$$q_1 = \frac{t_{w1} - t_{w2}}{r_w};$$

⑤ 计算出另一侧的换热系数 α_2；

⑥ 计算另一侧的单位面积传热量(q_2)，即

$$q_2 = \alpha_2(t_{w2} - t_2)。$$

如果假定的壁温正确，则应有 $q_1 = q_2$。因此，当 $q_1 \neq q_2$ 时，则应重新假定壁温，直至 q_1 与 q_2 基本相等为止。

进行具体试算时，可注意以下几点：

（1）在假设壁温时，假设值应接近于 α 值大的那种流体的温度，且两种流体的 α 值相差越大，就越为接近。

（2）若有需要考虑污垢热阻所起的作用时，以上步骤中尚应加入污垢热阻的因素。

（3）欲使试算过程清晰明了，可一次假定几个壁温，使其中最低一个显然低于实际上的壁温，而最高一个显然高于实际上的壁温，将计算的各项数据列成表格，然后以 q_1、q_2 作纵坐标，以 t_{w1} 为横坐标，如此可得到两条相交的曲线，此曲线交点即为所求。若利用计算机计算可采用牛顿迭代法，可获得更准确的结果。

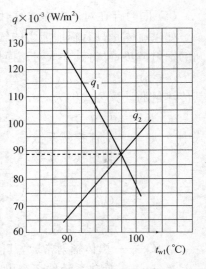

图 2.35　q_1 - q_2 - t_{w1} 的关系

[例 2.1]　在某一钢制立式管壳式热交换器中用饱和温度 $t_s = 111.38\ ℃$ 的蒸汽加热某种溶液，已知其管径为 $\phi 32 \times 2$ mm，管高 $l = 1.5$ m，材料的导热系数 $\lambda = 52\ W/(m \cdot ℃)$，管内溶液的平均温度 $t_2 = 68\ ℃$，其换热系数 $\alpha_2 = 3\,348\ W/(m^2 \cdot ℃)$，求蒸汽侧的管壁温度 t_{w1}。

[解]　在所给的温度范围内假设 4 个不同的壁温，可依次计算取得数据如表 2.8 所示。

以表中的 q_1 和 q_2 为纵坐标，t_{w1} 为横坐标分别作出两条曲线，见图 2.35。由此曲线的交点可得壁温 $t_{w1} = 98\ ℃$，$q \approx 89\,000\ W/m^2$。若多假设几个壁温，则可使图解的准确性提高。

表 2.8　例题 2.1 的计算表格

计算的项目及公式	单　位	壁温 t_{w1}，℃			
		90	95	97.5	100
溶液侧单位传热面的传热量 $q_2 = \dfrac{t_{w1} - t_2}{\dfrac{1}{\alpha_2} + \dfrac{\delta_w}{\lambda_w}} = 2\,966(t_{w1} - 68)$	W/m²	65 252	80 082	87 497	94 912
凝结液膜的平均温度 $t_1 = \dfrac{1}{2}(t_s + t_{w1}) = \dfrac{1}{2}(111.38 + t_{w1})$	℃	100.5	103	104.4	105.5
蒸汽与壁面间温差 $\Delta t_f = t_s - t_{w1}$	℃	21.4	16.4	13.9	11.4
蒸汽凝结的换热系数* $\alpha_1 = 69.8\left(\dfrac{\lambda_1^3 \rho_1^2 g r}{\mu_1 \Delta t_f}\right)^{1/4}$	W/(m² · ℃)	5 824	6 260	6 538	6 884
蒸汽侧单位传热面的传热量 $q_1 = \alpha_1(t_s - t_{w1})$	W/m²	124 633	102 664	90 878	78 477

* 原计算公式应为 $\alpha_1 = 1.13\left(\dfrac{\lambda_1^3 \rho_1^2 g r}{\mu_1 l \Delta t_f}\right)^{1/4}$，本题将有关数据代入，得到此处的简化公式。在 α_1 的计算中，λ_1、ρ_1、μ_1 等物性数据已在表中从略。

2.4 管壳式热交换器的流动阻力计算

热交换器内流动阻力引起的压降,是衡量运行经济效果的一个重要指标。如果压降大,消耗的功率多,就需要配备功率较大的动力设备来补偿因压力降低所消耗的能量。

由流体力学可知,产生流动阻力的原因与影响因素可归纳为:流体具有黏性,流动时存在着内摩擦,是产生流动阻力的根源;固定的管壁或其他形状的固体壁面,促使流动的流体内部发生相对运动,为流动阻力的产生提供了条件。所以流动阻力的大小与流体本身的物理性质、流动状况及壁面的形状等因素有关。

热交换器中的流动阻力可分两部分,即流体与壁面间的摩擦阻力;流体在流动过程中,由于方向改变或速度突然改变所产生的局部阻力。

管壳式热交换器的管程阻力和壳程阻力必须分别计算,由于阻力的单位可表示成压力的单位,故一般用压降 Δp 表示。如果阻力过大,超过允许的范围时,则需修改设计,以便使所设计的热交换器比较经济。管壳式热交换器允许的压降如表 2.9 所示。

表 2.9　管壳式热交换器允许的压降范围[10]

热交换器的操作压力(Pa)	允许的压降(Pa)
$p < 10^5$(绝对压力)	$\Delta p = 0.1p$
$p = 0 \sim 10^5$(表压)	$\Delta p = 0.5p$
$p > 10^5$(表压)	$\Delta p < 5 \times 10^4$

2.4.1　管程阻力计算

管壳式热交换器管程阻力包括沿程阻力,回弯阻力和进、出口连接管阻力等三部分,因而

$$\Delta p_t = \Delta p_i + \Delta p_r + \Delta p_N \tag{2.53}$$

式中　　Δp_t—— 管程总阻力,Pa;

Δp_i—— 沿程阻力,Pa;

Δp_r—— 回弯阻力,Pa;

Δp_N—— 进、出口连接管阻力,Pa。

沿程阻力 Δp_i,可用下式计算:

$$\Delta p_i = \lambda \frac{L}{d_i} \frac{\rho w_t^2}{2} \phi_i, \text{Pa} \tag{2.54}$$

或　　　　$$\Delta p_i = 4 f_i \frac{L}{d_i} \frac{\rho w_t^2}{2} \phi_i, \text{Pa} \tag{2.55}$$

式中　　λ—— 莫迪(Moody)圆管摩擦系数;

f_i—— 范宁(Fanning)摩擦系数,也可称为摩擦因子,$f = \lambda/4$,它与 Re 的关系示于图2.36中;

d_i—— 圆管内径,对非圆形管道,用水力直径,m;

L—— 管程总长,m;

ρ—— 管内流体在平均温度下的密度,kg/m³;

w_t—— 管内流体流速，m/s；

ϕ_i—— 管内流体黏度校正因子。

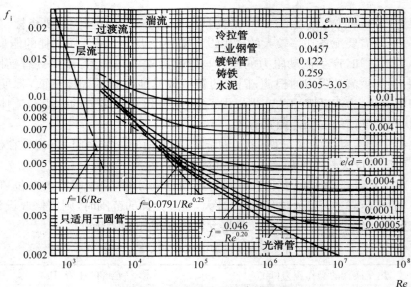

图 2.36   管内流动时的摩擦系数

e -绝对粗糙度； d -管径

当 $Re > 2100$ 时，$\phi_i = (\mu/\mu_w)^{-0.14}$

当 $Re < 2100$ 时，$\phi_i = (\mu/\mu_w)^{-0.25}$

回弯阻力用下式计算：

$$\Delta p_r = 4\frac{\rho w_t^2}{2}Z_t, \text{Pa} \tag{2.56}$$

式中 Z_t—— 管程数。

进、出口连接管阻力的计算可用下式：

$$\Delta p_N = 1.5\frac{\rho w_n^2}{2}, \text{Pa} \tag{2.57}$$

当压降较大，进、出口连接管压降相对较小时，可略而不计。严格讲，在气体非等温流动时，还会受到因气体的加速而产生的附加阻力 Δp_a 以及因浮力作用而引起的内阻力 Δp_s，这样，总的流动阻力为

$$\Delta p = \Delta p_i + \Delta p_1 + \Delta p_a + \Delta p_s$$

此处 Δp_i、Δp_1 为摩擦阻力和局部阻力，至于 Δp_a 和 Δp_s 的计算可见 6.2 节。

2.4.2   壳程阻力计算

对于相同的雷诺数，壳程摩擦系数大于管程摩擦系数，因为流过管束的流动有加速、方向变化等。但壳程的压降不一定大，因压降与流速、水力直径、折流板数、流体密度等有关，因此在同样的雷诺数时，壳程压降有可能比管程低。由于壳程流体流过管束时的流路比较复杂，因而有不少学者对壳程阻力进行了许多研究工作。一般认为，对于无折流板时，可用管程阻力公式计算壳程阻力，也有的文献[4] 推荐，错流流过光滑圆管管束时，可用以下的公式计算壳程阻力（在 $Re = 10^2 \sim 5 \times 10^4$ 范围内）；

顺列管束：

$$\Delta p_\text{s} = 0.66 Re^{-1/5} \rho w_\text{max}^2 (\mu/\mu_\text{w})^{0.14} N, \quad \text{Pa} \tag{2.58}$$

错列管束：

$$\Delta p_\text{s} = 1.5 Re^{-1/5} \rho w_\text{max}^2 (\mu/\mu_\text{w})^{0.14} N, \quad \text{Pa} \tag{2.59}$$

式中　　N——流体横掠过的管排数目；

　　　　w_max——最窄流通截面处的流速，m/s。

对于装有弓形折流板的壳程阻力，在廷克流路分析基础上发展起来的贝尔计算法能反映客观情况，具有比较好的准确性，其计算方法如下：

（1）由图 2.37 查取理想管束的摩擦系数 f_k。

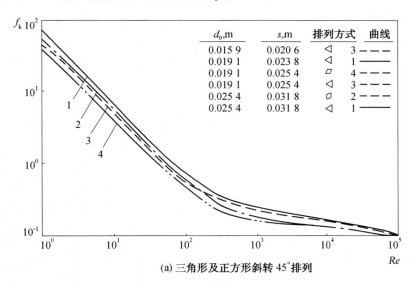

(a) 三角形及正方形斜转 45° 排列

(b) 正方形直列

图 2.37　理想管排摩擦系数[9]

（2）计算每一理想错流段阻力 Δp_{bk}

$$\Delta p_{bk} = 4f_k \frac{M_s^2 N_c}{2A_c^2 \rho}(\mu/\mu_w)^{-0.14}, \quad Pa \tag{2.60}$$

式中　M_s——壳程流体质量流量，kg/s。

（3）计算每一理想缺口阻力 Δp_{wk}

当 $Re \geqslant 100$ 时

$$\Delta p_{wk} = \frac{M_s^2}{2A_b A_c \rho}(2 + 0.6 N_{cw}), \quad Pa \tag{2.61}$$

当 $Re < 100$ 时

$$\Delta p_{wk} = \frac{26\mu M_s}{\sqrt{A_b A_c}\rho}\left(\frac{N_{cw}}{s - d_o} + \frac{l_s}{D_w^2}\right) + \frac{M_s^2}{A_b A_c \rho}, \quad Pa \tag{2.62}$$

（4）上述两项阻力应对折流板泄漏造成的影响和旁路所造成的影响以及进、出口段折流板间距不同所造成的影响分别予以校正，其中：

折流板泄漏对阻力影响的校正系数 R_l 可由图 2.38 查得。图中曲线不能外推。

旁路校正系数 R_b 可由图 2.39 查得。

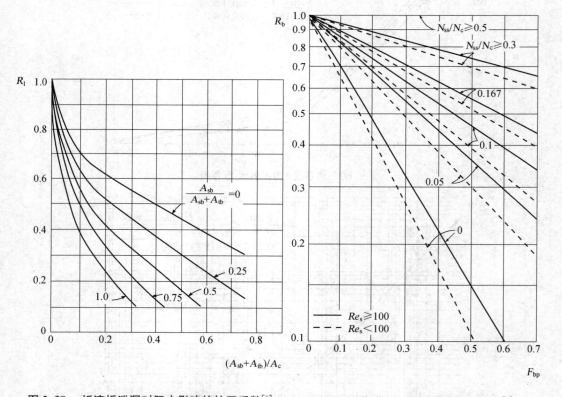

图 2.38　折流板泄漏对阻力影响的校正系数[8]　　图 2.39　旁路对阻力影响的校正系数[8]

进、出口段折流板间距不同对阻力影响的校正系数 R_s 由下式计算：

$$R_s = \frac{1}{2}\left[\left(\frac{l_{s,i}}{l}\right)^{-n'} + \left(\frac{l_{s,o}}{l_s}\right)^{-n'}\right] \tag{2.63}$$

当 $Re \geqslant 100$ 时，$n' = 1.6$，

当 $Re < 100$ 时，$n' = 1$。

（5）壳程的总阻力 Δp_s

$$\Delta p_s = \left[(N_b - 1)(\Delta p_{bk})R_b + N_b\Delta p_{wk}\right]R_l + 2(\Delta p_{bk})R_b\left(1 + \frac{N_{cw}}{N_c}\right)R_s \tag{2.64}$$

2.4.3 流路分析法简介

贝尔法的缺点是烦琐、费时，不过这个问题在应用计算机后就可解决了。实际上此法并未把各流路的关系完全考虑在内，因此无法预测由于制造条件或结构等因素引起的各路流量及其相应阻力的变化，虽可作进一步改进，但总的近似程度还不如流路分析法好。

流路分析法是利用廷克所提出的将壳程流动分成如图 2.40 所示的五股流路，将图中每一流路设想为一条管路，如此则使折流板前后的流动状况构成一个如图 2.40 所示的管路网络图，图中的箭头和字母表示各流路的流动途径，符号 K 表示阀门，代表流动阻力。由图可见，当流体流过前一块折流板的缺口后，在横流经过管束的进口处，流体将分成 C、B、E 等三股并联流路，它们平行地流过两折流板之间的空间，在管束出口处又汇合在一起，然后经过折流板缺口处进入下一段管束。至于 A 和 D，则可设想它们从两块折流板之间的某一点，平行地流到下一块折流板空间的对应点汇合。

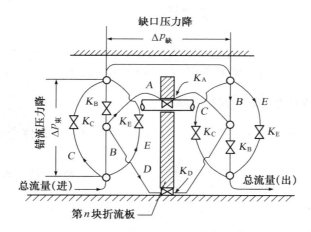

图 2.40 壳程各流路的管路网络图

按并联管路的原理，应有

$$\Delta p_B = \Delta p_C = \Delta p_E = \Delta p_束 \tag{2.65}$$

$$\Delta p_A = \Delta p_D = \Delta p_束 + \Delta p_缺 \tag{2.66}$$

式中 $\Delta p_束$ 为两折流板缺口之间的错流压力降，$\Delta p_缺$ 为通过缺口处的压力降。

根据质量守恒，总流量 M_S 应为各分流量之和，即

$$M_S = M_B + M_C + M_E + M_A + M_D = \sum M_j \tag{2.67}$$

每一流路的压力降为

$$\Delta p_j = k_j \frac{\rho_s w_j^2}{2} \tag{2.68}$$

式中　Δp_j——各流路的压力降，Pa；

　　　　k_j——各流路的阻力系数；

　　　　w_j——各流路的流速，m/s；

　　　　ρ_s——流体的密度，kg/m³。

M_j 与 w_j 的关系为

$$M_j = \rho_s w_j S_j, \text{kg/s} \tag{2.69}$$

式中　S_j——各流路的流通截面积，m²。

当已知 k_j、S_j 时，则可由式(2.65)～(2.68)解出各路流量，亦即可通过上述方程式定量地解决各流路的相互关系。但应用于实际计算中要定量算出各路流量，往往还需要有缺口处压降 $\Delta p_缺$ 的计算式，其解决方法如下：

缺口处流量应有

$$M_缺 = M_S - M_A - M_D = M_B + M_C + M_E \tag{2.70}$$

定义缺口面积后，若已知缺口阻力系数 $k_缺$，即可用式(2.68)、式(2.69)的关系确定 $\Delta p_缺$。所以已知 6 个阻力系数 k_j(包括 $k_缺$)后，可由 6 个方程式定量地解决各流路的相互关系。至于各流路的阻力系数 k_j，是与有关结构参数及雷诺数有一定关系的，一般要对各流路进行单独试验加以确定。

2.5　管壳式热交换器的合理设计

前面叙述了管壳式热交换器的基本结构和结构计算、传热计算、阻力计算的方法，现在要来讨论为了取得合理的设计而需要考虑的一些主要问题。

2.5.1　流体在热交换器内流动空间的选择

在设计热交换器时必须正确选定哪一种流体走管程，哪一种流体走壳程。这时要考虑下述一些原则：

（1）要尽量提高使传热系数受到限制的那一侧的换热系数，使传热面两侧的传热条件尽量接近；

（2）尽量节省金属材料，特别是贵重材料，以降低制造成本；

（3）要便于清洗积垢，以保证运行可靠；

（4）在温度较高的热交换器中应减少热损失，而在制冷设备中则应减少冷量损失；

（5）要减小壳体和管子因受热不同而产生的温差应力，以便使结构得到简化；

（6）在高压下工作的热交换器，应尽量使密封简单而可靠；

（7）要便于流体的流入、分配和排出。

根据这些原则，可以认为在下列情况下的流体在管程流过是比较合理的，即容积流量小的流体；不清洁、易结垢的流体；压力高的流体；有腐蚀性的流体；高温流体或在低温装置中的低温流体。

下列情况的流体在壳程流过比较合理，即：容积流量大的流体特别是常压下的气体；刚性结构热交换器中换热系数大的流体；高黏度流体和在层流区流动的流体；饱和蒸汽。

在实际工作中，各个原则往往存在一定矛盾，例如一般希望结垢性流体通过管内，同样，高压流体通常也应在管内流动,这两者有时是相互矛盾的。这时就要考虑以解决什么问题为主。例如在蒸汽-水热交换器中,由于蒸汽在水平管内凝结时的换热系数远比垂直或水平管束外凝结时小得多(在直立管中由上流下的情况除外),而且一般不需清洗,所以一般使蒸汽在管外通过,这样也便于排除凝结液。可是这样做对减少散热损失不利,但作为次要地位而不首先考虑了。

2.5.2　流体温度和终温的确定

当热交换器的流动方式及传热面积已知时,流体的终温可由平均温差法或传热单元数法加以核定。在顺流和逆流时,还可用以下根据平均温差的指数规律而推导出来的公式直接计算终温,即在顺流时

$$t_1'' = t_1' - (t_1' - t_2') \frac{1 - \exp\left[-\left(1 + \dfrac{W_1}{W_2}\right)\dfrac{KF}{W_1}\right]}{1 + \dfrac{W_1}{W_2}} \tag{2.71}$$

$$t_2'' = t_2' + (t_1' - t_2') \frac{W_1}{W_2} \frac{1 - \exp\left[-\left(1 + \dfrac{W_1}{W_2}\right)\dfrac{KF}{W_1}\right]}{1 + \dfrac{W_1}{W_2}} \tag{2.72}$$

而在逆流时

$$t_1'' = t_1' - (t_1' - t_2') \frac{1 - \exp\left[-\left(1 - \dfrac{W_1}{W_2}\right)\dfrac{KF}{W_1}\right]}{1 - \dfrac{W_1}{W_2}\exp\left[-\left(1 - \dfrac{W_1}{W_2}\right)\dfrac{KF}{W_1}\right]} \tag{2.73}$$

$$t_2'' = t_2' + (t_1' - t_2') \frac{W_1}{W_2} \frac{1 - \exp\left[-\left(1 - \dfrac{W_1}{W_2}\right)\dfrac{KF}{W_1}\right]}{1 - \dfrac{W_1}{W_2}\exp\left[-\left(1 - \dfrac{W_1}{W_2}\right)\dfrac{KF}{W_1}\right]} \tag{2.74}$$

但是,流体的温度对热交换器的结构和运行有着重大的影响,因而在很多情况下都要由生产工艺过程或由设计者根据需要事先决定。由第一章已知,在逆流传热时,当冷流体的终温与热流体的初温接近时,热利用率最大,但所需要的传热面也最大。对于多流程热交换器,还应避免出现温度交叉现象,否则将使平均温差下降。

为了合理选择流体温度和换热终温,可参考以下数据:

(1) 热端温差 ≥ 20 ℃;

(2) 冷端温差 ≥ 5 ℃;

(3) 冷却或冷凝器中,冷流体的初温应高于热流体的凝固点;对于含有不凝结气体的冷凝,冷流体的终温要求低于被冷凝气体的露点以下 5 ℃;

(4) 空冷式热交换器热流体出口和空气进口之间的温差,从经济上考虑应不低于 20 ℃;

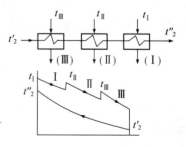

图 2.41　逐级加热原理

(5) 多管程热交换器应尽量避免温度交叉,必要时可将较小一端温差加大到 20 ℃ 以上。

此外,当同时存在多个温度不同的热源时,采用逐级加热系统(图 2.41)可得到较高的平均温差,并能使低温热源得到有效的利用。

2.5.3 管子直径的选择

对换热系数计算公式进行分析可知,在其他条件相同的情况下,采用小管径可使传热得到增强,但其影响不是很大。小直径管子能使单位体积的传热面大,因而在同样体积内可布置更多的传热面。根据估算[12],将同壳径热交换器的管子由 25 mm 改成 19 mm 时,传热面可增加 40% 左右,节约金属约 25%。或者说,当传热面一定时,采用小管径可使管子长度缩短。例如对单管程来说,当流速一定时,为保证所需的流通截面积 A_t,其管子数目应为(见式(2.5)):

$$n = 4A_t/(\pi d_i^2)$$

而为了保证所需要的传热面积 F,管长 L 应为(由式(2.6)):

$$L = F/(\pi dn)$$

将以上两式合并,并略去内径与计算直径的差别,则

$$L = \frac{F}{4A_t}d_i \qquad (2.75)$$

该式表明传热面一定时管长与管径的比例关系。对多管程分析所得结论相同。

但是也应看到,减小管径将使流动阻力增加。此外管径减小将增加管数,这就使管子与管板连接处泄漏的可能性增大;最后,管径越小,越易积垢。因此管径的选择要视所用材料和操作条件等而定,总的趋向是采用小直径的管子。

直径较大的可用于气体、混浊或黏性的液体,直径小的用于清洁的液体,当管径小于 20 mm 时,胀管就有一定的困难,所以很少采用。但在制氧装置中,由于管内承受高压,所以都采用 5 ~ 10 mm 的铜管。

在选取管壁厚度时,不但要视工作压力以及流体对管壁的腐蚀性质而定,同时还应满足胀管的要求,当管壁太薄时,胀管连接的可靠性就降低了。顺便提及,在选择管子直径和长度时,都应尽量标准化,特别是当同一个厂内有各种不同的热交换器时,为了检修和更换管子的方便,应尽量选择直径和长度一致的管子。

2.5.4 流体流动速度的选择

选择恰当的流速对热交换器的正常操作具有重要的意义。因为在一般情况下,流速的增加将使换热系数随之剧增,但是增加流速将使流动阻力也随之增大,且其增加的速率远超过换热系数的增加速率。例如同在湍流状态下比较,管内流动时的 $a_i \propto w^{0.8}$,管外流动时的 $a_0 \propto w^{0.6\sim0.65}$,而 $\Delta p \propto w^{1.8}$。对层流状态及过渡状态进行分析之后也可得到类似的结果。

因此,所选择的流速要尽量使流体呈湍流状态,以保证设备在较大的传热系数下进行热交换,为避免产生过大的压降,才不得不选用层流状态下的流速。而流速的最大值又是由允许的压降所决定的,当允许的压降已经限定,则最大流速就可由阻力公式计算出来。如果所允许的压降不是由生产条件来决定,则可根据技术经济比较来确定最佳流速(或最经济流速),这时设备的投资费用与运行费用之和最低。

此外,在考虑最佳流速时并未计入所有因素的限制,这些因素中最主要的是机械条件与结构要求。所谓机械条件的限制是指流速的提高应当避免发生水力冲击、振动以及冲蚀等现象。至于在结构上则应注意到:当速度提得很高时,所需的管数少了,这时为了要保证所需的传热面积,就必须增大管子的长度或增加程数。前已提到,长管不便于拆换和清洗,增加程数

则使构造复杂,并在无相变的热交换器中引起平均温差的降低,因此实际上所选用的流速常低于最佳流速。至于流速的低限,就一般流体来说,则应能保持在湍流范围之内。

还须注意,只有提高换热系数低的那一侧的流速,才能对换热系数的增加产生显著的影响。

因而流速的选择必须视不同情况而定。附录 F 列出了选择流速时的一些参考值。

2.5.5　管壳式热交换器的热补偿问题

1)热交换器所受的应力

热交换器工作时,都承受一定的内压或外压,因而壳壁及管壁要承受由于压力而产生的周向力和轴向力。对于内压薄壁圆筒而言,其周向应力值为 $pD/2s_0$(D 为平均直径,s_0 为计算壁厚),而为满足周向应力的要求,计算壁厚应为

$$s = \frac{pD_i}{2[\sigma]\phi - p} + C, \quad \text{m} \tag{2.76}$$

式中　p—— 筒体的设计压力,Pa;

D_i—— 筒体的内径,m;

s—— 筒体的壁厚,m;

ϕ—— 焊缝系数;

C—— 壁厚附加量,m;

$[\sigma]$—— 在设计温度下筒体材料的许用应力,Pa。

关于压力引起的轴向力,由于壳程流体压力作用于管板的净表面上,管程压力作用于两端封头和包括管截面在内的管板上,故其值为

$$F_1 = \frac{\pi}{4}p_s(D_i^2 - nd_o^2) + \frac{\pi}{4}p_t(d_o - 2s_t)^2 n, \quad \text{N} \tag{2.77}$$

式中　p_s、p_t—— 壳侧压力、管侧压力,Pa;

d_o—— 管子外径,m;

s_t—— 管子壁厚,m;

n—— 管子根数。

该轴向力由壳体和管子共同承受,因而壳体所受之力与管束所受之力的和应等于 F_1;又由于壳体与管子的应力分配与弹性模数成正比,故

$$\text{壳体应力} \quad \sigma_s^p = \frac{F_1 E_s}{f_s E_s + f_t E_t}, \quad \text{Pa} \tag{2.78}$$

$$\text{管子应力} \quad \sigma_t^p = \frac{F_1 E_t}{f_s E_s + f_t E_t}, \quad \text{Pa} \tag{2.79}$$

式中　f—— 截面积,m²

E—— 弹性模数,Pa;

下标 s、t 分别表示壳体与管子。

2)温差应力

在热交换器中,除了由压力产生的应力之外,还会由于壳体、管子所接触的流体温度不等,使壳体、管束的伸长受到约束,从而在轴向产生拉应力或压应力。这种由温差引起的力称温差应力或热应力、温差轴向应力。故从受力角度来看,热交换器要同时承受因压力而产生

的轴向力、周向力以及因温差而产生的轴向力。若温差应力与受压而产生的轴向应力的总和超过壳体材料所允许的应力时,壳体将受到破坏。

在计算固定管板式热交换器的温差应力时,通常假定:(1) 管子与管板都没有发生挠曲变形,因而每根管子所受的应力相同;(2) 以管壁的平均温度和壳壁的平均温度作为各个壁面的计算温度。

设固定管板式热交换器在工作时的管壁温度为 t_w,壳体壁温为 t_s,则当两者都能膨胀自如时,管子的自由伸长量为

$$\delta_t = a_t(t_w - t_0)l, \quad m \tag{2.80}$$

而壳体的自由伸长量为

$$\delta_s = a_s(t_s - t_0)l, \quad m \tag{2.81}$$

式中　　a_t、a_s——分别为管子和壳体材料的线膨胀系数,$1/\text{℃}$;

$\quad\quad\quad l$——管子和壳体的长度,m;

$\quad\quad\quad t_0$——安装时的温度,℃。

由于管子与壳体不能独立地自由伸长,而只能共同伸长 δ,因而当 $\delta > \delta_s$ 时,管子受到压缩,被压缩之长为($\delta_t - \delta$)。而壳体受到拉伸,被拉伸之长为($\delta - \delta_s$)。应用胡克定律,可分别求出管子所受的压缩力和壳体所受的拉伸力。显然,这两个力应相等,即

$$\delta_t - \delta = \frac{F_2 l}{E_t f_t}, \quad m \tag{2.82}$$

$$\delta - \delta_s = \frac{F_2 l}{E_s f_s}, \quad m \tag{2.83}$$

式中　　E_t、E_s——分别为管子与壳体材料的弹性模数,Pa;

$\quad\quad\quad f_t$、f_s——分别为所有管子、壳体的断面积,m^2;

$\quad\quad\quad F_2$——管子所受的压缩力与壳体所受的拉伸力,N。

将以上两式合并,经整理后可得

$$F_2 = \frac{a_t(t_w - t_0) - a_s(t_s - t_0)}{\dfrac{1}{E_t f_t} + \dfrac{1}{E_s f_s}}, \quad N \tag{2.84}$$

此即管子所受的压缩力和壳体所受的拉伸力。于是,管壁所受压应力为

$$\sigma_t = F_2/f_t, \quad Pa \tag{2.85}$$

壳壁所受拉应力为

$$\sigma_s = F_2/f_s, \quad Pa \tag{2.86}$$

故由温差产生的轴向应力

$$\sigma_s^t = \frac{f_t E_t E_s [a_t(t_w - t_0) - a_s(t_s - t_0)]}{E_s f_s + E_t f_t}, \quad Pa \tag{2.87}$$

$$\sigma_t^t = \frac{f_s E_t E_s [a_s(t_w - t_0) - a_s(t_s - t_0)]}{E_s f_s + E_t f_t}, \quad Pa \tag{2.88}$$

但温差应力 σ_s^t 和 σ_t^t 方向相反,一个为拉应力时,另一个为压应力,因此与 σ_s^p、σ_t^p 合成时,若壳体膨胀量大于管子,则

壳体轴向合成应力

$$\sigma_s = \sigma_s^p - \sigma_s^t, \quad Pa \tag{2.89}$$

管子轴向合成应力

$$\sigma_t = \sigma_t^p + \sigma_t^t, \quad \mathrm{Pa} \tag{2.90}$$

若管子膨胀量大于壳体时,则

壳体轴向合成应力

$$\sigma_s = \sigma_s^p + \sigma_s^t, \quad \mathrm{Pa} \tag{2.91}$$

管子轴向合成应力

$$\sigma_t = \sigma_t^p - \sigma_t^t, \quad \mathrm{Pa} \tag{2.92}$$

3)拉脱力

两个力(即因压力而产生的轴向力和因温差而产生的轴向力)除使壳壁和管壁产生拉(或压)应力之外,还在管子与管板的连接处产生拉脱力(从管板中拉脱出来的轴向力),若管子拉脱力过大,则会引起接头处密封遭到破坏或使管子松脱。因此在设计时还要校核拉脱力是否在允许范围之内。

在压力与温差的联合作用下,管子中所产生的应力为 σ_t,则管子拉脱力 q 为

$$q = \frac{\sigma_t a}{\pi d_0 l}, \quad \mathrm{Pa} \tag{2.93}$$

式中　σ_t—— 管子的轴向合成应力,Pa;

　　　a—— 单根换热管管壁的横截面积,m²;

　　　l—— 胀接深度或焊接高度,m。

若计算出的拉脱力超过允许范围,则需采取相应措施以减小拉脱力,例如对固定管板式无膨胀节的换热器,就需采用膨胀节,对于已带膨胀节的,则增加膨胀节的波数或改用强度较高的材料制作膨胀节以减薄膨胀节之厚度。

4)热补偿的措施

一般情况下,当管子与壳体用同种材料,壳壁与管壁的温差大于 50 ℃ 时,就要考虑热补偿,以解决膨胀的差异。其措施主要是从工艺和结构两方面着手,可以采取的方法有

(1)减小管子与壳体的温差　由于管壁温度总是接近于换热系数大的流体的温度,因此可将换热系数大的流体通过壳程,当壳体温度低于管束温度时,对壳体进行保温也可减小管子与壳体的温差。

(2)采用膨胀节　膨胀节的作用主要是补偿轴向位移,它的特点是受轴向力后容易变形,从而降低壳体和管子的温差应力。对于一台受内压的热交换器,如果下列三个条件有一个不满足,就应设置膨胀节,即

$$\sigma_s = \sigma_s^p \pm \sigma_s^t \leqslant [\sigma]_s \varphi$$
$$\sigma_t = \sigma_t^p \mp \sigma_t^t \leqslant [\sigma]_t$$
$$q \leqslant [q]$$

式中　σ_s、σ_t—— 壳体、管子的轴向总应力,Pa;

　　　$[\sigma_s]$、$[\sigma_t]$—— 壳体、管子材料的许用应力,Pa;

　　　φ—— 焊缝系数;

　　　$[q]$—— 许用拉脱力,Pa。

当采用胀接法时,管端不卷边,管板孔不开槽胀接,$[q] = 0.2\mathrm{MPa}$;管端卷边,管板孔开槽胀接,$[q] = 0.4\mathrm{MPa}$。

当采用焊接法时，$[q] = 0.5[\sigma]_t^t$。

选用膨胀节时，若一个波不能满足需要，可用多波膨胀节。作粗略估算时，膨胀节的波数 n_{ex}，可用下式求得：

$$n_{ex} = \frac{管子与壳体自由伸长量之差}{一个波的最大补偿量} = \frac{L[a_t(t_w - t_0) - a_s(t_s - t_0)]}{\delta_1} \tag{2.94}$$

式中　δ_1——一个波的最大补偿量；

　　　L——管子的有效长度（即两管板内侧间的距离）。

（3）使管束和壳体均能自由膨胀　　这种方法能较好地消除热应力，例如 U 形管式热交换器、填料函式热交换器、浮头式热交换器均具有这种作用。

（4）弹性管板补偿　　对于高温高压热交换器的管板，其强度要求与减小热应力的要求是矛盾的，减小管板厚度能减少管板冷、热两面的热应力，但却受到高压下强度要求的限制。对于固定管板还必须同时考虑温差应力、管板本身的轴向和径向温差应力以及管板的机械强度要求。因而，国内外出现了一些弹性管板的新型结构，有利于提高承压能力且可利用其弹性形变来吸收部分热膨胀差。例如：

a. 椭圆管板　　其结构如图 2.42 所示。所谓椭圆管板就是在管板上开了若干管孔的椭圆形盖，它与热交换器壳体焊在一起。椭圆管板比平管板受力好得多，故可做得很薄，使其具有一定弹性，以补偿壳体与管束的膨胀差值。与椭圆管板类似的，还有碟形管板、球形管板等。

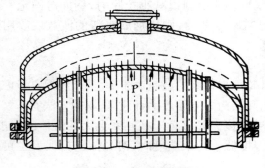

图 2.42　高压椭圆管板

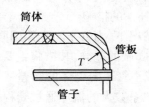

图 2.43　挠性管板

b. 挠性管板　　如图 2.43 所示，管板与壳体间有一个弧形过渡连接，且薄，有弹性，能够补偿壳体与管束间的热膨胀差值。至于由流体内产生的应力，是由拉撑管来承受的。它的圆弧过渡，有一个最适宜的曲率半径 r，r 过大则增大壳体半径，r 过小则不能有效地进行热补偿，且会造成局部应力集中。

（5）双套管温度补偿　　在高温高压热交换器中，也有采用插入式的双套管温度补偿结构，如图 2.44 所示。管程流体出入口与一个环形空间相连接，使外套管内流体与壳程流体的温差减小，具有与 U 形管式热交换器相类似的补偿能力，完全消除热应力。

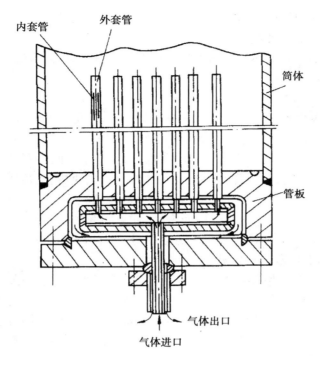

内套管　外套管　筒体　管板　气体出口　气体进口

图 2.44　双套管补偿结构

2.5.6　管壳式热交换器的振动与噪声

随着生产规模的扩大,热交换器的尺寸、流体的流速、支承的跨距都随之增大,甚至超过允许的限度,从而降低了管束的刚性,增加了产生振动的可能。

振动可使管子发生泄漏、磨损、疲劳、断裂,甚至伴随着刺耳的噪声,这不仅会降低设备的寿命,也有损于人们的健康。振动一旦形成事故,往往要花较长时间进行分析和修复。由于影响振动的因素错综复杂,阻尼作用的大小难以准确估计以及管子磨损和破坏的速度难以确定,对它们还不能用简单的数学公式加以描述等原因,可以说迄今为止的理论计算方法,还不能用在实际工程中准确地分析振动。有关热交换器的现有规范中,对振动分析方法与防振设计准则也都还缺乏明确的规定。但是实践已经证明,若能在设计时利用现有的研究成果对振动进行必要的估算、分析,并采取一些防振措施,那么,一些破坏性的振动多半可以避免。

1) 流体诱发振动的原因

热交换器的管束属于弹性体,当被流过的流体扰动,离开其平衡位置时,管子产生振动,这种振动称为流动引起的振动。实际上每台热交换器在工作时都有或多或少的振动,其振源可能是壳侧或管侧流体流动所引起的振动;流体速度的波动或脉动引起的振动;通过管道或支架传播的动力机械振动等等。有时振源可能较多,而其中的一个或几个可能是激起振动的主要根源。有的振源相对来说容易预测,而流体诱发的振动却比较难以预计。

一些实验和运行经验表明,热交换器的振动主要是壳侧流体的流动所引起,管侧流体流动所引起的振动常可忽略。一般情况下,在壳侧流体中,与管轴方向平行流动的纵向流所激发的振动的振幅小，由振动造成结构破坏的概率，也比横向流动要小得多。因此，人们更为关心的是横向流引起的振动问题。

目前已被公认的导致流体诱发振动的三种不同的原因是：涡流脱落、流体弹性旋转（或称流体弹性不稳定）和湍流抖振。

（1）涡流脱落

流体横向流过单根圆柱体时，在较大的雷诺数下，管后尾流中形成的卡门（karman）漩涡（或称卡门涡街）使两列方向相反的漩涡周期性地交替脱落，产生了一定的脱落频率。当流体横向流过管束时，同样会在管束后产生卡门漩涡，而且对于小间距管束，这种现象只在管束外围的头几排发生，对于大间距管束，则可以发生在整个管束中。涡流脱落时，流体施加给圆管一个正负交替的作用力，这个作用力的频率与涡流脱落频率相同，这样就会使圆管以涡流脱落频率或与它相近的频率垂直于流向而振动。如果圆管的振动频率等于涡流脱落频率的倍数或约数时，漩涡沿圆柱体（圆管）的全跨度在同一时间以相同的频率均匀地脱落，脱落频率和振动频率同步，此即所谓的共振。

涡流脱落本身还能产生一定声响。这是由于在一定条件下，它会激起气室两壁面间有一个既垂直于管子又垂直于流动方向的某阶驻波，如图 2.45 所示。这种驻波在管束所处的壁面之间来回反射，不往外传播能量，而涡流脱落又不断地输入能量，当驻波频率和涡流脱落频率耦合时，就会诱发强烈的气室声学驻波振动——气振，产生很大的噪声。

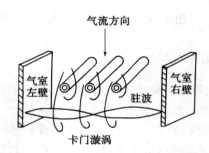

图 2.45　两平行壁面间产生驻波的示意图

（2）流体弹性旋转

当气体横向流过管束时，由于流体的不对称性产生的流体力可使管束中的一根管子从它原有的位置发生瞬时的位移，因而流场发生交变，破坏了对相邻管子的平衡，使它们也发生位移并处于振动状态。如果没有足够的阻尼来消耗其能量，振幅将不断增加直到管子间互相撞击而造成损坏，这样的振动称为流体弹性型的振动。与前者不同的是，涡流脱落是一种发生在管子后面引起管子振动的一种不稳定现象，它是一种完全不依赖于管子运动的流体力学现象，流体弹性旋转则不决定于任何不稳定的现象，而是由于相邻管子的流场相互作用而产生的。

（3）湍流抖振

湍流流动的流体在各个方向上在很宽的频率范围内都有随机波动分量，当流体顺流或横向绕流管外时，这些湍流分量向管子传输能量，从而导致管子的随机振动，这种由壳侧流体流过管束产生的湍流所引起的管子的振动，是最常见的振动形式，当此湍流波动的主频与管子的固有频率合拍时,则发生典型的共振。如果壳侧流体是气体时,在某一速度下,湍流抖振主频也可能产生声学共振。

以上三个方面的研究表明,管束的振动与管子的固有频率以及气室的声振频率都紧密相关。

2)振动的预测和预防

振动所造成的危害已如前述,因而在设计时就应考虑到把流体诱发振动的可能性降到最低限度。消除热交换器管束产生激振的一切可能,是防止振动最根本的办法,因而对管壳式热交换器进行振动的预测或校核,应该作为保证热交换器安全运行的重要一环来做好。在GB/T 151—2014 的附录 C 中提供了用来判别产生振动的判据,可作参考。

但是振动并不一定造成机械损坏,许多热交换器虽有振动但并没有出现事故。当然这并不等于对振动可以熟视无睹。当预测结果有可能发生振动时,可以采取以下一些防振和减振措施。

(1)降低壳侧的流速。假如壳侧流量不变,可以增大管距。当设计中有压降限制时,这种方法比较可行,但会增大壳体直径或增加管子长度。

如果把原来位于壳体两端的单进、出口(流体绕过折流板一次流过壳体)改成进口在中间、出口在两端的分流式热交换器,将流体分成两半从壳体任一端流出,如图 2.46 所示那样,可以大大降低横流速度。

(2)增加管子的固有频率。管子的固有频率与支承跨距的平方成反比,因而减小管子的支撑跨距是增加管子固有频率最有效的方法。

若在弓形折流板的缺口处不排管,可以使原来每间隔一块折流板才有支承的那些跨距得到缩短,提高固有频率。据称这种方法能最有效地解决振动问题[13],其结构如图 2.47 所示。若有需要,还可在两块折流板之间加中间支持板(两头都切去的支持板,如平面图中的虚线所示那样),它对压降并无影响而对传热有一定好处。用改变管材或增加管壁厚度的方法也能增加固有频率,但其影响不是很大。

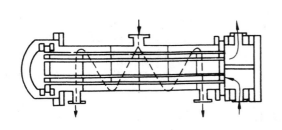

图 2.46　壳侧分流式热交换器

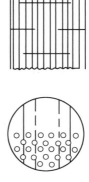

图 2.47　圆缺处不排管的折流板

(3)提高声振频率。在壳体内插入减振板,使其宽度方向与横流方向平行而其长度方向与管子轴线平行,这样可提高声振频率,使它与涡流脱落以及湍流抖振的频率不一致。减振板的位置,应在声振动驻波波形的波腹上。

（4）从结构上，增加折流板或中间支持板的厚度，当孔的间隙一定时，能减轻对管子的剪切作用并增加系统的阻尼。在折流板管孔两边加工倒角，对于减小振动的破坏有一定的作用。

除了从结构上注意避免振动之外，还必须注意对运行中的热交换器有影响的一些因素，例如：不让壳程流速超过振动分析所允许的界限，即使是短时间的超速，也对热交换器的使用寿命不利。

最近十多年来，国内外采用了一种折流杆式热交换器，被认为在解决振动和降低压降方面都具有良好的性能。

2.6 管壳式热交换器的设计程序

在设计热交换器时，如果只作简单估算，或盲目加大传热面积的安全系数就会造成浪费。只有进行比较详细的计算，才能使投入运行的热交换器，在安全和经济方面得到可靠的保证。可是设计中许多因素之间互相关联，设计过程错综复杂，因而设计程序应因设计任务和原始条件的不同而异，例如在传热计算和阻力计算中，不可避免涉及结构，因而常需初选传热系数，得到初估的传热面积，从而作出结构安排，然后作进一步的传热计算，得到传热系数的计算值和所需的传热面积。一般由结构确定的传热面积比计算出的所需传热面积具有 $10\% \sim 20\%$ 的余量时，传热计算和结构计算方为成功。

若阻力计算、强度计算及振动校核等仍有问题，还得重新更改某些部分，甚至重新选型。

一般的设计程序如下：

（1）根据设计任务收集有关的原始资料，并选定热交换器的型式等。

原始资料应包括：流体的物理化学性质（如结垢性、腐蚀性、爆炸性、化学作用等），流体的流量、压力、温度、热负荷，设备安装场所的限制，材质的限制，压降的限制等等。

（2）确定定性温度，并查取物性数据；

（3）由热平衡计算热负荷及热流体或冷流体的流量；

（4）选择壳体和管子的材料；

（5）选定流动方式，确定流体的流动空间；

（6）求出平均温差；

（7）初选传热系数 K'，并初算传热面积 F'；

（8）设计热交换器的结构（或选择标准型号的热交换器），包括：① 选取管径和管程流体流速；② 确定每程管数、管长、总管数；③ 确定管子的排列方式、管间距、壳体内径和连接管直径等；④ 确定壳侧程数及纵向隔板数目、尺寸，或折流板的数目、间距、尺寸等壳程结构尺寸。在这一步中最好通过草图确定有关数据和传热面积 F''（F'' 一般与 F' 不会正好相等）。

要注意到，在确定结构尺寸时，许多因素相互影响，最终则在壳体的直径和长度上得到反映，往往短的壳体其直径较大，而长的壳体其直径较小，一般说来以后者比较经济。这是因为：① 小直径的壳体有可能用标准的管子制造；② 对于给定的运行条件，壳体直径小则壳体、法兰、端盖等部件的厚度也可减小；③ 管板的加工成本相对较高，若壳体直径小，可使管板的厚度、直径相应减小，于是可降低制造成本；④ 单位长度管子的成本低。

当然，小壳径长壳体的选择首先要满足允许压降的要求，还要照顾到在已有空间内设备的布置、安装和维修的可能性。

（9）管程换热计算及阻力计算。当换热系数远大于初选传热系数且压降小于允许压降时，才能进行下一步计算，否则要重选 K'，并调整结构。

（10）壳程换热计算。根据采用的结构，假定壁温和计算换热系数，若不合理则应调整壳程结构直至满意为止。

（11）校核传热系数和传热面积。根据管、壳程换热系数及污垢热阻、壁面热阻等，算出传热系数 K 及传热面积 F。考虑到换热计算公式中的不定因素、运行条件与设计条件的差异、日后由于严重结垢或泄漏不得不堵塞一些管子以及紧急和反常情况下流体的参数可能在短时间内发生变化等诸多原因，因而要求由结构计算确定的传热面积 F'' 比计算出的所需传热面积 F 大 $10\% \sim 20\%$ 时，才认为满足要求。

（12）核算壁温。要求与假定的壁温相符。

（13）计算壳程阻力，使之小于允许压降，若压降不符合要求，要调整流速或结构尺寸。

（14）对热交换器的零部件进行强度计算。例如壳体壁厚，管板、封头和法兰的厚度、尺寸，支座型式和尺寸，螺钉大小和个数等等。

（15）核算管、壳热应力和管子接口处的拉脱力，考虑热补偿措施并对振动进行校核计算。

（16）绘正式图纸、编写材料表等。

以上一些步骤可视具体情况作适当调整，对设计结果应进行分析，发现不合理处要有一定的反复。例如若某一热阻占统治地位，如有可能，应采取措施减小之。又如允许压降必须尽可能加以利用，若计算压降与允许压降有实质差别，则应尝试改变设计参数或结构尺寸甚至改变结构型式。有时为了节省投资，甚至应该采用几个方案进行比较，可见其设计过程是相当复杂费时的。利用电子计算机进行设计计算可减少大量劳动，图 2.48 示出了一个属于单相对流的管壳式热交换器的程序原理框图，供参考。

图中输入数据 I 指：流体进、出口温度，流体的压力，已知的流量，流体的流动方式、流动空间、材质、热损失系数等等。

输入数据 II 指：管径、管程流速、允许压降、污垢热阻、折流板的型式和缺口大小，管子和管板的连接方式，管子在管板上的排列方式等等。

［例 2.2］　试对固定管板的管壳式煤油冷却器进行传热计算、结构计算和阻力计算。在该热交换器中，要求将 14 t/h 的 T-1 煤油由 140 ℃ 冷却到 40 ℃，冷却水的进、出口水温为 30 ℃ 和 40 ℃，煤油的工作表压力为 0.1 MPa，水的工作表压力为 0.3 MPa。

［解］　由已知条件，选用两台〈1-2〉型管壳式热交换器串联工作，水的结垢性强，工作压力也较高，故使其在管程流动，而煤油的温度、压力均不高，且较洁净，在壳程流动也是合适的，计算过程和结果列于表 2.10 中。

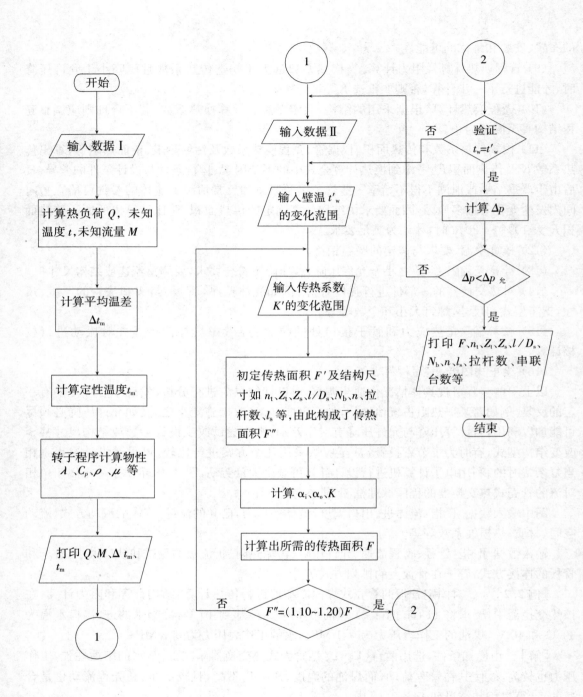

图2.48 单相对流管壳式热交换器的计算程序原理框图

表 2.10 例 2.2 计算表格

		项　目	符号	单位	计算公式或数据来源	数　值	备注
原始数据	1	煤油进口温度	t'_1	℃	由题意	140	
	2	煤油出口温度	t''_1	℃	由题意	40	
	3	冷却水进口温度	t'_2	℃	由题意	30	
	4	冷却水出口温度	t''_2	℃	由题意	40	
	5	煤油工作表压力	p_1	MPa	由题意	0.1	
	6	冷却水工作表压力	p_2	MPa	由题意	0.3	
	7	煤油流量	M_1	kg/s	由题意	3.89	
流体的物性参数	8	煤油定性温度	t_{m1}	℃	$(t'_1+t''_1)/2=(140+40)/2$	90	
	9	煤油比热	c_{p1}	kJ/(kg·℃)	查物性表	2.33	
	10	煤油密度	ρ_1	kg/m³	查物性表	774	
	11	煤油黏度	μ_1	kg/(m·s)	查物性表	604.5×10^{-6}	
	12	煤油导热系数	λ_1	W/(m·℃)	查物性表	0.102 8	
	13	煤油普兰德数	Pr_1	—	$Pr_1=\dfrac{\mu_1 c_{p1}}{\lambda_1}=\dfrac{604.5\times10^{-6}\times2\,330}{0.102\,8}$	13.7	
	14	水的定性温度	t_{m2}	℃	$\dfrac{t'_2+t''_2}{2}=\dfrac{30+40}{2}$	35	
	15	水的比热	c_{p2}	kJ/(kg·℃)	查物性表	4.187	
	16	水的密度	ρ_2	kg/m³	查物性表	1 000	
	17	水的导热系数	λ_2	W/(m·℃)	查物性表	0.621	
	18	水的黏度	μ_2	kg/(m·s)	查物性表	725×10^{-6}	
	19	水的普兰德数	Pr_2	—	$Pr_2=\dfrac{\mu_2 c_{p2}}{\lambda_2}=\dfrac{725\times10^{-6}\times4\,187}{0.621}$	4.9	
传热量及平均温差	20	热损失系数	η_L	—	取用	0.98	
	21	传热量	Q	kW	$Q=M_1 c_{p1}(t'_1-t''_1)\eta_L=\dfrac{14\,000}{3\,600}\times2.33\times$ $(140-40)\times0.98$	888	
	22	冷却水量	M_2	kg/s	$M_2=Q/c_{p2}(t''_2-t'_2)$ $=888/4.187\times(40-30)$	21.21	
	23	逆流时的对数平均温差	$\Delta t_{1m,c}$	℃	$\dfrac{\Delta t_{\max}-\Delta t_{\min}}{\ln\dfrac{\Delta t_{\max}}{\Delta t_{\min}}}=\dfrac{100-10}{\ln\dfrac{100}{10}}$	39	
	24	参数 P 及 R	P		$\dfrac{t''_2-t'_2}{t'_1-t'_2}=\dfrac{40-30}{140-30}$	0.091	
			R		$\dfrac{t'_1-t''_1}{t''_2-t'_2}=\dfrac{140-40}{40-30}$	10	

续表 2.10　例 2.2 计算表格

项　目			符号	单位	计算公式或数据来源	数　值	备注
	25	温差修正系数	ψ	—	由〈2－4〉型公式计算	0.972	
	26	有效平均温差	Δt_m	℃	$\psi\Delta t_{1m,c} = 0.972 \times 39$	37.9	
估算传热面积及传热面结构	27	初选传热系数	K'	W/(m² · ℃)	查参考资料	230	以外径为准
	28	估算传热面积	F'	m²	$F' = \dfrac{Q}{K'\Delta t_m} = 888\,000/(230 \times 37.9)$	101.87	
	29	管子材料及规格		mm	选用碳钢无缝钢管	$\phi 25 \times 2.5$	
	30	管程内水的流速	w_2	m/s	选用	1	
	31	管程所需流通截面	A_t	m²	$A_t = \dfrac{M_2}{\rho_2 w_2} = 21.21/(1\,000 \times 1)$	0.021 21	
	32	每程管数	n	根	$n = \dfrac{4A_t}{\pi d_i^2} = 4 \times 0.021\,21/(\pi \times 0.02^2)$	68	
	33	每根管长	l	m	$l = F'/nZ_t\pi d_o = 101.87/(68 \times 4\pi \times 0.025) = 4.77$ 取标准长	4.5	
	34	管子排列方式			选	等边三角形	
	35	管中心距	s	mm	由表 2.2	32	
	36	分程隔板槽处管中心距	l_E	mm	由表 2.2	44	
	37	平行于流向的管距	s_p	mm	$s_p = s\cos 30° = 32\cos 30°$	27.7	
	38	垂直于流向的管距	s_n	mm	$s_n = s\sin 30° = 32\sin 30°$	16	
	39	拉杆直径		mm	由 2.1.5 节	16	
	40	作草图					见图 2.49
	41	作图结果所得数据			见图 2.49		
		六边形层数	a			6	
		一台管子数	n_t	根		136	
		一台拉杆数		根	见表 2.6，估计壳体直径在 400 ～ 700mm 之间	4	
		一台传热面积		m²	$n_t\pi dl = 136\pi \times 0.025 \times 4.5$	48.1	
		二台传热面积	F''	m²	2×48.1	96.2	
		管束中心至最外层管中心距离		m	由图 2.49 量得或算出	0.224	
	42	管束外缘直径	D_L	m	$0.224 \times 2 + 2 \times 0.012\,5$	0.473	

	项　　目	符号	单位	计算公式或数据来源	数　值	备注
43	壳体内径	D_s	m	$D_s = D_L + 2b_3$ $b_3 = 0.25d = 6.25\text{mm}$,因 $b_3 \geqslant 8\,\text{mm}$, 故取 $b_3 = 8\,\text{mm}$ $D_s = 0.473 + 2 \times 0.008$ 　　$= 0.489\text{m}$ 按 GB/T 151—2014 规定,取标准直径	0.5	
44	长径比			$l/D_s = 4.5/0.5$	9	合理
45	管程接管直径	D_2	mm	$D_2 = 1.13\sqrt{\dfrac{M_2}{\rho_2 \omega_2}} = 1.13\sqrt{\dfrac{21.21}{1\,000 \times 1}}$ 　　$= 165$ 按钢管标准取值	$\phi 180 \times 5$	
46	管程雷诺数	Re_2		$\dfrac{w_2 \rho_2 d_i}{\mu_2} = \dfrac{1 \times 1\,000 \times 0.02}{725 \times 10^{-6}}$	27 586	
47	管程换热系数	α_2	W/(m²·℃)	$\alpha_2 = \dfrac{\lambda_2}{d_i} \times 0.023 Re_2^{0.8} Pr_2^{0.4}$ 　$= \dfrac{0.621}{0.02} \times 0.023 \times 27\,586^{0.8}$ 　　$\times 4.9^{0.4}$	4 813	
48	折流板形式			选定	弓形	
49	折流板缺口高度	h	m	取 $h = 0.25D_s = 0.25 \times 0.5$	0.125	
50	折流板的圆心角		度		120	
51	折流板间距	l_s	m	$(0.2 \sim 0.1)D_s = (0.2 \sim 0.1) \times 0.5$ 　　$= 0.1 \sim 0.5$,取	0.25	
52	折流板数目	N_b	块	$4\,500/250 - 1$	17	
53	折流板上管孔数		个	见图 2.49	116	
54	折流板上管孔直径	d_H	m	由 GB/T 151—2014	0.025 4	
55	通过折流板上管子数		根	见图 2.49	112	
56	折流板缺口处管数		根	见图 2.49	24	
57	折流板直径	D_b	m	由 GB/T 151—2014 规定	0.495 5	
58	折流板缺口面积	A_{wg}	m²	$A_{wg} = \dfrac{D_s^2}{4}\left[\dfrac{1}{2}\theta - \left(1 - \dfrac{2h}{D_s}\right)\sin\dfrac{\theta}{2}\right]$ 　$= \dfrac{0.5^2}{4}\left[\dfrac{1}{2} \times \dfrac{120\pi}{180}\right.$ 　　$\left. - \left(1 - \dfrac{2 \times 0.125}{0.5}\right)\sin 60°\right]$	0.038 387	由式 (2.13)

左侧竖排标注：管程计算　　壳程结构及壳程计算

	项　　目	符号	单位	计算公式或数据来源	数　值	备注
	59 错流区内管数占总管数的百分数	F_c		$F_c = \dfrac{1}{\pi}\Big\{\pi$ $+ 2\Big(\dfrac{D_s - 2h}{D_L}\Big)\sin\big[\arccos\big(\dfrac{D_s - 2h}{D_L}\big)\big]$ $- 2\arccos\big(\dfrac{D_s - 2h}{D_L}\big)\Big\} = \dfrac{1}{\pi}\Big\{\pi$ $+ 2\Big(\dfrac{0.5 - 0.25}{0.473}\Big)\sin\big[\arccos\dfrac{0.25}{0.473}\big]$ $- 2\arccos\dfrac{0.25}{0.473}\Big\}$	0.64	
	60 缺口处管子所占面积	A_{wt}	m²	$A_{wt} = \dfrac{\pi d_o^2}{8} n_t (1 - F_c) = \dfrac{\pi \times 0.025^2}{8}$ $\times 140 \times (1 - 0.64)$	0.012 37	
	61 流体在缺口处的流通面积	A_b	m²	$A_b = A_{wg} - A_{wt} = 0.038\,387 - 0.012\,37$	0.026	
	62 流体在两折流板间错流流通截面积	A_c	m²	$A_c = l_s\big[D_s - D_L + \dfrac{D_L - d_o}{s}(s - d_o)\big]$ $= 0.25\big[0.5 - 0.473$ $+ \dfrac{0.473 - 0.025}{0.032}$ $\times (0.032 - 0.025)\big]$	0.031	
壳程结构及壳程计算	63 壳程流通截面积	A_s	m²	$A_s = \sqrt{A_b \cdot A_c} = \sqrt{0.026 \times 0.031}$	0.028 4	
	64 壳程接管直径	D_1	mm	按 $\dfrac{\pi}{4}D_i^2 = 0.028\,4$ 计算,并由钢管标准选相近规格	$\phi 203 \times 6$	
	65 错流区管排数	N_c	排	见图 2.49	8	
	66 每一缺口内的有效错流管排数	N_{cw}	排	$N_{cw} = 0.8\dfrac{h}{s_p} = 0.8 \times 0.125/0.027$	3.7	
	67 旁流通道数	N_E			1	
	68 旁通挡板数	N_{ss}	对	选取	3	
	69 错流面积中旁流面积所占分数	F_{bp}		$F_{bp} = \big[D_s - D_L + \dfrac{1}{2}N_E l_E\big] l_s / A_c$ $= \big[0.5 - 0.473 + \dfrac{1}{2} \times 1 \times 0.044\big]$ $\times \dfrac{0.25}{0.031}$	0.395	
	70 一块折流板上管子和管孔间的泄漏面积	A_{tb}	m²	$A_{tb} = \pi d_o (d_H - d_o)\dfrac{1}{2}(1 + F_c) n_t$ $= \pi \times 0.025 \times 0.000\,4$ $\times \dfrac{1}{2} \times 1.64 \times 136$	0.003 5	
	71 折流板外缘与壳体内壁之间的泄漏面积	A_{sb}	m²	$A_{sb} = \dfrac{D_s(D_s - D_b)}{2}\big[\pi - \arccos(1 - \dfrac{2h}{D_s})\big] = \dfrac{0.5 \times (0.5 - 0.495\,5)}{2}\big[\pi -$ $\arccos(1 - \dfrac{0.25}{0.5})\big]$	0.002 365	

	项　目	符号	单位	计算公式或数据来源	数　值	备注
壳程结构及壳程计算	72 壳程雷诺数	Re_1		$Re_1 = \dfrac{M_1 d_o}{\mu_1 A_c}$ $= \dfrac{3.89 \times 0.025}{604.5 \times 10^{-6} \times 0.028\ 4}$	5 664	
	73 理想管束传热因子	j_H		由图 2.29	0.011	
	74 折流板缺口校正因子	j_c		由图 2.30	1.01	
	75 折流板泄漏校正因子	j_1		由 $\dfrac{A_{sb} + A_{tb}}{A_c} = \dfrac{0.002\ 356 + 0.003\ 5}{0.031}$ $= 0.188\ 9$ 及 $\dfrac{A_{sb}}{A_{sb} + A_{tb}} = \dfrac{0.002\ 356}{0.002\ 356 + 0.003\ 5}$ $= 0.4$ 查图 2.31	0.74	
	76 旁通校正因子	j_b		由 $\dfrac{N_{ss}}{N_c} = \dfrac{3}{8} = 0.375$ 及 $F_{bp} = 0.395$ 查图 2.32	0.94	
	77 壳程传热因子	j_o		$j_o = j_H j_c j_1 j_b$ $= 0.011 \times 1.01 \times 0.74 \times 0.94$	0.007 7	
	78 壳程质量流速	G_s	$\dfrac{kg}{(m^2 \cdot s)}$	$G_s = \dfrac{M_1}{A_s} = 3.89/0.028\ 4$	137	其 中 $(\mu_1/\mu_{w_1})^{0.14}$ $= 0.95$ 是应用 P 66 推荐的数据
	79 壳侧壁面温度	t_w	℃	假定	60	
	80 壁温下煤油黏度	μ_{w1}	kg/(m·s)	查物性表	980×10^{-6}	
	81 壳侧换热系数	α_1	W/(m²·℃)	$\alpha_1 = j_o G_s c_{p_1} Pr_1^{-2/3} (\mu_1/\mu_{w_1})^{0.14} =$ $0.007\ 7 \times 137 \times 2\ 330 \times 13.7^{-2/3} \times 0.95$	407.8	
需用传热面积	82 水垢热阻	$r_{s.2}$	(m²·℃)/W	查有关资料	0.000 34	
	83 煤油污垢热阻	$r_{s.1}$	(m²·℃)/W	查有关资料	0.000 17	
	84 管壁热阻				略	
	85 传热系数	K	W/(m²·℃)	$K = \left[\dfrac{1}{\alpha_1} + r_{s.1} + r_{s.2}\dfrac{d_o}{d_i} + \dfrac{1}{\alpha_2}\dfrac{d_o}{d_i}\right]^{-1}$ $= \left[\dfrac{1}{407.8} + 0.000\ 17 + 0.000\ 34 \times\right.$ $\left.\dfrac{0.025}{0.02} + \dfrac{1}{4\ 813} \times \dfrac{0.025}{0.02}\right]^{-1}$	303	
	86 传热面积	F	m²	$F = \dfrac{Q}{K\Delta t_m} = 888\ 000/(303 \times 37.9)$	77.33	
	87 传热面积之比	F''/F		96.2/77.33	1.24	稍大
	88 检验壳侧壁温	t_{w1}	℃	$t_{w1} = t_{m1} - K\left(\dfrac{1}{\alpha_1} + r_{s.1}\right)\Delta t_m = 90 -$ $303 \times \left(\dfrac{1}{407.8} + 0.000\ 17\right) \times 37.9$	59.9	与原假定值差 0.1 ℃

	项　　目	符号	单位	计算公式或数据来源	数　　值	备注
89	管内摩擦系数	f_i		查图 2.36	0.006 5	
90	管侧壁温	t_{w2}	℃	假定	45	
91	壁温下水的黏度	μ_{w2}	kg/(m·s)	查物性表	653.3×10^{-6}	
92	沿程阻力	Δp_i	Pa	$\Delta p_i = 4f_i \dfrac{L}{d_i} \dfrac{\rho_2 w_2^2}{2}(\mu_2/\mu_{w2})^{-0.14}$ $= 4 \times 0.006\,5 \times \dfrac{4 \times 4.5}{0.02} \times \dfrac{1\,000 \times 1}{2}$ $\times \left(\dfrac{725 \times 10^{-6}}{653.3 \times 10^{-6}}\right)^{-0.14}$	11 530	两台
93	回弯阻力	Δp_r	Pa	$\Delta p_r = 4 \dfrac{\rho_2 w_2^2}{2} Z_t = \dfrac{4 \times 1\,000 \times 1}{2} \times 4$	8 000	两台
94	进出口连接管阻力	Δp_N	Pa	$\Delta p_N = 1.5 \dfrac{\rho_2 w_2^2}{2} = 1.5 \times \dfrac{1\,000 \times 1}{2}$	750	
95	两台管程总阻力	Δp_t	Pa	$\Delta p_t = \Delta p_i + \Delta p_r + \Delta p_N$ $= 11\,530 + 8\,000 + 750$	20 280	没有超过表2.9的规定
96	理想管束摩擦系数	f_k	—	查图 2.37	0.19	
97	理想管束错流段阻力	Δp_{bk}	Pa	$\Delta p_{bk} = 4f_k \dfrac{M_i^2 N_c}{2A_c^2 \rho_1}(\mu_1/\mu_{w1})^{-0.14} = 4$ $\times \quad 0.19 \quad \times \quad \dfrac{3.89^2 \times 8}{2 \times 0.031^2 \times 774}$ $\times \left(\dfrac{604.5 \times 10^{-6}}{980 \times 10^{-6}}\right)^{-0.14}$	66.11	
98	理想管束缺口处阻力	Δp_{wk}	Pa	$\Delta p_{wk} = \dfrac{M_s^2}{2A_b A_c \rho_1}(2 + 0.6 N_{cw})$ $= \dfrac{3.89^2(2 + 0.6 \times 3.7)}{2 \times 0.026 \times 0.031 \times 774}$	51.2	
99	旁路校正系数	R_b	—	查图 2.39	0.85	
100	折流板泄漏校正系数	R_l	—	查图 2.38	0.48	
101	折流板间距不等的校正系数	R_s	—	间距相等,不需校正	1	
102	壳程总阻力	$\Delta p_s'$	Pa	$\Delta p_s' = [(N_b - 1)\Delta p_{bk} r_b$ $+ N_b \Delta p_{wk}] r_1 + 2\Delta p_{bk} R_b (1$ $+ \dfrac{N_{cw}}{N_c})R_s = [(17 - 1) \times 66.11 \times$ $0.85 + 17 \times 51.2] \times 0.48 + 2 \times 66.11$ $\times 0.85 \times (1 + \dfrac{3.7}{8}) \times 1$	1 013.7	
103	两台的壳程总阻力	Δp_s	Pa	$2 \times \Delta p_s' = 2 \times 1\,013.7$	2 027.4	没有超过表2.9的规定

左侧竖排：阻 力 计 算

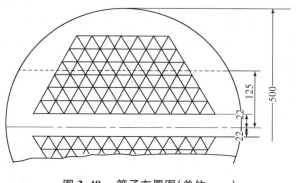

图 2.49　管子布置图(单位:mm)

整个设计结果综合:

型式:〈1—2〉型,2 台串联

管子:内径 20 mm,外径 25 mm

每程管数:68,每根管长 4.5 m

管距:32 mm,等边三角形排列

每台换热面积:48.1 m²

二台换热面积:96.2 m²

壳体内径:500 mm

长径比:9

拉杆直径:16 mm

一台拉杆数:4

2.7　管壳式冷凝器与蒸发器的工作特点

蒸汽冷凝和液体沸腾时都表现出流体的相态改变,在传热机理和传热强度上与单相流体的换热有着显著的差别,且相变传热在工业上的应用十分广泛(例如动力、化学工业中的各种冷凝器、蒸发器、重沸器、蒸汽锅炉等等)。无论是冷凝还是沸腾,都是复杂的传热过程,均有专著对这些过程作详细的介绍,本书只把它们在工业上的应用作为一种热交换器来介绍其特殊性。

2.7.1　管壳式冷凝器的工作特点

冷凝过程从宏观上看,膜状冷凝与珠状冷凝都可能发生,但膜状冷凝是遇到最多的,珠状冷凝往往不稳定,它很容易转变为膜状冷凝。因此在实际设备中,常按膜状冷凝进行计算。

按被冷凝的物质进行分类,冷凝过程又可分为可凝蒸汽的冷凝和含有不凝气蒸汽的冷凝。可凝蒸汽可以是单一成分的纯净蒸汽,也可能是多种组分的混合蒸汽。

1) 纯净饱和蒸汽在冷凝器内的冷凝

在设计这种冷凝器时应注意以下一些问题:

(1) 一般说来,冷凝换热是一种高效的换热过程,例如水蒸气膜状凝结时的换热系数大致有 5 000 ~ 15 000 W/(m² · ℃),因而冷凝换热往往不会成为整个传热过程的主要热阻。但是也有不少设备中,冷凝换热反而构成了传热过程的主要热阻,如各种石油馏分和有机物蒸汽的冷凝器,当采用水作为吸热工质时,冷凝侧换热系数将低于水侧换热系数。一般情况下,有机物蒸汽的冷凝换热系数约为水蒸气的 1/10,氟利昂冷凝时的换热系数只有 800 ~ 1 000 W/(m² · ℃)。在这些情况下,也就有必要对冷凝换热过程的强化给予充分的注意。

(2) 根据冷凝过程的机理,当冷凝液膜处于层流状态时,横管和竖管的管外冷凝相比,在两者的温差及冷凝介质的物性相同时,采用横管时的换热系数总是高于竖管的换热系数。因此,对饱和蒸汽的冷凝,一般都采取卧式冷凝器。此时若使饱和蒸汽在管外冷凝,不仅换热系数高,而且压降也小,使易结垢的水在管内流动,可以保持较高的流速,对传热和防止结垢都很有利。但当管子排数较多时,下层管子的液膜较厚,这时可以通过斜转排列方式使冷凝液沿各排管子的切向流过来减轻第二排以下各排液膜的增厚问题。当管子按等边三角形排列时,其斜转角度可按式(2.1)计算。

但在某些情况下,采用立式冷凝器也具有一定的优点,例如:① 当冷凝液需要过冷时,如果采用卧式,会使一部分传热面浸没冷凝液中才能通过自然对流传热方式实现过冷。而采用立式冷凝时,冷凝液呈降膜式向下流动,此时的换热系数较高,降低了冷凝液过冷所需的传热面。② 在压降允许范围内,使蒸汽在竖管内冷凝时,流速可以较高,使液膜减薄,不易在设备内积聚不凝结气体,气流速度分布均匀。根据实践经验,蒸汽流速很高时,实际的 α 值比理论计算的 α 值大。

(3)采用蒸汽在水平管内冷凝的方式必须十分慎重。因为在这种情况下的冷凝器往往采用多管程,第一程凝结的液体连同未冷凝的蒸汽一起进入下一管程,因而在同一管程的管束中,管子下半部往往积聚较多的凝液,而管子上半部往往积聚较多的蒸汽,从而使管束中的汽液分配难以均匀,凝液的积存又起了阻碍传热的作用,使其换热系数比同样条件下的管外冷凝低。与此有关,蒸汽在这种多管程的管内冷凝时,蒸汽的压力损失往往较大,因而使冷凝温度随之下降,特别是蛇管式冷凝器中,压力降及温度降可达很大的数值。

2)过热蒸汽在冷凝器内的冷却和冷凝

当过热蒸汽进入设备工作时,其热交换情况与饱和蒸汽的冷凝有所不同。

一般来说,按照过热程度的不同,过热蒸汽在冷凝器内的温度变化可能存在三个不同的区域(图2.50)。

(1)蒸汽温度高于饱和温度,壁面温度也高于饱和温度(即 $t > t_s$,$t_w > t_s$)的区段 a,在该区段中蒸汽并不凝结而只是被冷却,其传热属于单相介质的对流热交换,传递的热量属于显热传递。

(2)蒸汽的主流温度仍高于饱和温度,而壁面温度已低于饱和温度(即 $t > t_s$,$t_w < t_s$)的区段 b。在该区段,一方面由于 $t > t_s$ 而仍然存在显热传递,另一方面与壁面接触的蒸汽却进行的是冷凝换热,属于潜热传递。

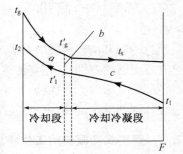

图 2.50 过热蒸汽的冷却冷凝过程示意图

(3)蒸汽的主流温度等于饱和温度而壁面温度已低于饱和温度(即 $t = t_s$,$t_w < t_s$)的区段 c。在该区段中,属于单一的冷凝换热。

由于蒸汽的过热部分所进行的显热传递的换热系数比冷凝换热系数要小得多,因而过热蒸汽从冷却开始到全部冷凝结束的全过程,其平均换热系数比冷凝过程的换热系数要低。

由于过热蒸汽的比热较小,因而显热传递的热量不大。例如水蒸气在大气压下即使过热100 ℃ 时,所传递的热量也不过增加约 3%。因而用过热蒸汽加热并不是合算的事情,在工业上除非另有需求,一般不用过热蒸汽加热,只是有时为避免在流动中因热损失而发生凝结,才把蒸汽稍加过热。

严格来说,对过热蒸汽的冷却过程和冷凝过程应该分段计算。但当过热度不是很大时,仍可利用纯净饱和蒸汽的冷凝放热公式计算其平均换热系数,不过公式中的汽化潜热 r 要用下式所示的 r' 代替

$$r' = c_g(t_g - t_s) + r \tag{2.95}$$

式中 c_g—— 过热蒸汽比热;

  r—— 蒸汽汽化潜热。

至于计算 α 或 Q 时所用的冷凝温差 Δt，都仍然按饱和温度 t_s 而不是以过热温度 t 计算。这种处理方法虽属近似，但一般还是足够准确的。

在过热度很大的情况下，则可将过热蒸汽的全部放热过程简化为如图 2.50 所示的冷却段和冷却冷凝段两个阶段分别计算。其中的 a 区段属于冷却段，而 b、c 两个区段作为冷却冷凝段。在这两段中，冷却段以单相对流换热计算，而冷却冷凝段仍用上述近似方法计算。但在一般所遇到的设备中，需要这样做的场合并不多。

3）含不凝气蒸汽的冷凝

蒸汽中所含不凝结性气体可能有两个不同的来源，一是由于外部漏入，二是由于冷凝物质所固有或夹带。当蒸汽中含有不凝气时，传热过程实际上是由蒸汽的冷凝和不凝气的冷却共同组成，这一过程叫做冷凝－冷却过程。

以蒸汽发动机所用的冷凝器为例，由于它在真空度相当高的条件下工作，就免不了有空气从它的接合不严密处漏入。在一般情况下，随蒸汽进入冷凝器中的空气量是不多的（约占进入蒸汽总量的 $0.005\% \sim 0.5\%$），但随着蒸汽冷凝过程的进行，空气的相对量就增加了。通常进入冷凝器的蒸汽约有 99.97% 可以冷凝成水，这时空气含量可以达到 $25\% \sim 80\%$，即增加达 1 000 ～ 5 000 倍，尤其以最后 $10\% \sim 15\%$ 的蒸汽冷凝时，增长得特别显著。

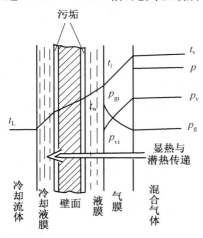

图 2.51 含不凝气蒸汽的冷凝机理

这种不凝气相对量增加的过程，对于那些含有固有不凝气的蒸汽在冷凝器内冷凝时也是一样。在冷凝器中，即使所含不凝气很少，也会造成换热系数大幅度地下降。实验表明，蒸汽中即使只有 1% 体积的空气，也会使换热系数降低 60%。因此，工业上应用的冷凝器，一般都应设置气体排出机构，例如，在压力下工作的冷凝器，在适当部位装置排气阀，在负压下工作的汽轮机冷凝器，则设置射汽抽气器。不凝气的存在之所以对蒸汽冷凝产生如此重大的影响，可由冷凝过程的换热机理来解释。

如图 2.51 所示，当含有不凝气的蒸汽与冷却面接触时，紧靠壁面的蒸汽分子开始冷凝，形成一层液膜。由于这些分子的凝结，使壁面附近的蒸汽分压力降低，由远离壁面处的分压力 p_v 降至气液分界面上的 p_{vi}。由于蒸汽和空气混合物的总压不变，故在壁面附近，不凝气的分子积聚而使不凝气的分压力升高，由远离壁面处的 p_g 升至气液分界面上的 p_{gi}，因此在液膜外面又形成了一层气膜。而蒸汽必须借扩散使蒸汽分子通过气膜而达到液膜冷凝。这层气膜构成了冷凝过程的主要热阻，使换热系数大为降低。此外，由于这层气膜的存在，冷凝温度也将由与 p_v 相对应的饱和温度 t_v 降低到与气液膜分界面上 p_{vi} 相对应的 t_i，其结果是使冷凝温差减小，降低了冷凝强度，并且也使气膜与液膜间的表面上产生了对流换热。

因此，可认为含不凝气蒸汽的传热是由两部分组成的：一部分是由于蒸汽冷凝而产生的潜热传递，其大小决定于蒸汽分子通过气膜的扩散，它的推动力是蒸汽的分压差（$p_v - p_{vi}$），压差越大，蒸汽的扩散速度就越大，传质（冷凝）的量就越多，根据质交换过程与热交换过程的相似关系，则可将单位传热面上的潜热传递的热量表示为

$$q_c = r\beta_p(p_v - p_{vi}) \tag{2.96}$$

式中　　q_c——单位面积上潜热传递的热量，W/m²；

β_p——传质系数，kg/(m² · s · Pa)；

r——汽化潜热，kJ/kg；

p_v——含不凝气蒸汽中的蒸汽分压力，Pa；

p_{vi}——气液分界面上蒸汽的分压力，Pa。

另一部分是不凝气及蒸汽的总体（主流）与液膜之间的显热传递，其推动力是气膜的温差，则单位传热面上显热传递的热量可用牛顿公式表示为

$$q_g = \alpha_g(t_v - t_i) \tag{2.97}$$

式中　　q_g——单位传热面上显热传递的热量，W/m²；

α_g——显热的换热系数，W/(m² · ℃)；

t_v——主流温度，℃；

t_i——气液分界面上的温度，℃。

而　　　$q_c + q_g = r\beta_p(p_v - p_{vi}) + \alpha_g(t_v - t_i) \tag{2.98}$

即为通过单位传热面的总传热量。

还应明确，上面所述是针对冷凝器某一截面处的分压和温度的变化情况。实际上在汽流流动方向上，随着蒸汽含量的减少，蒸汽分压越来越低，其冷凝温度也越来越低，因此，这是一个非等温的过程，而且从进口到出口的传热系数有着大幅度的变化。因而，这种情况下的传热温差和换热系数都要分成多段进行计算。具体步骤可参考文献[7]。

在含有不凝性气体的蒸汽冷凝时，蒸汽流速对冷凝放热的影响十分显著。在蒸汽放热一侧，传质系数 β_p 起着很大的作用。不凝气愈多，则 β_p 所起作用愈大。当蒸汽流速提高时，β_p 迅速增大，这样就使换热得到加强。由此可见，当其他条件不变时，汽-气混合物中不凝气愈多，提高流速就愈是增强换热的有效手段。可是，当汽-气混合物在管束中冷凝时，由于蒸汽的不断冷凝，容积流量不断降低，流通截面又改变很小，因而流速猛烈下降，且不凝气相对含量在冷凝器的后半部分达到相当高的程度。这就使得 β_p 迅速下降，使换热强度显著地减小。

因此，当不凝气相对含量不大时，则蒸汽速度是影响换热的主要因素，但当不凝气的相对含量高时，则不凝气的含量对换热的影响就是主要的了。

4) 混合蒸气的冷凝

工业上还会遇到由两种以上可凝性蒸气混合而成的混合蒸气的冷凝。在冷凝过程中，一定温度下，各种成分以不同的比例冷凝；在另一温度下，又是另一个比例。亦即它们的冷凝量随着温度的不同而改变，这是一个显著的特点。混合蒸气冷凝与它的各成分在液态时能否互溶有关，下面以由两种互溶液体所组成的蒸气混合物为例说明其冷凝过程。

图 2.52 表示双组分混合物在一定压力下的气液平衡关系。图的横坐标表示混合物中易挥发组分（低沸点组分）的含量，用质量百分数或摩尔百分数表示。x 代表液体中的含量，y 代表蒸气中的含量，而纵坐标表示温度。图中下面一条曲线是在一定压力下，不同组成的溶液开始沸腾时的温度，称为液相线或沸腾等压线。上面一条曲线表示在同一压力下不同温度时与液相成平衡的气相组成，它也表示不同组成的气体开始冷凝时的温度，故称气相线或冷凝等压线。

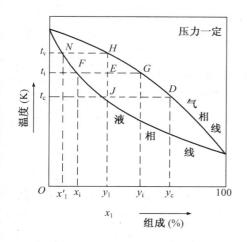

图中各点标记：t_v、t_i、t_c，N、H、F、E、G、J、D，气相线、液相线、液相、气相，压力一定。横坐标：x_1'、x_i、y_1、y_i、y_c、100，x_1，组成(%)；纵坐标：温度(K)。

图 2.52　互溶液体的蒸气混合物的冷凝过程

假设有组成为 y_1 的混合蒸气,当它被冷却到温度 t_v 时就要开始冷凝(如图中的 H 点),冷凝成的液体,温度仍为 t_v,而其易挥发组分的含量为与 y_1 相平衡的 x_1'(如图中的 N 点)。由于 $x_1' < y_1$,因而使其余蒸气中的易挥发组分含量增加,它必须在冷却到更低温度下才能冷凝。所以若将混合物冷却到温度 t_i,即 E 点所表示的状态时,冷凝液的温度仍为 t_i,而它的成分却与前不同,易挥发组分含量为 x_i,未冷凝蒸气中的易挥发组分含量为 y_i,温度也为 t_i,液体与气体的状态分别为图中的 F 点和 G 点。当进一步冷凝到温度 t_c 时,蒸气混合物全部冷凝成为液体混合物,其状态如图中的 J 点,冷凝液中的易挥发组分含量 x_1 等于最初的蒸气中的易挥发组分的含量 y_1。而蒸气全部冷凝下来以前的最后一点蒸气的易挥发组分的含量为 y_c。

从上可知,整个冷凝过程是在变温的情况下进行的,在温度连续下降的过程中,冷凝液的状态沿着 $\overgroup{NFJ}$ 变化,而待冷凝蒸气的状态沿 $\overgroup{HGD}$ 变化。把蒸气和冷凝液作为一个总的体系,则 $\overline{HEJ}$ 代表了它的整体状态。

在冷凝到 J 点状态以前就停止冷却时,称为部分冷凝,这样的冷凝器称为分凝器。冷却到 J 点才停止的,称为完全冷凝过程,这样的冷凝器称全冷凝器。冷却到 J 点所对应的温度以下时,则包括了冷凝液的过冷。分凝器和全冷凝器只是冷却程度的不同,没有什么本质上的区别。

在从 H 到 J 点的冷凝过程中,冷凝液的量与未冷凝的蒸气量之和总是等于原始进入的混合气量,但就冷凝液量和未冷凝蒸气量分别来说,在各处又是不同的,它们之间的关系可用物料平衡的方法证明,能以图上的线段长度来表示其比例。例如当混合物冷却到 E 点,即温度为 t_i 时,

$$\frac{液体量}{蒸汽量} = \frac{\overline{EG}}{\overline{FE}}$$

而 $\dfrac{\overline{EG}}{\overline{FG}}$ 为已冷凝量与原始混合蒸气总量的比率,称为冷凝率。显然,在全冷凝时,其冷凝率为1。

从以上所述可见,混合蒸气的冷凝与含不凝气蒸气的冷凝有着相似之处。因为在混合气体中,各组分不能同时冷凝,那么暂时还不能冷凝的部分,就可视为不凝气,但它在温度降低后,又成了可凝气。

混合蒸气冷凝过程可归结为以下几方面的特点:

① 混合蒸气冷凝时,冷凝温度不断下降,因而是一个非等温的冷凝过程。同时,由于各组分的冷凝潜热不同,温度的变化和所放出的热量一般不成比例。因而在温度变化范围大时,应该分段计算平均温差。

② 在冷凝过程中气体和液体的组成也在不断改变,因而物性和换热系数均沿程不断变化,由此,当进、出口温度变化范围大时,也需要分段计算流体的平均温度,并求出相应的物性和换热系数。

③ 由于混合蒸气的冷凝与含不凝气蒸气的冷凝有相似之处,后冷凝的蒸气也会滞积在壁面附近形成气膜,在此气膜内同样由于蒸气分压的变化而存在温差;先冷凝的液体温度较高,在往后流动中也必然要进一步被冷却而放出显热。

对于混合蒸气的冷凝过程来说,由于传热和传质的相互影响而使换热系数相差很大,因而必须分段计算传热温差和换热系数,在参考文献[7]中有例题可供参考。但当温度变化范围不超过 5 ~ 10 ℃ 时,作为一种简化计算方法,也可取进、出口平均温度下的物性及冷凝温差求整个过程的平均放热系数。

2.7.2　管壳式蒸发器的工作特点

蒸发器中所进行着的沸腾换热和冷凝换热一样,均属于强化型换热(但低沸点流体沸腾时的换热系数不高,应该除外)。液体在沸腾时能吸收大量的汽化潜热,汽泡在形成和脱离加热面时,在边界层内产生强烈的扰动,使其热边界层内形成很大的温度梯度,从而达到很高的换热系数,与单相流体的对流换热系数相比,可提高几倍乃至二三十倍,因而在工业上的应用甚为广泛。

在各种工业企业生产过程中,常需将溶有固体物质的水溶液加以浓缩。其主要方法是用蒸发器将稀溶液加热至沸腾,使其中部分水蒸发而使溶液的浓度得到提高。此种蒸发过程与水的蒸发过程相比,有着一些不同的特点。

图 2.53 所示的是一种在水溶液蒸发过程中使用比较普遍的中心循环管式蒸发器,它由加热室及分离室组成,由于中心循环管的直径比加热管的直径大得多,使中心循环管内溶液的密度大于周围加热管内强烈沸腾着的溶液的密度,从而产生了自然循环。

蒸发器内加热的蒸汽称为一次蒸汽,溶液受热蒸发而产生的蒸汽称为二次蒸汽。为使那些需要蒸发大量水分的场合减少加热蒸汽耗量,可采用多效蒸发(或称多级蒸发)的方法,其特点是将每一效蒸发器中所产生的二次蒸汽用作下一效的加热蒸汽,如此则在下一效又产生了新的二次蒸汽,即使溶液浓度得到提高,又节省了加热蒸汽量。若近似地认为加热蒸汽耗量和二次蒸汽产量之比等于1,那么消耗单位蒸汽量所能蒸发的水量近似地与蒸发器的效数成正比。效数越多,消耗新蒸汽越少。不过效数并非越多越好,一般限于 2 ~ 3 效,也有 4 ~ 6 效的。

多效蒸发时,后一效的工作压力和溶液的沸点

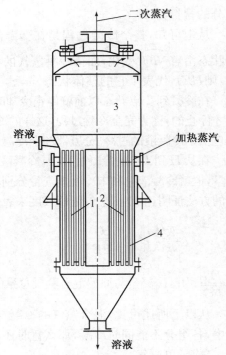

图 2.53　中心循环管式蒸发器
1— 加热管束;2— 中央循环管;
3— 汽液分离空间;4— 加热室

均较前一效的低。一般多效蒸发的末效总在真空下工作,因此末效的二效蒸汽一般与带有抽气装置的表面式(即管壳式)或气压式冷凝器相连,以维持末效所要求的真空度。

在对水溶液蒸发器作计算时,要注意到如下一些特点:

① 在水溶液蒸发器中,由于被蒸发的是含有非挥发性物质的水溶液,溶液的沸点要高于纯溶剂(水)的沸点,但二次蒸汽的温度却只等于相应压力下的饱和温度。故当加热蒸汽温度一定时,蒸发溶液时的传热温差就比蒸发水的传热温差小。例如在大气压下工作的蒸发器,若被蒸发的是水,水的沸腾温度是 100 ℃,产生的二次蒸汽温度也是 100 ℃,而当此蒸发器用来蒸发浓度为 30% 的 NaOH 水溶液时,却要在 110 ℃ 沸腾,可是二次蒸汽温度却仍为 100 ℃,可见在大气压下,此溶液的沸点升高了 10 ℃,也就是说,传热温差减小了 10 ℃。

在一定压力下,溶液的沸点与纯水沸点之差,称为溶液的物理化学温降。表 2.11 摘录了部分溶液在大气压力下不同浓度时的沸点。但是蒸发器往往在高于大气压或低于大气压下工作,因而必须计算出蒸发器工作压力下的沸点。在各种计算方法中,最常用的是按杜林(Duhring)规则计算。该规则认为:某种溶液在两种不同压力下两沸点之差$(t_A-t_A^0)$与另一标准液体在相应压力下两沸点之差$(t_w-t_w^0)$的比值是一个常数,即

$$\frac{t_A-t_A^0}{t_w-t_w^0}=C \tag{2.99}$$

式中 t_A 和 t_A^0 表示某种溶液在两种不同压力下的沸点(其中 t_A^0 应已知),t_w 和 t_w^0 表示某种标准液体在相应压力下的沸点。当知道 C 值时,就可按下式求出任一压力下某液体(或溶液)的沸点 t_A:

$$t_A=t_A^0+C(t_w-t_w^0) \tag{2.100}$$

因为水的沸点可从水蒸气表中方便地查得,故通常可用水作标准液体。

表 2.11　无机盐溶液在大气压下的沸点[16]

溶　　质	沸　点,℃													
	101	102	103	104	105	107	110	115	120	125	140	160	180	200
	溶液的浓度 %(质量)													
$CaCl_2$	5.66	10.31	14.16	17.36	20.00	24.24	29.33	35.68	40.83	45.80	57.89	68.94	75.86	—
K_2CO_3	10.31	18.37	24.24	28.57	32.24	37.69	43.97	50.86	56.04	60.40	—	—	—	—
KNO_3	13.19	23.66	32.23	39.20	45.10	54.65	65.34	79.53	—	—	—	—	—	—
NaOH	4.12	7.40	10.15	12.51	14.53	18.32	23.08	6.21	33.77	37.58	48.32	60.13	69.97	77.53
NaCl	6.19	11.03	14.67	17.69	20.32	25.09	—	—	—	—	—	—	—	—
$NaNO_3$	8.26	15.61	21.87	27.53	32.43	40.47	49.87	60.94	68.94	—	—	—	—	—
Na_2SO_4	15.26	24.81	30.73	—	—	—	—	—	—	—	—	—	—	—
Na_2CO_3	9.42	17.22	23.72	29.18	33.86	—	—	—	—	—	—	—	—	—
NH_4NO_3	9.09	16.66	23.08	29.08	34.21	42.3	51.92	63.2	71.26	77.11	87.09	93.20	96.00	97.61
$(NH_4)_2SO_4$	13.34	23.14	30.65	36.71	41.79	49.73	—	—	—	—	—	—	—	—

② 由于蒸发器中的液位有相当高度,溶液密度一般较大,因而引起上层溶液对下层溶液产生一定的静压,使下层溶液的沸点比上层溶液的沸点高,但所产生的二次蒸汽温度却仍与液面所处的压力相对应。因而在蒸发器内还存在由于静压的作用而产生的第二种温降——静压温降。

③ 在多效蒸发中,还要考虑二次蒸汽流到次效的加热室的过程中,由于管道阻力引起的压降,使次效加热蒸汽的饱和温度相应降低。此种饱和温度的降低构成了蒸发器中的第三种温降——流动阻力温降。

总的结果,由于三种温降的存在,使蒸发器内的有效温差 Δt 降低,成为

$$\Delta t = t_s - t - (\Delta' + \Delta'' + \Delta''') \tag{2.101}$$

式中　t_s——加热蒸汽的饱和温度,℃;

　　　t——二次蒸汽的饱和温度,℃;

　　　Δ'——物理化学温降,℃;

　　　Δ''——静压温降,℃;

　　　Δ'''——流动阻力温降,℃。

④ 水溶液蒸发的热平衡计算中还应注意到有些物料,例如 $NaOH$、$CaCl_2$ 等水溶液在稀释时有显著的放热反应,因而在蒸发时除了供给水分汽化所需的汽化潜热外,还应供给与稀释热相应的浓缩热,而且溶液浓度越高,影响越显著。

2.8　高温、低温热交换器综述

近代工业中的某些工艺过程,例如化工过程的裂解、合成和聚合,大多要求在高温、高压下工作,又如冶金工业和机械制造工业的加热炉,往往装备了利用烟气余热来预热空气(或煤气)的高温热交换器。在另外一些场合,例如空分装置、低温工程中,则又有着大量的在极低温度下工作的热交换器。虽然它们的工作原理与前面所述的间壁式热交换器没有多大区别,但对其结构、材料和制造工艺等方面却有着更严格的要求,其中某些型式已不同于通常的管壳式热交换器。本节内容将对在这种领域中工作的热交换器的特点和种类作一综合叙述。

2.8.1　高温高压管壳式热交换器

1) 型式

高温高压热交换器通常指其工作温度在 350 ℃ 以上,压力在 10 MPa 以上。随着科学技术的发展,高温高压的要求已进一步显得迫切,温度超过 1 000～1 500 ℃、压力超过 20～30 MPa 的热交换器屡见不鲜。在高温高压条件下,尽管某些场合仍在使用蛇管式或套管式热交换器,但由于它们的传热效率一般较低,金属耗量大,结构笨重,处理量也较小,因而使用管壳式热交换器的趋向有了增加。

就型式而论,高温高压热交换器和常用的管壳式热交换器并无多大差别,只是在结构上已获得相当多的改进。常用的型式仍为固定管板式、U 形管式和浮头式三种。固定管板式热交换器适用于温差小或温差稍大但壳程压力不高以及壳程结垢不严重的情况。一些新型结构的管板,例如图 2.42 所示

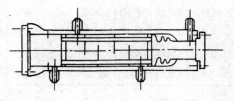

图 2.54　滑动管板式浮头热交换器

的椭圆管板和图 2.43 所示的挠性管板等弹性管板结构,可以用于更高参数条件。高温高压的浮头式热交换器也有采用,但浮头式的设计比较困难,且在很高温度下密封垫片或盘根难以有效地工作,故其应用相对较少。图 2.54 所示的是改进了的设计,在浮头端的管程上设有膨

胀节,浮动管板可沿壳体轴向自由滑动,但固定管板与膨胀节均与壳体焊死,管束不能从壳体内抽出。而且膨胀节也承受不了过高的压力。若采用外填料函式浮头热交换器,虽浮头管板可自由伸缩,但滑动处密封在很高的压力下可能会发生泄漏,因而其使用仍受到一定限制。

2)结构

在结构设计上,管板、管箱、密封部位、管子与管板的连接、高温流体入口部位以及热膨胀结构等的好坏,直接影响热交换器的制造成本、使用寿命和运行的经济性。

(1)管板

管板在热交换器制造成本中占有相当比重。在高温高压条件下,200 ~ 300 mm 厚度的管板是不足为奇的。然而如此厚的管板给制造上带来很大困难。管板上管孔加工的质量对管板的强度、刚度以及与管子的连接都有影响,因而需要深孔钻床以提高精度,防止偏斜。管子与管板的连接常采用胀接加焊接的方法,爆炸焊接和爆炸胀接等新技术也已被采用。

厚度大的管板,还会产生巨大的热应力。管板在径向上的受热不均,也会引起很大的热应力,例如管板中心温度很高,而边缘温度较低,在快速停车或快速启动时,可能使管板损坏,从降低管板冷、热两面的温差应力考虑,应尽量减小管板厚度。但在这里首先要考虑高压下的强度需要,当然也应考虑管板本身的热应力。对于固定管板,尚需考虑壳体和管束热膨胀的温差应力。所以对高温高压下管板厚度的减薄应持慎重态度。

对于单一管板材料不能同时适应两种流体的腐蚀时,可以采用双金属管板;若只有一种流体有强烈腐蚀作用,而管板又大又厚时,采用复合管板来代替贵重材料制造的整体管板是比较经济的。但当大厚度的复合管板不易取得时,也可用堆焊衬里来解决,这时堆焊母体材料常是碳钢或低合金钢,堆焊材料则根据需要选择。

(2)密封及管箱

管箱的结构、密封形式、法兰连接和管箱上的开孔等部件设计的好坏,直接影响热交换器的效率。高压时,由于作用在开孔盖板上的力与开孔直径的平方成正比,因而应尽量减小各种开口尺寸,以便得到较小的法兰连接。在高温下还要尽可能减少法兰连接。因为在高温下,特别是当温度超过 500 ℃ 以后,材料强度急剧下降,从而导致法兰连接和螺栓变得十分粗大。

在安装时,螺栓的紧固使其承受着预应力。在运行中,螺栓还要因温差而产生应变,承受着温差应力。预应力加上温差应力,往往可能造成螺栓材料的屈服或蠕变,从而使得热交换器停车以后发生螺栓的松动。

在管箱的设计上,主要有凸形、锥形和平板形三类。从承压能力看以凸形最佳,平板形最差。凸形管箱中有半球形、椭圆形、碟形等,以球形承压能力最强。

(3)采用耐热、耐腐蚀材料作衬里

由于单一的材料不仅价格高,而且有时难以同时满足耐热、耐腐蚀以及高强度的要求,因而在设计时可以考虑某些部位采用耐热金属衬里或非金属耐火材料衬里。这方面要解决的问题是衬里技术和如何解决衬里材料与母体金属热膨胀的不一致的问题。如果解决不好,将发生衬里的龟裂、剥落和脱落,所以此项措施应根据具体条件尤其是制造厂的制造水平来确定。

(4)高温流体入口部位的防护

高温操作时,高温流体对设备构件产生热冲击从而引起热应力、热疲劳和高温腐蚀,往往导致构件的损坏,尤其是流体入口连接处的损坏。当流体温度有波动时,以及要求流体高速流动时,这种破坏就更为严重。因而应该采取适当的防护措施。防护的方法是设法降低该部分的温度,或者减小温度的波动,或者把强度大的构件做成特殊形状。图2.55示出了几种防护措施,其中图(a)为日本制氢装置热交换器上的管端防护结构,在每个管孔里都插入一个带有圆弧翻边的耐热保护套,保护套焊在管板上。图(b)、(c)是英国在高压合成氨装置热交换器中采用的管端防护结构。图(b)中的喇叭形不锈钢锲管轻胀入传热管内。图(c)是高温转化器废热锅炉中采用的管端防护结构,它也是在传热管内插入一个不锈钢楔管,其下端靠带有开槽的喇叭口扩张,上部则靠压进压缩石棉纤维与传热管紧固在一起。图(d)是西德在烯烃生产装置中的废热锅炉上采用的管端防护结构,考虑到含砂高温气流的机械冲刷和热冲蚀,在传热管的端部都加装了一个喇叭形入口管帽。

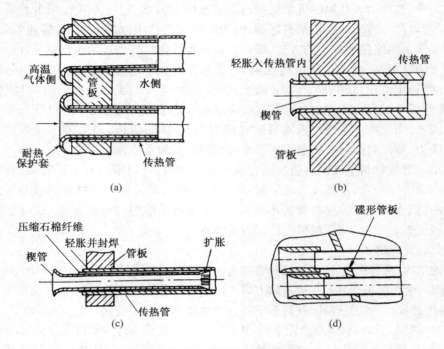

图 2.55   管端的防护结构

3) 材料的选用

正确选用材料和发展新型材料,对于高温高压下工作的设备具有重要意义。高温高压下工作的热交换器必须考虑材料的氧化性、热冲击承受能力和悬浮颗粒的侵蚀,也要注意金属盐类、硫酸盐所带来的结垢和腐蚀。而事实上,同时具备高耐热性、高强度和高抗蚀性的材料极为稀少。虽然也发展了一些新的高温材料,但其价格都很昂贵。从经济上考虑,采用复合材料或采用衬里是比较合适的,但传热管一般用比较好的材料,因它极易损坏,而且难于施行衬里技术。根据材料来确定设备的最高使用温度时,不仅要考虑材料的性能,还要考虑设备的种类、工作条件、经济性和其他因素。例如对于没有危险的流体,设备损坏后不致带来严重后果或短时间的操作,可将使用温度选得高一些。反之,所选的温度要远远低于材料的允许温度。

2.8.2   工业炉用高温热交换器[17][18]

工业炉是我国能源的一大用户,它所消耗的能源,约占全国总能耗的1/5。在轧钢厂中,加热炉（均热炉）的能耗要占全厂总能耗的80%左右。机械工厂工业炉的能耗占全厂总能耗的1/2左右,重型机器制造厂则占70%～80%。在这些炉子中,排出烟气带走了供入炉内热量的大部分,因而在炉子上设置热交换器,利用烟气余热来预热空气(或煤气),从而回收这部分热量,降低炉子的燃料消耗,是工业炉最主要的行之有效的节能手段。工业炉用热交换器工作压力并不高,但一般都在高温下工作,因而选择材料时要考虑高温要求,而在强度方面并不像高温高压热交换器那样苛求。在密封要求上,除了预热煤气时有一定要求外,也不像高温高压热交换器那样的严格。

利用工业炉烟气来预热空气或煤气的热交换器,从材质上可分为金属和陶质两大类;从工作原理上可分为换热式和蓄热式两大类;从传热方式上可分为对流式和辐射式两大类。

金属热交换器的优点是:壁面的导热系数高,传热系数大,因而比较紧凑;它的气密性好,尤其是构件焊接的热交换器。它的缺点是耐热性不够,故寿命远短于陶质热交换器,而且空气预热的限度也低得多。

陶质热交换器只要用普通耐火材料制造,不需耗用稀缺材料;它能耐高温,且能经受炉温的大幅度波动,这些是它的优点。缺点在于砖壁的导热性能差;砖缝多,气密性低,只能用于压力低的空气的预热;器体笨重,地下工程量大;当进口的废气温度在1 300 ℃以上,并且含尘量大时,陶质构件会发生结渣,使热交换器工作恶化。下面分别叙述金属的与陶质的换热式热交换器,对于金属的或陶质的蓄热式热交换器则在后面的专门章节予以介绍。

1）金属热交换器

金属热交换器包括:平滑钢管、针形管和整体式对流热交换器,缝式和管式的辐射式热交换器,辐射-对流组合式热交换器和其他一些特种型式的金属热交换器。

（1）平滑钢管对流热交换器

平滑钢管对流热交换器与一般的管壳式热交换器差别不大,例如针对不同使用场合有圆壳直管式热交换器、U形钢管热交换器、双程套管式(插管式)热交换器、多节U形管热交换器等。

普通平滑直管热交换器的缺点在于:烟气流路上的头一列管子受到器前烟气的直接辐射,比别的管列过热得厉害些,而其空气侧被取走的热量反而少一些。加上各列管子膨胀不一,在热负荷多变的情况下,使设备的气密性受到破坏,这些都决定了这种热交换器的高温耐久性较差。为了提高它的寿命,除正确选用耐热钢材外,应特别注意管子和管板的连接方式和焊缝质量。大型钢管热交换器须从结构上采取各种措施,以补偿管子的热膨胀:有的是将管子吊起来,下面脱空;有的是在上面设杠杆平衡重,使之能往上膨胀。近年来,还采用另外两种补偿办法,第一种方法是使烟气进口头1～2排管子的直径大于其余管子,这样可使这1～2排管子处通过的空气多些,因而使管壁受到更多的冷却;第二种方法是采用S形弯管,它在某种程度上能分别地补偿各根管子的热膨胀。

（2）针形管热交换器

这种热交换器的基本元件是带针片(肋)的铸铁针片管(如图2.56所示)。通常空气在管内流动,而烟气在管外流动。铸铁针片管在结构上分成单侧针片管和双侧针片管两大类。单侧针片管仅在管子内侧(空气侧)有针,外侧(废气侧)是平滑的。由于单侧针片管的废气侧没有针,因而它的耐热性要比双侧针片管高,而且不易堵塞。双侧针片管的热效率远高于单侧针片管,但耐热性较差,而且较易堵塞。

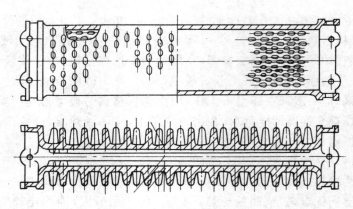

图 2.56　铸铁针片管

（3）整体式对流热交换器

整体式对流热交换器的结构如图 2.57 所示,其制造方法为:用 4 ～ 6 mm 厚的钢板焊制成构架壁,形成矩形箱,箱壁上开小孔,焊上空气所流通的钢管,在钢管之间的垂直方向布置烟气流通的管子。然后在矩形箱端壁上所焊纵横管子之间的空间浇入铸铁,这样就得到一个整体,其中两块端部钢板同时充当法兰盘,法兰盘和集气箱相连。

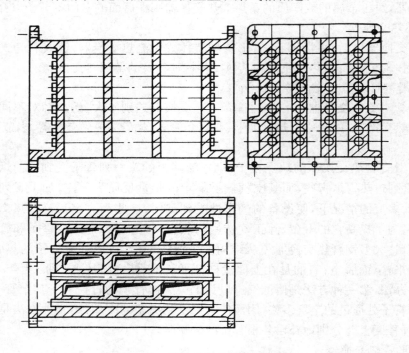

图 2.57　整体式热交换器的结构

由于整体式热交换器采取整体铸造结构,最热区段的热可传给较冷区段,因而能延长使用寿命。它的结构简单,由于铸铁内的钢管本身构成了骨架,故当铸铁器内出现裂纹时,其整体性和气密性不会受到破坏。但它有一个很大的缺点,即笨重,每单位传热量的金属重量比双面针片热交换器要多 3 ～ 4 倍,约为平滑钢管的 2 倍。此外,铸铁同钢管壁之间的良好接触也难以保证,它还比较容易被烟灰堵塞。

(4) 辐射式热交换器

当炉子的废气温度较高(1 000 ～ 1 300 ℃)时,在多数情况下以采用辐射式热交换器为宜。这是因为,辐射传热是温度四次方的函数,温度升高时传热迅速增加;而且,这种热交换器内废气流通截面很大,即辐射层厚度大。对热交换器的传热不仅是废气的辐射,而且还有热交换器相邻烟道的砖衬内表面的辐射。

按其结构,辐射式热交换器可分缝式和管式两种。而缝式又有环缝式和直缝式之分。图2.58 示出的是环缝式辐射热交换器,它由两个同心钢制圆筒构成。内筒通烟气,环缝里流通空气或煤气,在内筒的外表面焊上竖向肋片,以加强内筒的散热,并使环缝在整个圆周和高度上保持相同的宽度。热交换器加热时,内筒温度比外筒高得多,热膨胀量也大些,为保证其自由膨胀,在外筒上设膨胀圈。根据需要,可以将烟气和空气的流向组织成顺流、逆流或顺流逆流的复合流动,如图 2.59。

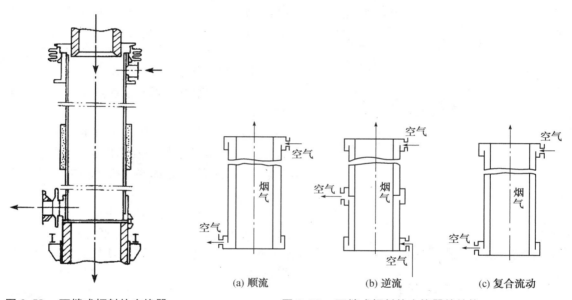

图 2.58　环缝式辐射热交换器　　　图 2.59　环缝式辐射热交换器的结构

(a) 顺流　　　　　　(b) 逆流　　　　　　(c) 复合流动

管式辐射热交换器与缝式辐射热交换器相比,只是结构不同,图 2.60 所示为目前较为流行的圆栅式辐射热交换器。它的传热面是由排成圆圈的多根小管构成,小管两端焊在引入和引出空气(或煤气)的环套上。烟气在中间流通,直接给管栅辐射热量,小管外围的耐火砖壁面也对之间接辐射。管式辐射热交换器烟气侧的对流热交换,通常略去不计,主要是由于它的烟气流速常比缝式辐射热交换器小,且系纵向绕流管壁,对流换热系数较小。辐射热交换器同对流热交换器相比,最主要的优点是能高温预热空气(或煤气),单位传热面的热负荷大,故所耗的耐热钢材少。其空气流路的形状简单,预热的空气(或煤气)采取较高的流速(20 ～ 40 m/s 以上),强化了由器壁带走的热量。因而,在同样的预热温度时,单位传热表面的高热负荷并不会引起过高的器壁温度(和对流热交换器相比)。而且由于传热面各部分之间的互相辐射,使壁温趋于均匀。同时,辐射式热交换器传热面的积垢比对流热交换器小得多,且清扫简便。它的缺点是,在同样传热能力的情况下,器体较为高大。此外,对负荷变化较为敏感。

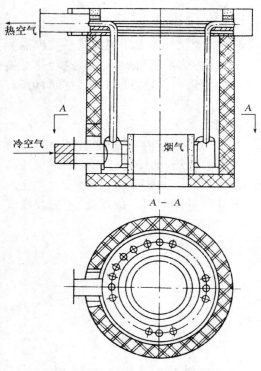

图 2.60　圆栅管式辐射热交换器

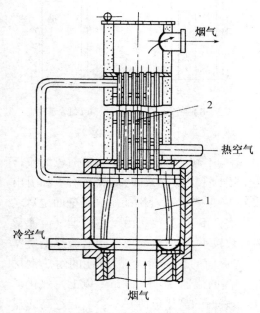

图 2.61　管式辐射热交换器和对流热交换器的组合装置

1—管式辐射热交换器；2—对流热交换器

综合上述，辐射式热交换器特别适用于高温预热和烟气里含有大量灰分、炭黑、氧化铁、渣的情况。但是，它通常只能将烟气冷却到 750～850 ℃，因而对烟气的余热利用不够充分，低于此温度时，辐射传热量所占的比率大为减小，需要大幅度增大传热面以保证所需的空气预热温度，结果就变得不经济了。

（5）组合式热交换器

为使一套热交换系统兼有各种热交换器的优点，常常组合装设两种不同类型的热交换器。当器前温度高于 900～1 000 ℃ 时，一般先使烟气流经辐射式热交换器，然后流经对流式热交换器。被预热的空气则相反，先通过对流热交换器，然后通过辐射式热交换器。当器前温度低于 900～1 000 ℃ 时，组合式热交换器采用各种不同对流热交换器或其元件的组合。图 2.61 即为一套管式辐射热交换器和对流热交换器的组合装置的示意图。

从以上对各种金属热交换器的介绍中，可以看出它们的应用场合及其优劣。为了保证金属热交换器的有效操作，在设计中尚需考虑一些共同的问题：

（1）热交换器内的气体流速并不像计算结果那样处处相同，往往相差甚大。不均匀性越大，传热系数就越小。更重要的是，它使热交换器的最高器壁温度提高到计算值以上，从而使元件烧坏。

气体流速以及引入、引出通道的形状（集气箱、连接管等）对速度分布特性影响很大，因而热交换器的安装位置应当尽量远离各种局部阻力元件（如肘管、弯头、截面急剧变化处），特别是要远离开闭器、调节阀、闸板等。

（2）不同材料的热交换器，其使用温度有一定范围。当烟气温度超过材质的允许温度时，可以在炉子至热交换器的烟道上掺入冷空气。但由于冷、热空气的黏度差别大，两者很难混合好。为此需专门采取一些结构措施，例如尽量在烟道的整个截面上引入冷空气，同时在烟气进入热交换器之前，留有足够的混合长度。在烟道周边设环形风套，在整个环形风套上均布喷嘴，垂直地往烟气流道喷入冷空气,效果较好。

掺冷风降低烟温的另一缺点是使烟气量大为增加,增大了烟气带走的热损失,降低了热交换器的热效率。因而有时也可以用烟气泵抽取从热交换器出来的冷烟气,将其掺入器前的热烟气里。这样,热交换器后烟气减少的量等于热交换器前增加的烟气量,这部分烟气量抽回来又混入烟气里,它所含的热量并未损失掉,而且无需白费热量,将冷空气加热至热交换器出口烟气所具有的温度。

2) 陶质热交换器

陶质热交换器的优点已如前述。自从 20 世纪 70 年代后期以来,由于能源紧张,要求高温预热,以提高炉子的热效率;又由于设置高烟囱排放烟气,以符合环境保护的要求,因而陶质热交换器的应用得到重视。

陶质热交换器可以将空气预热到金属热交换器所无法胜任的高温。最早的陶质热交换器,是用标准尺寸的直型耐火黏土砖砌成。由于每块砖受热膨胀挤向相邻的砖,结果会形成很大的缝隙。后来开始采用立缝异型耐火砖热交换器,但它的立缝开裂后,气密性大减。较为完善的是,借自重压密的卧缝耐火黏土砖热交换器,例如图 2.62 所示的卧缝耐火黏土四孔砖热交换器。

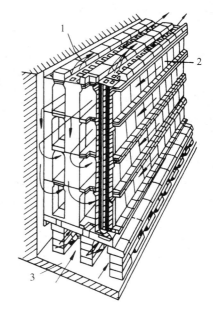

图 2.62 卧缝耐火黏土四孔砖热交换器
1—热空气;2—烟气;3—冷空气

一切耐火黏土砖热交换器多半仅有两面受到烟气的绕流,传热面利用不够,传热系数亦低。因而后来设计并推广了陶质管式热交换器(图 2.63),其陶质管周围均受到待热空气的绕流。为了提高传热系数,寻求采用导热性更好的耐火材料来制造热交换器的管件。如图 2.64 所示的碳化硅管热交换器。

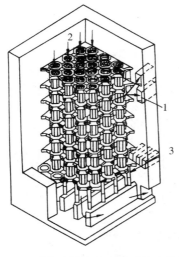

图 2.63 碳化硅黏土八方管砖热交换器
1—热空气;2—烟气;3—冷空气

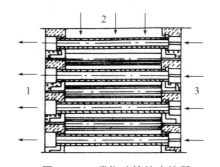

图 2.64 碳化硅管热交换器
1—热空气;2—烟气;3—冷空气

2.8.3 低温热交换器

1) 低温热交换器的作用[19]

在空气分离装置或其他利用深冷进行气体液化与分离的装置（例如碳氢化合物气体的分离装置）中，没有热交换器就不可能有效地进行深冷过程。即使对生产量只有 150 m³/h 的小型制氧装置而言，也有着好几只热交换器，如图 2.65 所示，其中有用排出的氮气和氧气将常温空气一直冷却到 −155～−165 ℃ 的第一热交换器和第二热交换器，有液氮过冷器、液空过冷器和位于上、下精馏塔之间的冷凝蒸发器（俗称主冷）等。在大型空分装置中则具有更多的热交换器，在氢的分离装置中也如此。低温热交换器在低温装置中因装置容量的不同而履行不同的任务。现在以图 2.65 所示的 150 m³/h 小型制氧装置的原理流程图为例来了解热交换器在这种小型制氧装置中所起的作用。

经过过滤和清除了二氧化碳和水分并经压缩机压缩过的高压空气进入主热交换器（简称主热）的上部（即第一热交换器）进行冷却，空气流出第一热交换器后分成两路：一路进入膨胀机，膨胀到下塔压力后进入下塔；另一路进入主热的下部（即第二热交换器）继续受到冷却，出来的空气经节流阀（即图中的节−1）节流至下塔压力后也进入下塔。

空气在下塔预精馏为富氧液空和液氮。富氧液空经液空过冷器和液空节流阀（即图中的节−2）节流后进入上塔中部，作为上塔的原料液，同时也是上塔回流液的一个组成部分。液氮经液氮过冷器过冷和液氮节流阀（即图中的节−3）节流后进入上塔顶部作为塔顶回流液。这样，使液空在上塔再次精馏后，在上塔下部得到高纯度的氧气，顶部得到高纯度的氮气。由于离开精馏塔的氧气温度很低，它具有冷量，人们让它通过主热，利用它的冷量来冷却进入装置的高压空气，使氧气本身的温度提高，最后灌瓶。离开精馏塔的氮气温度更低，因此利用它依次将液氮、液空过冷外，也送到主热冷却高压空气，回收冷量，最后送给用户或排放。

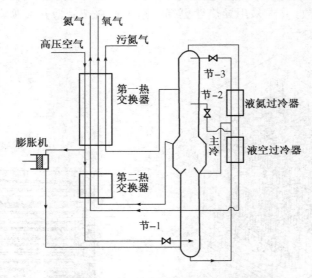

图 2.65 150 m³/h 制氧装置原理流程图

在上塔中部适当部位抽出很大一部分纯度还不算高的氮馏分（含氮 94%～95%），其目的在于让它带走大部分的氩成分,以提高氧气和氮气的纯度。如图2.65所示,为了利用氮馏分的冷量,也让它通过主热来冷却空气,回收冷量。

在精馏塔的上、下塔之间,设有冷凝蒸发器(俗称主冷),其作用在于:在它的一侧,使下塔顶部产生的氮气冷凝为液氮;在它的另一侧,使上塔底部的液氧蒸发成为气氧。为了使主冷中气氮的冷凝温度高于液氧的蒸发温度以造成传热温差,下塔的压力要比上塔高。所以,下塔的液空、液氮送往上塔时要分别通过一个节流阀(即图中的节-2和节-3)。

大型制氧装置的氧、氮生产过程与小型的基本相同,但仍有一些差别,其中与热交换器有关的方面,主要有:

(1)小型制氧装置中和新近开发的分子筛增压型大中型制氧装置中,一般是将已除去了水分和二氧化碳之后的净化空气送到主热,于是主热的作用只是使净化后的空气获得冷却。而对目前正在运行着的很多大中型制氧装置中,其热交换器进行这样的工作:在某一段时间里,让空气通过它的通道,使之得到冷却,同时,还要把空气中的二氧化碳和水分冻结在里面。而在另一段时间里,当污氮(即氮馏分)通过热交换器得到升温的同时,把冻结的二氧化碳和水分升华带走。也就是说,这时热交换器在利用各气流进行热交换的同时,还要实现空气中二氧化碳和水分的自清除的任务。

(2)在大型制氧装置中,由于流程组织的需要,还包括有其他一些热交换器,例如液化器、膨胀热交换器、液氧过冷器等,所以在整个流程中,热交换器的应用就更多了。

2)设计低温热交换器的特殊问题

设计低温领域的热交换器,基本原理和一般温度范围内的相同。但在极低温度情况下工作,有一些特殊的要求,需要设计者密切注意。

(1)高效率 低温热交换器中的冷量是需要消耗了功之后才得到的。就以理想卡诺循环为例,如果要从低温热源(温度为 T_0)中取出热量 Q_0 至周围环境(温度为 T)中去时,所需的理论功 L 为

$$L = Q_0 \left(\frac{T}{T_0} - 1 \right)$$

若以空分装置中的温度范围代入,即 $T = 290\ \text{K}, T_0 = 80\ \text{K}$,则

$$L = Q_0 \left(\frac{290}{80} - 1 \right) = 2.63 Q_0$$

亦即所需的功量为制冷量的2.63倍,而这些功是消耗了电能之后得到的。若粗略地假设由热变电的效率为25%,则可看出低温热交换器中任何冷量的损失将比一般热交换器中散失同样热量时大10倍以上。根据有关资料介绍,热端温差增加1℃,将导致能耗增加2%左右。因而应该使冷气体的冷量尽量多地传给热气体,保证小的传热温差,使之具有很高的效率,一般要求在98%以上。

由热交换器效率公式可知,对于正、返流流量相同的同种流体来说,热交换器的效率取决于端部温差。若冷端温差已由工艺条件决定,则热交换器效率实际上就取决于热端温差。热端温差越小,效率越高。

但是,这样一来,参与热交换的流体的温度变化范围很大(例如要使加工空气从常温冷却到接近饱和温度-172℃,温度变化范围要达到200℃左右)。因而要使流动方式尽量地接

近理想的逆流,于是它的长度和直径之比常是一个很大的数值。

(2) 设备紧凑 低温热交换器的传热面积本已很大,加之为了减少低温设备的冷量损失,所需的绝热层往往很厚。由于这两方面的原因,要求设备要做得十分紧凑,使每单位容积内具有很大的传热面积,例如板翅式热交换器一般要比管壳式热交换器大五倍以上,这对于减小投资,降低绝热材料的费用都有重要意义。另外,为了尽可能减少低温系统中热交换器的台数,热交换器应力求具有多通道的性能,让多种流体在其中热交换。

(3) 阻力小 在低温热交换器中,要求气体通过时的阻力很小以减小压缩功的消耗。阻力增加将使精馏塔内和低压气体的输送压力提高。据计算,对低压制氧装置,压降每增大0.01 MPa,将使能耗增加3%左右。此外,低压气体压力的增高将使主热交换器中凝固的杂质(如 CO_2、H_2O)重新升华时增加排除的困难,同时还减小了膨胀机所产生的制冷量。

(4) 气密性高 高度的气密性对制氧装置的热交换器十分重要。例如在一台 3 350 m^3/h 的制氧机中,氧的纯度要求是99.5%,若空气压力为7 MPa,则在热交换器的传热面上即使只有 0.15 mm 的一个小孔,就足以使氧纯度下降到99%,这样的氧气就不能用于气焊、切割。又如在许多场合需要极高纯度的氮气,其中的氧含量总共不过 0.001%,此时若有微量空气漏入,就使氧含量增加到不能容许的程度。

(5) 应保证清除被冷却气体中的水分和二氧化碳等杂质 在制氧装置中,被冷却气体中所夹带的杂质都将在低温下凝成固体附着在热交换器的传热面上,随后在低压的冷气体流过时又重新蒸发而被带走。为了保证能使这些杂质升华,要求热交换器的冷端温差要小。温差愈小,则不能带走的量愈少。通常冷端温差只有 5 ~ 8 ℃。

(6) 注意换热系数和平均温差计算方法的不同 在计算低温热交换器时,前面所述的换热公式一般都能应用。但在低温工程中,流体与固体间经常同时有辐射和对流换热,在不同条件下,辐射换热所占比例不同,因而必须考虑辐射换热的影响,用式(2.49) 和式(2.50) 计算换热系数。在计算平均温差时,也应特别慎重。因为在极低温度时,特别是在接近工质临界压力时,气体的比热变化很大,在这种情况下的平均温差,就应该用积分平均温差法来计算。

(7) 采用适合于低温的材料 因低温对不同材料的机械性质有着不同的影响,因而低温材料的选用是一个重要的问题。一般而言,常用的碳钢、不锈钢、有色金属以及它们的合金等,低温时的屈服点、强度极限和硬度等都将增加,但低温时,常用碳钢的韧性急剧下降到常温时的几十分之一,在 - 180 ℃ 时还不到 10 N/cm^2,这样就造成了严重的低温脆化现象,降低了抗冲击性能,因而对低温热交换器的用钢、结构、制造等方面在 GB 151—1999 及钢制压力容器国家标准(GB 150—1998) 中均提出了具体要求。

有色金属的韧性在低温下变化不大,其中如铜反而随温度的降低有所增加。多数有色金属的合金也没有低温脆化现象,因而都可以在低温下应用。

3) 低温热交换器的主要类型及结构特点

在低温领域中,光滑管及带有翅片的管壳式热交换器仍有广泛的应用,例如用作制冷装置的冷凝器、蒸发器、空分装置的冷凝蒸发器等。除此之外,低温领域的热交换器还有以下几种:

(1) 绕管式热交换器

此类热交换器的结构可以图2.66所示的50 m^3/h制氧装置上的主热交换器为例,它用于高压空气和氧、氮之间的热交换。整个设备分上、下两段(即第一热交换器和第二热交换器),

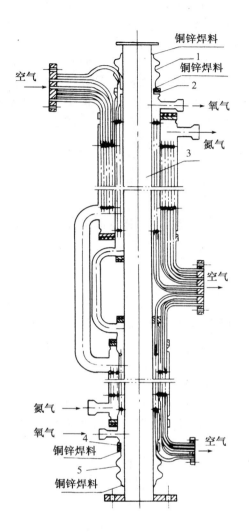

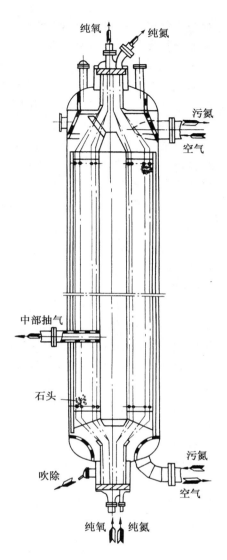

图 2.66 50 m³/h 制氧机的主热交换器

1,5-补偿接头;2-上盖板;3-中心管;4-下盖板

图 2.67 卵石蓄冷器结构示意图

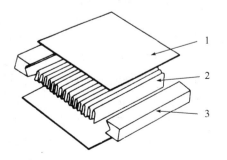

图 2.68 板翅单元

1-隔板;2-翅片;3-封条

全量空气经第一热交换器的盘管管内冷却后,一部分抽出送至膨胀机,另一部分继续进入第二热交换器的盘管内冷却到所需温度。空气和氧、氮呈逆流流动,使之具有较大的传热温差。

它的管子是分层地以螺旋状盘绕在中心管上,每层有几根管子同时盘绕。由于随着层次的由里向外,盘绕的螺径不断增大,若圈数与内层相同,管长必然增加。为了使每根盘管的长度基本相同,气流流过的阻力相同,从而保证气流的均匀分配,在做法上采取每层同时盘绕的管子数目也由里向外增加的方法。亦即外层管子的螺径虽比内层管子大,但由于同时盘绕的管子数目增加,使每根盘管的圈数减小。当热交换器的直径大时,此点尤为重要。管子的这种盘绕方法,使每根管子的实际长度要比热交换器外形长度长得很多,这就解决了低温热交换器中要求通道很长的问题。

每层盘管之间以垫条隔开,借垫条厚度决定管层间隙。盘管时,相邻两层管子的盘绕方向相反,以使盘绕紧密并能增加气流的扰动。

这种热交换器的优点是紧凑,也不需另外的温度补偿装置,因而在低温液化装置中用得较多。

(2) 蓄冷器

图 2.67 为 3 200 m³/h 制氧装置的卵石蓄冷器结构示意图。

蓄冷器由两个圆筒状容器组成一组,每个容器中装以填料。当压缩空气在一个容器内通过而被填料冷却时,在另一个容器内则逆向地有冷气体通过(如氧、氮等)将填料冷却,每隔一定时间转换一次气流。为了不使换向周期太短,要求填料有比较大的热容量,同时还要有很大的表面积。使用最多的是以卵石作为填料。

虽然在新型的流程中基本上已不用蓄冷器,但它在 20 世纪 70~80 年代投产和运行的制氧机上还应用得相当多,它的工作原理与本书第 5 章所述阀门切换型热交换器相同,在制氧装置中所起的作用相当于图 2.65 中的主热交换器,它除了用以冷却空气和复热氧、氮外,尚起着净化空气中的二氧化碳和水分的作用。其过程是:在加热周期中,空气被填料冷却,温度不断降低,空气中的二氧化碳和水分不断地析出而结晶在填料表面上,使空气得到净化;而在冷却周期中,氧、氮等被加热,使填料表面的二氧化碳和水分的结晶在低压下升华并被带出。

上述结构的蓄冷器,在切换前残留在蓄冷器中的空气会掺和到切换后所通过的产品气体(即氧、氮)中,使产品的纯度降低并把产品沾污。因而有些卵石蓄冷器均在器内安置蛇管,使产品在蛇管内部参与热交换,不与空气直接接触。

(3) 板翅式热交换器

板翅式热交换器的板束单元如图 2.68 所示,包括翅片、隔板及封条三个元件。它是在平的金属板(称为隔板)上放一波纹状的金属翅片,然后再在其上放一金属板,两边以封条密封而构成的一个基本单元,这个单元就是某种流体的一个通道。将这样的单元以不同的方式叠置起来,加以钎焊,就成为板翅式热交换器的板束。由于组合方式比较灵活,不但可以按需要使流体在设备内串联、并联或串并联,同时也能允许三种以上的流体进行热交换。

由于板翅式热交换器几乎能够满足低温热交换器所有要求,且结构十分紧凑,因此目前几乎毫无例外地被大中型空分设备的传热环节所采用,它的设计、制造水平及采用的广泛程度已成为衡量空气分离水平的重要标志。对于它的具体结构和详细计算,将在本书第 3 章中作具体的介绍。

3 高效间壁式热交换器

管壳式热交换器具有结构简单、适用范围广、清洗方便等优点,但传热效果较差、体积比较庞大,因此在某些场合下,需要使用在传热性能、体积等方面具有一定优点的其他型式的热交换器。本章将着重叙述近几十年来应用较广的一些高效的间壁式热交换器:螺旋板式、板式、板壳式、板翅式、翅片管式、热管式热交换器及蒸发冷却(冷凝)器,同时还将简述一种尚处于不够成熟阶段但代表了一个发展方向的微型热交换器。

从能源利用角度考虑,工程应用上对热交换器的要求首先是希望有高的传热效率,也经常要求热交换器具有较小的体积,即,要"紧凑"。这个问题对于某些传热性能差的流体之间的换热,如气-气热交换器尤为突出。因为为了保持传热量不变,传热面积的增加将导致热交换器的体积庞大。如以同样的传热量和功率消耗为比较条件,则气-气热交换器的传热面积通常要比液-液热交换器大10倍左右。因而,提出了在增加传热面积的同时,如何减小热交换器体积的要求。

为了比较所设计的热交换器在满足一定的传热量下占有的体积大小,常应用一个指标——"紧凑性"。紧凑性是指热交换器的单位体积中所包含的传热面积大小,单位为(m^2/m^3)。至于达到什么样的指标值才可称为紧凑,则并无规定,一般可参照 K R Shah 所提出的数值$700\ m^2/m^3$,凡大于该值的热交换器即可称为紧凑式热交换器[1]。构成紧凑式热交换器的关键是要具有紧凑的传热表面,它可以通过使用二次表面来形成,如板翅式热交换器中的传热翅片;或使用板状表面代替管状,如螺旋板式热交换器及其他措施。

3.1 螺旋板式热交换器

螺旋板式热交换器是一种由螺旋形传热板片构成的热交换器。它比管壳式热交换器传热性能好,结构紧凑,制造简单,运输安装方便。适用于石油化工、制药、食品、染料、制糖等工业部门的气-气、气-液、液-液对流或冷凝的热交换。

3.1.1 基本构造和工作原理

螺旋板式热交换器的构造包括螺旋形传热板、隔板、头盖、连接管等基本部件(参阅图3.1),其具体结构将因型式不同而异,图3.1为一种可拆式的螺旋板式热交换器的结构简图。各种型式的螺旋板式热交换器均包含由两张厚约$2\sim6\ mm$的钢板卷制而成的一对同心圆的螺旋形流道,中心处的隔板将板片两侧流体隔开,冷、热两流体在板片两侧的流道内流动,通过螺旋板进行热交换。螺旋板一侧表面上有定距柱,它是为了保证流道的间距,也能起加强湍流和增加螺旋板刚度的作用。一般用直径为$3\sim10\ mm$的圆钢在卷板前预焊在钢板上而成。

螺旋板式热交换器可分别按流道的不同和螺旋体两端密封方法的不同来分类。但根据我国的行业标准,我国的螺旋板式热交换器是按可拆与不可拆来分的,今本书作者将其分为三种型式(图3.2为示意图,标准的图形可看国标):

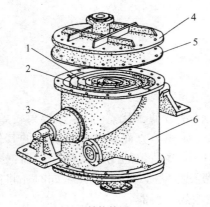
（a）结构简图

（b）实物图

图 3.1　螺旋板式热交换器（可拆式）结构简图
1-定距柱；2-螺旋板；3-回转支座；4-头盖；5-垫片；6-切向接管

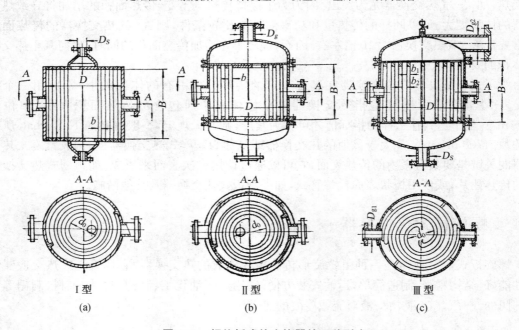

Ⅰ型　　　　　　　Ⅱ型　　　　　　　Ⅲ型
（a）　　　　　　　（b）　　　　　　　（c）

图 3.2　螺旋板式热交换器的三种型式

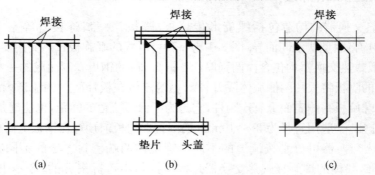

（a）　　　　　　　（b）　　　　　　　（c）

图 3.3　流道的密封

不可拆型(行业内称为 Ⅰ 型)* :两流体均匀螺旋流动(图 3.2(a)),通道两端全焊密封(图 3.3(a)),为不可拆结构。通常是冷流体由外周边流向中心排出,热流体由中心流向外周排出,实现了纯逆流换热。常用于液-液热交换,由于受到通道断面的限制,只能用在流量不大的场合。也用于汽-液、气-汽流体的传热,还可用来加热和冷却高黏度液体。按国标,目前工作的公称压力在 2.5 MPa 以下。

可拆式堵死型(行业内常称为 Ⅱ 型):流体的流动方式与 Ⅰ 型相同,但通道两端交错焊接(图 3.3(b)),两端面的密封采用顶盖加垫片的结构,螺旋体可由两端分别进行机械清洗,故为可拆式堵死型,主要用于气-液及液-液的热交换,尤其适用于比较脏、易结垢的介质。按国标,工作的公称压力为 1.0 MPa 以下。

可拆式贯通型(行业内常称为 Ⅲ 型):一侧流体螺旋流动,流体由周边转到中心,然后再转到另一周边流出。另一侧流体只作轴向流动,如,蒸汽由顶部端盖进入,经敞开通道向下轴向流动而被冷凝,凝液从底部排出(图 3.2(c))。通道的密封结构为一个通道的两端焊接,另一通道的两端全敞开(图 3.3(c)),实际上这是一种半可拆结构。由于它的轴向流通截面比螺旋通道的流通截面大得多,适用于两流体的体积流量相差大的情况,故常用作冷凝器等气-液热交换。允许的工作压力为 1.6 MPa。

除此以外,还可以有一些特殊结构,如,一侧流体螺旋流动,另一侧为先轴向而后螺旋流动的结构,适用于蒸汽的冷凝冷却。我国产品在用于冷凝时,要求立式安装,国外已有用于某些特殊场合的水平放置的螺旋板式冷凝器。为了适应大流量工况的需要,我国已有厂家研制出四通道的螺旋板式热交换器。其中每种流体可以同时在两个流道内流动,使流量增大 1 倍,流道长度减小为原来的 1/2,阻力也大为减小,已在酒精制造领域得到应用。

表 3.1 螺旋板式热交换器的主要设计参数

螺旋板宽度,mm	螺旋板厚度,mm	单台换热面积,m^2	螺旋通道间距,mm	中心管直径,mm	螺旋体外径,mm	定距柱直径,mm	设计压力,MPa	设计温度,℃
150~1 900	2~6	0.5~300	5~40	150~300	<3 000	5~14	一般推荐小于 2.5,设计压力大于 2.5 时,应进行必要的评审过程	—90~45 按GB 150—1998,不锈钢可不高于 70

从上述螺旋板式热交换器的流道结构可见,由于流体在螺旋形流道内的流动所产生的离心力,使流体在流道内外侧之间形成二次环流,增加了扰动,使流体在较低雷诺数下($Re = 1 400 ~1 800$,甚至为 500 时)就形成了湍流。并且因为流动阻力比管壳式小,流速可以提高(螺旋板式热交换器允许的设计流速,对液体一般为 2 m/s,对气体一般为 20 m/s),因而螺旋板式热交换器中传热系数 K 值可比管壳式提高 0.5~1 倍以上。一般,$K = 582 ~1 163$ W/(m^2 · ℃);水-水时,最大可达 3 000 W/(m^2 · ℃)。加之板间距较窄,使它的紧凑性达到 100 m^2/m^3,约为

---

* 我国行业内的 Ⅰ、Ⅱ、Ⅲ 型含义不同于一般书中的 Ⅰ、Ⅱ、Ⅲ 型分类含义

普通管壳式的2倍。在管壳式中，流体常要作180°的大转向流动，使得阻力增加很多。螺旋板式中的流动阻力主要产生在流体与螺旋板的摩擦上，流速的提高虽使得阻力增加，但传热效果也得到较好的改善，因而可以认为螺旋板式热交换器能更有效地利用流体的压力损失。由于螺旋板式热交换器往往具有两个较长的冷、热流体的流道，故有助于精密控制流体出口温度和有利于回收低温热能。在纯逆流情况下，两流体的出口端温差最小可达到3℃。螺旋板式热交换器对于污垢的沉积具有一定的"自洁"作用，因为流道是单一的，一旦流道某处沉积了污垢，该处的流通面积就减小，流体在该处的局部流速相应提高，使污垢较易被冲刷掉。

鉴于螺旋板式热交换器为单流道和卷制而成，所以它的单台容量和工作压力、温度都受到限制。工作压力不得超过1.0 MPa～2.5 MPa。工作温度一般小于250℃，特殊条件可达450℃。在单台设备不能满足使用要求时，可以多台组合使用。国外的螺旋板式换热器的最高工作压力为4.0 MPa，表3.1所列为我国的螺旋板式换热器的主要设计参数。

根据我国国标GB/T 28712.5—2012，螺旋板式换热器的型号表示法为与原行业标准JB/T 4751—2003相同：

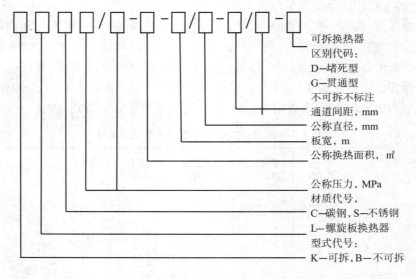

示例：a) 不可拆换热器，材质为碳钢，设计压力1.6 MPa，公称换热面积50 m²，螺旋板板宽1.0 m，公称直径1 000 mm，两个螺旋通道的通道间距分别为10 mm和14 mm，其型号为：
BLC1.6-50-1.0/1 000-10/14

b) 堵死型可拆换热器，材质为不锈钢，通道1设计压力0.6 MPa，通道2设计压力1.6 MPa，公称换热面积50 m²，螺旋板板宽1.0 m，公称直径1 200 mm，两个螺旋通道的通道间距都为14 mm，其型号为：
KLS0.6/1.6-50-1.0/1200-14-D

3.1.2 设计计算

1) 换热系数 α 的计算

要求解对流换热系数 α，必须确定螺旋板式热交换器流道中达到湍流时的临界雷诺数

Re_c。鉴于通道的弯曲率、通道内定距柱的数量及排列会对 Re_c 产生很大影响,很难确定准确的 Re_c,给正确计算 α 值带来一定的困难。根据国内一些单位对一些公式的使用和测试结果的比较,认为 $Re_c = 6\,000$ 较为合理。我们推荐下列公式供读者计算 α 时选用。

(1) 湍流时($Re > 6\,000$)

$$\alpha = 0.023\, \frac{\lambda}{d_e} Re^{0.8} Pr^m \left(1 + 3.54\, \frac{d_e}{D_m}\right), \quad \text{W/(m}^2 \cdot {}^{\circ}\text{C)} \tag{3.1}$$

式中　m(指数)—— 流体被加热时,$m = 0.4$;流体被冷却时,$m = 0.3$;

　　　d_e—— 当量直径,m;$d_e = \dfrac{2H_e b}{H_e + b}$;

　　　H_e—— 螺旋板有效宽度,m;

　　　b—— 通道间距,m;

　　　D_m—— 螺旋通道平均直径,m;$D_m = \dfrac{D + d}{2}$;

　　　D—— 螺旋体的外直径,m;

　　　d—— 螺旋体的内直径,m;

　　　λ—— 流体的导热系数,W/(m$^2 \cdot {}^{\circ}$C)。

我国工程计算中,对于液体螺旋流最常运用的公式为

$$\alpha = 0.039\,7\, \frac{\lambda}{d_e} Re^{0.784} Pr^n \tag{3.2}$$

式中指数 n,当液体被加热时取 0.4;被冷却时取 0.3。

(2) 层流时($Re < 2\,000$)

$$\alpha = 8.4\, \frac{\lambda}{d_e} \left(\frac{Mc_p}{\lambda l_t}\right)^{0.2}, \quad \text{W/(m}^2 \cdot {}^{\circ}\text{C)} \tag{3.3}$$

式中　l_t—— 螺旋通道长,m;

　　　M—— 质量流速,kg/(m$^2 \cdot$ s)。

(3) 过渡流至湍流($Re > 1\,000$)

$$\alpha = Pr^{0.25} \left(\frac{\mu}{\mu_w}\right)^{0.17} \left[0.031\,5Re^{0.8} - 6.65 \cdot 10^{-7} \left(\frac{l_t}{b}\right)^{1.3}\right] \left(\frac{\lambda}{d_e}\right) \tag{3.4}$$

当 $Re > 30\,000$ 时,式中 $\left(\dfrac{l_t}{b}\right)$ 的影响可忽略。

(4) 蒸汽冷凝时

螺旋板式换热器作为冷凝器时通常都为立式安装,故凝结换热系数在 $Re = 4\Gamma/\mu_l < 2\,100$ 范围内可按努塞尔理论公式的实验修正式计算:

$$\alpha = 1.88 \left(\frac{4\Gamma}{\mu_l}\right)^{-1/3} \left(\frac{\mu_l^2}{\lambda_l^3 \rho_l^2 g}\right)^{-1/3} \tag{3.5}$$

式中　Γ—— 单位通道长的凝液量,kg/(s $\cdot$ m),$\Gamma = M/2l_t$;

　　　M—— 质量流率,kg/s;

　　　ρ_l—— 凝液密度,kg/m^3;

　　　λ_l—— 凝液导热系数,W/(m $\cdot {}^{\circ}$C);

μ_l—— 凝液动力黏度,kg/(s·m)。

当 $4\Gamma/\mu_l > 2\,100$ 时,可用图 3.4 来求取凝结换热系数。

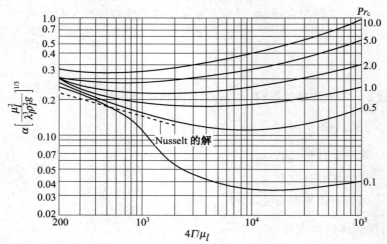

图 3.4   凝结换热系数计算曲线

如果用于冷凝时为卧式安装,凝结换热系数的计算可参阅参考文献[18]。

(5)蒸汽冷凝-冷却时

当螺旋板式热交换器作为冷凝器工作时,常会发生凝液过冷的情况,使其实际成为一台冷凝冷却器。过冷段的换热系数可用下式计算:

$$\alpha = 0.67\left[\left(\frac{\lambda_1^3 r^2 g}{\mu_1^2}\right)\left(\frac{c_{p1}\mu_1^{5/3}}{\lambda_1 Hr_1^{2/3} g^{1/3}}\right)\right]^{1/3}\left(\frac{4\Gamma}{\mu_1}\right)^{1/9} \tag{3.6}$$

该式适用于 $Re_1 < 2\,100$ 时。

(6)沸腾传热时

核态沸腾时,沸腾换热系数用下式计算:

$$\alpha = \left[0.225C_s\left(\frac{c_{p1}}{r}\right)^{0.69}\left(\frac{p\lambda_1}{\sigma}\right)^{0.31}\left(\frac{\rho_1}{\rho_v}-1\right)^{0.33}\right]^{3.22}\Delta t^{2.22} \tag{3.7}$$

式中　　C_s—— 传热表面状态系数,传热板用铜或铁时,$C_s = 1.0$;用不锈钢板时,$C_s = 0.7$;

　　　　σ—— 沸腾液体的表面张力,N/m。

2)传热系数 K 的计算

螺旋板式热交换器的传热板片很薄,在计算传热系数时可不考虑传热板内外侧面积的影响,因而,传热系数 K 的计算式为

$$K = \frac{1}{\dfrac{1}{\alpha_1} + \sum_{i=1}^{2} R_i + \dfrac{\delta}{\lambda} + \dfrac{1}{\alpha_2}} \tag{3.8}$$

式中　　R_i—— 板片内、外侧垢层热阻,m²·℃/W。

3)流体压降的计算

螺旋板式换热器的总阻力可分解为三部分:弯曲通道的阻力,定距柱的影响及进出口的局部阻力,故总的压降对于介质为液体时可相应的表达为如下式的三部分之和,即

$$\Delta p = \left(\frac{l}{d_e}\frac{3.58}{Re^{0.25}} + 0.15l \cdot n_s + 39.23\right)\frac{\rho\omega^2}{2} \tag{3.9}$$

式中，n_s——定距柱密度，个/m²。该式的适用范围为 $Re = 5\,000 \sim 44\,000$，$n_s = 116 \sim 232$。

对于蒸汽，轴向流动冷凝时，可用下式计算其压降：

$$\Delta p = \frac{2G^2}{2\rho}\left[0.046\left(\frac{d_e G}{\mu}\right)^{-0.2} \cdot \frac{H_e}{d_e} + 1\right] \tag{3.10}$$

式中，G——流体的质量流速，kg/(m² · s)。

蒸汽螺旋向流动冷凝时，压降的计算式为

$$\Delta p = \left(\frac{2.33}{10^9}\right)\left(\frac{l}{\rho}\right)\left(\frac{M}{bH}\right)^2 g\left[\frac{0.55}{(b + 0.003\,18)}\left(\frac{\mu H}{M}\right)^{\frac{1}{3}} + 1.5 + \frac{5}{l}\right] \tag{3.11}$$

4）换热面积及螺旋通道几何尺寸的计算

（1）螺旋体的绘制

按标准选定通道宽及板厚（宜先进行强度计算），即可确定节距。设两流体的通道宽不等（两侧通道宽度相等只是它的特例），分别为 b_1、b_2，板厚均为 δ，则节距分别为 $t_1 = b_1 + \delta$ 和 $t_2 = b_2 + \delta$。卷辊直径由卷制螺旋板的卷床设备所决定，对不等通道而言，半卷辊的直径分别为 d_1、d_2，则中心隔板宽 $B = d_1 - b_1 + \delta = d_2 - b_2 + \delta$。

以中心隔板为基本零件画水平及垂直中心线，确定中心点。在中心点的垂直中心线上、下分别取离中心点距离为 $t_2/2$、$t_1/2$ 的两个圆心。先以下圆心为中心，以 r_1 等于 $d_1/2$ 和（$d_1/2 + \delta$）为半径，画出壁厚为 δ 的第一圈的左半圆。再以上圆心为中心，以 $[r_1 + (t_1 + t_2)/2]$ 及 $[r_1 + (t_1 + t_2)/2 + \delta]$ 为半径，画出壁厚为 δ 的右半圆。接着又以下圆心为中心，以 $[r_1 + (t_1 + t_2)]$ 及 $[r_1 + (t_1 + t_2) + \delta]$ 为半径，画第二圈的左半圆。如此交替地取圆心，每半圈的圆半径增量均为 $(t_1 + t_2)/2$ 及 $[(t_1 + t_2)/2 + \delta]$，直画至到达外直径 D 为止。依此类推，另一块螺旋板也是同样画法，所不同的仅是以 $r_2 = d_2/2$ 代替 r_1，由此最终就构成了通道宽为 b_1、b_2，壁厚为 δ 的螺旋体。

（2）螺旋板长度计算[17]

在图 3.5 中的垂直中心线上将螺旋体左右分开，分别计算半圆周长后再相加，并设 $c = (b_1 + b_2 + 2\delta)$。

① 中心线左侧

基准半圆直径为 d_1、半径为 r_1，并按螺旋板中径计算。设内侧螺旋圈数为 n，则内侧螺旋板的长度 $l_{i,l}$ 为

$$l_{i,l} = \pi\{(r_1 + \delta/2) + [(r_1 + \delta/2) + c] + [(r_1 + \delta/2) + 2c] + \cdots + [(r_1 + \delta/2) + (n-1)c]\}$$

$$= \frac{\pi}{2}\{(d_1 + \delta) + [(d_1 + \delta) + 2c] + [(d_1 + \delta) + 4c] + \cdots + [(d_1 + \delta) + 2(n$$

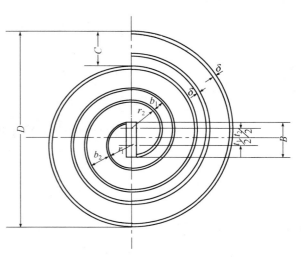

图 3.5　不等通道螺旋体

$$-1)c]\}$$

$$= \frac{\pi}{2}\Big[n(d_1+\delta)+\sum_1^n 2(n-1)c\Big]$$

外侧螺旋板长度 $l_{o,l}$ 为

$$l_{o,l}=\pi\big\{[(r_1+\delta/2)+(b_2+\delta)]+[(r_1+\delta/2)+(b_2+\delta)+c]$$

$$+[(r_1+\delta/2)+(b_2+\delta)+2c]+\cdots+[(r_1+\delta/2)+(b_2+\delta)+(n-1)c]\big\}$$

$$=\frac{\pi}{2}\big\{[(d_1+\delta)+2(b_2+\delta)]+[(d_1+\delta)+2(b_2+\delta)+2c]$$

$$+[(d_1+\delta)+2(b_2+\delta)+4c]+\cdots+[(d_1+\delta)+2(b_2+\delta)+2(n-1)c]\big\}$$

$$=\frac{\pi}{2}\Big[n(d_1+\delta)+2n(b_2+\delta)+\sum_1^n 2(n-1)c\Big]$$

② 中心线右侧

基准半圆直径为 d_2、半径为 r_2，长度仍按螺旋板中径计算。

外侧螺旋板的最外圈数为 $N=n+1$，故外侧螺旋板长度 $l_{o,r}$ 为

$$l_{o,r}=\pi\big\{(r_2+\delta/2)+[(r_2+\delta/2)+c]$$

$$+[(r_2+\delta/2)+2c]+\cdots+[(r_2+\delta/2)+(N-1)c]\big\}$$

$$=\frac{\pi}{2}\big\{(d_2+\delta)+[(d_2+\delta)+2c]$$

$$+[(d_2+\delta)+4c]+\cdots+[(d_2+\delta)+2(N-1)c]\big\}$$

$$=\frac{\pi}{2}\Big[N(d_2+\delta)+\sum_1^N 2(N-1)c\Big]$$

内侧螺旋板长度 $l_{i,r}$ 为

$$l_{i,r}=\pi\big\{[(r_2+\delta/2)+(b_1+\delta)]+[(r_2+\delta/2)+(b_1+\delta)+c]$$

$$+[(r_2+\delta/2)+(b_1+\delta)+2c]+\cdots$$

$$+[(r_2+\delta/2)+(b_1+\delta)+(n-1)c]\big\}$$

$$=\frac{\pi}{2}\big\{[(d_2+\delta)+2(b_1+\delta)]+[(d_2+\delta)$$

$$+2(b_1+\delta)+2c]+[(d_2+\delta)+2(b_1+\delta)+4c]$$

$$+\cdots+[(d_2+\delta)+2(b_1+\delta)+2(n-1)c]\big\}$$

$$=\frac{\pi}{2}\Big[n(d_2+\delta)+2n(b_1+\delta)+\sum_1^n 2(n-1)c\Big]$$

③ 内侧螺旋板总长度 l_i

$$l_i=l_{i,l}+l_{i,r}=\frac{\pi}{2}\Big[n(d_1+2b_1+4\delta+d_2)+2(n^2-n)c\Big] \tag{3.12}$$

④ 外侧螺旋板总长度 l_o

$$l_o=l_{o,l}+l_{o,r}$$

$$= \frac{\pi}{2}\left[n(d_1 + 2b_2 + 4\delta + d_2) + (d_2 + \delta) + (n^2 - n)c + (N^2 - N)c\right]$$

因 $N = (n+1)$，整理后得

$$l_o = \frac{\pi}{2}\left[n(d_1 + 2b_2 + 4\delta + d_2) + (d_2 + \delta) + 2n^2 c\right] \tag{3.13}$$

⑤ 外侧螺旋板有效长度 $l_{o,e}$

当无外壳时，外侧螺旋板最外圈不能完全起到传热作用，所以

$$l_{o,e} = \frac{\pi}{2}\left[(n-1)(d_1 + 2b_2 + 4\delta + d_2) + (d_2 + \delta) + 2(n-1)^2 c\right] \tag{3.14}$$

如以直径较小的基准半圆（即 d_1）起始的螺旋板作为螺旋板式热交换器的外侧板，则可得到与上式相同形式的计算式。

（3）螺旋体的有效圈数 n_e

可由式（3.12）求得。变换式（3.12）为

$$2cn^2 + (d_1 + d_2 - 2b_2)n - \frac{2l_i}{\pi} = 0$$

$$n_e = n = \frac{(2b_2 - d_1 - d_2) + \sqrt{(d_1 + d_2 - 2b_2)^2 + 16c\dfrac{l_i}{\pi}}}{4c} \tag{3.15}$$

（4）螺旋体的最大外径 D

当以 d_2 为基准半圆直径绕出的螺旋板作为外侧板时，螺旋板热交换器的最大外径为

$$D = d_2 + 2nc + 2\delta \tag{3.16}$$

当以 d_1 为基准半圆直径绕出的螺旋板作为外侧板时，则

$$D = d_1 + 2nc + 2\delta \tag{3.17}$$

实际上，每块螺旋板的有效长度 l_e 应根据传热要求计算得到：

$$l_e = \frac{F}{2H_e} \tag{3.18}$$

式中　　F——传热面积，m^2；

　　　　H_e——螺旋板有效宽度，m。

将由上式求得的 l_e 作为内侧螺旋板的总长度 l_i 代入式（3.15）中，可求得相应的 n_e，再将 n_e 取为稍大的半数或整数（如，求得 $n_e = 10.36$，取 $n_e = 10.5$；如 $n_e = 13.65$，取 $n_e = 14$），就得到内侧螺旋板的实际圈数。再由式（3.12）求得与此圈数相应的内侧螺旋板的实际下料尺寸。对于外侧螺旋板，可由式（3.13）求得相应的实际下料尺寸。

下面给出一设计计算示例。

［例3.1］　试设计一台螺旋板式热交换器，将质量流量 3 000 kg/h 的煤油从 $t_1' = 140\,℃$ 冷却到 $t_1'' = 40\,℃$。冷却水入口温度 $t_2' = 30\,℃$，冷却水量为 $M_2 = 15\,m^3/h$。

［解］

① 煤油的热物性参数值

煤油的平均温度按卡路里温度计算，即 $t_{1m} = t_1'' + F_c(t_1' - t_1'') = 40 + 0.3(140 - 40) = 70\,℃$。查得煤油在 70 ℃ 时的物性参数值：

黏度　$\mu_1 = 10.0 \times 10^{-4}\,kg/(m \cdot s)$，　　　导热系数　$\lambda_1 = 0.14\,W/(m \cdot ℃)$，

比热　$c_{p1} = 2.22 \times 10^3$ J/(kg·℃)，　　　密度　$\rho_1 = 825$ kg/m³。

② 传热量 Q

$$Q = M_1 c_{p1} (t_1' - t_1'') = 3\,000 \times 2.22 \times 10^3 \times (140 - 40) = 666\,000 \times 10^3 \text{ J/h}$$

③ 冷却水出口温度 t_2''

由　$Q = M_2 c_{p2} (t_2'' - t_2')$，得

$$t_2'' = \frac{Q}{M_2 c_{p2}} + t_2' = \frac{666\,000 \times 10^3}{15 \times 994 \times 4.18 \times 10^3} + 30 = 40.6 \text{ ℃}$$

④ 冷却水的热物性参数值

冷却水的平均温度 $t_{2m} = \dfrac{t_2' + t_2''}{2} = 35.3$ ℃，冷却水在该温度下的热物性参数值为：

黏度　$\mu_2 = 7.22 \times 10^{-4}$ kg/(m·s)，　　　导热系数　$\lambda_2 = 0.627$ W/(m·℃)，

比热　$c_{p2} = 4.18 \times 10^3$ J/(kg·℃)，　　　密度　$\rho_2 = 994$ kg/m³。

⑤ 选型

由于是液-液热交换，选 Ⅰ 型。

⑥ 流道的当量直径 d_e

选取在流道中的流速，冷却水侧为 $w_2 = 0.5$ m/s，煤油侧为 $w_1 = 0.4$ m/s。设冷却水侧的流通截面积为 A_2，煤油侧为 A_1，则

$$A_2 = \frac{M_2}{3\,600 w_2 \rho_2} = \frac{15 \times 994}{3\,600 \times 0.5 \times 994} = 0.008\,33 \text{ m}^2$$

$$A_1 = \frac{M_1}{3\,600 w_1 \rho_1} = \frac{3\,000}{3\,600 \times 0.4 \times 825} = 0.002\,5 \text{ m}^2$$

取螺旋板宽 $H = 0.6$ m，则去除封条宽厚的有效板宽 $H_e = H - 2 \times 0.1 = 0.58$ m。通道宽 b_2（水侧）和 b_1（煤油侧）为

$$b_2 = \frac{A_2}{H_e} = \frac{0.008\,33}{0.58} = 0.014 \text{ m}$$

$$b_1 = \frac{A_1}{H_e} = \frac{0.002\,5}{0.58} = 0.004\,3 \text{ m}$$

查产品样本取 $b_2 = 15$ mm，$b_1 = 5$ mm

通道的当量直径 d_{e_2}（水侧）和 d_{e_1}（煤油侧）为：

$$d_{e_2} = \frac{2 H_e b_2}{H_e + b_2} = \frac{2 \times 0.58 \times 0.015}{0.58 + 0.015} = 0.029\,2 \text{ m}$$

$$d_{e_1} = \frac{2 H_e b_1}{H_e + b_1} = \frac{2 \times 0.58 \times 0.005}{0.58 + 0.005} = 0.009\,9 \text{ m}$$

⑦ 雷诺数 Re 及普朗特数 Pr（下标 2 为水侧，1 为煤油侧的值，下同）

$$w_2 = \frac{M_2}{3\,600 A_2 \rho_2} = \frac{M_2}{3\,600 \times b_2 H_e \rho_2} = \frac{15 \times 994}{3\,600 \times 0.015 \times 0.58 \times 994} = 0.48 \text{ m/s}$$

$$Re_2 = \frac{w_2 d_{e_2} \rho_2}{\mu_2} = \frac{0.48 \times 0.029\,2 \times 994}{7.22 \times 10^{-4}} = 19\,296$$

$$Pr_2 = \frac{\mu_2 c_{p_2}}{\lambda_2} = \frac{7.22 \times 10^{-4} \times 4.18 \times 10^3}{0.627} = 4.81$$

$$w_1 = \frac{M_1}{3\,600 A_1 \rho_1} = \frac{M_1}{3\,600 b_1 H_e \rho_1} = \frac{3\,000}{3\,600 \times 0.005 \times 0.58 \times 825} = 0.348 \text{ m/s}$$

$$Re_1 = \frac{w_1 d_{e_1} \rho_1}{\mu_1} = \frac{0.348 \times 0.009\,9 \times 825}{10.0 \times 10^{-4}} = 2\,842$$

$$Pr_1 = \frac{\mu_1 c_{p1}}{\lambda_1} = \frac{10.0 \times 10^{-4} \times 2.22 \times 10^3}{0.14} = 15.9$$

⑧ 对流换热系数 α

由式(3.2)得,

$$\alpha_2 = 0.039\,7 \frac{\lambda_2}{d_{e_2}} Re_2^{0.784} Pr_2^{0.4} = 0.039\,7 \times \frac{0.627}{0.029\,2} \times 19\,296^{0.784} \times 4.81^{0.4}$$
$$= 3\,658 \text{ W/(m}^2 \cdot \text{℃)}$$

$$\alpha_1 = 0.039\,7 \frac{\lambda_1}{d_{e_1}} Re_1^{0.784} Pr_1^{0.3} = 0.039\,7 \times \frac{0.14}{0.009\,9} \times 2\,842^{0.784} \times 15.9^{0.3}$$
$$= 656.7 \text{ W/(m}^2 \cdot \text{℃)}$$

⑨ 传热系数 K

因介质是水和煤油,故取材质为 A_3 卷筒钢板,厚 $\delta = 4$ mm,其导热系数 $\lambda = 46.5$ W/(m·℃),两侧污垢热阻取 $R_1 = R_2 = 0.000\,001\,7$ m$^2 \cdot$ ℃/W,则

$$\frac{1}{K} = \frac{1}{\alpha_1} + \frac{1}{\alpha_2} + \frac{\delta}{\lambda} + R_1 + R_2 = \frac{1}{656.7} + \frac{1}{3\,658} + \frac{0.004}{46.5} + 0.000\,001\,7 + 0.000\,001\,7$$

$$K = 530 \text{ W/(m}^2 \cdot \text{℃)}$$

⑩ 对数平均温差 Δt_{lm}

$$\Delta t_{lm} = \frac{(t_1' - t_2'') - (t_1'' - t_2')}{\ln \frac{t_1' - t_2''}{t_1'' - t_2'}} = \frac{(140 - 40.6) - (40 - 30)}{\ln \frac{140 - 40.6}{40 - 30}} = 39 \text{ ℃}$$

⑪ 传热面积 F

$$F = \frac{Q}{K \cdot \Delta t_m} = \frac{666\,000 \times 10^3}{450 \times 3\,600 \times 39} = 8.95 \text{ m}^2$$

⑫ 每块螺旋板有效长度 l_e

$$l_e = \frac{F}{2H_e} = \frac{10.54}{2 \times 0.58} = 7.72 \text{ m}$$

⑬ 螺旋板圈数及下料尺寸

设 $d_2 = 200$ mm,$c = b_1 + b_2 + 2\delta = 5 + 15 + 2 \times 4 = 28$ mm,则

$$d_1 = d_2 - (b_2 - b_1) = 200 - (15 - 5) = 190 \text{ mm}$$

由式(3.15)得螺旋体的有效圈度 n_e 为

$$n_e = \frac{(2b_2 - d_1 - d_2) + \sqrt{(d_1 + d_2 - 2b_2)^2 + 16c \frac{l_i}{\pi}}}{4c}$$

$$= \frac{(2 \times 15 - 190 - 200) + \sqrt{(190 + 200 - 2 \times 15)^2 + 16 \times 28 \frac{7.72 \times 10^3}{3.14}}}{4 \times 28}$$

$$= 6.69$$

取有效圈数 $n_e = 7$，此即为内侧螺旋板的实际圈数。由式(3.12)得内侧螺旋板的下料尺寸为

$$l_i = l_1 = \frac{\pi}{2}[n(d_1 + 2b_1 + 4\delta + d_2) + 2(n^2 - n)c]$$

$$= \frac{3.14}{2}[7 \times (190 + 2 \times 5 + 4 \times 4 + 200) + 2(7^2 - 7) \times 28]$$

$$= 8.26 \text{ m}$$

由式(3.13)得外侧螺旋板的下料尺寸为

$$l_o = l_2 = \frac{\pi}{2}[n(d_1 + 2b_2 + 4\delta + d_2) + (d_2 + \delta) + 2n^2 c]$$

$$= \frac{\pi}{2}[7 \times (190 + 2 \times 15 + 4 \times 4 + 200) + (200 + 4) + 2 \times 7^2 \times 28]$$

$$= 9.42 \text{ m}$$

⑭ 热交换器外径 D

由式(3.16)得

$$D = d_2 + 2nc + 2\delta = 200 + 2 \times 28 \times 8 + 2 \times 4 = 600 \text{ mm}$$

⑮ 压降

由式(3.10)得

煤油侧 $\quad \Delta p_1 = \left(\frac{l_1}{d_{e_1}} \frac{3.58}{Re_1^{0.25}} + 0.15 l_1 n_{s_1} + 39.23\right) \times \frac{\rho_1 w_1^2}{2}$

$$= \left(\frac{8.26}{0.0099} \times \frac{3.58}{2\,842^{0.25}} + 0.15 \times 8.26 \times 200 + 39.23\right) \times \frac{825 \times 0.348^2}{2}$$

$$= 34\,775 \text{ Pa} = 0.035 \text{ MPa}$$

冷却水侧 $\quad \Delta p_2 = \left(\frac{l_2}{d_{e_2}} \frac{3.58}{Re_2^{0.25}} + 0.15 l_2 n_{s_2} + 39.23\right) \times \frac{\rho_2 w_2^2}{2}$

$$= \left(\frac{9.42}{0.0292} \times \frac{3.58}{19\,296^{0.25}} + 0.15 \times 9.42 \times 200 + 39.23\right) \times \frac{994 \times 0.48^2}{2}$$

$$= 48\,073 \text{ Pa} = 0.048 \text{ MPa}$$

因两侧压降均不足 1 工程大气压，在工程上一般的允许范围内，故本热力设计符合要求。

3.2　板式热交换器

板式热交换器(图 3.6)是近几十年来得到发展和广泛应用的一种新型、高效、紧凑的热交换器。它由一系列互相平行、具有波纹表面的薄金属板相叠而成，比螺旋板式热交换器更为紧凑，传热性能更好。国外著名的生产厂家有瑞典 ALFA - LAVAL 公司、英国 APV 公司、日本大阪制作所等。我国在板式热交换器的设计与制造上也已达到较高的水平。板式热交换器的应用面很广，尤其是更适宜用于医药、食品、制酒、饮料合成纤维、造船、化工等工业，并且随着板型、结构上的改进，正在进一步扩大它的应用领域。

3.2.1　构造和工作原理

板式热交换器按构造分为可拆卸(密封垫式)、全焊式和半焊式三类，以密封垫式的应用

为最广。它们的工作原理基本相同。可拆卸板式热交换器由三个主要部件 —— 传热板片、密封垫片、压紧装置及其他一些部件,如轴、接管等组成(图 3.6(a))。在固定压紧板上,交替地安放一张板片和一个垫圈,然后安放活动压紧板,旋紧压紧螺栓即构成一台板式热交换器。各传热板片按一定的顺序相叠即形成板片间的流道,冷、热流体在板片两侧各自的流道内流动,通过传热板片进行热交换(图 3.7)。

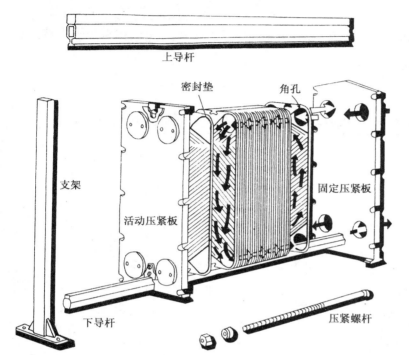

（a）可拆式板式热交换器结构简图

（b）可拆式板式热交换器实物图　　（c）焊接式板式热交换器实物图

图 3.6　板式热交换器

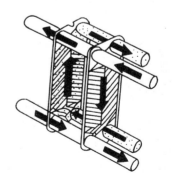

图 3.7　板式热交换器中的换热

1）传热板片

传热板片是板式热交换器的关键元件。它的设计主要考虑两方面因素：① 使流体在低速下发生强烈湍流，以强化传热；② 提高板片刚度，能耐较高的压力。

传热板片的波纹形式不同会对传热及流动阻力有较大影响，为满足不同传热场合的需要，人们已研发出多种多样的波纹板[19]。不同波纹结构形式的板片所组成的流道使流体形成带状流、网状流和旋网流等不同方式的流动，图 3.8 所示为列入我国原板式热交换器国家标准 GB 16409—1996 的板片波纹形式。就应用而论，以人字形波纹板和水平平直波纹板为最广。

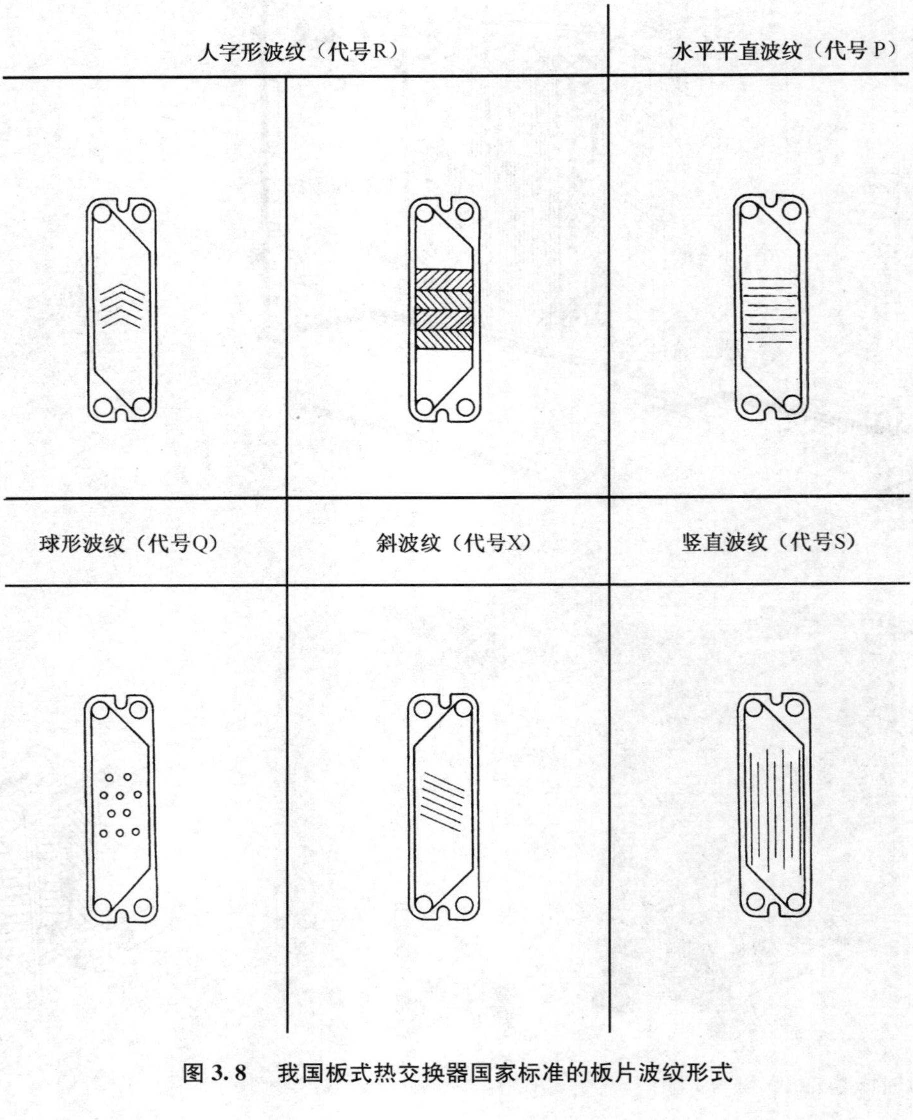

人字形波纹（代号R）		水平平直波纹（代号P）
球形波纹（代号Q）	斜波纹（代号X）	竖直波纹（代号S）

图 3.8　我国板式热交换器国家标准的板片波纹形式

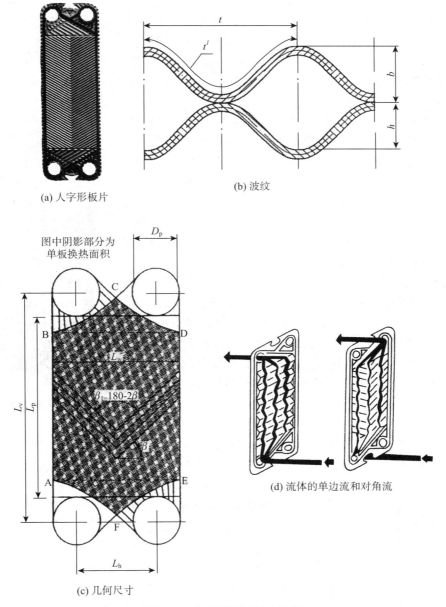

(a) 人字形板片

(b) 波纹

(c) 几何尺寸

(d) 流体的单边流和对角流

图 3.9　人字形板式热交换器

人字形波纹板——它的断面形状常为三角形(图 3.9(a)),人字形之间夹角通常为120°。板式热交换器组装时,每相邻两板片是相互倒置的,从而形成网状触点,并使通道中流体形成网状旋网流(参阅图 3.14)。据统计,装配后相邻两板片间能形成多达 2 300 个支承触点(在 1 m² 投影面积上)。流体从板片一端的一个角孔流入,可从另一端同一侧的角孔流出(称之为"单边流"),或另一端另一侧的角孔流出(称之为"对角流")(图 3.9(d))。根据各种板片的对比试验表明,此种板片不仅刚性好,传热性能也较好。经国内改进的人字形板式热交换器传热系数达到 7 000 W/(m²·℃)以上(水-水,无垢阻),压力降也得到了改善。一般,人字形板的流阻较大,且不适宜于含颗粒或纤维的流体。

水平平直波纹板——图 3.10 所示为一种断面形状为等腰三角形的水平平直波纹板。它的传热和流体力学性能均较好,传热系数可达 5 800 W/(m²·℃)(水－水,无垢阻)。其他断面形状的还有有褶的三角形波纹(英国 APV 公司)、阶梯形波纹(日本蒸馏工业所制造的 NPH 型板)均属此类。

不论何种板片,它们都具有以下共同部分:强化传热的凹凸形波纹;板片四周及角孔处的密封槽;流体进出孔(角孔,一般为圆形,大型冷凝器板片角孔常为三角形);悬挂用缺口。板片组装后两板片间都有相互接触的地方,称为触点。如,水平平直波纹板上的小平面就是为了形成支承点(图 3.10)。其作用是在板片两侧出现压差时,保持流道的正常间隙形状,同时使流动"网状"化,强化传热。经验表明,合理的触点设计是提高板片耐压程度的有效途径。

板片材料有碳钢、不锈钢、铝及其合金、黄铜、蒙乃尔合金、镍、钼、钛、钛钯合金及氟塑料－石墨等。目前应用最广的是不锈钢常用于净水、河川水、食物油、矿物油。由于钛的耐腐蚀性能好,特别是在含氯介质中,所以虽然钛很贵,钛板热交换器仍被用于化工等腐蚀性强的场合。板片的厚度很薄,为 0.5 ～ 1.5 mm,通常为 1 mm 左右。制造板式热交换器的关键是板片的成型,目前几乎全是冲压型板。

图 3.10　水平平直波纹板片

2) 密封垫片

为了防止流体的外漏和两流体之间内漏,必须要有密封垫片(图 3.11)。密封垫一方面对流体起密封作用,另一方面又将冷热流体分配至相应的流道内。它安装于密封槽中,运行中

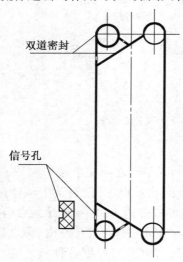

图 3.11　密封垫片

承受压力和温度,而且受着工作流体的侵蚀,此外在多次拆装后还要求它具有良好的弹性。对橡胶质量的要求除了耐蚀、耐温外,还要求其他物理性能满足下列要求:根据使用压力不同,硬度一般应在 65 ～ 90 邵氏硬度,压缩永久变形量不大于 10%,抗拉强度 ≥ 8 MPa,延伸率 ≥ 200%。板式热交换器运行中出现的故障,很少是板片或其他机件的损坏,大部分是垫圈发生问题,如脱垫、伸长、老化、断裂等。所以,对于板式热交换器的密封垫片的材料有着特殊的要求。我国板式换热器产品中使用的密封垫片材料有:丁腈橡胶、高温橡胶、三元乙丙橡胶、氟橡胶、氯丁橡胶、硅橡胶及石棉纤维板。以三元乙丙橡胶用得最多(适用温度为－50 ～ 150 ℃),石棉纤维板适用温度为最高(20 ～ 250 ℃)。随着工艺对操作压力和温度提出更高的要求,板式热交换器的密封结构改进也成为人们的注意力集中点。密封问题之所以显得这样突

图 3.11 中标注:双道密封、信号孔

出，是因为它的密封周边很长。如，一台装有200块板片，每片面积为0.5 m²的板式热交换器，其垫圈总长达到约900 m。再考虑到它的频繁拆卸和清洗，仍要保持不泄漏就并非易事。为了能更好地防止内漏，在密封垫上采用了双道密封。同时为了能及时发现内漏，许多厂家在密封垫圈上开有凹槽（通常称之为"信号孔"），一旦出现泄漏，流体将首先由此泄出。

垫片与板片的连接方式有两种：① 胶粘式，它适用于垫片易受介质腐蚀而产生溶胀、经常需拆开以及工作压力高的场合。② 免粘式，它是以燕尾槽式、按扣式和卡入式的方式使垫片与板片相连接。对于大型垫片，还有将这两种方式结合使用的情况。

3）压紧装置

它包括固定与活动的压紧板、压紧螺栓。它用于将垫片压紧，产生足够密封力，使得热交换器在工作时不发生泄漏，通过旋紧螺栓来产生压紧力。对于大型板式热交换器，其密封压紧力甚至超过 98×10^4 N，所以要有坚固的框架。板式热交换器的框架形式有多种，图3.6就是一种双支撑框架式的结构。在制造成本中，压紧装置占了一个相当大的比例。因此，应当注意板片尺寸和负荷的关系，如果条件许可，宜采用数量较多的小尺寸的板片，而使压紧装置费用相对降低。在压紧装置的结构上，近年出现了带有电动和液压的压紧装置，使板片的拆卸和压缩可自动进行。

4）其他类型板式热交换器的结构

常见的用于液−液换热的板式热交换器也可用于相变换热（蒸发或冷凝），但效果较差。为了适用于相变换热，有专用的板式蒸发器和板式冷凝器。

图3.12所示为英国APV公司的板式蒸发器。其中，每4块加热蒸汽冷凝及溶液蒸发的板组成一个单元体（图中为板1～4）。溶液从升膜板（图中板2）下部两个角孔进入，形成的蒸汽及浓缩液通过顶部转换孔流经降膜板（板4），由底部的大矩形角孔排出。加热蒸汽则由靠近板侧面的大矩形角孔进入，从底部凝液孔排出。这种板式蒸发器的特点是，角孔（指加热蒸汽及蒸发形成的蒸汽所流经的孔）相当大，板面为平板面，并且板间距较大，以减少蒸汽通道及凝结与蒸发两流道中的流阻。图3.13所示为板式冷凝器的传热板片，其通气体的角孔很大，波纹节距也较大，使流体阻力显著减小，冷凝传热效果提高。

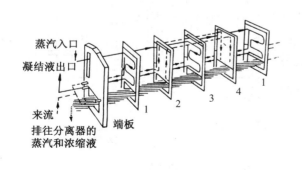

(a) 流体流程示意图

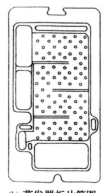

(b) 蒸发器板片简图

图 3.12　板式蒸发器

由于板式热交换器是由若干传热板片叠装而成，板片很薄且具有波纹形表面，因而带来一系列优点。由于波纹板片的交叉相叠使通道内流体形成复杂的二维或三维流动(图 3.14)和窄的板间距,大大加强了流体的扰动,因而能在很小的 Re 数时形成湍流和高的传热系数。临界雷诺数在 $10 \sim 400$ 范围内,具体数值取决于几何结构[3]。附录 A 中列有一般情况下板式热交换器的传热系数值。据资料介绍,在同一压力损失下,板式热交换器每平方米传热面积所传递的热量为管壳式的 $6 \sim 7$ 倍。加之板片很薄,其紧凑性约为管壳式的 3 倍,可达到 $300 \text{ m}^2/\text{m}^3$ 以上,在同一热负荷下其体积为管壳式的 $1/5 \sim 1/10$。对于可拆式板式热交换器,不仅清洗、检修方便,而且可按需要,方便地通过增减板片数和流程的多种组合,达到不同的换热要求和适应不同的处理量。此外,在板式热交换器中还可以通过采用加装隔板的办法在一台热交换器中实现三种流体之间的热交换。如图 3.15 所示为同时与三种流体换热,进行牛奶的巴氏杀菌(从约 73 ℃ 的预热牛奶加热到 85 ℃)、热回收(从 85 ℃ 冷却到 17 ℃)和冷却(从 17 ℃ 冷却到 5 ℃)。

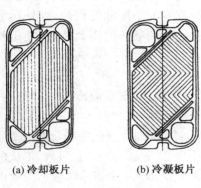

(a) 冷却板片　　　(b) 冷凝板片

图 3.13　板式冷凝器板片

触点

图 3.14　流体在板间通道中的三维流动

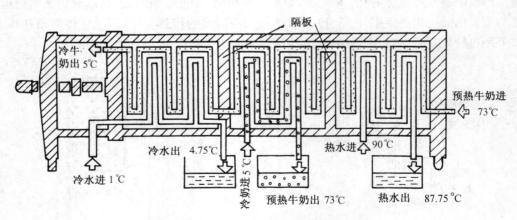

图 3.15　板式热交换器中的三种流体换热

　　板式热交换器所存在的主要问题是它的操作压力和温度的提高受到结构的限制。国内一般的板式热交换器只能用于 0.6 MPa 以下的压力和 $120 \sim 150$ ℃ 的温度。经过板片型式和框架结构的改进,采用新型的密封垫片和板片材料,耐压和耐温均已有相当大的提高。现在国内生产的板式热交换器的最大单片面积达到 2.0 m^2 以上,最高工作压力 1.6 MPa,最高工作温度 200 ℃。对于许多工业的热工过程,尤其是流体有腐蚀性而必须使用贵重金属材料制造的,在压力 1.5 MPa 和温度 150 ℃ 以下的条件下,存在板式热交换器逐渐取代管壳式的趋势。至于板式热交换器由于流道狭窄和角孔的限制而难以实现大流量运行的问题,由于大型板式热交换器的出现和采用多段并联操作的方法使得它已不能成为主要的问题。

目前世界上板式热交换器所达到的主要技术指标如下(可拆式):

最大板片面积	$4.67 \sim 0.475 m^2$,
最大角孔尺寸	450 mm 以上,
最大处理量	5 000 m^3/h,
最高工作压力	2.8 MPa,
最高工作温度	橡胶垫片　150 ℃,
	压缩石棉垫片　　260 ℃,
	压缩石棉橡胶垫片　　360 ℃,
最佳传热系数	7 000 W/(m^2·℃)(水—水,无垢阻),
紧凑性	250 $\sim$ 1 000 m^2/m^3,
金属消耗量	16 kg/m^2。

全焊式、半焊式的板式热交换器的产生解决了板式热交换器(可拆式)的耐温耐压偏低问题,使应用范围大大扩展。全焊式板式热交换器可分为整体钎焊而成的钎焊板式换热器及由氩弧焊、激光焊和电阻焊等焊接而成的普通焊接板式换热器。目前最大焊接式单板传热面积为18m^2,最小焊接式单板传热面积为0.006 m^2。半焊式则为每两张板片焊在一起成为焊接单元,单元之间用垫片密封,然后组装成一体。这样,焊接单元中的流道可承受较高的温度和压力,但不能拆卸。焊接单元之间的流道能承受的压力和温度和可拆式板式换热器相同。这样的组合可适应两种温度和压力相差较大的流体换热的需要。

在目前使用的板式热交换器中,板片两侧的流道截面形状和大小都是相同的,即所谓"对称型"。为了适应换热流体流量比相差很大的情况或适用于相变换热场合,一种新型的非对称型的板式热交换器已研制成功[2][3],并应用于工业生产过程。此外,为满足不同工况的需要,还有双层板片、大间隙板片、石墨板片及电加热板等种类的板式热交换器[19]。

5) 板式热交换器的型号表示法

按原国标 GB 16409—1996,板式热交换器的型号按如下格式表示:

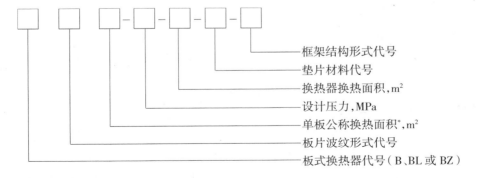

框架结构形式代号
垫片材料代号
换热器换热面积,m^2
设计压力,MPa
单板公称换热面积*,m^2
板片波纹形式代号
板式换热器代号(B、BL 或 BZ)

----

* 　单板公称换热面积是指经圆整后的单板换热面积

其中，B—— 板式热交换器；BL—— 板式冷凝器；BZ—— 板式蒸发器

例如，BR0.3-1.6-15-N-I则为人字形波纹、单板公称换热面积0.3 m²、设计压力1.6 MPa、换热面积15 m²、丁腈垫片密封的双支撑框架结构的板式热交换器。

经修订后的国标为 NB/T 47004—2009(JB/T 4752)，板式热交换器的型号表示法为：

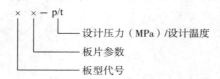

示例1：板型为 M，板片角孔直径为 20 cm，设计压力为 1.6 MPa，设计温度为 100 ℃ 的板式热交换器，表示为：

$$M20-1.6/100$$

示例2：板型为 V，板片单板公称换热面积为 1.3 m²，设计压力为 1.0 MPa，设计温度为 120℃ 的板式热交换器，表示为：

$$V13-1.0/120$$

为满足用户需要，换热器制造厂也可以板式热交换器机组的产品型式提供给用户，板式热交换器机组产品的型号表示方法如下（国标 GB/T 29466—2012）。

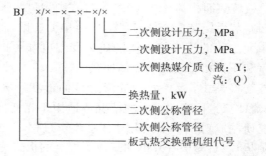

示例1：换热量 5 000 KW，用于液-液热交换系统，一次侧设计压力 1.0 MPa，公称管径为 DN200，二次侧设计压力 0.6 MPa，公称管径为 DN300 的板式热交换器机组表示为：

$$BJ\ 200/300-5\ 000-Y-1.0/0.6$$

示例2：换热量 4 000 KW，用于汽-液热交换系统，一次侧设计压力 1.6 MPa，公称管径为 DN150，二次侧设计压力 1.0 MPa，公称管径为 DN250 的板式热交换器机组表示为：

$$BJ\ 150/250-4\ 000-Q-1.6/1.0$$

3.2.2　流程组合及传热、压降计算

1）流程组合

为了满足传热和压力降的要求，对于板式热交换器可进行多种方式的流程和通道数的配置：① 流体的流动可以是串联、并联（这时形成纯逆流）和混联（如图 3.16(c)，一种流体为并联，而另一种流体为串联）。② 流程可以是单流程或多流程，两流体的流程数可以相等或不相等。③ 两流体的流程中通道数不一定要相等[如图 3.16(c) 中，一种流体为 1(程)×4(通

道),另一种流体为 2(程)×2(通道)]。

板式换热器内流程与通道的配置方式常以下列数学形式表示:

$$\frac{M_1 \times N_1 + M_2 \times N_2 + \cdots + M_i \times N_i}{m_1 \times n_1 + m_2 \times n_2 + \cdots + m_i \times n_i}$$

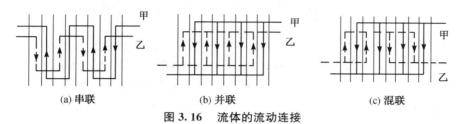

(a) 串联　　　　　　　　(b) 并联　　　　　　　　(c) 混联

图 3.16　流体的流动连接

其中,$M_1, M_2, \cdots, M_i$——从固定压紧板开始,热流体侧流道数相同的流程数;

　　　　$N_1, N_2, \cdots, N_i$——相应于 $M_1, M_2, \cdots, M_i$ 流程中的流道数;

　　　　$m_1, m_2, \cdots, m_i$——从固定压紧板开始,冷流体侧流道数相同的流程数;

　　　　$n_1, n_2, \cdots, n_i$——相应于 $m_1, m_2, \cdots, m_i$ 流程中的流道数。

图 3.17 表示了 $\frac{1 \times 4}{2 \times 2}$ 流程组合的实例,其中横线上方(1×4)表示甲流体为单流程、四通道,横线下方(2×2)表示乙流体为两流程、两通道。由该图可见:① 通常板片四角都开孔,但在实现流程换向(即不是单流程)的板片上应有不开孔的情况,即存在"盲孔"。此外,在两端的端片上也有盲孔。② 对于"单边流"的板片,如果甲流体流经的角孔位置全在热交换器的左边,则乙流体所流经的角孔位置应在热交换器的右边。同理,"对角流"的板片(如本例),甲流体如流经一个方向的对角线的角孔位置,乙流体应流经另一方向的对角线的角孔位置。

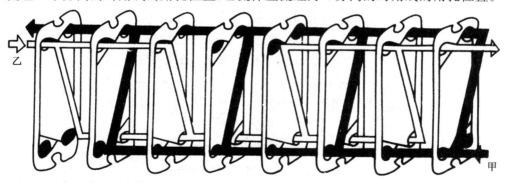

图 3.17　板式热交换器的 $\frac{1 \times 4}{2 \times 2}$ 流程组合示意图

2) 传热计算

传热计算的基本方程仍是传热方程式,所要注意的是,由于板片的角孔及密封垫片等处并不参与传热,板片又是波纹形的,板式热交换器的传热面积应该是扣除不参与部分后板片的展开面积,即有效传热面积。

平均温差 Δt_m 的计算为按纯逆流情况下对数平均温差值 $\Delta t_{lm,c}$ 再乘以修正系数 Ψ,即

$$\Delta t_m = \Delta t_{lm,c} \Psi$$

根据参考文献[4],Ψ 值的确定,在串联和并联时可用图 3.18,混联时可采用管壳式热交

换器的温差校正系数。Marriott J[6] 提出在两侧体积流量比为 $0.7 \sim 1$ 及 NTU 值不超过 11 时的温差修正系数图(图 3.19)。Buonopane R 等[5] 提出了求解的数学模型,在作某些假设和简化的前提下,求解结果与此图中值极为接近。根据传热单元数 $NTU = KF/W_{min}$ 及热流体与冷流体的流程数,即可由此图求得相应的对数平均温差修正系数 Ψ 值。

传热系数 K 的计算,在已知两侧对流换热系数及垢阻条件下,仍用以往常用的公式,即

$$\frac{1}{K} = \frac{1}{\alpha_1} + \frac{\delta}{\lambda} + r_1 + r_2 + \frac{1}{\alpha_2}$$

式中,δ 与 λ 分别为板片厚及其导热系数;r_1、r_2 为板片两侧的污垢热阻。板式热交换器由于流动中的湍动较大,故比较不易结垢,其污垢热阻要比一般的管壳式小。参考文献[21] 汇集了在多种情况下板式热交换器中的污垢热阻值,如表 3.2 所示。

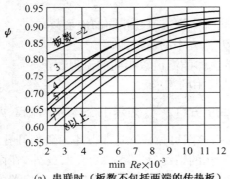
(a) 串联时(板数不包括两端的传热板)

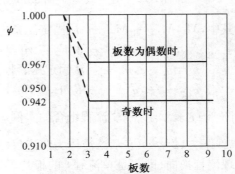
(b) 并联时(板数不包括两端的传热板)

图 3.18　板式热交换器的温差修正系数(LMTD 法时)

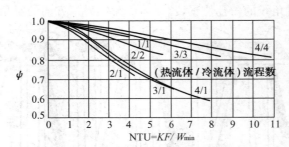

图 3.19　温差修正系数(NTU 法时)

表 3.2　板式热交换器中的污垢热阻值[21]　　　　单位:$m^2 \cdot {}^{\circ}C/W$

液　体　名　称	污垢热阻
矿化水或蒸馏水	0.000 001 7
软水	0.000 003 4
硬水	0.000 008 6
处理过的冷却水	0.000 006 9
沿海海水或港湾水	0.000 086
大洋的海水	0.000 052

续表 3.2

液 体 名 称	污垢热阻
河水、运河水、井水等	0.000 086
机器夹套水	0.000 010 3
润滑油	0.000 003 4 ~ 0.000 008 6
植物油	0.000 017 ~ 0.000 052
有机溶剂	0.000 001 7 ~ 0.000 001 03
水蒸气	0.000 001 7
一般工艺流体	0.000 001 7 ~ 0.000 001 03

对流换热系数 α_1 及 α_2 的计算,一般在无相变情况下板片两侧都将保持传热相似,所以 α_1 及 α_2 均可按同样的公式计算,如传热不相似则需分别用各自的公式计算。

板式热交换器放热计算的基本公式形式与管内或槽道内的对流换热计算公式相同,湍流换热时为

$$Nu_f = CRe_f^n Pr_f^m \left(\frac{\mu_f}{\mu_w}\right)^{0.14} \tag{3.19}$$

当流体被加热时,$m = 0.4$;被冷却时,$m = 0.3$。其中的 C、n 值随板片、流体和流动的类型不同而不同。

参考文献[6]对上式中系数和各指数提出了这样的范围:$C = 0.15 \sim 0.4, n = 0.65 \sim 0.85, m = 0.3 \sim 0.45, Z = 0.05 \sim 0.2$(指黏度修正项上的指数)。这些数值可供读者在进行试验研究整理准则关系式时及选用时参考。

对牛顿型流体的层流换热,可用 Sieder - Tate 型式的方程式[7],即

$$Nu_f = C(Re_f Pr_f d_e/L)^n (\mu_f/\mu_w)^x \tag{3.20}$$

式中 $C = 1.86 \sim 4.50$;$n = 0.25 \sim 0.33$;$x = 0.1 \sim 0.2$,通常为 0.14。

在计算板式热交换器流道内流体的 Re 值时,所采用的当量直径 d_e 可按下式计算:

$$d_e = \frac{4A}{U} \approx \frac{4L_w h}{2(h + L_w)} \approx 2h \tag{3.21}$$

式中 L_w —— 板有效宽;

       h —— 波纹深度;

       b —— 板间距。(参考图 3.9(b) 及 3.9(c))

当板片两侧冷热流体的流通截面不等时,应按其实际的流通截面 A 及热周边 U 来分别计算板片两侧流道的当量直径。

在有相变时,板式热交换器内流体的相变换热系数计算很复杂,何种计算方法最为可靠尚未得到公认。本书作者通过科研、综合与分析,现提出一些计算式供读者参考。

蒸汽凝结换热系数的计算,应按不同的凝结区运用相应的计算式。对于重力控制区(Re_{lf} < 临界雷诺数,约为 150 ~ 500),可用下列较为简易的关联式求解凝结换热系数,即

$$Nu_c = CRe_{lf}^n Pr_l^{1/3} \tag{3.22}$$

式中,$Nu_c = \dfrac{\alpha_c d_e}{\lambda_l}$

λ_1—— 凝液导热系数，W/(m·℃)；

α_c—— 凝结换热系数，W/(m²·℃)；

Re_{lf}—— 凝液膜雷诺数，$Re_{lf} = \dfrac{4q_m}{2L\mu}$，

q_m 为凝液质量流率，kg/s；L 为板片通道宽，m。

对于剪切力控制区（$Re_{lf} >$ 临界雷诺数），则为

$$Nu_c = C(Re_1/H)^n Pr_1^{0.33}(\rho_1/\rho_g)^p \tag{3.23}$$

式中，Re_1—— 出口处凝液雷诺数，

$$Re_1 = G(1-x_o)\frac{d_e}{\mu_1};$$

G—— 气-液混合物的总质量流速，kg/(m²·s)；

x_o—— 出口处蒸汽干度；

H—— 考虑凝液膜厚度影响的无因次参数，$H = C_p\Delta T/\gamma'$；

γ'—— 考虑凝液过冷和液膜对流换热影响的参数，J/kg，

$$\gamma' = \gamma(1 + 0.68C_p\Delta T/\gamma)$$

γ—— 汽化潜热，J/kg；

ρ_1、ρ_g—— 分别为凝液及进口处蒸汽密度，kg/m³；

Pr_1—— 凝液的 Pr 数。

$\dfrac{\rho_1}{\rho_g}$—— 密度比，考虑蒸汽压力的影响。

关于板式蒸发器中的沸腾传热，通常可认为是以环状流为主，则其沸腾换热系数 α_b 可利用分液相时的对流换热系数 α_1 与强化因子 F_b 的积来计算，即

$$\alpha_b = F_b \cdot \alpha_1 \tag{3.24}$$

式中，α_1 可按式（3.19）计算，其中的 $Re_1 = \dfrac{G(1-x)d_e}{\mu_1}$；$F_b$ 按下式计算

$$F_b = (\varphi_1^2)^{0.5} \tag{3.25}$$

式中，φ_1^2 为两相流因子，称为摩阻分液相表观系数，无因次量。其定义为

$$\varphi_1^2 = \frac{(\Delta p_f)_{tp}}{(\Delta p_f)_1} \tag{3.26}$$

式中，$(\Delta p_f)_{tp}$ 为两相流的摩擦阻力；$(\Delta p_f)_1$ 为仅液相单独流过同一管道时的摩擦阻力。

3）压力损失计算

国内制造厂家对于板式热交换器用于无相变换热时的压力降计算通常是以欧拉数 Eu 与雷诺数 Re 之间的准则关系式给出的：

$$Eu = bRe^d \tag{3.27}$$

式中的系数 b 和指数 d 随板式热交换器的具体结构而定，指数 d 应为负值。

由 $Eu = \Delta p/\rho w^2$，可求得多程时的压降为

$$\Delta p = mEu\rho w^2 = bRe^d\rho w^2 m \tag{3.28}$$

式中，m 为流程数；w 为工质在流道中的流速，m/s。

在计算板式热交换器压降时的 Re 值时，当量直径 d_e 应按下式计算：

$$d_e = \frac{4A}{U} = \frac{4Lb}{2(L+b)} \tag{3.29}$$

若板片两侧的流通截面不等,则应按其实际的流通截面 A 及湿周边 U 来分别计算两侧流道的当量直径。

计算压降的准则关系式中 Re 数前相乘的系数及 Re 数的指数随板型不同其差异很大。同时,在实际运行中由于板片两侧流道的压力不等,两流道间压差较大时可能引起板片的较大变形。此外,不同的流程、角孔组成的通道内的阻力等都使得实际运行中的压力降和厂方所推荐的计算式有较大差异,所以这种计算式只能提供用户在较理想情况下选用参考。

对于板式冷凝器或板式蒸发器,其中的冷凝侧或沸腾侧中流体的流动为两相流,阻力计算很复杂,在此提出如下一种经本书作者研究所得的简易计算,供读者参考。

板式冷凝器的总压降 Δp 与流道中气-液两相流的混合平均雷诺数 $\overline{Re}$ 之间存在如下关系:

$$\Delta p = c\overline{Re}^n \tag{3.30}$$

式中 c 为有量纲(Pa)的系数,c 与指数 n 随不同板型而异,由实验确定。有关这一详细计算及其他计算方法,可参阅参考文献[19]及[26]。

3.2.3　板式热交换器的热力计算程序设计

一般情况下,冷、热流体的流量(或热负荷)及冷、热流体进出口温度中的任意三个,两流体的允许压降等是已知的,板式热交换器的设计应包括确定板型、板片尺寸、流程与通道数的组合、传热面积等。

在进行设计计算时,首先可选定一种板型和板片尺寸,然后选定所用的设计计算方法,并编制相应的计算程序进行计算。图 3.20 为用对数平均温差法时板式热交换器的计算程序框图。

计算中应注意到,设所选用的单片传热面积为 F_p,传热总面积为 F,则所需传热板片数为

$$N_e = \frac{F}{F_p} \tag{3.31}$$

式中,$F_p = \phi \cdot F'_p$,F'_p 为板片参与传热的投影面积,$F'_p \approx L_p \cdot L_w$;$\phi$ 为波纹展开系数,$\phi = t'/t$(参看图 3.9(b)及(c))

由于两块端片是不参加热交换的,所需的总板片数就应为

$$N_t = N_e + 2 \tag{3.32}$$

从流程数 m 与通道数 n 的组合来考虑,总板片数 N_t 也可表达为

$$N_t = m_1 n_1 + m_2 n_2 + 1 \tag{3.33}$$

由式(3.33)所得结果应等于或略大于式(3.32)所得结果,这才表明起初所选定的流程数和通道数能达到传热的要求。如不满足,则应重选流程和通道数,这是计算中所要进行的第一次迭代。第二次迭代是压降的校核。由于流程中流体的换向对压降影响较大,如压降不满足要求,则可改变初设的流程数,当然如要重新设定通道数也未尝不可。所求得的流体流速应大致在 $0.4 \sim 0.6$ m/s 左右,如太大可能会使压降不满足。

更为完善的办法是可以同时选择几种不同型式或不同尺寸的板片,进行与上述同样的

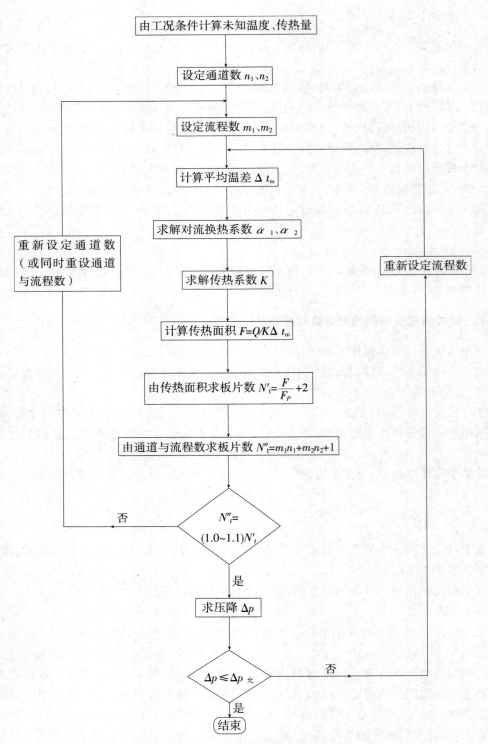

由工况条件计算未知温度、传热量

设定通道数 n_1、n_2

设定流程数 m_1、m_2

计算平均温差 Δt_m

求解对流换热系数 α_1、α_2

求解传热系数 K

计算传热面积 $F = Q/K\Delta t_m$

由传热面积求板片数 $N'_t = \dfrac{F}{F_P} + 2$

由通道与流程数求板片数 $N''_t = m_1 n_1 + m_2 n_2 + 1$

$N''_t = (1.0 \sim 1.1)N'_t$

重新设定通道数（或同时重设通道与流程数）

否

是

求压降 Δp

$\Delta p \leqslant \Delta p_{允}$

重新设定流程数

否

是

结束

图 3.20 板式热交换器的计算程序框图

计算,然后计算几种结果的投资费用,选择其中最经济的方案作为最后所得结果。

[例 3.2] 今欲将流量为 9 000 kg/h 的热水从 110 ℃ 冷却到 40 ℃,冷水的入口温度为 35 ℃,出口温度为 65 ℃,压降最大不超过 50 kPa,试进行一台板式热交换器热力设计计算。

[解] 首先确定板型。设选择兰州石油化工机械厂制造的 BP 型板片。从厂家产品规格查得,板间距 $b = 4.8$ mm,流道宽 $L = 430$ mm,板厚为 1.2 mm,单片传热的投影面积为 0.52 m²,传热准则关系为 $Nu = 0.091Re^{0.73}Pr^n$,压降的准则关系式为 $Eu = 42\,400Re^{-0.545}$,当流程数 $m' \leqslant 7$ 时,应乘以校正系数 φ_m,即 $Eu' = Eu\varphi_m = Eu\dfrac{m'}{m}$

① 传热量 Q

$$Q = M_1 c_{p1}(t_1' - t_1'') = 9\,000 \times 4.19 \times (110 - 40) = 2\,639\,700 \text{ kJ/h}$$

② 所需冷水量 M_2

$$M_2 = \frac{Q}{c_p(t_2'' - t_2')} = \frac{2\,639\,700}{4.19(65 - 35)} = 21\,101 \text{ kg/h}$$

③ 假定流程数 m_1、m_2 热水 $m_1 = 6$,冷水 $m_2 = 3$

④ 假定通道数 n_1、n_2 热水 $n_1 = 3$,冷水 $n_2 = 6$

⑤ 计算平均温差 Δt_m

按逆流计算时

$$\Delta t_{lm,c} = \frac{110 - 65 - (40 - 35)}{\ln\dfrac{110 - 65}{40 - 35}} = 18.2 \text{ ℃}$$

$$p = \frac{65 - 35}{110 - 35} = 0.4, \qquad R = \frac{110 - 40}{65 - 35} = 2.33$$

按 3 壳程、6 管程的管壳式热交换器查得修正系数 $\psi = 0.88$,

$$\therefore \Delta t_m = \psi \Delta t_{lm,c} = 0.88 \times 18.2 = 16.0 \text{ ℃}$$

⑥ 确定两侧对流换热系数 α_1、α_2

对于热水侧:

流速 $$w_1 = \frac{9\,000}{0.43 \times 0.004\,8 \times 3 \times 3\,600 \times 974.8} = 0.42 \text{ m/s}$$

质量流速 $G_1 = \rho_1 w_1 = 974.8 \times 0.42 = 409 \text{ kg/(m}^2 \cdot \text{s)}$

当量直径 $d_{e1} = 2b = 2 \times 4.8 = 9.6$ mm

取 $t_1 = (t_1' + t_1'')/2 = (110 + 40)/2 = 75$ ℃ 为定性温度,查得水动力黏度,$\mu_1 = 380.6 \times 10^{-6}$ kg/(m·s),导热系数 $\lambda_1 = 67.1 \times 10^{-2}$ W/(m·℃),比热 $c_{p1} = 4.19$ kJ/(kg·℃)。

$$Re_1 = \frac{d_{e1}G_1}{\mu_1} = \frac{9.6 \times 10^{-3} \times 409}{380.6 \times 10^{-6}} = 10\,317$$

$$Pr_1 = 2.38$$

$$\alpha_1 = \frac{\lambda_1}{d_{e1}} \times 0.091Re_1^{0.73}Pr_1^{0.3} = \frac{67.1 \times 10^{-2}}{9.6 \times 10^{-3}} \times 0.091 \times (10\,317)^{0.73} \times 2.38^{0.3}$$
$$= 7\,020 \text{ W/(m}^2 \cdot \text{℃)}$$

对于冷水侧:

$$w_2 = \frac{21\,101}{0.43 \times 0.004\,8 \times 6 \times 3\,600 \times 988.1} = 0.48 \text{ m/s}$$

$$G_2 = \rho_2 w_2 = 988.1 \times 0.48 = 474.3 \text{ kg/(m}^2 \cdot \text{s)}$$

取 $t_2 = (65+35)/2 = 50\ ℃$ 为定性温度,由此查得冷水的 $\mu_2 = 549.4 \times 10^{-6}\ \text{kg/(m} \cdot \text{s)}$, $\lambda_2 = 64.8 \times 10^{-2}\ \text{W/(m} \cdot ℃)$,$c_{p2} = 4.17\ \text{kJ/(kg} \cdot ℃)$,$Pr_2 = 3.54$

$$Re_2 = \frac{d_{e1}G_2}{\mu_2} = \frac{9.6 \times 10^{-3} \times 474.3}{549.4 \times 10^{-6}} = 8\ 288$$

$$\alpha_2 = \frac{\lambda_2}{d_{e2}} \times 0.091 Re_2^{0.73} Pr_2^{0.4} = \frac{64.8 \times 10^{-2}}{9.6 \times 10^{-3}} \times 0.091 \times (8\ 288)^{0.73} \times 3.54^{0.4}$$

$$= 7\ 386\ \text{W/(m}^2 \cdot ℃)$$

⑦ 计算传热系数 K

设水垢阻 $r_1 = r_2 = 0.000\ 017\ \text{m}^2 \cdot ℃/\text{W}$。今板片厚 $\delta = 1.2\ \text{mm}$,不锈钢板材的导热系数 $\lambda = 14.4\ \text{W/(m} \cdot ℃)$

$$\therefore \quad K = \cfrac{1}{\cfrac{1}{\alpha_1} + \cfrac{\delta}{\lambda} + r_1 + r_2 + \cfrac{1}{\alpha_2}}$$

$$= \cfrac{1}{\cfrac{1}{7\ 020} + \cfrac{1.2 \times 10^{-3}}{14.4} + 0.000\ 017 + 0.000\ 017 + \cfrac{1}{7\ 386}} = 2\ 531\ \text{W/(m}^2 \cdot ℃)$$

⑧ 所需传热面积 F^*

$$F = \frac{Q}{K \Delta t_m} = \frac{2\ 639\ 700 \times 10^3}{2\ 531 \times 3\ 600 \times 16} = 18.1\ \text{m}^2$$

⑨ 由传热面求板片数 N'_t

$$N'_t = \frac{F}{F_p} + 2 = \frac{18.1}{0.52} + 2 = 36.8 \approx 37$$

⑩ 由通道数与流程数求板片数 N''_t

$$N''_t = m_1 n_1 + m_2 n_2 + 1 = 6 \times 3 + 3 \times 6 + 1 = 37$$

今 $N''_t = N'_t$,故满足传热要求。

⑪ 压降 Δp 计算

热水侧: $Eu_1 = 42\ 400 Re_1^{-0.545} = 42\ 400 \times 10\ 317^{-0.545} = 275.4$

今程数小于 7,故 $Eu'_1 = Eu_1 \dfrac{m'_1}{m_1} = 275.4 \times \dfrac{6}{7} = 236.1$

$$\Delta p_1 = Eu'_1 \cdot \rho_1 w_1^2 = 236.1 \times 974.8 \times 0.42^2 = 40\ 598\ \text{N/m}^2 \approx 41\ \text{kPa} < \Delta p_允$$

冷水侧: $Eu_2 = 42\ 400 Re_2^{-0.545} = 42\ 400 \times 8\ 288^{-0.545} = 310.3$

因程数小于 7,故 $Eu'_2 = Eu_2 \dfrac{m'_2}{m_2} = 310.3 \times \dfrac{3}{7} = 133$

$$\Delta p_2 = Eu'_2 \cdot \rho_2 w_2^2 = 133 \times 988.1 \times 0.48^2 = 30\ 279\ \text{N/m}^2 \approx 31\ \text{kPa} < \Delta p_允$$

从上可知流道布置及传热面积和压降均符合要求,故此热力计算完成。图 3.21 为该热交换器流道布置示意图。

---

* 由于板片有波纹,板片参与换热的实际面积略大于其投影面积。

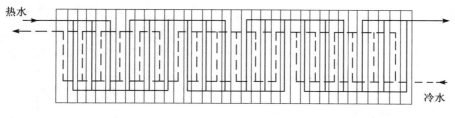

图 3.21　例 3.2 图

3.2.4　热混合设计简介

工程应用中,热负荷和工况是多种多样的,而板式热交换器的板型和几何尺寸的规格是不多的,通常一台板式热交换器都用完全相同的板片组装而成,以致在热设计时不能使板式热交换器很好地满足热负荷和工况的要求。为了解决这一矛盾,人们提出了"热混合"的办法,即:① 每两种波纹倾角不同的人字形板片相叠组装成一台板式热交换器;② 各自分段用波纹倾角不同的人字形板片组装成一台板式热交换器。其原理简述如下:

对于人字形板片,在结构上影响其性能的主要因素是波纹的倾角(波纹与板片轴线的夹角),人们可以设计并制造出其他几何结构参数都相同仅人字形波纹倾角不同的板片。现用无因次参数 θ 来表征这类板片的热交换器的热特性,即

$$\theta = \frac{\delta t}{\Delta t_{\mathrm{m}}} = \frac{KA}{C} \tag{3.34}$$

并用 $\theta = f(\Delta p)$ 的关系来描绘其和压降的关系,则对于不同的倾角有其相应的关系曲线。我们如果选用大小两种倾角的人字形板片各自组装成板式热交换器,同时将这大小两种倾角的板片交替叠装成一台板式热交换器(图 3.22),则在 $\theta = f(\Delta p)$ 图上有相应的高(H)、低(L)及中(M)3 条平行曲线。国外常将大倾角的人字形板片称为硬板(H 板),小倾角的称为软板(L 板)。大小倾角板片交替相叠形成混合板流道,其性能介于两者之间,为中等程度性能(图 3.23)。这表明,传热流体流经混合板流道就相当于其单独流过这两种倾角的板片各自组成的流道后再混合,所以此种组合而成的板式热交换器在性能上体现了一种"热混合"。

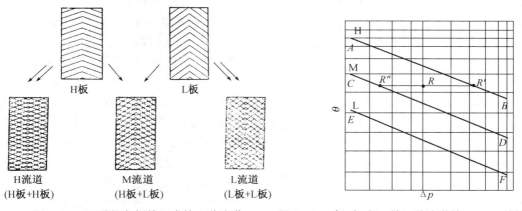

图 3.22　两种倾角板片组成的三种流道　图 3.23　高、中、低 θ 的三种流道的 $\theta - \Delta p$ 特性曲线

通过上述这种"热混合",使板式热交换器适应实际需要的状况有了一定的改善,但还不

能更完善地满足实际应用上的需要。如，现要求的设计工况点为相应于图 3.23 中的 R 点，不在图中的某一特性曲线上。为了满足热负荷的要求，可以选用高 θ 流道或中 θ 流道。但如果用高 θ 板片组成的板式热交换器，压降将升高到 R' 点，超过了允许值；如果改用混合板片（中 θ）组成的板式热交换器，则达到 R'' 点，使压降过低，意味着流速降低，传热效果变差，传热面积无谓增加。所以，再作改进的办法是，通过"分段组装"进一步实现流体的"热混合"。即，将流体的一个流程的流道分成高 θ 及中 θ 两组，同一侧的流体分别流过这同一个流程所并联的高 θ 与中 θ 流道，然后在出口角孔的连接通道内混合。显然，这种板式热交换器的性能必在高 θ 板和中 θ 板各自组成的板式热交换器的性能之间，是一种"热混合"的结果（同理，根据需要也可以将一个流程的流道由低 θ 板和中 θ 板组成）。可见，只要通过这两种流道的各自所需数量的合理配置，则混合后流体将会在允许的压降值下以更合理的板片传热面积达到所要求的温度。理论与实践证明，通过上述概念的热混合设计，可以在充分利用允许压降的情况下减小传热面积，最大可节省传热面积 25% ～ 30%。有关热混合设计的详细论述可参阅参考文献[19][22]。

3.3 板壳式热交换器

板壳式热交换器是在传统板式换热器基础上发展而成的，它主要由板管束和壳体两部分组成[见图 3.24(a)]。它是一种将全焊式板管束组装在压力容器（壳体）之内的结构，所以这是介于管壳式热交换器和板式热交换器之间的一种结构形式的热交换器。因而，它在性能上既具有板式热交换器传热效率高、结构紧凑及重量轻的优点，又继承了管壳式热交换器耐高温高压、密封性能好及安全可靠等优点，较好地解决了耐温、抗压与结构紧凑、高效传热之间的矛盾。欧美发达国家于 20 世纪 80 年代起开始竞相开发、研制各种型式的板壳式热交换器，我国兰州石油机械研究所（现名为甘肃蓝科石化高新装备股份有限公司）于 1999 年成功研制了大型板壳式热交换器。经过多年的应用、改进和发展，板壳式热交换器的结构型式已多种多样，广泛应用于炼油、化工、造纸、制药和食品等工业部门。

3.3.1 构造和工作原理

板壳式热交换器可分为板管束和壳体两大部分，其整体结构如图 3.24(a) 所示。板束相当于管壳式的管束，其中每一个板束元件是由两块冷压成形（或爆炸成形等）的金属板条成对地在接触处严密地焊接在一起，构成的一个包含多个扁平流道的板管（图 3.24(b)）。在热交换器中，这些扁平状的板管流道构成板壳式热交换器的板程，相当于管壳式热交换器的管程，而每一个板束元件则相当于一根管子。许多个宽度不等的板管按一定次序排列。为保持板管之间的间距，在相邻板管的两端镶进金属条，并与板管焊在一起。板管两端部便形成管板，从而使许多板管牢固地连接在一起构成板管束。板管束的端面呈现若干扁平的流道（图 3.24(c)）。板束中间的板间距是靠板束元件上的凸窝来保持的。板管束装配在壳体内，它与壳体间靠滑动密封消除纵向膨胀差。设备截面一般为圆形，也有矩形、六边形等。A 流体在板管内流动，B 流体则在壳体内的板管间流动。板束的流道截面可以根据介质的性质和操作要求设计成各种当量直径和形状，板片的厚度较薄，一般选用 $0.3 \sim 1.2$ mm 不锈钢或有色金属板材，单板片面积通常在 10 m^2 以上。

与管壳式热交换器相比，板壳式热交换器中流体流过扁平的板管流道和板束外空间，水力直径很小。尤其是现代的板壳式热交换器大都采用波纹板片,波纹板片具有"静搅拌"作用,流体能在很低的雷诺数下形成湍流,使其传热系数达到管壳式的 2~3 倍。板壳式热交换器中流速分布均匀,无死角,板面平滑或波纹板片的扰动作用使污垢难以积存,板束还可方便地从壳体中取出使清洗方便。据报道,板壳式热交换器的流阻较小,一般压降不超过 0.5 bar。由于传热系数较高,而且因其流道结构使之传热面积在相同流道截面条件下约为管壳式的 3.5 倍以上,故同样换热条件下结构紧凑,其体积仅为管壳式的 30% 左右。因为体积小、重量轻和制造板束的冷轧板带比管子价格低,从而可降低制造、安装成本和减少用户的设备安装空间。热交换器的板束被安装在压力壳内,安全可靠性提高了,除了受压力容器设计级别及对"程间压差"指标的限制外,它的使用压力没有绝对的限制。由于板壳式热交换器无胶垫,故可在较高温度下工作,使用温度理论上可达 800 ℃ 以上,并已有 720 ℃ 的使用实例。板壳式热交换器的主要缺点是制造工艺较管壳式复杂,焊接量大且要求高。

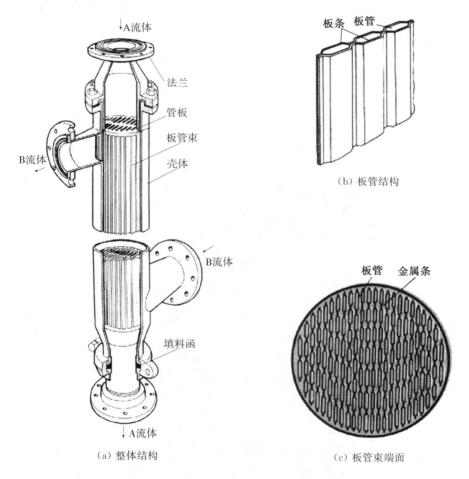

图 3.24　板壳式热交换器结构简图

为进行经济性比较,今以华北石化公司的 30 万 tPa 催化重整装置二段混氢热交换器 E202 为例,采用板壳式热交换器与采用管壳式热交换器相比,传热面积节省 168 m²,总高度减少 7 m,设备本身重量减少 13 t,可节省设备投资 32.5 万元,具体数据见表 3.3。

表 3.3　板壳式和管壳式热交换器参数对比

项　　目	板壳式热交换器	立管式热交换器
传热面积,m²	350	518
热流进口温度,℃	478	478
热流出口温度,℃	120	130
冷流进口温度,℃	92	92
冷流出口温度,℃	430	410
总阻力降,MPa	0.050 8	0.047
热端温差,℃	48	68
冷端温差,℃	28	38
总传热系数,W/(m² · K)	666.8	200
容器直径,mm	1 000	1 000
设计高度,mm	10 154	17 500
设备质量,t	13.5	28
有效热负荷,kW	5 159	4 660

图 3.25 所示为大型板壳式热交换器用于石油化工装置的现场状况。

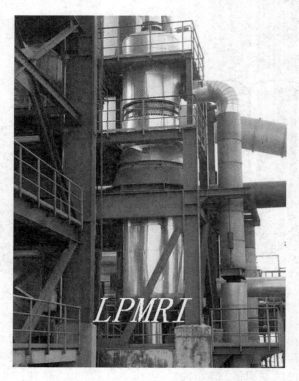

图 3.25　大型板壳式热交换器用于石油化工装置

3.3.2 几种典型的板壳式热交换器

1）Packinox 公司板壳式热交换器

法国 Packinox 公司生产的板壳式热交换器代表了目前国外大型板壳式热交换器的最高水平。其特点是，单板最大尺寸可达 1 400 mm×16 000 mm；单台设备最大传热面积可达 8 000 m²；板片为顺人字形波纹，爆破成形；板束在壳体内为悬挂结构；独特的气、液两相进料混合器；带膨胀节的管式连接；双容器设计，热介质不与压力容器接触；壳体为无大法兰结构；板束操作压力（反压）小于等于 100 Pa；板束操作压力（正压）同壳体操作压力，不受限制；操作温度小于等于 550 ℃。

图 3.26 所示为用于炼油厂重整装置中的重整 F/F 热交换器，一台 Packinox 公司制造的大型焊接板壳式热交换器。该热交换器主要由一个压力壳和一个吊挂在压力壳体中的全焊式板束组成。冷热介质通过板束，在板束内进行纯逆流换热。在板束与壳体接管之间，采用波纹管膨胀节来补偿不锈钢板束与低合金钢壳体之间的热膨胀差。壳体内没有环流，在板束与壳体之间充满循环氢气（冷介质）以平衡压力。由于冷介质压力一般高于热介质，通入冷介质后，避免了热介质与壳体的接触（称为双容器设计原则），同时使板束始终被循环氢气体压紧，处于正压差状态下工作。壳体的上、下端各设一个人孔，必要时可以很方便地拆换膨胀节或其他内件。

图 3.27 为该热交换器的板片及其流道示意图。板片及其流道是通过水爆成形 → 组装边条 → 焊接的工序制造而成的。从图（b）及图（c）可见，在反应产物流道板与混合进料流道板的两端各有一个分配区，而在这两种板的中部为传热区，3 个区的波纹形状各不相同。传热区全部为顺人字形波纹，有利于传热并降低流动阻力。而分配区的波纹应便于冷热介质在全板宽度方向的均匀分布和传热。

图 3.27(a) 显示组装时两种流道板是交替叠放的。在按设计要求所需要的板片数叠放完后，上、下各加一层压紧板，并将其焊成一体，再在端部分别组焊进出口管箱即成板管束。

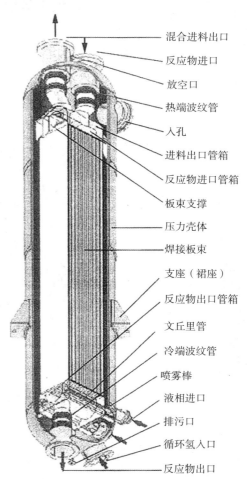

混合进料出口
反应物进口
放空口
热端波纹管
人孔
进料出口管箱
反应物进口管箱
板束支撑
压力壳体
焊接板束
支座（裙座）
反应物出口管箱
文丘里管
冷端波纹管
喷雾棒
液相进口
排污口
循环氢入口
反应物出口

图 3.26 Packinox 公司大型焊接板壳式热交换器结构示意图

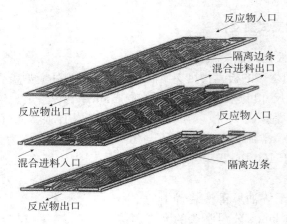

（a）板片组

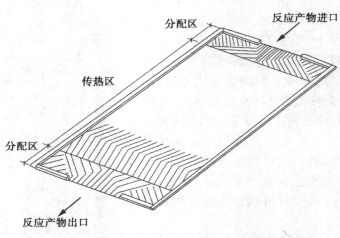

（b）反应产物流道板

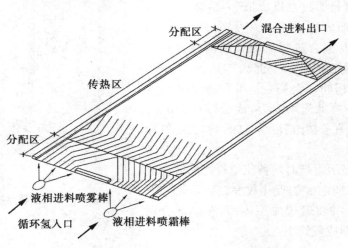

（c）混合进料流道板

图 3.27　板片及其流道示意图

2）国产 LBQ 大型板壳式热交换器

图 3.28 是兰州石油机械研究所开发的 LBQ 大型板壳式重整进料／产物热交换器的典型设计结构之一。粗汽油和循环氢（冷流介质）从热交换器底部中心接管分别送入并在混合进料管内混合后进入板束"板程"，经与热流介质换热后从热交换器顶部流出。反应产物（热流介质）则从热交换器上部侧面开口进入壳体，然后从加厚支持板上方的板束两侧进口进入板束"壳程"，经由冷流介质换热后从板束下方设备两侧出口流出。冷热介质在板束中为"全逆流"换热。

兰州石油机械研究所的板壳式热交换器的特点是：单板最大尺寸 1 200 mm × 16 000 mm；单台设备最大传热面积 5 000 m²；板片为顺人字形波纹，模压成形；板束在壳体内安装并与壳体相互支撑；与管壳式热交换器相同的气液进料混合器；带膨胀节的管式连接；国际首创的可拆卸、可维修结构；板束操作压力（反压）小于等于 4.5 MPa；板束操作压力（正压）同壳体操作压力，不受限制；操作温度小于等于 550 ℃。

3）径向流动板壳式热交换器

图 3.29 显示了径向流动板壳式热交换器的结构及两种换热流体的流动方向。图中热交换器的板片为圆盘形，每两张板片沿外圆周焊接组成板管。板管再依次叠合并在导流孔处焊接，最终组成圆柱状板束。板束装入壳体，板程介质通过板中

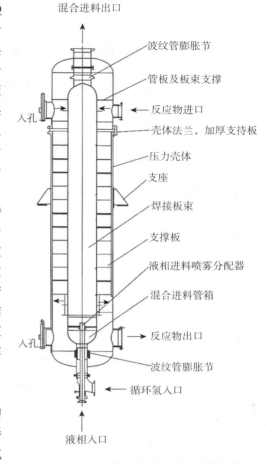

混合进料出口

波纹管膨胀节

管板及板束支撑

反应物进口

壳体法兰，加厚支持板

压力壳体

支座

焊接板束

支撑板

液相进料喷雾分配器

混合进料管箱

反应物出口

波纹管膨胀节

循环氢入口

液相入口

入孔

入孔

图 3.28 LBQ 大型板壳式热交换器结构

的导流孔进入（和流出）板管内流动，壳程介质则在相应的板管间流动。为引导壳程介质流过板管间（壳程），通常在壳体与板束的内圆周空间加装导流板。可见，该换热器的特点是实现了冷热流体径向流动的换热。

换热器板片由不锈钢或高合金钢压制而成，直径一般在 200 ~ 1 000 mm 之间，单台设备面积可为 0.5 ~ 500 m²。可以在 -200 ~ 600 ℃，4 MPa 条件下操作。径向流动板壳式热交换器已在制冷与其他工业装置中用于单相及两相流介质的换热。据资料介绍，由于这种热交换器板束可以在壳体内伸缩，这种径向流动板壳式热交换器可以在热循环下使用。

4）新型板壳式热交换器

新型板壳式热交换器用于液－液传热的基本构造见图 3.30（a）。这种热交换器由矩形波纹板片和壳体组成，在板片的 2 个对角上各设置 1 个导通孔，作为板内流体的进出口（图 3.30（b））。在叠置的相邻传热板片的四周和导通孔处相间地用电阻缝焊（也称滚焊）焊接，形成封闭的平行板内通道。为了减小板内流体压力将板片通道撑开而传递给壳体板的压力，还在板片中间设置了一道纵向焊缝平面，如图 3.30（b），所以只需较薄的板片（0.6 mm 左右）就

可承受较高的工作压力。板外流体需要由壳体来包容，其进、出口设置在壳体上。

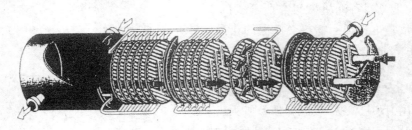

图 3.29　径向流动板壳式热交换器结构简图

这种板壳式热交换器除了具有传热效果好、密封方式可靠、结垢少等优点外，还因可使用较薄的板片，而且对于由多个板片组构成的大型板壳式热交换器，可在壳体内设置隔板或筋板，使热交换器形成蜂窝状结构，壳体钢板就可无需很厚，所以其紧凑性和重量上的优越性更突出些。这种热交换器的通用性强，因在同一壳体内，可并联或串联布置若干个板片组，只需 2～3 种板片就可满足几个平方米到上千平方米规格型号的使用，并与用户所需的物料相匹配，以保证最小传热表面与最低运输成本的最佳组合。这种热交换器还具有部分提高抵抗负压差的能力，适应性强。它不仅可用于液－液热交换，还可采用在壳体上留出气液分离和储液的空间，或留出气流通道，或在板片上方设置喷淋装置等措施使其用于蒸发、冷凝、发生和吸收等传热传质过程。如，现已有在双效蒸汽型溴化锂制冷机组中的全部热交换器使用这种板壳式热交换器的实例。

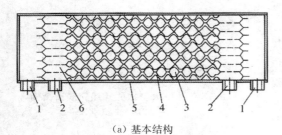

（a）基本结构

1－板外流道进出口；2－板内流道进出口；3－板外
流道；4－板内流道；5－壳体；6－导通孔

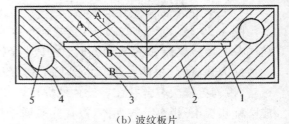

（b）波纹板片

1－中间焊缝平面；2－波纹；3－四周缝焊边；
4－孔缝焊边；5－导通孔

图 3.30　新型板壳式热交换器

近年来，我国某单位研制成功具有折流板的板壳式折流板换热器，这将使换热效果得到进一步改善。

3.3.3　设计计算

板壳式热交换器的设计计算基本方法和步骤与管壳式基本相同。大体上是，先根据已知的设计条件和经验初选传热系数及流速，通过选型和相应的结构计算初步确定其结构尺寸。在此基础上进行传热计算，只要求得所需要的传热面积略小于结构设计确定的面积，就可进行阻力计算。如不满足，则要返回重选和计算，反复进行，直至满足为止。同理，如阻力计算不满足，则也要返回重选和计算，直至满足为止。今以一例表明其过程。

[例 3.3]　已知某热流体的进口温度为 C 及出口温度为 100 ℃，进口压力为 0.51 MPa，流量为 73 068 kg/h。某冷流体的进口温度为 C 及出口温度为 493.3 ℃，进口压力为 0.75 MPa，流量为 72 771 kg/h。热负荷为 26.8 MW，试设计一台用于重整进料的板壳式热交换器。

[解]

（1）结构设计

先根据经验选定流速及传热系数。对于用于重整进料的热交换器，流速以 10～15 m/s 为宜，传热系数的初始取值范围为 400～700 W/(m² · K)。再通过结构计算初步确定出板壳式热交换器的结构尺寸，其结果如下：

传热面积为 2 400 m²，板片数 316 张，板片宽度 1.0 m，板片长度 8.0 m，流通面积 0.6 m²，设备直径 2.0 m。

（2）传热计算

① *T-Q* 曲线图

根据工艺条件给出的工艺参数作出冷热、流体的"温度-热负荷曲线图"，如图 3.31 所示。分别找出冷、热流体 *T-Q* 曲线的拐点，分段进行热交换器的工艺计算。图中曲线最高温度与所给工艺条件略有不同，但拐点不变。原因是在装置开工的初期、中期及后期反应器要求的床层温度不同。

AB 段两侧流体均无相变，为对流换热段。

BC 段热侧流体继续冷却，无相变，冷侧流体沸腾。

CD 段热侧流体出现少量冷凝，冷侧流体沸腾。

② AB 段传热计算

温度条件：热侧（无相变）$T_1 = 52$ ℃，$T_0 = 22$ ℃

冷侧（无相变）$t_1 = 17$ ℃，$t_0 = 493.3$ ℃

对数平均温差：$\Delta T_1 \approx 41.3$

本段热负荷：$Q_1 = 18.8$ MW

传热系数关联式：$N_u = m \cdot Re^n \cdot Pr^{0.4}$

式中，m，n 为常数，其值取决于板片的几何形状参数。

通过计算，得到本段传热系数 $K_1 = 469.36$ W/(m² · K)

本段所需传热面积：$F_1 = \dfrac{Q_1}{K_1 \Delta T_1} = 969.84$ m²

③ BC 段传热计算

温度条件：热侧（无相变）$T_1 = 22$ ℃，$T_0 = 10$ ℃

冷侧（部分沸腾）$t_1 = 10$ ℃，$t_0 = 170$ ℃

对数平均温差：$\Delta T_2 \approx 18$

本段热负荷：$Q_2 = 7$ MW

热侧传热系数按无相变计算，冷侧因有沸腾而按两相流计算。

通过计算，得到本段传热系数 $K_2 = 597.49$ W/(m² · K)

本段所需传热面积：$F_2 = \dfrac{Q_2}{K_2 \cdot \Delta T_2} \approx 650.87$ m²

④ CD 段传热计算

温度条件：热侧（部分冷凝）$T_1 = 10\,℃$ $T_0 = 9\,℃$

冷侧（部分沸腾）$t_1 = 87\,℃$，$t_0 = 10\,℃$

对数平均温差：$\Delta T_3 \approx 6.4$

本段热负荷：$Q_3 = 1\,\text{MW}$

热侧传热系数按部分冷凝计算，冷侧按两相流计算。

通过计算，得到本段传热系数 $K_3 = 511.42\,\text{W}/(\text{m}^2 \cdot \text{K})$

本段所需传热面积：$F_3 = \dfrac{Q_3}{K_3 \cdot \Delta T_3} \approx 305.52\,\text{m}^2$

⑤ 校核

加权平均温差：$\Delta \approx 33.9$

平均传热系数：$k \approx 411.36\,\text{W}/(\text{m}^2 \cdot \text{K})$

所需总传热面积：$F_c = F_1 + F_2 + F_3 = 1\,926.23\,\text{m}^2$

因 $\dfrac{F_a}{F_c} \approx 1.25$，面积余量为 25%，故计算结果合理。

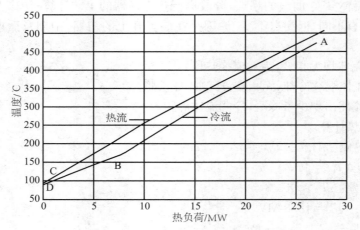

图 3.31　温度-热负荷曲线图

（3）压降计算

压降主要产生在流体流过板束、进出口及进料混合器等处。

1）热侧（反应产物）压降

① 热侧板束内压降

本例中，反应产物走壳程。由传热计算可见，热侧基本上是一个冷却过程，只有少量冷凝，冷凝量约占 5%。由传热计算可以推导出冷凝段对应的板片长度约为 $1.27\,\text{m}$，它仅占板片总长度的 15.86%，故热侧板束内压降可按全气相无相变计算。今计算使用的单相压降关联式为

$$\Delta\rho_h / L = k(G^2/\rho)Re^1$$

式中　　G——宏观质量流速，$\text{kg}/(\text{m}^2 \cdot \text{s})$；

　　　　ρ——流体密度，kg/m^3；

　　　　L——板片长度，m；

　　　　k——常数，取决于板片的几何形状参数。

② 热侧进出口压降

$$\Delta \propto G^2 / \rho$$

2）冷侧（粗汽油 / 循环氢）压降

① 冷侧无相变段（AB 段）压降

AB 段为气相升温过程。此段传热面积为 969.48 m²，对应板片长度约 4.05 m。其压降计算方法仍按单相压降计算即可。

② 部分组分沸腾段（BD 段）压降

BD 段传热面积为 947.82 m²，对应板片长度约 3.95 m。其压降按两相流计算，但需引入马提内利参数，可在设计手册中找到。

③ 冷侧进出口压降

其计算方法与热侧相同。

④ 进料混合器局部压降

进料混合器局部压降主要为循环氢通过混合器筛板孔时的压降

$$\Delta p_r \propto G^2 / \rho$$

3）计算结果

热 侧	数值，MPa	冷 侧	数值，MPa
板面压降	0.050 100	升温段压降	0.013 100
进出口分配段压降	0.011 000	两相流段摩擦损失	0.000 427
进口压降	0.000 900	两相流段加速压降	0.000 140
出口压降	0.000 370	两相流段静压差	0.000 138
		进口压降	0.000 482
		出口压降	0.000 140
		进料混合器局部压降	0.000 607
合计压降	$\Delta p_h = 0.062\,300$	合计压降	$\Delta p_c = 0.014\,500$
总压降	\multicolumn{3}{l}{$\Delta p = \Delta p_h + \Delta p_c = 0.076\,800\ \text{MPa}$}

3.4 板翅式热交换器

在 20 世纪 30 年代，首先在发达国家，将板翅式热交换器用于发动机的散热，到 50 年代在深冷和空分设备上开始采用。随着有色金属和不锈钢防腐处理技术和钎焊工艺技术的提高，板翅式热交换器在石油化工、航空、车辆、动力机械、空分、深低温领域、原子能和宇宙航行等工业部门中逐渐得到了广泛的应用。它的结构紧凑、轻巧、传热强度高的特点引起了科技和工业界的注意，被认为是最有发展前途的新型热交换设备之一。

3.4.1 构造和工作原理

1）基本单元

如第 2 章图 2.68 所示，隔板、翅片及封条三部分构成了板翅式热交换器的结构基本单元。冷、热流体在相邻的基本单元体的流道中流动,通过翅片及与翅片连成一体的隔板进行热交换。因而,这样的结构基本单元体也就是进行热交换的基本单元。将许多个这样的单元体根据流体流动方式的布置叠置起来,钎焊成一体组成板翅式热交换器的板束或芯体。图3.32所示为常用的逆流、错流、错逆流板束。一般情况下,从强度、热绝缘和制造工艺等要求出发,板束顶部和底部还各留有若干层假翅片层(又称强度层或工艺层)。在板束两端配置适当的流体出入口封头,即可组成一台板翅式热交换器,如图3.33。

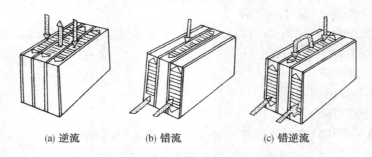

(a) 逆流　　　　　(b) 错流　　　　　(c) 错逆流

图 3.32　不同流型的板束通道

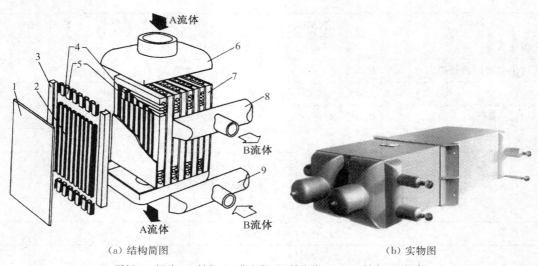

(a) 结构简图　　　　　　　　　　　　(b) 实物图

1-平板;2-翅片;3-封条;4-分配段;5-导流片;6,8,9-封头;7-板束

图 3.33　板翅式热交换器

2) 翅片的作用和形式

　　翅片是板翅式热交换器的最基本元件。冷热流体之间的热交换大部分通过翅片,小部分直接通过隔板来进行(参阅图3.45)。正常设计中,翅片传热面积大约为热交换器总传热面积的 $67\% \sim 88\%$。翅片与隔板之间的连接均为完善的钎焊,因此大部分热量传给翅片,通过隔板并由翅片传给冷流体。由于翅片传热不像隔板那样直接传热,故翅片又有"二次表面"之称。二次传热面一般比一次传热面的传热效率低。但是如果没有这些基本的翅片就成了无波纹的最简易的平板式热交换器了。美国加利福尼亚大学和埃姆兹航空实验室分别对没有翅片和有翅片的热交换器进行试验证明,有翅片比没有翅片的热交换器体积减小了 18% 以上。

假如设计的翅片效率最低为 70% 时,其重量可减少 10%。翅片除承担主要的传热任务外,还起着两隔板之间的加强作用。尽管翅片和隔板材料都很薄,但由此构成的单元体的强度很高,能承受较高的压力。

翅片的型式很多,如:平直翅片、锯齿翅片、多孔翅片、波纹翅片、钉状翅片、百叶窗式翅片、片条翅片等。以下介绍其中的几种常用型式:

① 平直翅片　又称光滑翅片,是最基本的一种翅片。图 3.34(a) 所示为其中的一种。它可由薄金属片滚轧(或冲压)而成。平直翅片的特点是有很长的带光滑壁的长方形翅片,当流体在由此形成的流道中流动时,其传热特性和流动特性与流体在长的圆管中的传热和流动特性相似。这种翅片的主要作用是扩大传热面,但对于促进流体湍动的作用很少。相对于其他翅片,它的特点是换热系数和阻力系数都比较小,所以宜用于要求较小的流体阻力而其自身传热性能又较好(如液侧或发生相变)的场合。此外,翅片的强度要高于其他类型的翅片。故在高压板翅式换热器中用得较多。

② 锯齿形翅片　它可以看作平直翅片被切成许多短小的片段,相互错开一定的间隔而形成的间断式翅片(图 3.34(b))。这种翅片对促进流体的湍动、破坏热边界层十分有效。在压力损失相同的条件下,它的传热系数要比平直翅片高 30% 以上,故有"高效能翅片"之称。锯齿形翅片传热性能随翅片切开长度而变化,切开长度越短,其传热性能越好,但压力降增加。在传热量相同的条件下,其压力损失比相应的平直翅片小。该种翅片普遍用于需要强化传热(尤其是气侧)的场合。

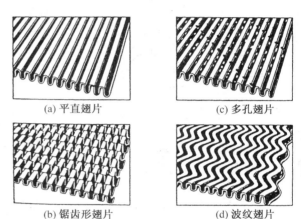

(a) 平直翅片　　　　(c) 多孔翅片

(b) 锯齿形翅片　　　　(d) 波纹翅片

图 3.34　常用翅片类型

③ 多孔翅片　它是在平直翅片上冲出许多圆孔或方孔而成的(图 3.34(c))。多孔翅片开孔率一般在 5% ～ 10% 之间,孔径与孔距无一定关系。孔的排列有长方形、平行四边形和正三角形三种,我国目前采用的多孔翅片,孔径为 $\phi 2.15$、$\phi 1.7$,孔距为 6.5 mm、3.25 mm,正三角形排列。翅片上的孔使传热边界层不断破裂、更新,提高了传热效率。它在雷诺数比较大的范围内($10^3 \sim 10^4$)具有比平直翅片高的换热系数,但在高雷诺数范围会出现噪音和振动。翅片上开孔能使流体在翅片中分布更加均匀,这对于流体中杂质颗粒的冲刷排除是有利的。多孔翅片主要用于导流片及流体中夹杂颗粒或相变换热的场合。

④ 波纹翅片　它的结构示于图 3.34(d) 上。它是在平直翅片上压成一定的波形(如人字形,所以又称人字形翅片),使得流体在弯曲流道中不断改变流动方向,以促进流体的湍动、分离或破坏热边界层。其效果相当于翅片的折断,波纹愈密,波幅愈大,其传热性能就愈好。

我国常用的翅片有平直、多孔和锯齿形翅片三种,并用汉语拼音符号和数字统一表示翅片的型式与几何参数。如 65PZ2103,则表示 PZ——平直翅片,65——6.5 mm 翅高,21——2.1 mm 节距,03——0.3 mm 翅厚。如是多孔形,则为 DK,锯齿形则为 JC,几何参数表示法相同。

3）整体结构

（1）封条

封条的作用是使流体在单元体的流道中流动而不向两侧外流。它的上下面均具有0.15 mm的斜度，以便在组成板束时形成缝隙，利于钎剂渗透。它的结构形式很多，最常用的为如图3.35所示的燕尾形、燕尾槽形、矩形三种。

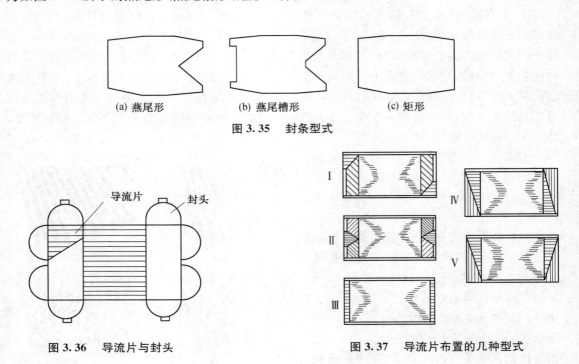

(a) 燕尾形　　　　(b) 燕尾槽形　　　　(c) 矩形

图3.35　封条型式

图3.36　导流片与封头

图3.37　导流片布置的几种型式

（2）导流片和封头

为了便于把流体均匀地引导到翅片的各流道中或汇集到封头中，一般在翅片的两端均设有导流片。导流片也起保护较薄的翅片在制造时不受损坏和避免通道被钎剂堵塞的作用。它的结构与多孔翅片相同，但其翅距、翅厚和小孔直径比多孔翅片大。封头的作用就是集聚流体，使板束与工艺管道连接起来。导流片与封头的示意图如图3.36。

对各种结构型式的板翅式热交换器，导流片可布置成如图3.37所示的几种型式。图中Ⅰ型主要是由于在热交换器的端部有两个以上的封头，因此要用导流片把流体引导到端部一侧的封头内。Ⅱ型布置是由于在热交换器端部有三个以上的封头，需要把一股流体引导到中间封头内。Ⅲ型布置主要是用于热交换器端部敞开或仅有一个封头的情况下。Ⅳ型是为了满足把封头布置于两侧而设计的。Ⅴ型布置是为满足管路布置需要而采用的。应注意到设置导流片并不一定能完全克服流体在流道内分配不均匀的问题，因为分配是否均匀还与流体的状态有关。

（3）隔板与盖板

隔板材料是在母体金属（铝锰金属）表面覆盖一层厚约0.1～0.4 mm，含硅5%～12%的钎料合金，所以又称金属复合板，在钎焊时合金熔化而使翅片与金属平板焊接成整体。为了钎焊方便，可将钎料轧制成薄片再用机械方法布覆于铝材表面，成为一种钎焊用复合板，即双金属复合板。隔板厚度一般为 1～2 mm，最薄为 0.36 mm。板翅式热交换器板束最外侧的板称为盖板，它除承受压力外还起保护作用，所以它的厚度一般为 5～6 mm。它与翅片的焊接多数采用板下加焊片的方法，焊片厚度与隔板复合层相同。

（4）流道的布置形式

按运行工况要求可将流体布置成逆流、顺流、错流、错逆流（或称多程流）和混流（或称多股流）等多种形式。

① 逆流　在板翅式热交换器中实现逆流有三种型式（图3.38）。其中，逆流1、2型［图3.38(a)、(b)］为两种流体的逆流布置，而3型［图3.38(c)］为多达5种流体的逆流布置。逆流形式用得最普遍。

② 顺流　如图3.39所示，这种流动形式应用得较少，主要用在加热时需要避免流体被加热（或冷却）到高（或低）于某一规定温度的场合。

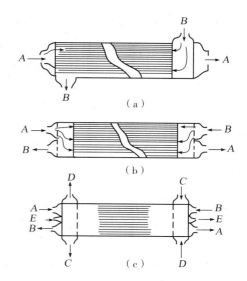

图 3.38　逆流布置示意图

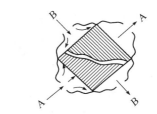

图 3.40　错流布置示意图

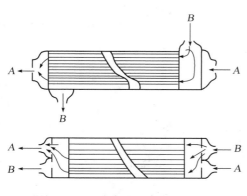

图 3.39　顺流布置示意图

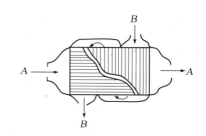

图 3.41　错逆流布置示意图

③ 错流　如图3.40所示，也是最基本的一种布置方式。从传热上考虑这种布置并无突出优点，但它常能使热交换器布置合理而被采用。空分装置中将它用于一侧相变或温度变化很小的场合。

④ 错逆流　两流体在各自通道中沿翅片彼此成直角方向流动，但其中一流体是按逆流方向经过几次错流（图3.41）。采用这种形式，一般是在两种流体的换热系数相差很大的情况下，为了提高传热性能差的流体的换热系数，故将其流通截面缩小，使流速增加，从而改善传热性能，并可使热交换器的结构做得比较紧凑。

⑤ 混流　在一个热交换器中，某些流体间是错流，而另外一些流体间是逆流（图3.42）。

它的最大优点是能同时处理几种流体的热交换,并合理分配各种流体的传热面积。采用这种形式可以将几个热交换器并成一个,使设备的布置更加紧凑,生产操作更方便,使热(冷)量损失减小到最低程度,但它制造比较困难。在石化、气体分离设备中被大量地采用。

(5)组装结构

由于板翅式热交换器在制造时截面积和长度都受到钎焊工艺的限制,因此在使用中,单个板束的热交换器往往不能满足需要(目前最大的板束单元尺寸约为 1 200 mm × 1 200 mm × 7 000 mm),则经常采用将多个相同的板束串联或并联,组成一个大型的板翅式热交换器的组装体。在组装体中,可采用并联组装、串联组装和串并联混合组装。并联组装时(图 3.43)用集流管及分配管将其连成一个整体。

板翅式热交换器的传热强度高,主要是由于翅片表面的孔洞、缝隙、弯折等促使湍动,破坏热阻大的层流底层,所以特别适合于气体等传热性能差的流体间传热。据资料介绍,空气强迫对流换热时换热系数可达 35 ~ 350 W/(m² · ℃),油强迫对流时可达 115 ~ 1 745 W/(m² · ℃),水沸腾时可达 1 745 ~ 35 000 W/(m² · ℃)。翅片为 0.2 ~ 0.3 mm 厚的铝合金材料,布置得很密,所以使得板翅式热交换器不仅结构很紧凑,而且轻巧牢固。单位体积的传热面积通常比管壳式热交换器大 5 倍以上,最大可达几十倍。其紧凑度一般为 1 500 ~ 2 500 m²/m³,最高可达 4 370 m²/m³。在耐压方面,国外的产品已可承受 10 MPa 以上的操作压力。板式热交换器还有一个突出优点是可允许有 2 ~ 9

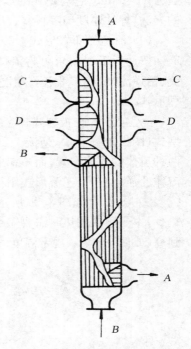

图 3.42 混流布置示意图

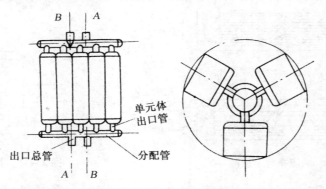

图 3.43 并联组装示意图

种流体同时换热。这种热交换器可在逆流、顺流、错流和错逆流等情况下,以及在 − 273 ℃ ~ + 500 ℃ 的温度范围内使用,还可以通过单元之间串联、并联、串并联的组合来满足大型设备的换热需要。由于大多数选用在低温下具有良好机械性能的铝合金制造,故特别适用于空气分离和天然气分离,其使用压力范围也很大,而在重量上要比管壳式轻得多,约为 15% ~ 50%。

板翅式热交换器的主要不足之处是流道狭小,容易引起堵塞而增大压力降。由于不能拆卸,一旦结垢,清洗就很困难。由于热交换器的隔板和翅片都由很薄的铝板制成,若腐蚀而造成内部串漏,则很难准确找到漏的地方,即使找到内漏位置也很难修补。所以,它适用于换热介质干净、对铝不腐蚀、不易结垢、不易沉积、不易堵塞的场合。目前,具有良好耐腐蚀性能的以改性增强的聚四氟乙烯为材料的非金属板翅式热交换器已成功地应用于化学工程等方面。此外,不锈钢板翅式热交换器也已得到应用,使工作压力、工作温度提高,并能改善抗蚀性能。

根据国标 NB/T 47006—2009(JB/T 4757),铝制板翅式热交换器的型式表示法为:

示例一:换热面积为 850 m² 的板翅式热交换器,应用于乙烯冷箱中,最高设计压力为 4.6 MPa,则表示为

$$BC - H - 850/4.6$$

其中 H 表示为属于化工设备。

示例二:换热面积为 8 000 m² 的板翅式热交换器,应用于空分装置中,最高设计压力为 0.9 MPa,则表示为

$$BC - K - 8\ 000/0.9$$

其中 K 表示为属于空分装置。

3.4.2 板翅式热交换器的设计计算

1) 几何尺寸计算

首先应根据所给定的工作条件,包括热负荷、允许压降、流体特性、有无相变、温差大小、最高工作压力等因素,选定翅片型式和规格,然后才可进行以下的计算。

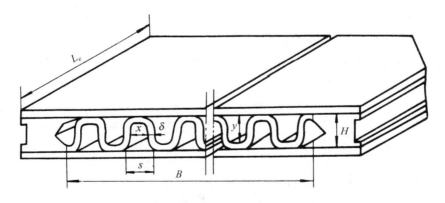

图 3.44 板翅基本单元的结构尺寸图

图 3.44 为板翅基本单元的结构尺寸图。其中:H——翅片高;δ——翅片厚度;s——翅片间距,$s = x + \delta$;L_e——单元的有效长度;B——单元的有效宽度;x——内距,$x = s - \delta$;y——内高,$y = H - \delta$。

(1) 当量直径 d_e。

$$d_e = \frac{4A'}{U} = \frac{4xy}{2(x+y)} = \frac{2xy}{x+y} \tag{3.35}$$

（2）通道的自由流通面积 A

对于每个（层）单元，通道的自由流通面积为 $A_i = xy\dfrac{B}{s}$

n 层板束的通道的自由流通面积 $\qquad A = nA_i = nxy\dfrac{B}{s}$ \hfill (3.36)

（3）传热面积

n 层通道的一次传热面积 $\qquad F_1 = \dfrac{x}{x+y}F$ \hfill (3.37)

n 层通道的二次传热面积 $\qquad F_2 = \dfrac{y}{x+y}F$ \hfill (3.38)

n 层通道的总传热面积 $\qquad F = \dfrac{2(x+y)BL_e n}{s}$ \hfill (3.39)

2）翅片效率和翅片表面总效率

（1）翅片效率

图 3.45（b）表示板翅式热交换器中冷、热两流体之间热量传递通过翅片及隔板的情况及翅片表面上的温度分布。由隔板直接传递的热量 Q_1 通过隔板表面传给流体，它可表示为

$$Q_1 = \alpha F_1(t_w - t_f) \tag{3.40}$$

式中 $\quad \alpha$ —— 隔板表面与流体间对流换热系数；

$\qquad F_1$ —— 一次传热面积，指隔板表面的传热面积；

$\qquad t_w$ —— 隔板表面温度；

$\qquad t_f$ —— 流体温度。

沿翅片传入的热量 Q_2，将通过翅片表面与流体之间对流换热而传给流体，它可表示为

$$Q_2 = \alpha F_2(t_m - t_f) \tag{3.41}$$

式中 $\quad \alpha$ —— 翅片表面与流体间的对流换热系数，可认为与式（3.40）中 α 值相同，因而两式中的 α 在符号上没有加以区别；

$\qquad F_2$ —— 二次传热面积，指翅片表面的传热面积；

$\qquad t_m$ —— 翅片表面的平均温度。

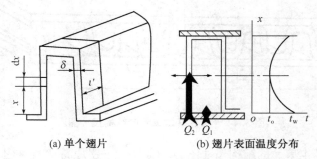

(a) 单个翅片　　　　(b) 翅片表面温度分布

图 3.45　翅片及其表面温度分布示意图

由图 3.45（b）可见，在热流体向冷流体传热的冷流体通道中，翅根温度（亦即隔板表面温度）t_w 高于翅片中心处表面温度 t_0。这时翅片表面的平均温度 t_m 必然是 $t_w > t_m > t_0$。如果将

式 (3.41) 中的 t_m 用 t_w 来代替,则式 (3.41) 可改写为

$$Q_2 = \alpha F_2 \eta_f (t_w - t_f) \tag{3.42}$$

式中 $\quad \eta_f$—— 翅片效率。

将式 (3.40) 与式 (3.42) 比较可见,如果把二次传热面的传热温差看做和一次传热面的传热温差相等,都为 $(t_w - t_f)$,就需要将二次传热面的面积打一个折扣,即乘上二次传热面的翅片效率 η_f。实质上,这是由于二次传热面的表面平均温度 t_m 低于一次传热面表面温度 t_w 所致。

令式 (3.41) 与式 (3.42) 相等,即得

$$\eta_f = \frac{\alpha F_2 (t_m - t_f)}{\alpha F_2 (t_w - t_f)} = \frac{t_m - t_f}{t_w - t_f} \tag{3.43}$$

由式 (3.43) 可见,翅片效率的意义表示了翅片的实际传热量(在翅片表面平均温度 t_m 下)和理想的最大可能传热量(在翅根温度 t_w 下)之比。在数值上,它等于二次传热面的实际平均温差和一次传热面的传热温差之比值。

今任取距翅根 x 处的一微元段 $\mathrm{d}x$,讨论在 $\mathrm{d}x$ 段上的热平衡关系[图 $3.45(a)$]。因为翅片很薄,它的厚度远小于翅片高度,并且它是金属,导热系数很大,所以可以忽略沿翅片厚度方向的温度梯度。即假定只有沿翅高 x 方向温度才有显著变化,而任一截面上各点的温度被认为与截面的中心温度一致。这样,热传导就只发生在沿 x 方向。对于微元段 $\mathrm{d}x$ 而言,设在 x 截面上由热传导导入热量为 Q_x,在 $x+\mathrm{d}x$ 截面上由热传导导出热量为 $Q_{x+\mathrm{d}x}$。同时,它还因对流通过翅表面向周围传热(即传给周围流体) Q_c。则在热稳定状态下,存在着热平衡关系:

$$Q_x = Q_{x+\mathrm{d}x} + Q_c \tag{3.44}$$

根据傅里叶定律可写出

$$Q_x = -\lambda_f \delta l' \frac{\mathrm{d}t}{\mathrm{d}x} \qquad (a)$$

$$Q_{x+\mathrm{d}x} = -\lambda_f \delta l' \frac{\mathrm{d}}{\mathrm{d}x}\left(t + \frac{\mathrm{d}t}{\mathrm{d}x}\mathrm{d}x\right) \qquad (b)$$

式中 $\quad \lambda_f$—— 翅片的导热系数;

l'—— 沿流体流动方向的翅片长度。根据对流换热公式有

$$Q_c = 2\alpha' l' \mathrm{d}x (t - t_f) \qquad (c)$$

式中 $\quad \alpha'$—— 同时考虑了对流和垢阻后的复合换热系数,即 $\alpha' = \dfrac{1}{\dfrac{1}{\alpha} + r_s}$,假设它沿翅片表

面为常数,其中的 r_s 为翅片表面污垢热阻;

t—— 金属翅片的温度。

将以上 (a) 至 (c) 式代入式 (3.44) 得

$$\frac{\mathrm{d}^2 t}{\mathrm{d}x^2} = \frac{2\alpha'}{\lambda_f \delta}(t - t_f) \tag{3.45}$$

假定周围流体的温度 t_f 为常数,并设

$$\theta = t - t_f \qquad (d)$$

$$m = \sqrt{\frac{2\alpha'}{\lambda_f \delta}} \qquad (e)$$

则式(3.45)成为
$$\frac{\mathrm{d}^2\theta}{\mathrm{d}x^2} - m^2\theta = 0 \qquad (3.46)$$

将边界条件代入式(3.46)的通解中求得:

$$\theta = \frac{\theta'\sinh(mx) + \theta'\sinh[m(H-x)]}{\sinh(mH)} \qquad (3.47)$$

由上式可见,运行中沿翅片高度(即 x 方向)的温差是变化的,则沿整个翅高的平均温差可由上式按中值定理求得,即

$$\theta_m = \frac{1}{H}\int_0^H \theta \mathrm{d}x = \frac{\theta' + \theta'}{2}\frac{\tanh\left(\dfrac{mH}{2}\right)}{\left(\dfrac{mH}{2}\right)}$$

翅片效率
$$\eta_f = \frac{2\alpha l'H(t_m - t_f)}{2\alpha l'H(t_w - t_f)} = \frac{\theta_m}{\theta_w} = \frac{\theta_m}{\dfrac{\theta' + \theta'}{2}} = \frac{\tanh\left(\dfrac{mH}{2}\right)}{\left(\dfrac{mH}{2}\right)} \qquad (3.48)$$

式中,θ_m 为翅片的平均温度与流体温度的温差;θ'、θ' 分别为翅片始端和末端对周围流体的温差;θ_w 为翅根的温度与流体间的温差,由于翅两端(即两根部)均向翅中部传热,故翅根温差可按两端部温差平均计算,即 $\theta_w = (\theta' + \theta')/2$。$\tanh\left(\dfrac{mH}{2}\right)$ 为双曲正切函数。式(3.48)中的 H,实质上应该是代表二次表面热传导的最大距离,也就是说这是传热问题中所用的一个"定型尺寸"。为了避免简单地把定型尺寸误解为就是翅高 H,所以给予它符号为 b,则翅片效率按式(3.48)可通用性地表示为

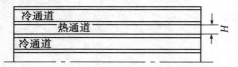

图 3.46　冷热通道间隔排列　$b = \dfrac{H}{2}$

法决定 b 值。

$$\eta_f = \frac{\tanh(mb)}{mb} \qquad (3.49)$$

式中 b 的数值应该随冷、热通道的不同排列而不同,图3.46～图3.48表示了通道中的传热具有对称性时三种不同排列情况下的 b 值。当通道传热近似对称时,为了简化计算也可近似地用这一方

图 3.47　两个热通道之间隔两个冷通道
$$b_1 = H_1;\; b_2 = H_2$$

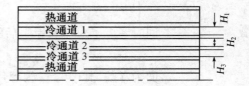

图 3.48　两个热通道之间隔三个冷通道
$$b_1 = H_1;\; b_2 = \frac{H_1 + H_2 + H_3}{2};\; b_3 = H_3$$

显然,对于两股流的板翅式热交换器,当一个热通道与冷通道间隔排列时,因根部温差对称,定型尺寸应为 $b = \dfrac{H}{2}$。

由式(3.43),式(e)及式(3.49)等可以看到影响翅片效率的因素有:

① 翅片定型尺寸 b 越小,或翅高 H 越低,则热阻越小,$t_m \to t_w$,翅片效率 η_f 就越高,所以

单叠布置(指一个冷通道与一个热通道间隔排列)的翅片效率高于复叠布置(指两个冷或热通道间隔几个热或冷通道的排列)。

② 翅片越厚,热阻越小,$t_m \to t_w$,η_f 就越大。

以上两点可综合为:翅片低而厚,则 η_f 高;翅片高而薄,则 η_f 低。

③ 翅片与流体间的换热系数越小,则沿翅片表面的散热量也越小,$t_m \to t_w$,η_f 就越大。

④ 翅片材料的导热性能越好,即 λ_f 越大,t_m 越接近于 t_w,η_f 就越高。

通过翅片效率的分析及前述翅片型式的介绍可以看到,对于翅片的选择上首先应作翅片型式选择,再确定其几何参数。综合起来,翅片的选择应根据最高的工作压力、传热能力、允许压力降、流体性能、有无流体的相变及冷、热两流体对流换热系数大小等因素考虑。翅片的类型依流体的性能和设计使用的条件等来选定,当流体之间温差较大时,宜选用平直翅片,温差较小的情况选用锯齿形翅片;若流体的黏度较大,如油等,宜用锯齿形翅片以增加扰动;如在流体中含有固体悬浮物时,宜选用平直翅片;如在传热过程中有相变的冷凝、蒸发等情况,宜选用平直或多孔翅片。在空分设备中,可逆式热交换器大多选用锯齿形翅片,既强化气流放热,又便于水分和二氧化碳的析出和清除,而冷凝蒸发器(主冷器)大多采用多孔翅片,以避免杂质结晶的局部集结和破坏冷凝膜的边界层。为了有效地发挥翅片的作用,使其有较高的翅片效率或传递较多的热量,在对流换热系数大的场合,往往选用低而厚的翅片;而在换热系数小的场合,选用高而薄的翅片为宜。当参加换热的两种流体的换热系数相差悬殊时,除了采取上述措施外,还可以采取换热系数小的一侧 A 用两个通道,而换热系数大的一侧 B 用一个通道,即 $AABAABAAB\cdots$ 的复叠布置形式。

(2) 翅片壁面总效率

对于两股流的热交换器,当一个热通道和一个冷通道间隔排列时,它们之间的传热量为式(3.40)所示的 Q_1 和式(3.42)所示的 Q_2 之和,即

$$Q = \alpha F_1(t_w - t_f) + \alpha F_2 \eta_f(t_w - t_f) \tag{3.50}$$

因此,可以写出一个以总传热面积 $F = F_1 + F_2$ 为基准的传热方程

$$Q = \alpha(F_1 + F_2 \eta_f)(t_w - t_f) = \alpha F \eta_0(t_w - t_f) \tag{3.51}$$

所以

$$F\eta_0 = F_1 + F_2 \eta_f \tag{3.52}$$

其中,η_0 称为翅片壁面总效率。其值为

$$\eta_0 = \frac{F_1 + F_2 \eta_f}{F} = 1 - \frac{F_2}{F}(1 - \eta_f) \tag{3.53}$$

因

$$F_2 = \frac{y}{x + y}F$$

所以

$$\eta_0 = 1 - \frac{y}{x + y}(1 - \eta_f) \tag{3.54}$$

分析式(3.51)可见,翅片壁面总效率的物理意义是,把二次传热面和一次传热面同等看待,认为都处于一次传热面的传热温差 $(t_w - t_f)$ 下时,对总传热面所应打的折扣。由此所得的传热面积,也称为有效传热面积 F_e,即

$$F_e = F \eta_0 \tag{3.55}$$

分析式(3.53)可见,翅片壁面总效率 η_0 必大于翅片效率 η_f。而且,翅片效率越高,则壁面总效率也就越大。图 3.49 表示了翅片壁面总效率和翅片几何参数及换热系数的关系。

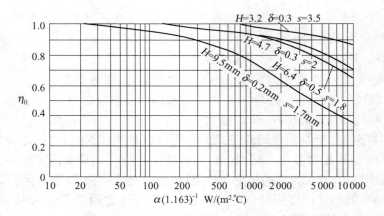

图 3.49 翅片壁面总效率和翅片几何参数及换热系数的关系

当流体 A 的一个通道与流体 B 的两个通道间隔排列，即以 $ABBABBABB\cdots$ 排列时，翅片表面总效率的计算式与冷、热流体通道一一间隔时就有所不同。通过类似分析，对两个 B 通道而言可以得出

$$F_e = F\eta_0 = \frac{F_1}{2} + \frac{F_1}{2}\eta_1' + F_2\eta_2$$

$$= \frac{F_1}{2}(1 + \eta_1') + F_2\eta_2 \tag{3.56}$$

式中 η_1'—— 一半一次传热面（即 $F_1/2$）的效率；

η_2—— 二次传热面的翅片效率。

上式可理解为当两个通道排列在一起时（如 B 通道）的一次传热面，有一半（即两个 B 通道之间的一次传热面）其传热情况相当于二次传热面，需要乘以效率 η_1'。

由式（3.56），可设 $\eta_1 = \dfrac{1 + \eta_1'}{2}$，则得

$$F_e = F_1\eta_1 + F_2\eta_2 \tag{3.57}$$

$$\eta_0 = \frac{F_1\eta_1 + F_2\eta_2}{F} = \frac{x\eta_1 + y\eta_2}{x + y} \tag{3.58}$$

η_1 为两个 B 通道排在一起时，B 通道的总的一次传热面的效率。η_1'、η_1 和 η_2 可由以下关系式计算：

$$\eta_1' = \frac{1}{\cosh(mH) + MmH\sinh(mH)} \tag{3.59}$$

$$\eta_1 = \frac{1}{2}\left[1 + \frac{1}{\cosh(mH) + MmH\sinh(mH)}\right] \tag{3.60}$$

$$\eta_2 = \frac{\sinh(mH) + MmH[\cosh(mH) - 1]}{mH[\cosh(mH) + MmH\sinh(mH)]} \tag{3.61}$$

式中 $M = \dfrac{F_1}{2F_2}$。

当忽略 $MmH\sinh(mH)$ 和 $MmH[\cosh(mH) - 1]$，且 $H = b$ 时，则以上三式成为

$$\eta_1' = \frac{1}{\cosh(mb)} \tag{3.62}$$

$$\eta_1 = \frac{1}{2}\left(1 + \frac{1}{\cosh(mb)}\right) \tag{3.63}$$

$$\eta_2 = \frac{\tanh(mb)}{mb} \tag{3.64}$$

比较式(3.64)和式(3.48)可见,两者形式相同,所不同的只是,当忽略上述两项时它们所取的定型尺寸不同,前者为 $H/2$,而后者为 H。

3) 传热量和传热系数的计算

板翅式热交换器中冷、热流体的传热方程式按照式(3.51)的关系可以表示为

$$Q_c = \alpha_c F_c \eta_{0c}(t_w - t_{fc}) \tag{3.65}$$

$$Q_h = \alpha_h F_h \eta_{0h}(t_{fh} - t_w) \tag{3.66}$$

式中　Q_c、Q_h——分别为壁面对冷流体的放热量和热流体对壁面的放热量;

　　　α_c、α_h——分别为冷、热流体与壁面间的换热系数;

　　　F_c、F_h——分别为冷、热流体通道总传热面积;

　　　η_{0c}、η_{0h}——分别为冷、热流体通道翅片壁面总效率;

　　　t_{fc}、t_{fh}——分别为冷、热流体温度;

　　　t_w——壁面温度。

在稳定传热情况下,$Q_c = Q_h = Q$,并忽略翅片及隔板热阻,将式(3.65)与式(3.66)变换相加可得

$$Q = \frac{1}{\dfrac{1}{\alpha_h F_h \eta_{0h}} + \dfrac{1}{\alpha_c F_c \eta_{0c}}}(t_{fh} - t_{fc}) \tag{3.67}$$

由于在热交换器中,流体的温度通常是沿流程变化的,所以根据第一章中所述原理,可以将式(3.67)中两流体温差取为对数平均温差 Δt_{lm},则得

$$Q = K_c F_c \Delta t_{lm}$$
$$= \frac{1}{\dfrac{1}{\alpha_h \eta_{0h}}\dfrac{F_c}{F_h} + \dfrac{1}{\alpha_c \eta_{0c}}}F_c \cdot \Delta t_{lm} \tag{3.68}$$

或　　$$Q = K_h F_h \Delta t_{lm}$$
$$= \frac{1}{\dfrac{1}{\alpha_h \eta_{0h}} + \dfrac{1}{\alpha_c \eta_{0c}}\dfrac{F_h}{F_c}}F_h \cdot \Delta t_{lm} \tag{3.69}$$

式中　K_c、K_h——分别为以冷、热通道总传热面积为基准时的传热系数。

$$K_c = \frac{1}{\dfrac{1}{\alpha_h \eta_{0h}}\dfrac{F_c}{F_h} + \dfrac{1}{\alpha_c \eta_{0c}}} \tag{3.70}$$

$$K_h = \frac{1}{\dfrac{1}{\alpha_h \eta_{0h}} + \dfrac{1}{\alpha_c \eta_{0c}}\dfrac{F_h}{F_c}} \tag{3.71}$$

关于对数平均温差 Δt_{lm},仍由关系式 $\Delta t_{lm} = \Psi \cdot \Delta t_{lm,c}$ 计算,修正系数 Ψ 可从本书第一章或其他参考资料中查取。

当比热发生很大变化时,如在压力为 4MPa 的情况下,空气在主热交换器中随温度的降低,比热将变化数十倍,这时应该用第一章中所述的积分平均温差代替对数平均温差,否则,

将会引起较大误差。

在乙烯装置、全低压空分装置和其他石油化工装置的板翅式热交换器中,常有多股流换热的传热过程。例如,对于用三种冷流体来冷却裂解气,则可把这三种冷流体综合成一股相当的返流气体,并按下式计算其传热系数:

$$K_f = \cfrac{1}{\cfrac{1}{\alpha_f \eta_{0f}} + \cfrac{1}{\alpha_r \eta_{0r}} \cfrac{F_f}{F_r}}$$ (3.72)

式中　K_f—— 正流侧裂解气的传热系数;

　　　　α_f—— 正流侧裂解气的换热系数;

　　　　η_{0f}—— 正流侧翅片壁面的总效率;

　　　　F_f—— 正流侧通道的总传热面积;

　　　　α_r—— 返流侧平均换热系数;

　　　　η_{0r}—— 返流侧平均壁面总效率;

　　　　F_r—— 返流侧通道的总传热面积。

对于冷、热流体都是多股流时的传热系数及多股流时平均温差 Δt_m 的求解,请参阅参考文献[8]及其他有关文献。

4)换热系数的计算

(1)无相变时的对流换热系数

对于板翅式热交换器,无相变时的对流换热系数通常用传热因子 j 与雷诺数 Re 的关联式来求取。即

$$j = St Pr^{2/3} = \frac{\alpha \cdot Pr^{2/3}}{c_p \cdot G} = f(Re)$$ (3.73)

故　　　$$\alpha = j \frac{c_p G}{Pr^{2/3}} = f(Re) \frac{c_p G}{Pr^{2/3}}$$ (3.74)

式(3.73)的具体形式因翅片的类型和结构参数不同而异,通常都由实验建立线图或整理成相应的关联式。图 3.50 为日本神钢"ALEX"的几种翅片性能曲线,该曲线只区别翅片类型而不区分其尺寸。参考文献[18] 的作者提出,该曲线的数据可靠,也适用于我国生产的大部分翅片,而且可拟合成下列关联式:

锯齿翅片($Re = 300 \sim 7\,500$)

$$\ln j = -2.641\,36 \times 10^{-2} (\ln Re)^3 + 0.555\,843 (\ln Re)^2 - 4.092\,41\ln Re + 6.216\,81$$ (3.75)

$$\ln f = 0.132\,856 (\ln Re)^2 - 2.280\,42 (\ln Re) + 6.796\,34$$ (3.76)

多孔翅片($Re = 400 \sim 10\,000$)

$$\ln j = 34.575\,83 - 15.926\,78 (\ln Re) + 2.136\,707 (\ln Re)^2 - 9.544\,151 \times 10^{-2} (\ln Re)^3$$ (3.77)

$$\ln f = 28.798\,06 - 12.313\,99 (\ln Re) + 1.565\,191 (\ln Re)^2 - 6.736\,098 \times 10^{-2} (\ln Re)^3$$ (3.78)

平直翅片($Re = 400 \sim 10\,000$)

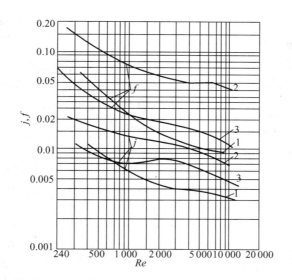

图 3.50 日本神钢"ALEX"的几种翅片性能曲线

1-平直翅片,2-锯齿翅片,3-多孔翅片

$$\ln j = 0.103\ 109(\ln Re)^2 - 1.910\ 91(\ln Re) + 3.211 \tag{3.79}$$

$$\ln f = 0.106\ 566(\ln Re)^2 - 2.121\ 58(\ln Re) + 5.825\ 05 \tag{3.80}$$

式中 f—— 摩擦因子。

（2）有相变时的换热系数

这方面的研究工作还很不够,现综合有关资料,提出如下一些用于相变换热的关联式,供读者选用参考。

① 冷凝换热[20]

当液膜为层流时,凝结换热系数为

$$\alpha_c = 18.384\ 09 Re_1^{-1/3} \left(\frac{\rho_1^2 \lambda_1^3}{\mu_1^2} \right)^{1/3} \tag{3.81}$$

当液膜为紊流时

$$\alpha_c = 0.075\ 497 Re_1^{0.4} \left(\frac{\lambda_1^3 \rho_1^2}{\mu_1^2} \right)^{1/3}$$

$$= 9.079\ 419 \left(\frac{\gamma \lambda_1^3 \rho_1^2}{d_e \mu_1 q} \right)^{1/3} \tag{3.82}$$

式中 Re_1—— 液相雷诺数；

γ—— 汽化潜热,kJ/kg；

q—— 热流密度,W/m²。

② 沸腾换热

核态沸腾时,沸腾换热系数为

$$\alpha_b = 0.262 c_s \left(\frac{c_{p1} q}{\gamma} \right) \left(\frac{p\lambda_1}{\sigma} \right)^{0.31} \left(\frac{\rho_1}{\rho_v} - 1 \right)^{0.33} \tag{3.83}$$

式中 ρ—— 操作（绝对）压力,N/m²；

σ—— 液体表面张力,N/m；

c_{p1}—— 液体定压比热,kJ/(kg·K)；

c_s—— 金属校正系数:钢、铜为 1.0,不锈钢、铬、镍为 0.7;磨光表面为 0.4。

5) 压力损失计算

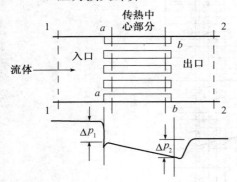

图 3.51 板翅式热交换器芯子中的
进口压降和出口压升

在板翅式热交换器中造成流体流动的阻力有多处,为了简化这种计算,可以把板翅式热交换器分成入口端、出口端和中心部分三个部分来分别计算所造成的压降(图 3.51)。

(1) **热交换器芯子入口的阻力**　该阻力是由于导流片出口到翅片入口的流通截面变化而造成的:

$$\Delta p_1 = \frac{G^2}{2\rho_1}(1-\sigma^2) + K_c \frac{G^2}{2\rho_1} \tag{3.84}$$

式中　Δp_1—— 入口处压力降,N/m^2;

ρ_1—— 入口处流体密度,kg/m^3;

G—— 流体在板束中的质量流速,$kg/(m^2 \cdot s)$;

σ—— 板束中该流体通道的自由流通面积与横截面积之比;

K_c—— 收缩阻力系数(查参考文献[8])。

(2) **热交换器芯子出口的阻力**　该阻力是由于翅片出口到导流片入口的流通截面变化而引起的:

$$\Delta p_2 = \frac{G^2}{2\rho_2}(1-\sigma^2) - K_e \frac{G^2}{2\rho_2} \tag{3.85}$$

式中　Δp_2—— 出口的压力回升,N/m^2;

ρ_2—— 出口处流体密度,kg/m^3;

K_e—— 扩大阻力系数(查参考文献[8])。

(3) **热交换器芯子中的阻力**　它主要由传热面形状的改变而产生的阻力和摩擦阻力组成:

$$\Delta p_3 = \frac{G^2}{2\rho_1}\left[2\left(\frac{\rho_1}{\rho_2}-1\right) + \left(\frac{4fL}{d_e}\right)\frac{\rho_1}{\rho_m}\right] \tag{3.86}$$

式中　f—— 摩擦因子(参考图 3.50);

L—— 热交换器芯子长度(即通道长度),m;

d_e—— 通道当量直径,m;

ρ_m—— 流体平均密度,$\rho_m \approx \dfrac{\rho_1+\rho_2}{2}$,$kg/m^3$

总的压力降 Δp 即为三者之和:

$$\Delta p = \Delta p_1 - \Delta p_2 + \Delta p_3 \tag{3.87}$$

在板翅式热交换器设计中,在多股流的情况下,还应对通道的排列进行合理的安排,以免出现类似于管壳式热交换器中温度交叉现象及热量内耗(如,热流体 A 和冷流体 B、C 的换热都安排在同一台热交换器中,如果通道排列布置成 $\cdots ABC\ ABC\ ABC\cdots$,冷流体 B、C 间将发生换热,其结果是影响了传热面的有效使用,这是设计者所不希望的,称之为热量内耗)。

3.4.3 板翅式热交换器单元尺寸的决定和设计步骤

1）单元尺寸的决定

设计一台板翅式热交换器时,首先要根据已给定的条件决定热交换器的单元尺寸。这一决定主要取决于流体的允许压力降和冷热流体的温差。

对于压力降而言,应以低压气体的允许压力降作为决定热交换器单元尺寸的条件。因为对于压力较高的流体,压力损失可以大一点,而低压气体则对压力损失要求较严。设计中,应根据允许压降选取合适的流体速度,使设计结果所达到的压降尽可能接近允许压降,这样既可使单元尺寸不致过大、节省设备投资,又不影响实际的工艺操作。

对于板翅式热交换器的冷、热流体间温差有一定限制。热交换器同一端的温差上限必须小于 200 ℃,同一端的温差下限为 0.3 ℃(当然,这样小的下限只有通过流体的适当分配才能得到)。工艺设计中的理想温差范围是 2 ~ 50 ℃。

2）设计步骤

选择一种合适的翅片型式与参数,确定通道排列,用对数平均温差或传热有效度－传热单元数法最终确定所设计的板翅式热交换器的传热系数和传热面积,并核算其压降应不超过允许压降。具体设计步骤可归纳如下:

（1）根据工作条件确定热交换器中的流动型式,如逆流、错流或混合流等。

（2）选定翅片型式及其几何参数。

（3）选定一个单元体翅片的有效宽度,计算一排通道的截面积、每排通道的换热面积等。

（4）根据定性温度、压力查取流体物性参数值。

（5）根据流体热物性和流体阻力等选定流速,然后初步确定通道数。或者反过来也可初步确定通道数,再确定流速。

（6）根据流体热物性、流量比例及避免温度交叉和热量内耗等,确定通道的合理排列。

（7）计算 Re、Pr,由图(如图 3.50)查得或由关联式求得传热因子 j 和摩擦因子 f,再计算各换热流体的换热系数 α。

（8）计算翅片效率和翅片壁面总效率。

（9）计算传热系数。

（10）确定对数平均温差,或在比热变化很大时用积分平均温差。

（11）计算传热面积。

（12）确定板翅式单元体的理论长度和实际长度。

（13）进行压力降校核计算。如超过允许值,则重新假定流速,重复步骤(5) ~ (13)再计算之。如不满足,再重设(或也可重选翅片型式或几何参数)。不断反复,直至满足为止。

（14）确定板翅式热交换器芯子的实际尺寸。

[例 3.4]　试设计一台空分装置板翅式液态空气过冷器(液态空气与氮气的换热)。已知其原始设计数据为:热负荷 $Q = 85\,545\ \text{J/s}$,氮气流量 $V_{N_2} = 23\,500\ \text{Nm}^3/\text{h}$(N 指标准状态下的流量),氮气平均压力 $p_{N_2} = 123\ \text{kPa}$,氮气进口温度 $t'_c = 80.6\ \text{K}$ 及出口温度 $t''_c = 90\ \text{K}$。氮气侧允许压降 $\Delta p = 2\ \text{kPa}$。液态空气流量 $V_A = 16\,500\ \text{Nm}^3/\text{h}$,平均压力 $p_A = 0.554\ \text{MPa}$,进口温度 $t'_h = 99.5\ \text{K}$,出口温度 $t''_h = 92.6\ \text{K}$(见图 3.52)。

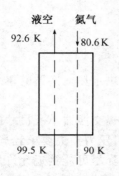

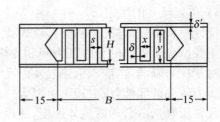

图 3.52　液空过冷器示意图　　　　　　　　　　图 3.53　例 3.4 图

[解]

1）为提高过冷器的传热效果,采用逆流,氮气自上而下流动,而液态空气自下而上流动。

2）因两流体温度差别不大,故选用锯齿形翅片。其几何参数:

表 3.4　板翅式液态空气过冷器几何参数　　　　单位:mm

几何参数	氮气侧	液空侧
H	9.5	4.7
δ	0.2	0.3
s	1.7	2.0
δ'	0.8	0.8
x	1.5	1.7
y	9.3	4.4
B	720	720

3）其他几何参数

	氮气侧	液空侧
当量直径 $d_e = \dfrac{2xy}{x+y}$,m	2.58×10^{-3}	2.45×10^{-3}
每层通道有效截面积 $f_i = \dfrac{B}{s}xy$, m²/层	5.91×10^{-3}	2.69×10^{-3}
每层通道长度为 $l'' = 1$m 时,传热面积 $F_i = 2(x+y)Bl''/s$, m²/(m·层)	9.144	4.392
二次传热面积对总传热面积之比, $\dfrac{F_2}{F} = \dfrac{y}{x+y}$	0.862	0.721

4）热物性参数值

		氮气侧	液空侧
平均温度	$t_m = \dfrac{t' + t''}{2}$, K	85.3	96.05
导热系数	λ, W/(m·℃)	0.08	0.13
动力黏度	μ, kg/(m·s)	5.82×10^{-6}	134.8×10^{-6}
定压比热	c_p, kJ/(kg·℃)	1.1	2.0
密度	ρ, kg/m³	4.91	818

5）根据经验，选取氮气质量流速 G 为 22.3 kg/(s·m²)，液空质量流速为 72.7 kg/(s·m²)，则得两流体通道数：

	氮气侧	液空侧
$n = \dfrac{V\rho}{3\,600 G f_i}$	62	31

式中计算时，取标准状态下氮气密度 $\rho_{N_2} = 1.25$ kg/m³，富氧空气密度 $\rho_A = 1.32$ kg/m³。

6）根据所求得的通道数，它的排列应为每两个氮气通道间隔一个液态空气通道。氮气的传热性能比液空要差，应该加大氮气一侧传热面积，所以从这点考虑如此排列也是合理的。

7）计算 α

	氮气侧	液空侧
翅片定型尺寸 b, m	9.5×10^{-3}	2.35×10^{-3}
$Re = \dfrac{d_e G}{\mu g}$	9 900	1 320
j（由图 3.50 查得）	0.007 2	0.014 0
f（由图 3.50 查得）	0.047	0.068
$Pr = \dfrac{c_p \mu}{\lambda_f}$	0.831	2.17
$St = jPr^{-2/3}$	0.008 15	0.008 35
$\alpha = St c_p G$ W/(m²·℃)	200	1 211

8）翅片效率和翅片壁面总效率

	氮气侧	液空侧
$m = \sqrt{\dfrac{2\alpha}{\lambda_f \delta}}$, 1/m	102	205
mb	0.97	0.482
$\eta_1 = \dfrac{1}{2}\left[1 + \dfrac{1}{\cosh(mb)}\right]$	0.836	

$$\eta_2 = \frac{\tanh(mb)}{mb} \qquad\qquad 0.773$$

$$\eta_f = \frac{\tanh(mb)}{mb} \qquad\qquad\qquad 0.93$$

$$\eta_o = \frac{F_1\eta_1 + F_2\eta_2}{F} \qquad\qquad 0.781$$

$$\eta_o = 1 - \frac{F_2}{F}(1 - \eta_f) \qquad\qquad 0.95$$

9）传热系数

以氮气侧传热面积为基准：

$$K_c = K_{N2} = \frac{1}{\dfrac{1}{\alpha_h\eta_{oh}}\dfrac{F_c}{F_h} + \dfrac{1}{\alpha_c\eta_{oc}}} = \frac{1}{\dfrac{1}{1\,211\times0.95}\times\dfrac{2\times9.144}{4.392} + \dfrac{1}{200\times0.781}}$$
$$= 99.8 \text{ W/(m}^2 \cdot \text{℃)}$$

以液空侧传热面积为基准：

$$K_h = K_A = \frac{1}{\dfrac{1}{\alpha_h\eta_{oh}} + \dfrac{1}{\alpha_c\eta_{oc}}\dfrac{F_h}{F_c}} = \frac{1}{\dfrac{1}{1\,211\times0.95} + \dfrac{1}{200\times0.781}\times\dfrac{4.392}{2\times9.144}}$$
$$= 415.5 \text{ W/(m}^2 \cdot \text{℃)}$$

10）平均温差

今用对数平均温差

$$\Delta t_{lm} = \frac{\Delta t_1 - \Delta t_2}{\ln\dfrac{\Delta t_1}{\Delta t_2}} = \frac{(92.6 - 80.6) - (99.5 - 90)}{\ln\dfrac{92.6 - 80.6}{99.5 - 90}} = 10.77 \text{ K}$$

11）传热面积

		氮气侧	液空侧
$F = \dfrac{Q}{K\Delta t_m}$, m^2		81	19

12）通道长度

		氮气侧	液空侧
$l' = \dfrac{F}{F_i n}$, m		0.143	0.142

故取板束理论长度 $l' = 0.143$ m，考虑 30% 安全裕量，板束的有效长度为 $1.3\times0.143 = 0.186$ m。

13）压降核算

$$\Delta p_1 = \frac{G^2}{2\rho_1}(1 - \sigma^2) + K_c\frac{G^2}{2\rho_1} = \frac{22.3^2}{2\times4.91}(1 - 1^2) + 0\times\frac{22.3^2}{2\times4.91} = 0$$

式中，氮气侧集气管最大截面积

$$A_{N_2} = (H + \delta')B_0 \times (n_{N_2} + n_A)$$
$$= (4.7 + 0.8)\times10^{-3}\times(720 + 15\times2)\times10^{-3}\times(62 + 31) = 0.38 \text{ m}$$

氮气侧通道截面积

$$A_{\mathrm{fN_2}} = \frac{xyB_0 n_{\mathrm{N_2}}}{x+\delta} = \frac{1.5 \times 10^{-3} \times 9.3 \times 10^{-3} \times (720+15 \times 2) \times 10^{-3} \times 62}{(1.5+0.2) \times 10^{-3}}$$

$$= 0.38 \ \mathrm{m^2}$$

$$\sigma = \frac{A_{\mathrm{fN_2}}}{A_{\mathrm{N_2}}} = \frac{0.38}{0.38} = 1$$

因今为锯齿形翅片,故可由参考文献[8]中查得 $Re = \infty$ 时,$K_0 = K_e = 0$

$$\Delta p_2 = \frac{G^2}{2\rho_2}(1-\sigma^2) - K_e \frac{G^2}{2\rho_2} = 0$$

$$\Delta p_3 = \frac{G^2}{2\rho_1}\left[2\left(\frac{\rho_1}{\rho_2}-1\right) + \left(\frac{4fl'}{d_e}\right)\frac{\rho_1}{\rho_m}\right]$$

$$= \frac{22.3^2}{2 \times 5.12}\left[2\left(\frac{5.12}{4.59}-1\right) + \left(\frac{4 \times 0.047 \times 0.186}{2.58 \times 10^{-3}}\right)\frac{5.12}{4.91}\right] = 697.5 \mathrm{N/m^2}$$

总压降为 $\Delta p = \Delta p_1 - \Delta p_2 + \Delta p_3 = 697.5 \ \mathrm{N/m^2}$,它小于允许压降值,所以该板翅式热交换器满足了要求。

14) 热交换器芯子的实际尺寸

长　　0.186 m

宽　　$720 \times 10^{-3} + 2 \times 15$(侧条宽)$\times 10^{-3} = 0.75$ m

高　　$n_{\mathrm{N_2}}H_{\mathrm{N_2}} + n_{\mathrm{A}}H_{\mathrm{A}} + (n_{\mathrm{N_2}} + n_{\mathrm{A}} + 1) \times \delta' + 2 \times 5$(假翅片层)

　　　$= [62 \times 9.5 + 31 \times 4.7 + (62+31+1) \times 0.8 + 2 \times 5] \times 10^{-3}$

　　　$= 0.819\ 9$ m

3.5　翅片管热交换器

翅片管热交换器是一种带翅(亦称带肋)的管式热交换器,它可以有壳体也可以没有。翅片管热交换器在动力、化工、制冷等工业中有广泛的应用。随着工业的发展,工业缺水以及工业用水的环境污染问题日益突出,空气冷却器的应用更引起人们的重视,致使在许多化工厂中有 90% 以上冷却负荷都由空冷器负担。与此同时,传热强化方面研究的进展,使得低肋螺纹管及微细肋管等在蒸发、冷凝方面的相变换热得到广泛应用。

3.5.1　构造和工作原理

翅片管热交换器可以仅由一根或若干根翅片管组成,如室内取暖用翅片管散热器;也可再配以外壳、风机等组成空冷器型式的热交换器。

翅片管是翅片管热交换器中的主要换热元件,翅片管由基管和翅片组合而成,基管通常为圆管[图 3.54(a)],也有扁平管[图 3.54(b)]和椭圆管[图 3.54(c)]。管内、外流体通过管壁及翅片进行热交换,由于翅片扩大了传热面积,使换热得以改善。翅片类型多种多样,翅片可以各自加在每根单管上[图 3.54(a)],也可以同时与数根管子相连接[图 3.54(b)及(c)]。

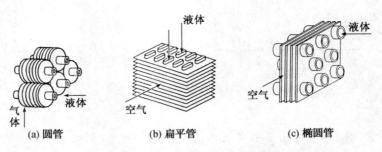

(a) 圆管　　　　　(b) 扁平管　　　　　(c) 椭圆管

图 3.54　翅片管热交换器

空冷器是一种常见的翅片管热交换器,它以空气作为冷却介质。其组成部分包括管束、风机和构架等(图 3.55)。

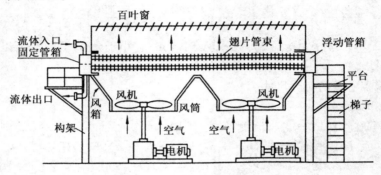

图 3.55　空气冷却器的基本结构

管束是空冷器中的主要部分,它由翅片管、管箱和框架组成,是一个独立的结构整体(图 3.56)。它的基本参数有管束型式(指水平式、斜顶式等),工作压力和温度,翅片管型式和规格,管箱型式、管束长度和宽度、管排数、管程数等。型号表示法如下例所示:

型式　长度×宽度 — 管排数　换热面积　工作压力　翅片管型式　管程数　法兰型式

$$P\ 9\times 3—4\quad \frac{3\ 020}{129}\quad 16\quad R\ Ⅱ\ a$$

即:P——水平式管束,长、宽各名义尺寸分别为 9 m 和 3 m,4 管排,翅片表面积和光管表面积分别为 3 020 m² 和 129 m²,压力等级为 16×10⁵ Pa,R——绕片式翅片管,Ⅱ——2 管程,a——法兰密封面为平面型。

低翅管(低肋螺纹管或螺纹管)热交换器是翅片管热交换器的另一种型式,它们的翅高约为 2 mm 左右,翅化比相当小,约 3～5,不适用于空气而适用于低沸点介质的冷凝或蒸发。其基本结构与管壳式热交换器相同,即具有管束、折流板、管板、壳体及管箱等部件。

微细肋管是在低翅管基础上发展和演变而成的用于强化冷凝或沸腾的传热管。在强化冷凝传热上有:强化管外冷凝的日本锯齿形翅片管(Thermoexcel—C 管),我国的 DAC 管及花瓣形翅片管,德国的 GEWA—TXY 管;强化管内冷凝的螺旋槽管和内螺旋翅片管;双面强化的(管内为螺旋槽,管外为锯齿形或花瓣形翅片)复合冷凝传热管等。在强化沸腾传热上有:德国的 T 管(GEWA—T 管),日本的 Thermoexcel—E 管,我国的 DAE 管,美国的 Turbo—B 管,多孔管等。

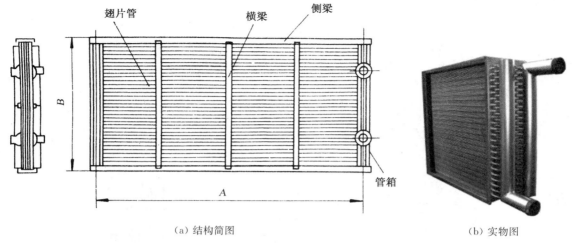

(a) 结构简图
(b) 实物图

图 3.56　空冷器管束(中、低压)

A—管束长；B—管束宽

翅片管热交换器由于在管表面上加翅,不仅传热面积增加(比光管可增大 2～10 倍),而且可以促进流体的湍流,所以传热系数比光管可提高 1～2 倍,特别是当有翅侧的 α 远低于另一侧时,收效尤其显著。由于传热能力的增强和单位体积的传热面加大,故与光管比在完成同一热负荷时可用较少管数,壳体直径或高度也相应减小,结构紧凑并使金属消耗量减少。因为翅片的材料可与基管不同,材料的选择与利用就更为合理。采用了翅片管使介质与壁面的平均温差降低,减轻结垢,并且在翅片的胀缩作用下,已结的硬垢会自行脱落。翅片管热交换器用作空冷器时,虽然比光管时流阻大、造价高,体积与水冷器比也要大得多,但由于节省了工业用水量,避免了工业用水排放所带来的环境污染,维护费用只有水冷系统的 20%～30%,故空冷器得到了广泛的应用。

3.5.2　翅片管的类型和选择

翅片管是翅片管热交换器中的最重要部件。对翅片管的基本要求是:有良好的传热性能、耐温性能、耐热冲击能力(如空冷器在启动、停机或介质热负荷不稳定时)及耐腐蚀能力,易于清理尘垢,压降较低等。

翅片按其在管子上的排列方式,可分纵向和横向(径向)翅片两大类(图 3.57)。其他类型都是这两类的变形,例如大螺旋角翅片管接近纵向,而螺纹管则接近横向,可根据流体的流动方向及换热特点来选择。

是否需要加设翅片和应加在哪一侧以及翅片的型式和结构尺寸应根据管内、外两侧流体传热性能进行选择。通常宜将翅片设在 α 小侧;当两侧 α 接近时,则宜在管内、外两侧均加翅片,或外加翅片,内加麻花铁、螺旋体等扰动元件。翅片管上横向翅片的形状一般都为圆形或矩形,为了使气流流经翅片时产生扰流,破坏其边界层,以提高管外换热系数而有紊流式翅片,但清除尘埃困难。图 3.58 表示了开槽、

(a) 纵翅　　(b) 横翅

图 3.57　管外表面的纵翅和横翅管

轮辐、波纹三种型式的紊流式翅片。

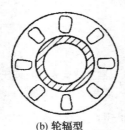

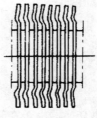

(a) 开槽型　　　　　　(b) 轮辐型　　　　　　(c) 波纹型

图 3.58　　几种紊流式翅片管

翅片管因制造方法不同而使其在传热性能、机械性能等方面有一定的差异。按制造方法分有整体翅片、焊接翅片、高频焊翅片和机械连接翅片。整体翅片由铸造、机械加工或轧制而成,翅片与管子一体,无接触热阻,强度高,但要求翅片与管子同种材料。如低压锅炉的省煤器就是采用整体铸造的翅片管。焊接翅片用钎焊或氩弧焊等工艺制造,可使用与管子不一样的材料。由于它的制造简易、经济且具有较好的传热和机械性能,故已在工业上广为应用。它的主要问题是焊接工艺质量。高频焊翅片管是利用高频发生器产生的高频电感应,使管子表面与翅片接触处产生高温而部分熔化,再通过加压使翅片与管子连成一体而成。这是一种较新的连接方式,因其无焊剂、无焊料、制造简单、性能优良,被越来越多的用户认识和采用。机械连接翅片管有绕片式、镶片式、套片式及双金属轧片式等(图 3.59)。

图 3.60 比较了几种翅片管的传热性能。由图可见,绕片式较差,主要是接触热阻的存在,特别是在运行时,绕片式的翅片张力随温度的增加而迅速下降,使接触热阻也迅速增加。焊片式传热性能最好。套片式性能也属最好,因为翅片紧套于管表面上后再加以表面热镀锌。双金属轧片传热性能类似于镶片式,因为它是在套装后再轧出翅片。

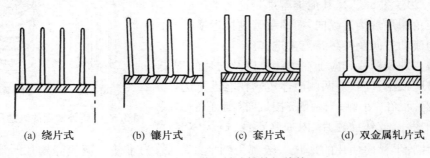

(a) 绕片式　　　(b) 镶片式　　　(c) 套片式　　　(d) 双金属轧片式

图 3.59　　几种机械连接的翅片管

表 3.5 列出了用于空冷器中常用的 5 种翅片管的性能评定,其中以"1"为最佳,顺序而下,"5"最差。使用中以 L 型绕片管为最基本型式,只有在对各项性能要求都较高情况下才选用套片管,因为它的价格较高。

表 3.5　常用的 5 种翅片管的性能评定

翅片管型式	L 型绕片式	LL 型绕片式	镶片式	双金属轧片式	套片式
传热性能	5	4	3	2	1
耐温性能	5	4	2	3	1
耐热冲击能力	5	4	2	3	1
耐大气腐蚀能力	4	3	5	1	2
清理尘垢的难易程度	5	4	3	2	1
制造费用	1	2	3	4	5

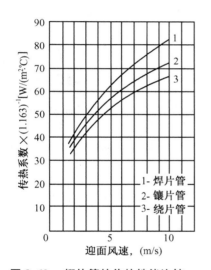

图 3.60　翅片管的传热性能比较

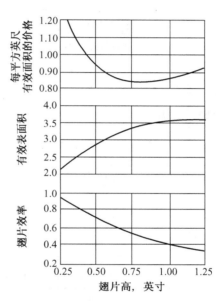

图 3.61　翅片高度的选择

翅片管管子常为圆形,空冷器中为强化传热也用椭圆管。椭圆管的管外对流换热系数比光管约可提高 25%,而空气阻力约可降低 15%～25%。翅片管的基本几何尺寸包括:① 基管外径和管壁厚 对于镶片管,其壁厚应自沟槽底部计算其内壁。② 翅片高度和翅片厚度 增加翅高使翅片表面积增加,但却使翅片效率下降,因而使有效表面积(即翅片表面积乘以翅片效率)的增加渐趋缓慢。图 3.61 表示了单位有效翅片表面积的价格对于翅高的关系,供选用翅高时参考。翅片厚度主要考虑其强度、制造工艺和腐蚀裕量,国产铝翅片(绕片式、镶片式)和钢翅片(套片式)一般均选用 0.5～1.2 mm。③ 翅片距 翅片距的数值会影响到翅化面积的大小,但对管外对流换热系数的影响极小。翅片距的选择取决于管外介质,国产用于空冷器的翅片管的翅片距常为 2.3 mm。④ 翅化比 它是指单位长度翅片管翅化表面积与光管外表面之比。对于空冷器,因为管外介质已经确定为空气,所以翅化比的选择应根据管内介质对流换热系数大小而定。当此值小时,应选用较小翅化比。若选用的翅化比过大并不能有效地增强传热,反而会使以翅化表面积为基准的传热系数迅速降低(见表 3.6)。随着翅化比的增加,空冷器单位尺寸的换热面积将增加,但制造费用也增加。实践表明,翅化比的最佳值约为 17~28。我国生产的空冷器翅片管的翅化比有两种:高翅片为 23.4,低翅片为 17.1。对于低肋螺纹管的翅化比不属此例。⑤ 管长 国内空冷器翅片管长系列为 3,4.5,6,9 m 四种。表 3.7 列出了国产翅片管的特性参数,供读者参考。

表 3.6   三种翅化比的传热系数参考值

管内对流换热系数	10	20	30
580 W/(m² · ℃)	28.4	19.0	14.2
5 800 W/(m² · ℃)	51.6	47.3	43.7

表 3.7   国产空冷器翅片管的特性参数

翅片类别	管材	管径,mm		翅片参数,mm					翅片管外径 / 管外径
		内径	外径	翅片外径	翅片高	翅片厚	翅片距	翅片净距	
低翅片	钢管	20	25	50	12.5	0.5	2.3	1.8	2
高翅片	钢管	20	25	57	16.0	0.5	2.3	1.8	2.28
高翅片	铝管	19	25	57	16.0	0.5	2.3	1.8	2.28

翅片类别	外表面积,m²/m 管长				翅片管与光管外表面积的比较	空气流通面积的比较	
	光管外表面积 F_o	翅片面积 F'_f	翅片根部面积 F'_b	翅片管总外表面积 $F'_f+F'_b$	翅化比 $\dfrac{F'_f+F'_b}{F_o}$	空气流通净截面积 / 迎风面积	空气速度(管束中) / 空气速度(迎风面)
低翅片	0.0785	1.279	0.061	1.34	17.1	0.44	2.27
高翅片	0.0785	1.779	0.061	1.84	23.4	0.50	2.0
高翅片	0.0785	1.779	0.061	1.84	23.4	0.50	2.0

为取得最佳传热性能,国产空冷器的翅片管管束常用等边三角形排列方式,如图 3.62 所示。

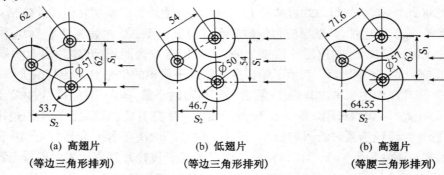

(a) 高翅片 (等边三角形排列)　　(b) 低翅片 (等边三角形排列)　　(b) 高翅片 (等腰三角形排列)

图 3.62　翅片管排列型式及其管距

翅片材料根据使用环境和制造工艺来确定。有碳钢、不锈钢、铝及铝合金、铜及铜合金等。所用基管材料有碳钢、铬钼钢、不锈钢、铝等。

在空调与制冷装置中广泛应用着多种型式的翅片管，为此建立了我国机械行业标准"空调与制冷用高效换热管 JB/T 10503—2005"。该标准对高效管的型号编制方法提供了两种格式，今选取其中之一如下：

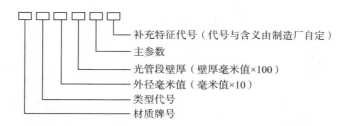

型号示例：材质为 TP2、光管段外径 16 mm、光管段壁厚 1.0 mm，内螺纹头数为 75 的高效管，则可表示为

TP2IE16010075

上述表示中，主参数因不同型式的高效管而异，本例中内螺纹头数 75 属于内肋管管型。类型代号 IE 即代表为内肋管。各种代号分别表示为：

内肋管	IE
波形内肋管	HE
普通直翅管	ND
锯齿形翅片管	TC
表面条孔管	TE
螺形管	ST
花形管	FT

3.5.3 翅片管热交换器的传热计算与阻力计算

1）传热量的计算

传热量的计算可由以下传热基本方程式求得：

$$Q = K_o F_o \Delta t_m = K_f F_f \Delta t_m, \quad \text{W} \tag{3.88}$$

式中　　F_f、F_o——分别为翅片管外表面积、翅片管光管外表面积，m^2。

K_f、K_o——分别对应于以翅片管外表面积及翅片管光管外表面积为基准的传热系数，$W/(m^2 \cdot ℃)$。对于石油化工行业，习惯用以光管外表面积为基准的传热系数进行计算。而电力行业，则习惯以翅片管外表面积为基准。

Δt_m——平均温差，℃。对数平均温差的计算方法同前，但对于空冷器，平均温差修正系数 ψ 有专用线图，请查附录 I。

2）传热系数的计算

根据传热学的原理，在假设壁面温度及换热系数一致且不变的条件下和考虑到翅片表面使传热面积增加，可导出以下计算传热系数的公式：

(1) 单层翅片管(图 3.63)

以光管外表面积为基准时

$$\frac{1}{K_o} = \frac{1}{\alpha_i}\frac{F_o}{F_i} + r_{s,i}\frac{F_o}{F_i} + \frac{d_o}{2\lambda}\ln\frac{d_o}{d_i} + \frac{r_{s,f}}{\eta}\frac{F_o}{F_f} + \frac{1}{\alpha_f\eta}\frac{F_o}{F_f} \tag{3.89}$$

以翅片管外表面(此外表面包括翅片面积及无翅部分的面积)为基准时

$$\frac{1}{K_f} = \frac{\beta}{\alpha_i} + r_{s,i}\beta + \frac{F_f}{2\pi\lambda L_f}\ln\frac{d_o}{d_i} + \frac{r_{s,f}}{\eta} + \frac{1}{\alpha_f\eta} \tag{3.90}$$

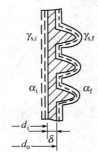

图 3.63　单层翅片壁面

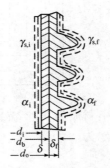

图 3.64　复合翅片管

式中　　K_o，K_f——　分别为以光管外表面积及翅片管外表面积为基准的传热系数，W/(m²·℃)；

α_i、α_f——　分别以光管内表面积及翅片管外表面积为基准时管内侧及管外侧换热系数，W/(m²·℃)；

F_o、F_i、F_f——　分别为光管外表面积、光管内表面积及翅片管外表面积，m²；

λ——　管材的导热系数，W/(m·℃)；

β——　翅化比，$\beta = F_f/F_i$；

η——　翅片壁面总效率，$\eta = \dfrac{F'_b + F'_f\eta_f}{F_f}$；

η_f——　翅片效率；

F'_b——　以翅片根部直径为基准的无翅片部分表面积，m²；

F'_f——　翅片管上翅片的表面积，m²；

L_f——　翅片管长，m；

$r_{s,f}$、$r_{s,i}$——　分别为以翅片管外表面积及光管内表面积为基准的外侧及内侧垢阻，m²·℃/W；

d_o——　光管外径，m。

(2) 复合翅片管(指翅片与基管为不同种材料时，图 3.64)

以光管外表面积为基准时

$$\frac{1}{K_o} = \frac{1}{\alpha_i}\frac{F_o}{F_i} + r_{s,i}\frac{F_o}{F_i} + \frac{d_o}{2\lambda}\ln\frac{d_b}{d_i} + r_{c,b}\frac{F_o}{F_b} + \frac{F_o}{2\pi\lambda_f L_f}\ln\frac{d_o}{d_b} + \frac{r_{s,f}F_o}{\eta F_f} + \frac{1}{\alpha_f\eta}\frac{F_o}{F_f} \tag{3.91}$$

以翅片管外表面积为基准时

$$\frac{1}{K_f} = \frac{\beta}{\alpha_i} + r_{s,i}\beta + \frac{F_f}{2\pi\lambda L_f}\ln\frac{d_b}{d_i} + r_{c,b}\frac{F_f}{F_b} + \frac{F_f}{2\pi\lambda_f L_f}\ln\frac{d_o}{d_b} + \frac{r_{s,f}}{\eta} + \frac{1}{\alpha_f\eta} \tag{3.92}$$

式中　　δ_f、δ——分别为外套的翅片管壁厚及基管厚，m；

$\quad\quad\quad\lambda_f$、λ——分别为外套翅片管及基管导热系数，W/(m·℃)；

$\quad\quad\quad r_{c,b}$——以基管外表面积为基准的接触热阻，m^2·℃/W；

$\quad\quad\quad F_b$——基管外表面积，m^2；

$\quad\quad\quad d_b$——外套翅片管翅根处直径，m。

工程上一般都以光管外表面积为基准计算传热系数。在设计最初阶段，常常要先求得一个传热面积的大概数据，这就需要先选用一个近似的传热系数值，附录 A 中列有用于空冷器的传热系数经验值，供选用参考。污垢热阻值可查附录 D、E。

翅片管中存在的接触热阻(或间隙热阻)的测定或计算都很困难。参考文献[10]的作者综合分析了国内绕片式翅片管的接触(间隙)热阻，今归纳于表 3.8 中。

对于一些已定型的翅片管式热交换器，可用简单的关系式来计算其传热系数，如以热水为热媒的空气加热器[18]

$$K_f = c(vp)^m w^n \tag{3.93}$$

以蒸汽为热媒的空气加热器[18]

$$K_f = c(vp)^m \tag{3.94}$$

式中系数 c 及指数 m，n 均由实验确定。w——管内水流速，m/s；vp——通过热交换器管窄截面上质量流速，kg/(m^2·s)。

读者应该注意到，式(3.89)～(3.94)只适用于通常所遇到的外翅情况。在有内翅或内、外翅时，读者可根据传热学原理仿效以上各式推得计算式，或参阅专门文献。

表 3.8　国产绕片式翅片管接触(间隙)热阻(以基管外表面积为基准)

管内流体温度 t_f，℃	接触(间隙)热阻 $r_{c,o}$，m^2·℃/W	占总热阻百分数 %
≤ 100	≤ 0.000 07	忽略
100 ～ 200	0.000 09 ～ 0.000 17	10
200 ～ 300		20 ～ 30(应改用别的形式翅片管)

（3）湿工况

应该注意到，式(3.89)～(3.94)适用于空气流过翅片管被加热或被冷却时，均不产生空气含湿量变化的情况。通常称这种运行工况为干工况。空调中使用的表面式冷却器(如蒸发器)，由于管内流体通常为进口温度低于 10 ℃ 的冷冻水，当空气外掠翅片管束时，表冷器的管外表面温度会低于空气的露点，使空气在被冷却过程中结露而析出水分，并在翅片管翅片表面形成水膜。亦即空气与翅片管之间不但发生显热交换，还发生因空气中水蒸气凝结所引起的潜热交换。这种伴有结露的空气被冷却过程，即减湿冷却的运行工况称为湿工况。为此，在计算传热系数时，通常在式(3.89)～(3.92)中的翅片管外流体的对流换热热阻项上乘以修正项 $1/\xi$，以考虑因伴有湿空气中水蒸气的凝结而使传热增强这一因素。其中，ξ 为析湿系数，其定义式为

$$\xi = \frac{i'_1 - i''_1}{c_p(t'_1 - t''_1)} \tag{3.95}$$

式中，i_1'、i_1''分别为空气的进口、出口焓，J/kg；t_1'、t_1''分别为空气的进口、出口温度，℃。

在工程应用中，对于一些定型的表冷器产品，常由实验确定传热系数的计算式，其形式为：

$$K_f = \left(\frac{1}{Av_y^m\xi^p} + \frac{1}{Bw^n}\right)^{-1} \tag{3.96}$$

式中，v_y 为迎面风速，m/s；w 为管内水流速，m/s；系数 A、B 及指数 m、p、n 均由实验确定，为无因次。如果这种型号的表冷器作加热空气用，则可取 $\xi = 1$，式(3.96)仍可使用。

3）换热系数和压力损失的计算

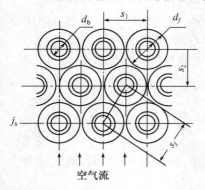

图 3.65　空气横向绕流翅片管束

翅片管管束外流体的换热系数和压力损失计算式将随翅片型式、管束排列方式等不同而异，今讨论几种有代表性的情况。

（1）空气横向流过圆管外环形翅片管束（图 3.65）

贝列格斯（Briggs）和杨（Young）对十多种轧制的环形翅片管管外换热进行了实验研究，得出下式，其误差在 5% 左右。

对于低翅片管束，$d_f/d_b = 1.2 \sim 1.6$，$d_b = 13.5 \sim 16$ mm

$$\frac{d_b\alpha_f}{\lambda} = 0.150\,7\left(\frac{d_bG_{max}}{\mu}\right)^{0.667}\left(\frac{c_p\mu}{\lambda}\right)^{1/3}\left(\frac{Y}{H}\right)^{0.164}\left(\frac{Y}{\delta_f}\right)^{0.075} \tag{3.97}$$

对于高翅片管束，$d_f/d_b = 1.7 \sim 2.4$，$d_b = 12 \sim 41$mm

$$\frac{d_b\alpha_f}{\lambda} = 0.1378\left(\frac{d_bG_{max}}{\mu}\right)^{0.718}\left(\frac{c_p\mu}{\lambda}\right)^{1/3}\left(\frac{Y}{H}\right)^{0.296} \tag{3.98}$$

式中　d_f、d_b——分别为翅片外径和翅根直径，m；

　　　Y、H、δ_f——分别为翅片的间距、高度和厚度，m；

　　　c_p、μ、λ——按流体平均温度取值；

　　　G_{max}——最小流通截面处质量流速，kg/(m² · h)。

根据我国现常用的高低翅片管（表 3.7）的参数代入(3.97)、(3.98)式中，并换算到以光管外表面积为基准，则得两个简化计算式：

对低翅片管　　　　　　　　$\alpha_o = 412v_{NF}^{0.718}\Phi$ 　　　　　　(3.99)

对高翅片管　　　　　　　　$\alpha_o = 454v_{NF}^{0.718}\Phi$ 　　　　　　(3.100)

式中　α_o——以基管外表面积为基准的空气侧换热系数，W/(m² · ℃)；

　　　v_{NF}——标准状态下迎风面风速，m/s；

　　　Φ——校正系数，当风机是鼓风式时，$\Phi = 1.0$，当风机是引风式时，Φ 值见表 3.9。

参考文献[11]推荐可由下式计算空气压降：

$$\Delta p = 0.66nv_{NF}^{1.725}/\rho^{2.725}，N/m^2 \tag{3.101}$$

式中　n——管排数；

　　　ρ——空气在定性温度（即管束进出口平均温度）时的密度，kg/m³。

表 3.9 Φ值

标准迎面风速 v_{NF} , m/s		管 排 数				
		4	5	6	8	10
		Φ值				
低翅片	2.24	0.916	0.935	0.947	0.963	0.973
	3.13	0.908	0.930	0.945	0.961	0.970
高翅片	2.54	0.916	0.935	0.947	0.963	0.972
	3.55	0.908	0.930	0.945	0.961	0.970

（2）空气横向流过圆管外横向矩形翅片管束（图 3.66）

翅侧换热系数可按下式计算：

$$\frac{\alpha_f d_e}{\lambda} = 0.251 \left(\frac{d_e G_{max}}{\mu}\right)^{0.67} \left(\frac{s_1 - d_b}{d_b}\right)^{-0.2} \cdot$$

$$\left(\frac{s_1 - d_b}{s} + 1\right)^{-0.2} \left(\frac{s_1 - d_b}{s_2 - d_b}\right)^{0.4} \qquad (3.102a)$$

式中 $\quad d_e = \dfrac{F_b' d_b + F_f' \sqrt{F_f'/2n_f}}{F_b' + F_f'} \qquad (3.102b)$

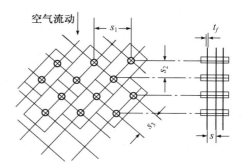

d_b——翅片根部圆直径,m;

n_f——每单位长度上翅片数;

F_b'——每根管单位长度上以翅根直径为基准的无翅片部分表面积,m^2/m;

图 3.66 空气横掠圆管-矩形翅片的错排管束

F_f'——每单位长度上翅片的表面积,m^2/m,对于图 3.66 所示的两根管共有一个翅片情况,每根管取其一半;

G_{max}——最小流通截面处质量速度,$kg/(m^2 \cdot s)$。

压降按下式计算：

$$\Delta p = \frac{f G_{max}^2 n}{2\rho}, \qquad N/m^2 \qquad (3.103a)$$

式中 摩擦系数 $f = 1.463 \left(\dfrac{d_e G_{max}}{\mu}\right)^{-0.245} \left(\dfrac{s_1 - d_b}{d_b}\right)^{-0.9} \left(\dfrac{s_1 - d_b}{s} + 1\right)^{0.7} \left(\dfrac{d_e}{d_b}\right)^{0.9} \qquad (3.103b)$

工程上还会遇到湿式空冷器的情况。这时,在空冷器的入口处,雾化的小水滴随同空气流喷洒在翅片管外表面上,使管外换热系数比干式空冷器提高 1～3 倍。关于湿式空冷器的传热和阻力计算可参阅参考文献[10]。

（3）外螺纹管束 （$F_f/F_i = 3 \sim 4.5$）

① 外螺纹管外对流换热时

$$\alpha_o = \Phi_1 j_s \frac{\lambda}{d_e} \left(\frac{c_p \mu}{\lambda}\right)^{1/3} \left(\frac{\mu}{\mu_w}\right)^{0.14} \qquad (3.104a)$$

式中 $\quad d_e = \dfrac{\text{两翅中心线间翅片管总投影面积}}{\text{翅中心距}} \qquad (3.104b)$

Φ_1——壳方管束排列校正系数,示于表 3.10 中。

表 3.10　校正系数 Φ_1

排列形式	四方顺列 $s_t/d_f = 1.25$	四方顺列 $s_t/d_f = 1.33$	三角错列 $s_t/d_f = 1.25$
Φ_1 值	0.90	0.80	1.00

表中，s_t—— 管心距，m；d_f—— 螺纹管外径，m。

传热因子 j_s 与 Re 的关系示于图 3.67，其中 $Re = \dfrac{d_e G_g}{\mu}$，$G_g = M_s/a_g$，$\text{kg}/(\text{m}^2 \cdot \text{s})$；$M_s$—— 壳程流量，kg/s；$a_g$—— 平均流通面积，$\text{m}^2$。

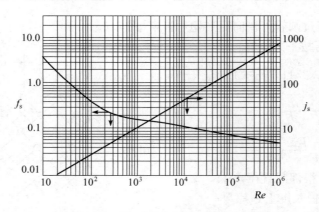

图 3.67　外螺纹管束的 j_s 及 f_s 与 Re 的关系

弓形折流板时，$a_g = \sqrt{a_b a'_c}$　　　　　　　　　　　　　　　　　　　　(3.104c)

式中　　a_b—— 弓形缺口中自由流通的截面积；

$$a_b = k_1 D_s^2 - n_4 \frac{\pi}{4} d_f^2 \tag{3.104d}$$

k_1—— 系数，查表 3.11；

n_4—— 在一个折流板圆缺部分中的管数，但在折流板端的管按其截面积比进行计算。

a'_c—— 两折流板间靠近壳内径处自由流通截面积；

$$a'_c = \frac{2l_{se}a_{ce} + l_s a_c(N_b - 1)}{2l_{se} + (N_b - 1)l_s} \tag{3.104e}$$

$$a_c = l_s(D'_s - n_3 d_e) \tag{3.104f}$$

$$a_{ce} = l_{se}(D'_s - n_3 d_e) \tag{3.104g}$$

n_3—— 最靠近壳体中心的管排的管数；

D'_s—— 最接近热交换器中心的管壳的壳内径；

l_s, l_{se}—— 示于图 3.68，为中间折流板间距与端部折流板间距。

管外压力损失可按下式计算：

$$\Delta p = 1.57 \left(\frac{N_b + 1}{\rho} \right) \left(\frac{G_c}{10^4} \right)^2 \left[f_s n_1 \left(\frac{\mu_w}{\mu} \right)^{0.14} + 0.542 \left(\frac{a_c}{a_b} \right)^2 \right], \quad \text{N/m}^2 \tag{3.105a}$$

式中　　n_1—— 从一折流板圆缺面积中心到下一折流板圆缺面积中心之间流体通过之管排数；

$$n_1 = k_2 D_s / s'$$

s'——顺流向的管心距，m；

D_s——壳内径，m；

k_2——由表3.11求得；

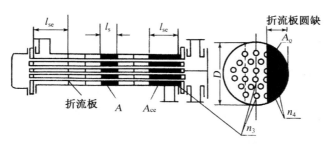

图 3.68　低肋螺纹管式热交换器简图

表 3.11　k_1，k_2 值

折流板缺口高	$0.25D_s$	$0.30D_s$	$0.35D_s$	$0.40D_s$	$0.45D_s$
k_1	0.154	0.198	0.245	0.293	0.343
k_2	0.705	0.647	0.593	0.538	0.482

N_b——折流板数；

f_s——由图3.67求得；

Re——以质量速度 G_c 为基准的雷诺数，可由下式求得：

$$Re = \frac{d_e G_c}{\mu} \tag{3.105b}$$

G_c——基于面积 a'_c 之质量速度，由下式求得：

$$G_c = \frac{G_s}{a'_c}, \ \mathrm{kg/(m^2 \cdot s)} \tag{3.105c}$$

ρ——流体密度，kg/m³。

② 外螺纹管外冷凝时

$$\alpha_o = 0.716 \left[\frac{\lambda_1^3 \rho_1^2 g}{\mu_1^2} \right]^{1/3} \left(\frac{F_o}{d_e} \right)^{1/3} \left(\frac{\Gamma}{\mu_1} \right)^{-1/3}, \quad \mathrm{W/(m^2 \cdot \text{℃})} \tag{3.106a}$$

式中　λ_1、μ_1、ρ_1——分别为凝液导热系数，W/(m·℃)；动力黏度，kg/(m·s) 及密度，kg/m³；

F_o——光管外表面面积，m²；

Γ——冷凝负荷，$\Gamma = \dfrac{M}{lN}$，kg/(m·s)；

M——冷凝量，kg/s；

l——管长，m；

N——传热管总根数；

d_e——在冷凝传热中当量直径，m；

$$\left(\frac{1}{d_{\mathrm{e}}}\right)^{1/4}=\frac{0.943}{0.725}\eta_{\mathrm{f}}\left(\frac{F_{\mathrm{f}}'}{F_{\mathrm{o}}'}\right)\left(\frac{d_{\mathrm{f}}}{a_{\mathrm{f}}}\right)^{1/4}+\frac{F_{\mathrm{b}}'}{F_{\mathrm{f}}'}\left(\frac{1}{d_{\mathrm{b}}}\right)^{1/4} \tag{3.106b}$$

d_{f}—— 翅片外径，m；

d_{b}—— 翅根直径，m；

a_{f}—— 每个翅片的侧表面积，$a_{\mathrm{f}}=\frac{\pi}{4}(d_{\mathrm{f}}^2-d_{\mathrm{b}}^2)$，m²；

F_{b}'、F_{f}'含义同式(3.102b)。

3.5.4　空冷器的设计

1) 干式空冷器的几个设计参数

(1) 管内流体温度

① **热流体入口温度**　一般要求为 $120\sim130$ ℃ 左右或以下。因为入口温度过高，传热固然好，但被空气带走热能过多。如温度低于 $60\sim80$ ℃，以采用水冷器或湿式空冷器为宜。

② **热流体出口温度**　这是决定采用干式空冷器是否经济的一个重要指标。现大多采用所谓"接近温差"，即热流体出口温度和设计空气温度（即空冷器入口空气温度）之差，作为选取和确定热流体出口温度的依据。对炼油厂使用的空冷器接近温差最好大于 $20\sim25$ ℃，至少要大于 15 ℃，否则不经济。电站使用的空冷器，国外大多数为 $25\sim35$ ℃，个别达到 40 ℃。

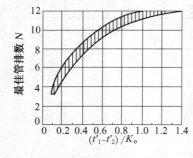

图 3.69　最佳管排数算图

(2) **设计气温**　这是指空冷器设计时所采用的入口空气温度，它是空冷器设计的最重要参数。如果设计气温高于实际气温，则空冷器的设计过于保守，甚至会将工艺流体冷却到比所希望的温度还要低；如低于实际气温，传热面积就显得偏小，空冷器将不能冷却到所要求的负荷。设计气温的选取方法有多种，根据我国情况，建议所选用的设计气温值为每一年中只允许有 5 天的时间的实际气温会超过它，即其他天数内出现的实际气温不会比它高。

(3) **管排数**　目前通用的管排数是 2、4、6、8 排，以 4、6 排居多，管排数对经济效果影响很大，管排数少，传热效果好，但单位传热面积造价高，占地面积大，同时由于空气的温升较小，需要的风量就大。如管排数太多，对数平均温差降低，面积增大，气流阻力也增加。这些因素对投资与成本都有影响，所以要合理选择。经过经济比较，认为一般空气温升应在 $15\sim20$ ℃ 以上，如设计中发现空气温升较小，则要增加管排数。为了合理选用管排数可参考图 3.69。图中，t_2'—— 空气入口温度，℃；t_1'—— 管内流体入口温度，℃。

(4) **迎面风速**　指空气通过迎风面的速度。迎风面积 A_{F} 为管束外框内壁以内的面积，即

$$A_{\mathrm{F}}=（管束宽\times长-2\times侧梁宽\times长）$$

当空气为标准状况时（20 ℃，1 气压），迎面风速为标准迎面风速 v_{NF}，迎面风速太低，影响传热效果，从而增加功率消耗及使噪音提高。一般，$3.4\text{ m/s}\geqslant v_{\mathrm{NF}}\geqslant1.4\text{ m/s}$。排数少取其上限，排数多取其下限。当采用鼓风式空冷器时，可按表 3.12 选用。当采用引风式时，因被风机抽出的空气温度较高，为了节省动力可采用较低的迎面风速。

(5) **高翅片管的选用**　建议当管内对流换热系数大于 2 093 W/(m²·℃) 时，采用高翅片

管;对流换热系数在 $1\,163\sim 2\,093\,\text{W}/(\text{m}^2\cdot\text{℃})$ 时,高低翅片管均可;在 $116\sim 1\,163\,\text{W}/(\text{m}^2\cdot\text{℃})$ 之间时,用低翅片管;低于 $116\,\text{W}/(\text{m}^2\cdot\text{℃})$ 时,用光管比翅片管经济,或采用在管子内表面装有翅片的管。对高凝固点流体或在寒冷地区,为避免流体凝固与冻结,可采用低翅化比的翅片管或光管空冷器。如渣油的冷却就用光管空冷器。

表 3.12　推荐的标准迎面风速值

项　目	翅片种类	管　排　数				
		2	4	6	8	10
标准迎面风速 v_{NF},m/s		3.15	2.8	2.5	2.3	2.15
面积比($F'_{\text{o}}/A_{\text{F}}$),$\text{m}^2/\text{m}^2$	高翅片	2.53	5.06	7.60	10.10	12.63
	低翅片	2.90	5.80	8.74	11.60	14.50

2)设计程序

设计计算程序如下:总体考虑 — 估算 — 选型设计 — 精确计算。

(1)总体考虑

① 按给定条件,对用空冷还是水冷进行比较,有充分理由才能选定空冷;

② 选择空冷器结构型式,如鼓风式还是吸风式;水平式或斜顶式、直立式等;

③ 选定流程,如空冷器与水后冷器或湿式空冷器的组合等。

(2)估算

① 根据工艺条件,进行传热量 Q 的计算;

② 选定设计气温 t_1;

③ 根据管内流体情况,由附录 A 选取传热系数;

④ 试算管束中空气温升(见例 3.5),或根据下列最佳温升计算式进行试算:

$$t''_2 - t'_2 = 0.001\,02K_{\text{o}}\left(\frac{t'_1+t''_1}{2}-t_1\right)\quad(3.107)$$

然后通过图 3.70 对空气温升($t''_2-t'_2$)进行修正,注意此式只用于估算,在某些情况下有较大偏差;

⑤ 计算平均温差 Δt_{m};

⑥ 估算传热面积 F_{o},由 F_{o} 选取定型的空冷器。

(3)选型设计

① 管排数选择　计算$(t'_1-t'_2)/K_{\text{o}}$,按图 3.69 选定最有利管排数。

② 由管排数选取标准迎面风速 v_{NF}。

③ 计算迎风面积 A_{F}

$$A_{\text{F}} = \frac{Q}{3\,600 v_{\text{NF}}\alpha_p(t''_2-t'_2)},\quad\text{m}^2\qquad(3.108)$$

④ 选取管束。

⑤ 定管程　保证管内流体有一定的流速,而且管内压力降应较小。对液体 $w_1=0.5\sim$

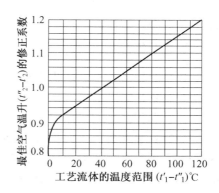

图 3.70　最佳空气温升范围

(纵轴)最佳空气温升($t''_2-t'_2$)的修正系数

(横轴)工艺流体的温度范围$(t'_1-t''_1)$℃

1.5 m/s 为宜。管程数 N_p 用下式计算:

$$N_p = 3\ 600\ \frac{\pi}{4}d_i^2 n\omega_1\rho_1 \frac{1}{m} \qquad (3.109)$$

式中　　n——总的管子数;

　　　　d_i——管内径,m;

　　　　ρ_1——管内流体密度,kg/m³;

　　　　m——每管程管内流体质量流量,kg/h。

⑥ 选风机　风量由下式计算

$$V = 3\ 600 A_F v_{NF}, \text{m}^3/\text{h} \qquad (3.110)$$

计算风机全风压　$\Delta p = \Delta p_1 + \Delta p_2$

式中　　Δp_1——管束气流流动阻力,由下式计算

$$\Delta p_1 = 5.1 v_{NF}^{1.504} N\Phi_f, \text{N/m}^2 \qquad (3.111)$$

　　　　Φ_f——翅高影响系数,对高翅片 $\Phi_f = 1$,低翅片 $\Phi_f = 1.15$

　　　　N——(最佳)管排数。

式(3.111)只适用于国产高、低空冷器翅片用。

　　　　Δp_2——风机动压头,取 $20 \sim 40$ N/m²。

根据风量、风压,用风机特性曲线来选取风机型式及风机叶片角度。读者可参考有关泵与风机的书籍或参考文献[10]。

(4) 精确计算

① 管内流体换热系数,可由本书第二章中公式进行计算。

② 选取污垢热阻,可查本书附录 C、D、E。

③ 计算管壁热阻 $\frac{d_o}{2\lambda}\ln\frac{d_o}{d_i}$

④ 计算以光管外表面积为基准的换热系数。

⑤ 计算传热系数。

⑥ 计算传热平均温差。

⑦ 计算以光管外表面积为基准的传热面积 F_o。将 F_o 的精确计算值与估算值相比较,如两者接近,则估算中所选空冷器即为所求。如误差太大,则应重新选型,重复(3) 中 ① 至(4)中 ⑦ 各步,再比较精确计算与估算值。如此不断反复,直至满足要求为止。

以上计算过程可归纳为图 3.71 所示的计算框图。

3) 空冷器设计计算示例

[例 3.5]　试选用一台定型的空冷器将流量为 42 m³/h 的某种航煤从 165 ℃ 冷却到 55 ℃,其热负荷为 8.88×10^6 kJ/h。设计气温为 35 ℃。

[解]

1) 总体考虑　因接近温差为 $55 - 35 = 20$ ℃,故选用空冷器是经济的。

2) 估算和选型

(1) 由附录 A 选取传热系数 $K_o = 407$ W/(m² · ℃)。

(2) 选取管排数　计算 $\frac{t_1' - t_2'}{K_o} = \frac{165 - 35}{407} = 0.32$,查图 3.69 得最佳管排数为 7。根据管

束规格,考虑煤油的换热系数不高,故选用低翅片 6 排管。

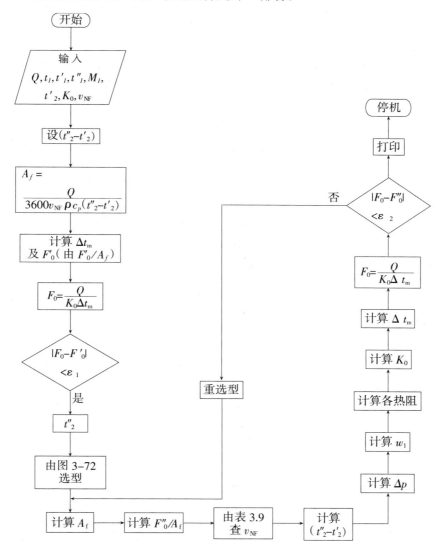

图 3.71 空冷器计算程序框图

（3）选取标准迎面风速　由表 3.12 查得
$$v_{NF} = 2.5 \text{ m/s},\text{面积比}(F'_o/A_F) = 8.74。$$

（4）试算空冷器出口空气温升及传热面积

假设几个可能的出口空气温升（或温度），按热平衡式求得 A_F、F'_o（由迎风面积 A_F 计算而得的光管外表面积），再根据传热计算求得 F_o，比较 F_o 与 F'_o，至两者接近时为止。列表计算如下：

187

表 3.13　空冷器出口空气温升及传热面积数据表

空气出口温升 $(t_2'' - t_2')$ 假定值,℃	35	40	45	50
$A_F = \dfrac{Q}{3\,600 v_{NF} \alpha_p (t_2'' - t_2')}$,m^2	23.4	19.2	18.2	16.4
$F_o' = 8.74 A_F$,m^2	204.5	168.0	159.0	143.0
Δt_m ,℃	48.1	46.5	44.8	43.3
$F_o = \dfrac{Q}{K_o \Delta t_m}$,m^2	126.0	130.0	135.0	140.0

由估算可见,当空气出口温升 50 ℃ 时,F_o 与 F_o' 接近,故取空冷器出口风温为 $t_2'' = 50 + t_2' = 50 + 35 = 85$ ℃。

(5) 选型　今已知流量为 42 m^3/h、管排数为 6,由图 3.72 查得油在管内流速 1 m/s 左右时,可采用 PD9×2−6(Ⅵ) 的管束(如不用此图,读者也可根据国产管束规格,自行计算管内流速)。这一管束的光管表面积为 145 m^2,与 F_o、F_o' 均很接近。

实际迎风面积　$A_F = 2×9 − 2×0.1×9 = 16.2$ m^2,与计算值(上表中)接近,故迎面风速与出口风温均可不必调整。

(6) 选风机

风量　$V = 3\,600 A_F v_{NF} = 3\,600 × 16.2 × 2.5 = 146\,000$ m^3/h

风压　管束压降由式(3.111)计算

$$\Delta p_1 = 5.1 v_{NF}^{1.504} N \Phi_f = 5.1 × 2.5^{1.504} × 6 × 1.15 = 140 \text{ N/m}^2$$

取风机动压头 $\Delta p_2 = 30$ N/m^2

故 $\Delta p = \Delta p_1 + \Delta p_2 = 140 + 30 = 170$ N/m^2

选用 F18 风机三台。

3) 精确计算

对 PD9×2−6(Ⅵ),管子总根数为 210 根,体积流量 $m/\rho_1 = 42$ m^3/h,则管程数 N_p 可由式(3.109)计算

$$N_p = \frac{3\,600 \pi d_i^2 m w_1}{4} × \frac{1}{m/\rho_1} = \frac{3\,600 × 0.785 × 0.02^2 × 210 × 1}{42} = 5.65$$

今前已选为 6 管程,每程 35 根,则该种油品在管内实际流速为

$$w_1 = \frac{42}{3\,600 × 0.785 × 0.02^2 × 35} = 1.06 \text{ m/s}$$

由参考文献[11]可得,当航煤温度为 110 ℃ 时,其对流换热系数为 1 396 W/(m^2 · ℃),当油品流速为 1.06 m/s 时,校正系数为 0.84,则油品管内对流换热热阻为

$$\frac{1}{\alpha_i} \frac{d_o}{d_i} \approx \frac{1}{1\,396 × 0.84} = 0.000\,86 \text{ } m^2 · ℃/W$$

由附录 E 得航煤的污垢热阻为　$r_{s,i} \frac{d_o}{d_i} = 0.000\,26$ m^2 · ℃/W

管壁热阻为 $\frac{d_o}{2\lambda} \ln \frac{d_o}{d_i} = 0.000\,06$ m^2 · ℃/W

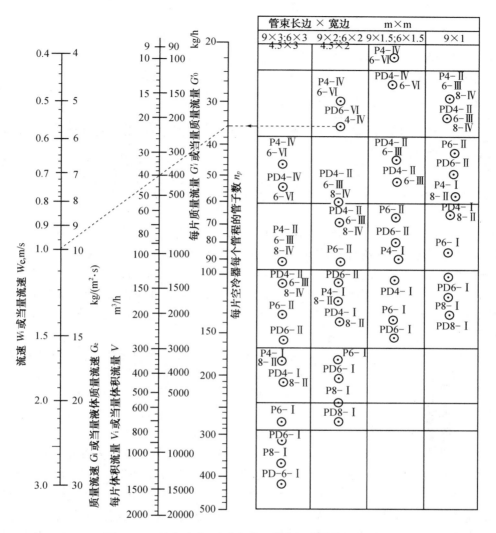

图 3.72　管内流率、流速与单程管数及管束规格关系图

图表内符号:P—水平式管束高翅片管;PD—水平式管束低翅片管;

阿拉伯字—管排数;罗马字—管程数

在 $v_{NF} = 2.5$ m/s 时,由式(3.99)可得　　$\alpha_o = 791$ W/(m² · ℃)

传热系数 K_o 可由下式计算得

$$K_o = \cfrac{1}{\cfrac{1}{\alpha_i}\cfrac{d_o}{d_i} + r_i\cfrac{d_o}{d_i} + \cfrac{d_o}{2\lambda}\ln\cfrac{d_o}{d_i} + \cfrac{1}{\alpha_o}}$$

$$= \cfrac{1}{0.000\,86 + 0.000\,26 + 0.000\,06 + \cfrac{1}{791}} = 409 \text{ W/(m}^2 \cdot \text{℃)}$$

对数平均温差　　$\Delta t_{lm,c} = 43.3$ ℃

计算　　$P = \dfrac{t_2'' - t_2'}{t_1' - t_2'} = \dfrac{50}{130} = 0.384$

$$R = \frac{t_1' - t_1''}{t_2'' - t_2'} = \frac{110}{50} = 2.2$$

由 P、R 值查附录 Ⅰ 得 $\psi = 0.996$

传热平均温差 $\Delta t_{\mathrm{m}} = \Delta t_{\mathrm{lm.c}} \cdot \psi = 43.3 \times 0.996 = 43.1 \, ^\circ\mathrm{C}$

光管传热面积 $F_\circ = \dfrac{Q}{K_\circ \Delta t_{\mathrm{m}}} = \dfrac{8.88 \times 16^6 \times 10^3}{409 \times 43.1 \times 3\,600} = 139.9 \, \mathrm{m}^2$

$F_\circ$ 的这一精确计算值与估算值一致,故不必重算,所选 PD9×2—6(Ⅵ)管束一片所构成的空冷器即为所求。

3.6 热管热交换器

热管及由此而构成的热管热交换器作为一种新型的高效热交换器,其应用已从 20 世纪 60 年代末用于宇航的热控制,扩展到近期的电子工业(如计算机 CPU 的散热)、余热回收(如热管余热锅炉)、新能源(如热管式太阳能集热器)、化学工程(如合成氨中回收余热、控制固定床催化反应器的化学反应温度,以提高合成氨的效率等)、石油化工(如热管热解炉)及核电工程(如事故情况下的安全壳体保护)等方面,且收到了显著的效果。热管不仅可用于散热,还可用于热开关、热控制等,以下为三个应用实例。

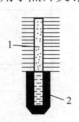

图 3.73 单侧圆柱热管散热器
1—热管;2—铝鞍座

(1)晶体管散热　近年来,大功率电子器件的冷却上采用了热管,收到较好效果。如图 3.73 所示,对于大功率的晶体管采用圆柱形热管作为散热元件。

(2)热管空气预热器　热管空气预热器在余热回收、电站锅炉等方面使用较广。图 3.74 所示为热管空气预热器的一种典型结构,它由热管管束、外壳和隔板组成。隔板用来将热管的蒸发段和凝结段隔开,以保证相应于蒸发段与凝结段的管外通道分别流过热气体与冷气体(空气)。热管的外壁加有翅片,以加强气侧换热效果。热管蒸发段、冷凝段的长度,翅化比可按给定的传热量、气流温度、流量以及气流性质、清洁程度等各段独立给定,两段互不牵连,这就从结构上保证了热管热交换器能适用于温度、流量及清洁程度相差悬殊的两种气体间的传热。

(3)超音速热管机翼　利用热管可将超音速航天飞行器机翼的前沿局部高温降低,图 3.75(a)为其均热原理图,图 3.75(b)为热管机翼。图 3.75(a)中所示机翼前沿相当于热管的蒸发段,前沿往后则相当于热管的冷凝段。高速飞行时,由于空气的摩擦使机翼的前沿产生局部高温,而在该位置的热管(蒸发段)就能将前沿的局部高温散布到机翼的后沿,起到了均温的作用。图中实线代表因空气高速摩擦产生的温度分布线,虚线代表由热管散热后的均温线。图 3.75(b)是用镍基耐热合金钢作为热管的壳体,热管内的工作液体用锂,机翼为石墨、碳纤维的复合材料(C－C 复合材料)。

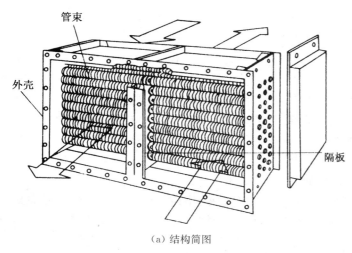

（a）结构简图

（b）实物图

图 3.74　热管空气预热器

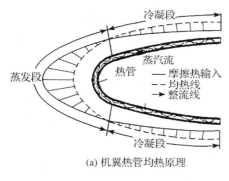

（a）机翼热管均热原理

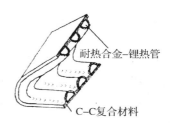

（b）热管机翼

图 3.75　机翼热管

3.6.1　热管的组成与工作特性

1）热管的组成

热管是热管换热器的最基本元件，从其外观来看，通常是一根有翅片或无翅片的普通圆管，其主要结构特点表现在管内。图 3.76 所示为吸液芯热管的一种典型结构。它由管壳、毛细多孔材料（管芯）和蒸汽腔（蒸汽通道）所组成。从传热状况看，热管沿轴向可分为蒸发段、绝热段和冷凝段三部分（见图 3.76）。工作时，蒸发段因受热而使其毛细材料中的工作液体蒸发，蒸汽流向冷凝段，在这里由于受到冷却使蒸汽凝结成液体，液体再沿多孔材料靠毛细力的作用流回蒸发段。如此循环不已，热量由热管的一端传至另一端。由于汽化潜热大，所以

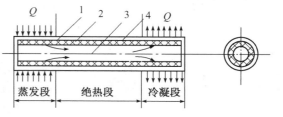

图 3.76　热管工作原理简图

1—管壳；2—管芯；3—蒸汽腔；4—液体

在极小的温差下就能把大量的热量从热管的蒸发段传至冷凝段。实验表明，一根长 0.6 m、直径

13 mm、重0.34 kg 的热管，在 100 ℃ 工作温度下输送 200 W 的能量，其温降仅 0.5 ℃。而输送同等能量的同样长的实心铜棒重量为 0.7 kg，两端温差竟高达 70 ℃。绝热段作为蒸汽通道的不工作部分并不承担传热任务，而是为了分开冷、热源并使热管能适应任意需要的几何形状布置而设置的。

热管的管壳是受压部件，要求由高导热率、耐压、耐热应力的材料制造。但在材料的选择上必须首先考虑到与所要使用的工质的相容性，即要求热管在长期运行中管壳无腐蚀，工质与管壳不发生化学反应，不产生气体。管壳材料有多种，以不锈钢、铜、铝、镍等较多，也可用贵重金属铌、钽或玻璃、陶瓷等。管壳的作用是将热管的工作部分封闭起来，在热端和冷端接收和放出热量，并承受管内外压力不等时所产生的压力差。

管芯是一种紧贴管壳内壁的毛细结构，通常用多层金属丝网或纤维、布等以衬里形式紧贴内壁以减小接触热阻，衬里也可由多孔陶瓷或烧结金属构成。性能优良的管芯应具有：① 足够大的毛细抽吸压头；② 较小的液体流动阻力，即有较高的渗透率；③ 良好的传热特性，即有较小的径向热阻。因而，管芯的结构有多种，大致可分为以下几类：① 紧贴管壁的单层及多层网芯，图 3.77(a)；② 烧结粉末管芯，图 3.77(b)，它是由一定目数的金属粉末或金属丝网烧结在管内壁面而成；③ 轴向槽道式管芯，图 3.77(c)，它是在管壳内壁开轴向细槽，以提供毛细压头及液体回流通道，槽的截面形状可有矩形、梯形等多种；④ 组合管芯，一般管芯往往不能同时兼顾毛细抽吸力及渗透率，组合管芯能兼顾毛细力和渗透率，从而获得高的轴向传热能力，而且大多数管芯的径向热阻甚小。它基本上把管芯分成两部分，一部分起毛细抽吸作用，一部分起液体回流通道作用。此类管芯有多种，图 3.77(d) 所示为一种槽道覆盖网式。它是在轴向槽道管芯表面覆盖一层细孔网，槽道成为低阻力的液体回流通道，细孔网则提供高的毛细抽吸压头，因此可提高传热能力。但因网与槽不易贴合紧，其径向热阻较大。

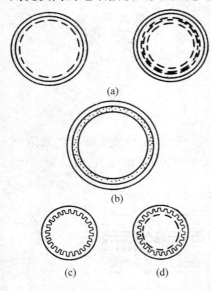

图 3.77　热管管芯结构示意

热管的工作液要有较高的汽化潜热、导热系数，合适的饱和压力及沸点，较低的黏度及良好的稳定性。工作液体还应有较大的表面张力和润湿毛细结构的能力，使毛细结构能对工作液作用并产生必需的毛细力。工作液还不能对毛细结构和管壁产生溶解作用，否则被溶解的物质将积累在蒸发段破坏毛细结构。热管内的工作液体随热管内部的工作温度而定，并由此可区分为低温（< 100 ℃）、中温（100 ～ 500 ℃）、高温（> 500 ℃）热管。在低温范围内有乙醇、丙酮、氟利昂、液氨、液氮、液氢等。在常温条件下的工作液体一般为水，热管内部工作温度高于 280 ℃ 时，由于水的饱和蒸汽压力较高，故应考虑具有低饱和蒸汽压的工作液体如联苯、萘、汞等，当管内工作温度超过 600 ℃ 以上时，则可选用钾、钠或钾钠合金等液态金属作为工作液体。

工作液在外壳封闭前装入热管，其数量应使毛细结构足够饱和并稍有过量，若液体不足则有可能成为热管破坏的原因之一（如蒸发段干涸）。

热管的型式有多种。上述热管工作时，冷凝的工作液体是依靠毛细多孔材料（吸液芯）的毛细抽吸力返回到加热段(蒸发段)的,故常称为吸液芯热管,这种热管被认为是典型热管。工作液体的回流也可依靠其本身的重力作用,这种热管就是两相热虹吸管(又称重力热管),图 3.78 所示为两相闭式热虹吸管的工作原理简图。管子为真空密封,当管子的下端加热时,下端的液体蒸发并以高速向上部移动,在与温度较低的上端管壁接触后,冷凝成液体,然后在重力作用下沿管内壁流回下端蒸发段。如果工作液体的回流是受离心力的分力作用,则叫旋转热管。旋转热管为一密闭的空心轴(管),此空心轴内腔具有一定初始真空度,并充有少量工作液。内腔的形状可以是空心圆柱形、空心内锥形或圆柱台阶形。图 3.79 为一锥形空腔的旋转热管工作原理简图。它和普通热管一样具有蒸发段、绝热段和冷凝段三个区域。在高转速下,工作液覆盖在空腔的内壁面上,并形成一层环状液膜。旋转热管的一端由于被加热,该处液体蒸发、液膜变薄,所产生的蒸汽流到另一端(冷却端)。蒸汽在冷却端放出潜热而凝结成液体。在热管的旋转角速度为 ω、旋转半径为 r 时,单位体积的液体受到的离心力为 $\rho_1 r \omega^2$,这一离心力沿锥面的分力 $\rho_1 r \omega^2 \sin \alpha$ 使这些冷凝液沿锥面流回到蒸发段。这样连续地蒸发、蒸汽流动、凝结与液体的回流完成了把热量从加热段输送到冷却段的过程。

按照凝液回流的作用力不同,热管可分成上述这三种基本型式。此外,还有一种同时受到毛细力和重力作用使凝液回流的热管,称之重力辅助热管。当具有吸液芯的热管处于冷凝段在加热段上方位置时,热管就将按重力辅助热管方式运行。

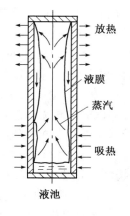

图 3.78　两相闭式热虹吸管

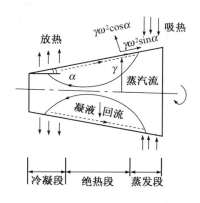

图 3.79　旋转热管

上述的几种热管型式,热量的输送方向都是沿着轴向。在作为换热器使用时,冷、热两侧必须分开,设备体积及占地空间大。而另一种热管型式 —— 径向热管,热量的输送方向沿着管的半径方向。径向热管在结构上为双管结构,它包含外管、内管和翅片三部分(同时还有抽真空的接头),如图 3.80 所示。在外管和内管的环隙被抽真空后充填工质。热流体的热量由外管翅片和外管壁传给工质,工质受热后蒸发沿环隙径向流动,与内管外壁热交换后冷凝。冷凝液由重力作用返回外管内壁,内管流过被加热的冷流体,如此反复循环通过工质的相变实现热量的高效传递。可见,由于其结构上的特点,径向热管的吸热段和放热段分别是外管和内管,外管与内管之间的环隙是热管的工作空间,也就是工质吸热汽化并进行热量输送的空间,从而形成热量的输送方向沿着内、外管的半径方向。因为有这一特点,使得作为锅炉省煤器等使用时设备紧凑。

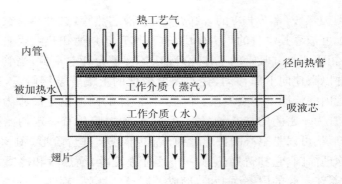

图 3.80　径向热管工作原理简图

由上可见,热管是一种依靠管内工质的蒸发、凝结和循环流动而传递热量的部件。由于蒸发、凝结的热阻很小及蒸汽流动的温降也很小(因压降很小),热管就可以在小温差下传递很大的热流,传热效率高。管内没有运动部件,运行可靠。热管外表面常具有翅片,单位体积的换热面积大,使整台热管换热器的结构紧凑,且通道简单,管外流动的压力损失较小。所以,应用前景广阔。

2) 热管的工作特性

对于普通热管,其液体和蒸汽循环的主要动力是毛细材料和液体结合所产生的毛细力。为了保证液体和蒸汽的循环,毛细力需要克服液体的流动压降和蒸汽的压降,而液体的体积力在压力平衡中或者为零,或者为推动力,或者为阻力。液体的体积力所起的作用因热管在重力场中所处方位不同而不同,当热管水平放置时液体的体积力在轴向的分力为零。当热管倾斜而加热端在下时,体积力起辅助液体流动的作用;而当加热端在上时,体积力在轴向的分力与液体的流动方向相反,因而起阻止液体流动的作用。蒸汽的体积力可忽略不计。

假设热管中沿蒸发段蒸发率是均匀的,沿冷凝段冷凝率也是均匀的,则其质量流率、压力分布、温度分布及弯月面曲率的分布如图 3.81 所示。在蒸发段内,由于液体不断蒸发,使汽液分界面缩回到管芯里,即向毛细孔一侧下陷,使毛细结构的表面上形成弯月形凹面。而在冷凝段,蒸汽逐渐凝结的结果使液汽分界面高出吸液芯,故分界面基本上呈平面形状,即界面的曲率半径为无穷大(见图 3.81 上部及图 3.82)。曲率半径之差提供了使工质循环流动的毛细驱动力(循环压头),用以克服循环流动中作用于工质的重力、摩擦力以及动量变化所引起的循环阻力。

吸液芯中凹形的气液界面的形成属于毛细现象。根据力的平衡原理,在表面张力的作用下,此时在气液界面两侧必存在压差 Δp。我们可以认为吸液芯的小孔相当于具有半径为 r 的管,设液体和该圆管的接触角为 θ,凹面一侧的蒸汽压力为 p_{v},凸面一侧的液体压力为 p_1,曲面的曲率半径为 R,液体的表面张力为 σ_1,则根据拉普拉斯-杨公式可得[13]

$$\Delta p = \frac{2\sigma_1}{R} \tag{3.112}$$

因 $r = R\cos\theta$,所以

$$\Delta p = p_{\mathrm{v}} - p_1 = \frac{2\sigma_1\cos\theta}{r} \tag{3.113}$$

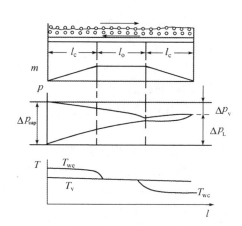

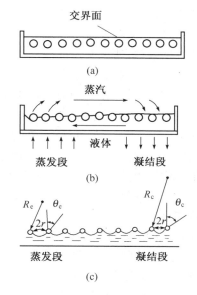

图 3.81　热管内质量流、压力和温度分布　　　　　图 3.82　热管液-汽分界面的形状

(a) 热管启动前的液-汽交界面
(b) 热管工作时的液-汽交界面
(c) 吸液芯内液-汽界面参数

Δp 常称为毛细头(或毛细压力)。由于加热段中液体的不断蒸发和冷却段中蒸汽的不断冷凝,加热段的气液界面曲率半径 R_e 必小于冷却段的界面曲率半径 R_c[图 3.82(c)],即

$$R_e = \frac{r}{\cos\theta_e} < R_c = \frac{r}{\cos\theta_c}$$

设加热段和冷却段的毛细头分别为 Δp_e 和 Δp_c,则热管两端毛细压差为

$$\Delta p_{cap} = \Delta p_e - \Delta p_c = \Delta p_v + \Delta p_L$$
$$= 2\sigma_1\left(\frac{\cos\theta_e}{r} - \frac{\cos\theta_c}{r}\right) \tag{3.114}$$

当 $\cos\theta_e = 1$、$\cos\theta_c = 0$,即加热段(蒸发段)处于半球状凹面、冷却段(冷凝段)处于平面时,毛细压差达最大值:

$$\Delta p_{cap,max} = \frac{2\sigma_1}{r} \tag{3.115}$$

显然,毛细压差是热管内部工作液体循环的推动力,它应能克服蒸汽从加热段流向冷却段的阻力、冷凝液体从冷却段回流到加热段的阻力。在热管不处于水平位置时,还应考虑重力对液体流动的影响。设由此引起的压力损失相应为 Δp_v、Δp_L 和 Δp_G(Δp_G 可以是正、负或零),则

$$\Delta p_{cap} \geqslant \Delta p_v + \Delta p_L + \Delta p_G \tag{3.116}$$

成为热管正常工作的必要条件。有关上式中阻力的计算可参阅参考文献[14]。

液体在蒸发段中蒸发,蒸汽就通过蒸汽腔向冷凝段移动。由于蒸发段沿蒸汽流向不断有蒸汽补充加入,因而是一个加速过程,压力能部分地转化为动能,在冷凝段则出现相反的情况,即蒸汽的减速过程使部分动能回收,从而使气流方向上压力有所回升(如图 3.81 中蒸汽

压力的变化)。因此,在整个蒸汽流动过程中,由于速度(或动量)变化所引起的压力变化是正负相抵的,使之从蒸发段至冷凝段的蒸汽压差就只表现为摩擦阻力。这一压差很小,可达到零点几毫米汞柱,所以蒸发段的饱和温度仅稍高于冷凝段饱和温度,这个温降常作为热管成功与否的一个判据。若此温降小于 $1 \sim 2\ ℃$ 即近乎等温流动时,被认为是工作正常,常称为"热管工况"。冷凝液在毛细力作用下流回蒸发段,它的流动状态可视为层流,由于要克服沿程的摩擦阻力,因而在图 3.81 中液体的压力自右至左逐渐降低。

热管中的工作液在流动中,在冷凝段,工作液在流动方向上因有蒸汽不断冷凝而增加;而在蒸发段,工作液在流动方向上因不断蒸发而减少;在绝热段,工作液量保持不变,因而,两段中工作液沿热管轴向的质量流量 m 是变化的,如图 3.81 所示。该图还表示了热管管壁温度 T_{we}、T_{wc} 和蒸汽温度 T_v 沿着热管轴向的变化。

热管虽然是一种传热性能极好的元件,但其传热能力也不是可以无限地提高,它的上限值会受到多种因素的限制,因而构成热管的传热极限(或叫工作极限)。这些极限是:

(1)黏性极限   热管内工质蒸汽在向冷凝段流动中受到黏性力的作用,在蒸汽温度低时,蒸汽在热管内的流动更受黏性力支配,当因黏滞阻力的作用使推动蒸汽流动的蒸汽压力下降至零时,热管的传热能力达到了极限,称之为黏性极限。由于这时蒸汽的流动呈泊肖叶流动,故由泊肖叶方程和理想气体状态方程式可求得热管达黏性极限时的最大传热量,即

$$Q_{v,\max} = \frac{r_v^2 r \rho_{v,0} p_{v,0} A_{v,0}}{16 \mu_v l_{eff}} \tag{3.117}$$

式中 r_v——蒸汽通道半径,m;

r——汽化潜热,J/kg;

$\rho_{v,0}$,$p_{v,0}$——分别为蒸发段始端的蒸汽密度,kg/m³ 及蒸汽压力,N/m²;

μ_v——蒸汽的动力黏度,N·s/m²;

l_{eff}——蒸汽通道的有效长度,m;

$$l_{eff} = \frac{1}{2}(l_e + l_c) + l_a$$

l_e、l_c、l_a——分别为热管蒸发段、冷凝段、绝热段长度,m。

$A_{v,0}$——蒸发段始端的蒸汽流通面积,m²。

由上式可见,黏性极限只与工质物性、热管长度和蒸汽通道直径有关,而与吸液芯的几何形状和结构形式无关。

(2)声速极限   热管中的蒸汽流动类似于拉伐尔喷管中的气体流动。当蒸发段温度一定,降低冷凝段温度可使蒸汽流速加大,传热量因而加大。但当蒸发段出口汽速达到声速时,进一步降低冷凝段温度也不能再使蒸发段出口处汽速超过声速,这一现象与拉伐尔喷管的喉部达到声速时一样。由于蒸发段出口汽速达到声速后不可能再增大,因而传热量也不再增加,这时热管的工作达到了声速的极限。

与此相应,热管的轴向热流量达到了最大值,即可用 $Q_{s,\max}$ 表示这一声速极限。此时的压力比、温度比、密度比及声速极限的最大热流量可由可压缩流体一维稳定流动能量方程和流体力学动量方程得到的以下各式计算:

$$\left.\begin{array}{l} \dfrac{p_{v,0}}{p_{v,1}} = 1 + k \\[2mm] \dfrac{T_{v,0}}{T_{v,1}} = \dfrac{1+k}{2} \\[2mm] \dfrac{\rho_{v,0}}{\rho_{v,1}} = 2 \end{array}\right\}$$ (3.118)

$$Q_{s,\max} = \rho_{v,1} A_v r \sqrt{kRT_{v,1}}\,, \text{W}$$ (3.119)

式中　$T_{v,0}$——蒸发段始端的蒸汽温度,K;

$p_{v,1}$,$T_{v,1}$,$\rho_{v,1}$——分别为蒸发段末端的蒸汽压力(N/m²)、温度(K)与密度(kg/m³);

k——工质的绝热指数,$k = \dfrac{c_p}{c_v}$;

r——工质的汽化潜热,J/kg;

R——工质的气体常数,J/(kg·K);

A_v——热管蒸发段的蒸汽流通截面积,m²。

（3）携带极限　热管中蒸汽与液体的流动方向相反,在交界面上二者相互作用,有阻止对方流动的趋势。液体表面由于受逆向蒸汽流的作用产生波动,当蒸汽速度高到能把液面上的液体剪切成细滴并把它带到冷凝段时,由于液体被大量携带走,使应当通过毛细芯返回蒸发段去的液体不足甚至中断,从而造成蒸发段毛细芯干涸,使热管停止工作,这就达到了热管的携带传热极限。与此同时,由于液滴的大量被携带,就有可能使蒸发段的某些部位缺少液体,管壁温度突然上升,而且还会造成液滴对热管冷凝端壁面的撞击。

通常,以韦伯数 We 作为出现携带极限的判据,即达到携带极限的条件是

$$We = \frac{2r_{h,1}\rho_v u_v^2}{\sigma} = 1$$ (3.120)

式中,$r_{h,1}$ 为吸液芯流道的水力半径;ρ_v 为蒸汽密度;u_v 为蒸汽流速;σ 为液体表面张力。

携带极限的最大传热量为

$$Q_{e,\max} = A_v r \left(\frac{\rho_v \sigma}{2r_{h,1}}\right)^{1/2}$$ (3.121)

式中 A_v 为蒸汽通道横截面积。

（4）毛细极限　毛细极限又称吸液极限,这是指在热管运行中,当热管中的汽体、液体的循环压力降与所能提供的最大毛细压头达到平衡时,该热管的传热量也就达到了最大值。如果这时再少许加大蒸发量和冷凝量,式(3.116)中的 Δp_v、Δp_1 会进一步增大,$\Delta p_{c,\max}$[式(3.115)]则因由吸液芯的结构形式所决定而不变,其结果是因毛细压头不足使抽回到蒸发段的液体不能满足蒸发所需的量,以致会发生蒸发段吸液芯的干涸和过热,导致壳壁温度剧烈升高,甚至"烧毁"。毛细极限是一般具有吸液芯的热管最容易出现的内部工作限制,使用中应十分重视。

对于吸液芯热管,此毛细极限的最大热流量 $Q_{c,\max}$ 为

$$Q_{c,\max} = \left[\frac{2\sigma/r_e - \rho_1 g d_w \cos\theta \pm \rho_1 g \sin\theta}{\left(\dfrac{\mu_1}{\rho_1 KA_w} + \dfrac{8\mu_v}{\pi r_v^4 \rho_v}\right)l_{\text{eff}}}\right] r\,, \text{W}$$ (3.122)

式中　θ——热管与水平面的夹角。当凝结段低于蒸发段时 θ 为正,相反时 θ 为负,两端水平

时为 0；

μ_1, μ_v—— 分别为液体与蒸汽的黏度，$N \cdot s/m^2$；

A_w—— 与流动方向垂直的多孔物质的横截面积，即毛细芯截面积，m^2；

d_w—— 热管管芯直径，m；

l—— 热管三段之总长，m；

K—— 渗透率 $K = \dfrac{2r_{h,1}^2 \varepsilon}{(f_1 Re_1)}$，$f_1$ 为液体的范宁摩擦系数；

$r_{h,1}$—— 吸液芯流道的水力半径，m，$r_{h,1} = \dfrac{2A_1}{U_1}$；

A_1—— 吸液芯流道的截面积，m^2，对于多孔流道，$A_1 = \varepsilon A_w$，ε 为吸液芯结构孔隙率，可由实验测定；

U_1—— 湿周，m；

r_e—— 吸液芯毛细孔的有效半径，m，可由实验测定。

（5）冷凝极限　冷凝极限是指由冷凝段传热能力所制约的热管传热极限，它直接与冷凝段系统的热量耗散能力有关，故该极限不同于上述的几种传热极限，显然，管内不凝性气体的存在也将降低冷凝段的热量耗散能力。当热管达到稳定状态时，蒸发段的热量输入和冷凝段的热量输出相等。对于高温热管，辐射是主要传热方式（冷凝段管外冷流体为气体时）。由此可求得热管为圆柱形热管时的热平衡方程为

$$Q_c = 2\pi r_0 I_c \varepsilon \sigma_b (T^4 - T_1^4) \tag{3.123}$$

式中　r_0—— 冷凝段外管壁半径，m；

I_c—— 冷凝段外管壁长度，m；

ε—— 冷凝段外表面黑度；

σ_b—— 黑体的辐射常数，$5.67 \times W/(m^2 \cdot K^4)$；

T—— 平均温度（工作温度），K；

T_1—— 室温，K。

对于低温热管，同样存在冷凝极限，这时冷凝段管外的传热应以对流换热为主，故得稳态时的热平衡方程为

$$Q_c = F_c \alpha_i c(T_c T_1) \tag{3.124}$$

式中　F_c—— 冷凝段管外表面积，m^2；

α_c—— 冷凝段管外对流换热系数，$W/m^2 \cdot K$；

T_c—— 冷凝段工质温度，K。

当传热系数很低时，如热管通过自然对流向外界散热时，其传热量将受限于冷凝段的传热，故在热管设计时应注意到是否要进行冷凝段传热能力的校核。

（6）沸腾极限　热管工作中当其蒸发段径向热流密度很大时，将会使管芯内工作液体沸腾。当径向热流密度达到某一临界值时，对于吸液芯的热管，由于所发生的大量气泡堵塞了毛孔，减弱或破坏了毛细抽吸作用，致使凝结液回流量不能满足蒸发要求。由于吸液芯中泡核沸腾的机理很复杂，如采用使气泡容易放出的吸液芯结构，热管即使在沸腾情况下也可以运行，故对于沸腾传热极限以管壁开始产生气泡作为界限基准，并导得沸腾传热极限时最

大传热量为

$$Q_{b.max} = \frac{2\pi l_e \lambda_e T_v}{r \rho_v \ln(r_i/r_v)} \left(\frac{2\sigma}{r_b} - \Delta p_c \right) \tag{3.125}$$

式中，λ_e 为浸满液体吸液芯的有效导热系数；r_i 为管壳内半径；r_b 为气泡生成的临界半径，对于一般热管可取 $r_b = 2.54 \times 10^{-7}$ m。

（7）连续流动极限　　通常，热管管内的蒸汽流动都是连续的。但随着热管尺寸的减小，管内蒸汽可能失去连续流动的特性。在非连续蒸汽流动下热管的传热能力将受到很大的限制，沿热管长度方向将存在很大的温度梯度，这种热管将失去其作为高效传热设备的优势。小型热管和微型热管就有可能是这样的，因为它们的容积都非常小。

连续流动准则通常用 Knudsen 表示：

$$K_n = \frac{\lambda}{D} \begin{cases} \leqslant 0.01 & \text{连续蒸汽流动} \\ > 0.01 & \text{稀薄或自由分子流动} \end{cases} \tag{3.126}$$

式中　　λ——蒸汽分子的平均自由路径；

　　　　D——蒸汽流动通道的最小尺寸，对圆形蒸汽空间，D 为蒸汽腔直径。

运用稀薄气体分子动力学和热力学理论，可导得从连续蒸汽流动到稀薄或自由分子流动的转变密度及相应的转变蒸汽温度（假设蒸汽处于饱和状态）。对很小直径的热管，转变温度非常大。如热管工作在转变温度上，就有可能遇到连续流动极限，在这种情况下沿热管长度方向的温度梯度很大，热管会失去其等温性。

（8）冷冻启动极限　　对高温热管，因热管中的工质熔点很高，在室温下通常是固态。所以在启动之前，吸液芯中的工质为固态，热管内部基本为真空。蒸发段受热后温度开始上升，但热管其他部分基本上还是室温。当蒸发段温度超过工质熔点时，工质熔化并在吸液芯和蒸汽交界面处开始汽化。蒸汽从蒸发段流向绝热段和冷凝段，在冷凝段吸液芯和蒸汽交界面处冷凝，放出潜热，由于毛细力的作用回流至蒸发段。然而，冷凝的蒸汽可能在冷冻的吸液芯表面冻结，不能回流至蒸发段。同时，因为轴向热传导，吸液芯中的工质可能液化回流至蒸发段，从而使蒸发段获得的液体增加。这两种过程决定了特定的热管能否启动成功。吸液芯区域饱和液体的质量平衡方程如下：

$$\frac{\varepsilon \rho_1}{c T_{met} I \Gamma} \cdot Ar \geqslant 1 \tag{3.127}$$

式中　　c——热管管壁和吸液芯单位长度的热容，J/m；

　　　　T——工质的熔点温度，K；

　　　　T_I——热管初始温度或室温，K。

当以上方程不能被满足时，饱和液体区的液体量开始减少，直至在这一区域的液体可能枯竭。在这种情况下，蒸发段将出现干涸现象，即达到了冷冻启动极限。

上述传热极限可以用传热量和工作温度（即管内蒸汽平均温度）为直角坐标的两轴来定性地表示。由图 3.83 可见，当工作温度低时，最易出现黏性极限及声速极限，而在高温下则应防止出现毛细极限及沸腾极限。对于高温热管，注意冷冻启动极限；对于小型热管和微型热管，则应注意连续流动极限。热管的工作点必须选择在包络线的下方。这些极限曲线的实际形状随工质和吸液芯材料及热管形状等因素而变化。

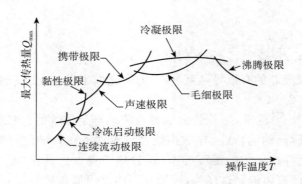

图 3.83   热管的传热极限

对于两相闭式热虹吸管，所可能发生的传热极限主要是干涸极限、沸腾极限（又称烧毁极限）和携带极限。干涸极限一般发生在充液量过小时。此时，如输入热量增加，就要求工质流量增加，但因充液量不足，蒸发段底部被烧干，壁温升高。干涸极限也可发生在充液量较大，蒸发段底部形成液池时。在输入热量达到某值后，下降液膜蒸发量超过补充量，回流液在流近液池前被烧干，使局部壁温升高。在充液量和径向热流密度较大而轴向热流密度较小时，易出现沸腾极限。这时在热管加热段内壁上形成蒸汽膜，使热能力显著下降，壁面温度突然升高，甚至使管壁烧毁。在充液量和轴向热流密度较大而径向热流密度较小时，则易发生携带极限。关于这些极限的传热量计算，请参阅参考文献[14]、[15]。

3.6.2   热管热交换器的传热计算

1）传热计算的基本方程

热管热交换器的传热计算基本方程式仍为传热方程式，传热计算中所采用的传热面积 F 可以是光管外表面积或热管加热段管外总面积或加热段光管外表面积，因而，就有相应的传热系数。常用的以加热段光管外表面积为基准者居多。

平均温差 Δt_m，应根据冷热流体的流向以及它们各自是否有横向的混合，通过计算或从第 1 章中所列有关图线查得。

传热量 Q 应取为热流体放热量 Q_h 与冷流体吸热量 Q_c 之算术平均值，即

$$Q = \frac{1}{2}(Q_h + Q_c) \tag{3.128}$$

2）热管元件各传热环节热阻

典型的吸液芯热管的传热过程可分解为以下各种传热环节，并构成了总的热阻。

（1）环境热源与热管加热段外壁间的换热，热阻为 R_1，热阻 R_1 之值随换热条件不同而异，因而应分清对流换热、辐射换热还是复合换热，是受迫对流还是自然对流，热管外壁是光管还是带肋，热管外壁与热源的固体壁面有无直接接触等有关问题，采用相应的计算公式。

① 对流换热时

如热源与外壁间换热为受迫对流或自然对流换热，则

$$R_1 = \frac{1}{\alpha_1 F_{te,o}}, \quad ℃/W \tag{3.129}$$

此时，如果热管外壁带肋，则

$$R_1 = \frac{1}{\alpha_1 \pi d_{o,e} l_e \beta_e \eta_{o,e}}, \text{℃/W} \tag{3.130}$$

以上两式中　　α_1——热源与加热段外壁间对流换热系数，$\text{W/(m}^2 \cdot \text{℃)}$；

$\quad\quad\quad\quad\quad F_{te,o}$——加热段（即蒸发段）总外表面积，$\text{m}^2$；

$\quad\quad\quad\quad\quad d_{o,e}$——加热段光管外直径，$\text{m}$；

$\quad\quad\quad\quad\quad \beta_e$——加热段肋化比；

$\quad\quad\quad\quad\quad \eta_{o,e}$——加热段肋壁的总效率。

② 辐射换热时

如果热管的加热（或冷却）段处于真空条件下的高温（或低温）壳体内，则热管与壳体间的换热为单一的辐射换热。它们的辐射换热量为：

$$Q = 5.67\varepsilon_{s,p} F_p \left[\left(\frac{T_s}{100} \right)^4 - \left(\frac{T_p}{100} \right)^4 \right], \text{W} \tag{3.131}$$

辐射热阻为

$$R_1 = \frac{\Delta T}{Q} = \frac{T_s - T_p}{5.67\varepsilon_{s,p} F_p \left[\left(\frac{T_s}{100} \right)^4 - \left(\frac{T_p}{100} \right)^4 \right]}, \text{℃/W} \tag{3.132}$$

式中　　T_s、T_p——分别为热源及热管加热段外壁温度，K；

$\quad\quad\quad\quad\quad$ 当 T_p 为冷却段外壁温度时，上两式中 T_s 与 T_p 应互换位置；

$\quad\quad\quad\quad \varepsilon_{s,p}$——相当发射率

$$\varepsilon_{s,p} = \frac{1}{\frac{1}{\varepsilon_p} + \frac{F_p}{F_s} \left(\frac{1}{\varepsilon_s} - 1 \right)} \tag{3.133}$$

$\quad\quad\quad\quad F_s, F_p$——分别为热源壳体及热管加热段（或冷却段）换热面积，m^2；

$\quad\quad\quad\quad \varepsilon_s, \varepsilon_p$——分别为热源壳体内壁及热管加热段（或冷却段）外壁黑度。

③ 复合换热时

热管外壁与外界的换热常常可能是两种或两种以上传热方式同时存在的复合换热，则可按传热学中基本方法求取。

（2）热管加热段管壁的导热，热阻为 R_2

一般可按圆筒壁导热热阻式计算，即

$$R_2 = \frac{1}{2\pi\lambda_{p,e} l_e} \ln\left(\frac{d_{o,e}}{d_{i,e}} \right), \text{℃/W} \tag{3.134}$$

式中　　$\lambda_{p,e}$——加热段管壁导热系数，$\text{W/(m} \cdot \text{℃)}$；

$\quad\quad\quad\quad d_{i,e}, d_{o,e}$——分别为加热段管壁内、外径，$\text{mm}$。

（3）热管蒸发段吸液芯-液体组合层的传热，热阻为 R_3

蒸发段吸液芯-液体组合层的传热较为复杂。对于在低热流密度下的水及有机液体，以及液态金属工质，可认为依靠导热方式来传递。此时，热阻 R_3 为

$$R_3 = \frac{1}{2\pi\lambda_{eff} l_e} \ln\frac{d_{o,e} - 2\delta_{w,e}}{[d_{o,e} - 2(\delta_{w,e} + \delta_e)]}, \text{℃/W} \tag{3.135}$$

式中　　$\delta_{w,e}$——蒸发段管壁厚，mm；

$\quad\quad\quad\quad \delta_e$——蒸发段管芯层厚，$\text{mm}$；

λ_{eff}——吸液芯-液体组合层的当量导热系数,W/(m·℃)。因为这是通过固体的吸液芯和液体工质的复杂导热过程,其值随吸液芯的型式不同而异。请参考文献[15]。

(4) 蒸发段液-汽界面的相变换热,热阻为 R_4

$$R_4 = \frac{RT_{s,e}^2}{p_{s,e}r^2\pi d_v l_e}\sqrt{2\pi RT_{s,e}}, \quad ℃/W \tag{3.136}$$

式中　$p_{s,e}$——与 $T_{s,e}$ 相平衡的蒸汽饱和压力,Pa;

$T_{s,e}$——蒸发段液-汽界面处蒸汽温度,K;

r——工质的汽化潜热,J/kg;

R——工质的气体常数,J/(kg·K)

d_v——蒸汽腔直径,m。

(5) 从蒸发段到凝结段蒸汽流动传热,热阻为 R_5

由于蒸发段和凝结段之间存在汽相压差 $\Delta p_v = (p_{s,e} - p_{s,c})$,根据饱和蒸汽压力与温度间对应关系,因而两段间存在相应的温度差 ΔT_v,从而可导得蒸汽流动热阻为

$$R_5 = \frac{\Delta T_v}{Q} = \frac{RT_v^2 \Delta p_v}{Q p_v r}, \quad ℃/W \tag{3.137}$$

式中　T_v——热管的平均工作温度,可按式(3.152)计算,K;

p_v——与 T_v 相应的蒸汽饱和压力,Pa;

Q——传热量,W。

(6) 凝结段汽-液界面蒸汽的相变换热,热阻为 R_6

$$R_6 = \frac{RT_{s,c}^2}{p_{s,c}r^2\pi d_v l_c}\sqrt{2\pi RT_{s,c}}, \quad ℃/W \tag{3.138}$$

式中　$T_{s,c}$——凝结段汽-液界面处蒸汽温度,K;

$p_{s,c}$——与 $T_{s,c}$ 相平衡的蒸汽饱和压力,Pa。

(7) 凝结段吸液芯-液体组合层的传热,热阻为 R_7

与 R_3 的情况相似,在认为依靠导热来传热时,R_7 为

$$R_7 = \frac{1}{2\pi\lambda_{\text{eff}}l_c}\ln\frac{(d_{o,c} - 2\delta_{w,c})}{[d_{o,c} - 2(\delta_{w,c} + \delta_c)]}, \quad ℃/W \tag{3.139}$$

式中　$\delta_{w,c}$——凝结段管壁厚,mm;

δ_c——凝结段管芯层厚,mm;

$d_{o,c}$——凝结段管壁的外径,mm。

(8) 凝结段管壁的导热,热阻为 R_8

类似于 R_2,它的计算式为

$$R_8 = \frac{1}{2\pi\lambda_{p,c}l_c}\ln\left(\frac{d_{o,c}}{d_{i,c}}\right), \quad ℃/W \tag{3.140}$$

式中　$\lambda_{p,c}$——凝结段管壁导热系数,W/(m·℃);

$d_{i,c}$、$d_{o,c}$——分别为凝结段管壁的内、外径,mm。

(9) 冷却段外壁与环境冷源间的换热,热阻为 R_9

R_9 的计算与 R_1 相同。在对流换热且带肋时,R_9 为

$$R_9 = \frac{1}{\alpha_2 \pi d_{o,c} l_c \beta_c \eta_{o,c}} , \text{℃/W} \tag{3.141}$$

式中 α_2——冷源与冷却段(冷凝段)外壁间对流换热系数,$\text{W/(m}^2 \cdot \text{℃)}$;

$d_{o,c}$——冷却段光管外直径,m;

β_c——冷却段肋化比;

$\eta_{o,c}$——冷却段肋壁总效率。

辐射换热时,可按式(3.132)计算,只要把其中有关参数改为在冷却段条件下即可。

(10) 从加热段至冷却段管壁的轴向导热,热阻为 R_{10}

因加热段和冷却段管壁间存在温差,必有部分热量沿绝热段管壁传递。若绝热段绝热良好,此沿管壁的轴向导热可按一维导热计算。

$$R_{10} = \frac{4l}{\lambda \pi (d_o^2 - d_i^2)} , \text{℃/W} \tag{3.142}$$

式中 λ——管壁材料导热系数,$\text{W/(m} \cdot \text{℃)}$

对于薄壁长型热管,这一热阻较大,轴向导热量很小,故可忽略。

(11) 通过吸液芯的轴向导热,热阻为 R_{11}

由于吸液芯的轴向热流通道比管壁更小,热阻更大,故导热量也可忽略。

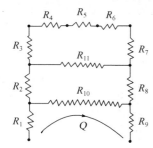

图 3.84 热管热阻线路图

将以上各项热阻描绘成一条传热的电路时,则如图3.84所示,是一条串并联线路。由于 R_{10} 及 R_{11} 为轴向导热热阻,故为并联。这两部分的导热量一般很小,故忽略这两部分导热量时,热管的传热总热阻为

$$R_t = \sum_{i=1}^{9} R_i \tag{3.143}$$

3) 对流换热系数的计算

流体横掠管束时的平均对流换热系数,将与热管元件的外部形状、管束排列方式及管间距等密切相关。

当流体横掠光滑管束时,可从传热学书中所列相关准则方程式选用。

当流体横掠翅片管束时,对于横掠圆芯管外环形翅片管束,读者可使用本书中式(3.97)、(3.98);对于横掠圆芯管外矩形翅片管束,可用本书中式(3.102)。

4) 传热系数的计算

由于采用的基准面积不同,所得传热系数值差异很大。常以加热段光管外表面积 $F_{o,e}$ 为基准的传热系数 $K_{o,e}$ 较多,可按下式计算:

$$\frac{1}{K_{o,e}} = \frac{1}{\alpha_1 \beta_e \eta_{o,e} \varepsilon_e} + \frac{d_o}{2\lambda_{p,e}} \ln\left(\frac{d_o}{d_i}\right) + \frac{d_o}{\alpha_e d_i} + \frac{d_o l_e}{\alpha_c d_i l_c} + \frac{d_o l_e}{2\lambda_{p,c} l_c} \ln\left(\frac{d_o}{d_i}\right)$$
$$+ \frac{l_e}{\alpha_2 l_c \beta_c \eta_{o,c} \varepsilon_c} , \text{m}^2 \cdot \text{℃/W} \tag{3.144}$$

式中,$\frac{1}{\alpha_1 \beta_e \eta_{o,e} \varepsilon_e}$ 相当于 R_1,$\text{m}^2 \cdot \text{℃/W}$,其中,$\varepsilon_e$ 为蒸发段换热面的清洁度,用以考虑因表面结垢而造成的热阻增加,对于灰分不多的烟气,取 $\varepsilon_e = 0.8 \sim 0.9$;含灰量大的烟气,$\varepsilon_e = 0.5 \sim 0.65$。

$\dfrac{d_{\mathrm{o}}}{2\lambda_{\mathrm{p,e}}}\ln\dfrac{d_{\mathrm{o}}}{d_{\mathrm{i}}}$ 相当于 R_2，$\mathrm{m^2 \cdot ℃/W}$。

$\dfrac{d_{\mathrm{o}}}{\alpha_{\mathrm{e}}d_{\mathrm{i}}}$ 和 $\dfrac{d_{\mathrm{o}}l_{\mathrm{c}}}{\alpha_{\mathrm{c}}d_{\mathrm{i}}l_{\mathrm{c}}}$ 相当于 $(R_3 + R_4)$ 及 $(R_6 + R_7)$，$\mathrm{m^2 \cdot ℃/W}$。

因为实际测量中，常常是测量换热系数 α_{e}、α_{c}，而不是单独地去测定 R_3 及 R_4 或 R_6 及 R_7。

$\dfrac{d_{\mathrm{o}}l_{\mathrm{e}}}{2\lambda_{\mathrm{p,c}}l_{\mathrm{c}}}\ln\left(\dfrac{d_{\mathrm{o}}}{d_{\mathrm{i}}}\right)$ 相当于 R_8，$\mathrm{m^2 \cdot ℃/W}$。

$\dfrac{l_{\mathrm{e}}}{\alpha_2 l_{\mathrm{c}}\beta_{\mathrm{c}}\eta_{\mathrm{o,c}}\varepsilon_{\mathrm{c}}}$ 相当于 R_9，$\mathrm{m^2 \cdot ℃/W}$。

其中 ε_{c} 为凝结段换热面的清洁度。

由于蒸汽流动的传热热阻 R_5 与其他各项热阻相比，一般相当小，故在式（3.144）中未包含此项热阻。

3.6.3 热管热交换器的流动阻力计算

热管热交换器的流动阻力计算是指热管外的流体流过热管管束时的流动阻力计算。正如其他的热交换器设计一样，这也是检验设计是否合理的标准之一，同时可用它来计算所需流体机械的功率与容量。显然，流动阻力的大小与流体流速关系最为密切，还与热管元件外形、管束排列及间距大小等有关。

1）流体横掠光滑管束

$$\Delta p = 0.334 C_{\mathrm{f}} n \frac{G_{\mathrm{max}}^2}{2\rho}, \mathrm{N/m^2} \tag{3.145}$$

式中　　G_{max}—— 最小流通截面处质量流速，$\mathrm{kg/(m^2 \cdot s)}$；

　　　　n—— 流动方向的管排数；

　　　　C_{f}—— 修正系数，按表 3.14 查取（表 3.14 在 3.7.2 内）；

　　　　ρ—— 流体密度，$\mathrm{kg/m^3}$。

2）流体横掠错排翅片管束

（1）流体横掠错排圆芯管 —— 环形翅片管束

由 K. K. Robinson 和 D. E. Briggs 提出下列公式：

$$\Delta p = f_{\mathrm{s}} \frac{n G_{\mathrm{max}}^2}{2\rho}, \mathrm{N/m^2} \tag{3.146}$$

摩擦系数

$$f_{\mathrm{s}} = 37.86\left(\frac{d_{\mathrm{o}}G_{\mathrm{max}}}{\mu}\right)^{-0.316}\left(\frac{s_1}{d_{\mathrm{r}}}\right)^{-0.927}\left(\frac{s_1}{s_3}\right)^{0.515} \tag{3.147}$$

式中　　s_3—— 管束三角形排列的三角形斜边长（参阅图 3.65），m；

　　　　d_{r}—— 翅根直径，m。

该式使用条件是：$Re = 2\,000 \sim 5\,000$；$s_1/d_{\mathrm{r}} = 1.8 \sim 4.6$；$s_1$ 及 $s_3 = 42.85 \sim 114.3\,\mathrm{mm}$；管子外径 $d_{\mathrm{o}} = 18.6 \sim 41.0\,\mathrm{mm}$；翅片管直径 $d_{\mathrm{f}} = 40 \sim 65\,\mathrm{mm}$；翅片间距 $s = 3.11 \sim 4.03$ 片 $/\mathrm{cm}$。

（2）流体横掠错排圆芯管 —— 矩形翅片管束

可用本书式（3.103）。

3.6.4 热管热交换器的热管工作安全性校验

为了保证热管工作安全可靠,在热管热交换器中,应作以下工作安全性校验:

1) 热管工作温度核算

这里要核算热管平均工作温度 t_v、热管可能达到的最高工作温度 $t_{v,max}$ 和热管可能达到的最低工作温度 $t_{v,min}$。

由前述热阻分析可得,热管元件蒸发段总热阻 R_e 为

$$R_e = R_1 + R_2 + R_3 + R_4, \, \text{℃/W} \tag{3.148}$$

凝结段总热阻 R_c 为

$$R_c = R_6 + R_7 + R_8 + R_9, \, \text{℃/W} \tag{3.149}$$

则总热阻 R_t 为

$$R_t = R_e + R_c + R_5 \approx R_e + R_c, \, \text{℃/W} \tag{3.150}$$

设 t_{m1}、t_{m2} 分别为热、冷流体进出该排热管束的平均温度,℃;t_v 为热管平均工作温度,℃。则由热平衡可得单支热管传热量 Q_s 为

$$Q_s = \frac{t_{m1} - t_v}{R_e} = \frac{t_v - t_{m2}}{R_c}, \, \text{W/支} \tag{3.151}$$

从而得热管的平均工作温度 t_v 为

$$t_v = \frac{R_c}{R_t} t_{m1} + \frac{R_e}{R_t} t_{m2}, \, \text{℃} \tag{3.152}$$

由此求得热管工作温度应处于流体的液、固凝结点和液、汽临界点之间。不过分地接近那一点,以保证热管工作循环正常进行。

更为重要的是,热管工作温度下的饱和压力(即工作压力)必须小于管材的许用压力。实用上常常用不同材料组合的热管的本身许用温度 t_{max} 来限制其工作温度,即

可能达到的最高工作温度 $t_{v,max}$ < 最高许用温度 t_{max};

可能达到的最低工作温度 $t_{v,min}$ > 最低许用温度 t_{min},如对钢铜复合管-水热管,t_v < 250 ℃;铜-水热管,t_v < 200 ℃;碳钢-水热管,t_v < 320 ℃。

$t_{v,max}$ 及 $t_{v,min}$ 可按下两式计算:

$$t_{v,max} = t_1' - Q_{s,f} R_e, \, \text{℃} \tag{3.153a}$$

$$t_{v,min} = t_1'' - Q_{s,1} R_e, \, \text{℃} \tag{3.153b}$$

式中 t_1'、t_1''——分别为热流体的进、出口温度,℃;

$Q_{s,f}$、$Q_{s,1}$——分别为首排热管及末排热管的单管传热量,W。

显然,热管只可能工作在 $t_{v,min} \sim t_{v,max}$ 的温度范围内。

在热管热交换器设计中,为避免出现最高工作温度高于热管元件的最高许用温度,可通过两条途径来解决:① 选用合适的热管元件,使其额定的最高许用温度高于热流体的入口温度。② 在设定最高许用温度的条件下,求取热管的安全长度比,从而确定热管应有的蒸发段长/冷凝段长的长度比(应小于安全长度比)。

2) 单管热负荷计算

单根热管的最大传热量 $Q_{s,max}$ 必须小于热管的工作极限。对于吸液芯热管,毛细极限是主要的性能限制,应使

$$Q_{s,max} < Q_{c,max} \qquad \text{(毛细极限时)}$$

对于热虹吸管（重力热管），携带极限为主要性能限制，应使

$$Q_{s,max} < Q_{e,max} \qquad \text{(携带极限时)}$$

$Q_{s,max}$ 可按下式计算：

$$Q_{s,max} = \frac{\Delta t_{max}}{R_t} \tag{3.154}$$

式中　Δt_{max}——热、冷流体的最大端部温差，℃。

垂直两相闭式热虹吸管达携带极限时的最大热流量 $Q_{e,max}$ 可用下式计算：

$$Q_{e,max} = C_K^2 \frac{\pi d_i^2}{4} r (\rho_l^{-1/4} + \rho_v^{-1/4})^{-2} f_1 , \text{W} \tag{3.155}$$

式中　C_K——邦德数 Bo 的函数，$C_K = \sqrt{3.2} \tanh(0.5 \sqrt[4]{Bo})$

　　　　Bo——称为邦德数（Bond number），为无因次管径，其值为

$$Bo = d_i \sqrt{\frac{g(\rho_l - \rho_v)}{\sigma}}$$

f_1——$f_1 = \sqrt[4]{\sigma g (\rho_l - \rho_v)}$；

ρ_l、ρ_v——分别为液、汽密度，kg/m^3；

σ——表面张力，N/m。

对于斜置的两相闭式热虹吸管，则

$$Q_{e,max} = 1.105^2 \frac{\pi d_i^{2.5}}{4} \frac{r \sqrt{g \rho_v (\rho_l - \rho_v)}}{[1 + (\rho_v/\rho_l)^{0.25}]^2} , \text{W} \tag{3.156}$$

3）壁温计算

热管加热段的最低壁温 $t_{p,min}$ 至少应大于管外气流的水蒸气露点 t_c，即 $t_{p,min} > t_c$，以避免积灰、结垢及严重的低温腐蚀。$t_{p,min}$ 可按下式计算：

$$t_{p,min} = t_1'' - Q_{s,1} R_1 \tag{3.157}$$

设计计算中，以上三项如不能满足，则应调整设计参数，重新设计。

3.6.5　热管热交换器的热力设计

热管热交换器的热力设计除与常规的间壁式热交换器的设计包含相同的传热计算和阻力计算两部分外，还必须进行热管的安全性校核计算。在设计中需要注意：

（1）热管因工作温度的范围不同而有高、中、低温热管三大类型，设计之前应先选定热管元件。选择热管元件时，可根据已知流体的工作温度估计热管的工作温度，使设计后的热管工作温度在安全数值范围内。作为热管换热器，在沿气流方向上，各排热管的工作温度是不一样的。当工作温度范围大时，应考虑根据温度的不同选用不同工值的热管。

（2）对于热管形式，应考虑使用场合的不同选择合适的形式。如，用于余热回收时，可多考虑应用结构简单、性能优良、工作可靠的两相闭式热虹吸管。

（3）根据设计条件，对不同类型、应用在不同场合的热管换热器选择其合适的结构参数。如，对有翅片的热管，在含尘量较高、有腐蚀性气体的场合，则宜选择翅间距较大、翅较厚而高度较低的翅片管。

（4）选择适当的迎面风速。风速过高，会导致压降过大和动力消耗增加；风速过低会导致

管外对流换热系数值小,热管的传热能力得不到充分发挥。

（5）重视原始参数的核实和计算公式的验证。因当热管应用于航空航天等重要领域时,精确性和安全性更为重要。而在应用于余热回收时,由于余热回收设备大都在已运行的系统中作为附加设备设计的,对系统中相关联的设备的影响要求就比较严格,故对计算的正确度应相应提高。

以下为用于余热回收的、以热虹吸管为热管元件的热管热交换器的热力设计示例。

[例3.6] 试设计一台热管空气预热器回收某炉排气余热,预热入炉助燃空气。

原始数据

1）排气流量 $V_{01} = 5\,000\ \text{Nm}^3/\text{h}$;

  排气进口温度 $t_1' = 300\ ℃$;

2）空气流量 $V_{02} = 4\,500\ \text{Nm}^3/\text{h}$;

  空气进口温度 $t_2' = 20\ ℃$;

3）燃料——天然气

  单价 $C_1 = 0.13\ \text{RMB¥}/\text{Nm}^3$

  低位发热值 $Q = 33\,488\ \text{kJ}/\text{Nm}^3$。

4）现场条件:原有引、送风机,换热器可以立式布置。

[解]

结构计算

1）热管元件的基本选择

（1）热管型式:碳钢-水热虹吸管,加缓蚀剂。

（2）热管的几何尺寸（根据目前国内生产情况选用）

基管外直径 $d_o = 25\ \text{mm}$;   壁厚 $\delta_w = 2\ \text{mm}$;

翅片型式:环型平翅片;

翅片外径 $d_f = 50\ \text{mm}$;   翅片高度 $H = 12.5\ \text{mm}$;

翅片厚度 $\delta_f = 1.0\ \text{mm}$;   翅片间距 $Y = 6\ \text{mm}$。

翅片管为20号无缝钢管绕制成的高频焊翅片,翅片材料为10号钢。热、冷流体侧的翅片几何结构相同。

2）换热器基本结构

（1）管束的排列方式

由于有引风机,选用正三角形错排方式布管:

横向节距 $s_1 = 1.3$ $d_f = 65\ \text{mm}$;

纵向节距 $s_2 = 56.3\ \text{mm}$（吹灰,吹灰器直径 $d_1 = 20\ \text{mm}$。对于错排管束,3排留一吹灰通道）。

（2）迎风面积及热管长度

选择排气侧迎风速度 $u_{01} = 2.0\ \text{Nm}/\text{s}$;

选择空气侧迎风速度 $u_{02} = 2.5\ \text{Nm}/\text{s}$;

排气侧迎风面积 $A_{01} = \dfrac{V_{01}}{3\,600 u_{01}} = 0.694\ \text{m}^2$;

空气侧迎风面积　　$A_{02} = \dfrac{V_{02}}{3\,600u_{02}} = 0.5\ \text{m}^2$；

为便于与外部烟风管道连接并保证气流的均流性，希望每侧迎风截面大体上构成正方形或接近正方形。取换热器的宽度 $B = 0.8\ \text{m}$，则

排气侧高　　$l_{\text{e}} = A_{01}/B = 0.87\ \text{m}$；

空气侧高　　$l_{\text{c}} = A_{02}/B = 0.63\ \text{m}$；

中间隔板厚　　$l_{\text{a}} = 30\ \text{mm}$；

预留安装段　　$l_{\text{s}} = 35\ \text{mm}$（上、下各预留 l_{s}）；

热管元件总长度　　$l = l_{\text{e}} + l_{\text{c}} + l_{\text{a}} + 2l_{\text{s}} = 1\,600\ \text{mm}$。

（3）第一排热管数 N_{T}

$$N_{\text{T}} = \frac{B}{s_1} = 12\ \text{支}$$

（4）元件加热段外光管面积 $F_{\text{o,e}}$

$$F_{\text{o,e}} = \pi d_{\text{o}} l_{\text{e}} = 0.068\,3\ \text{m}^2$$

3）热管元件的翅化比及换热器气流阻断系数

翅化比 β：

$$\beta = \left[\{ 2[(d_{\text{f}}/2)^2 - (d_{\text{o}}/2)^2] + d_{\text{f}}\delta_{\text{f}} \}/d_{\text{o}}Y \right] + \left(1 - \frac{\delta_{\text{f}}}{Y}\right)$$

$$\beta_1 = \beta_2 = 7.417$$

由热管和管上翅片遮盖的通风面积占迎风面积的比例可用气流阻断系数 ψ 表示：

$$\psi = \frac{d_{\text{o}} + (2H\delta_{\text{f}}/Y)}{s_1}$$

$$\psi_1 = \psi_2 = 0.449$$

传热计算

1）管束的换热计算

（1）排气侧热物性参数及放热量

选取换热器出口的排气温度 $t_1'' = 180\ ℃$（考虑了当炉子在低负荷下运行时，排气温度降低引起 t_1'' 向下波动应留的安全裕量）。

排气平均温度　　　$t_{\text{m1}} = \dfrac{1}{2}(t_1' + t_1'') = 240\ ℃$

以 t_{m1} 为定性温度查取排气热物性

　　密度　$\rho_1 = 0.696\ \text{kg/m}^3$；　　比热　$c_{p1} = 1.107\ \text{kJ/(kg·℃)}$；

导热系数　$\lambda_1 = 4.342 \times 10^{-2}\ \text{W/(m·℃)}$；　　黏度　$\mu_1 = 25.98 \times 10^{-6}\ \text{kg/(m·s)}$

排气在标准状况下的密度　$\rho_{01} = 1.295\ \text{kg/m}^3$

排气热量　$Q_1 = \rho_{01} V_{01} c_{p1} (t_1' - t_1'')/3\,600 = 238\,927.5\ \text{W}$

（2）空气侧温升及热物性参数

取预热器散热损失系数　$\xi_0 = 2.5\%$

空气吸热量　$Q_2 = (1 - 0.025)Q_1 = 232\,954.3\ \text{W}$

标准状况下空气密度　$\rho_{02} = 1.293\ \text{kg/m}^3$；

以 $20 \sim 160\ ℃$ 温度范围内的平均温度取空气比热　$c_{p2} = 1.009\ \text{kJ/(kg·℃)}$

空气出口温度　$t''_2 = t'_2 + \dfrac{Q_2}{c_{p2}\rho_{02}V_{02}} = 162.8\ ℃$；

空气平均温度　$t_{m2} = 91.4\ ℃$

以 t_{m2} 为定性温度得空气热物性参数：

$\rho_2 = 0.968\ \mathrm{kg/m^3}$，　$c_{p2} = 1.009\ \mathrm{kJ/(kg \cdot ℃)}$，

$\lambda_2 = 3.14 \times 10^{-2}\ \mathrm{W/(m \cdot ℃)}$，　$\mu_2 = 21.56 \times 10^{-6}\ \mathrm{kg/(m \cdot s)}$。

（3）最窄截面流速

排气侧：$u_1 = \dfrac{\rho_{01}V_{01}/3\,600}{\rho_1 l_e B(1 - \psi_2)} = 6.74\ \mathrm{m/s}$，

空气侧：$u_2 = 6.01\ \mathrm{m/s}$。

（4）换热系数计算

采用 Briggs 公式得

$$Nu_f = 0.137\,8 Re_f^{0.718} Pr^{1/3} \left(\frac{Y}{H}\right)^{0.296}$$

$$Re_1 = \frac{u_1 d_o \rho_1}{\mu_1} = 4\,514，\quad Re_2 = \frac{u_2 d_o \rho_2}{\mu_2} = 6\,746$$

$$Pr_1 = \frac{c_{p1}\mu_1}{\lambda_1} = 0.662，\quad Pr_2 = 0.693$$

$$Nu_1 = 40.66，\quad Nu_2 = 55.09$$

$$\alpha_1 = Nu_1 \frac{\lambda_1}{d_o} = 70.63\ \mathrm{W/(m^2 \cdot ℃)}；\quad \alpha_2 = Nu_2 \frac{\lambda_2}{d_o} = 69.19\ \mathrm{W/(m^2 \cdot ℃)}$$

2）热管元件的热阻计算

（1）翅片效率 η_f 和翅化表面总效率 η_0

翅片效率 $\eta_f = f(\xi, r'_f / r_0)$

热管工作温度估计值 $t_v = \dfrac{1}{2}(t_{m1} + t_{m2}) = 165.7\ ℃$，管壁温度 t_p 与蒸汽温度 t_v 接近，以 t_v 查低碳钢导热系数　$\lambda_f = 45.73\ \mathrm{W/(m \cdot ℃)}$。

$$\zeta = \left(H + \frac{1}{2}\delta_f\right)^{3/2} \left(\frac{\alpha}{\lambda_f A}\right)^{\frac{1}{2}}，$$

$A = \delta_f(r'_f - r_0)，\zeta_1 = 0.521，\zeta_2 = 0.516，r'_f = \dfrac{1}{2}(d_f + \delta_f) = 25.5\ \mathrm{mm}，$

$r'_f / r_0 = 2.04$

查附录 J 效率曲线图得：$\eta_{f1} \approx \eta_{f2} \approx 0.79$。

翅片总效率 η_0；由式（3.52）所示关系，可将 η_0 表示为

$$\eta_0 = \frac{[(d_f^2 - d_r^2) + 2d_f\delta_f]\eta_f / Y + 2d_r(1 - \delta_f / Y)}{[(d_f^2 - d_r^2) + 2d_r\delta_f] / Y + 2d_r(1 - \delta_f / Y)}$$

$$\eta_{0,e} \approx \eta_{0,c} = 0.81$$

式中，d_r 为翅根直径，在此即为 d_o。

（2）单支热管分热阻计算

取 $\varepsilon_e = 0.9$

$$R_1 = \frac{1}{\alpha_1 \beta_e \eta_{o,e} \varepsilon_e \pi d_o l_e} = 0.038\ 32\ \text{℃/W}$$

取 $\lambda_{p,e} = \lambda_f$

$$R_2 = \frac{1}{2\pi\lambda_{p,e} l_e} \ln(d_o/d_i) = 0.000\ 70\ \text{℃/W}$$

因重力热管无吸液芯,故将 R_3、R_4 合并成 $R_{3,4}$,R_6、R_7 合并成 $R_{6,7}$

取 $\alpha_e = 7\ 000\ \text{W/(m}^2 \cdot \text{℃)}$

$$R_{3,4} = \frac{1}{\alpha_e \pi d_i l_e} = 0.002\ 49\ \text{℃/W}$$

$$R_5 = 0$$

取 $\alpha_c = 5\ 000\ \text{W/(m}^2 \cdot \text{℃)}$

$$R_{6,7} = \frac{1}{\alpha_c \pi d_i l_c} = 0.004\ 81\ \text{℃/W}$$

$$R_8 = \frac{1}{2\pi\lambda_{p,c} l_c} \ln(d_o/d_i) = 0.000\ 96\ \text{℃/W}$$

取 $\varepsilon_c = 1$

$$R_9 = \frac{1}{\alpha_2 \beta_c \eta_{o,c} \varepsilon_c \pi d_o l_c} = 0.048\ 63\ \text{℃/W}$$

(3) 单支热管总热阻 R_t 及热阻成分 r_j

总热阻　　$R_t = \sum_{j=1}^{9} R_j = 0.095\ 91\ \text{℃/W}$

热阻成分　　$r_j = \dfrac{R_j}{R_t}$。

$r_1 = 40\%; r_2 = 0.73\%; r_{3,4} = 2.6\%; r_5 = 0; r_{6,7} = 5\%; r_8 = 1\%; r_9 = 50.7\%$

3) 传热温差

(1) 端温差,换热器为逆流流型:

$$\Delta t_1 = t_1' - t_2'' = 137.2\ \text{℃}$$
$$\Delta t_2 = t_1'' - t_2' = 160\ \text{℃}$$
$$\Delta t_{max} = \Delta t_2 = 160\ \text{℃}$$

(2) 对数平均温差

$$\Delta t_{lm} = \frac{\Delta t_2 - \Delta t_1}{\ln \dfrac{\Delta t_2}{\Delta t_1}} = 148.31\ \text{℃}$$

4) 传热系数 K 及传热量 Q_s,$Q_{s,max}$

计算传热系数以加热段外光管面积 $F_{o,e}$ 为基准。

$$K_{o,e} = \frac{1}{R_t F_{o,e}} = 152.59\ \text{W/(m}^2 \cdot \text{℃)}$$

单管平均传热量

$$Q_s = K_{o,e} F_{o,e} \Delta t_{lm} = 1\ 546.35\ \text{W}$$

单管可能的最大传热量

$$Q_{s,max} = K_{o,e} F_{o,e} \Delta t_{max} = 1\ 668.23\ \text{W}$$

5) 热管数 N 及排数 N_L

热管换热器的总传热量 Q_t

$$Q_t = K_{o,e} N_j F_{o,e} \Delta t_{lm}$$

由此可得计算热管数 N_j：

$$N_j = \frac{Q_1 + Q_2}{2K_{o,e}F_{o,e}\Delta t_{lm}} = 152.6 \text{ 支}$$

按正三角形排列布管，得奇数管排（$N_T = 12$）共 7 排，偶数管排（$N_T = 11$）共 6 排，总排数 N_L：

$$N_L = 13 \text{ 排}$$

实际热管数　　$N = 150$ 支

换热器深度　　$L = N_L S_2 + S_d = 0.832 \text{ m}$

式中　　S_d—— 吹灰道预留量。

流阻计算

1) 两换热侧流阻

$$\Delta p = \frac{f_s n G_{max}^2}{2\rho}, \text{N/m}^2$$

$$f_s = 37.86\left(\frac{d_o G_{max}}{\mu}\right)^{-0.316}\left(\frac{s_1}{d_r}\right)^{-0.927}\left(\frac{s_1}{s_3}\right)^{0.515}$$

$$G_{max} = \frac{\rho_o V_o}{3\,600 l' B(1-\psi)}, \text{kg/(m}^2 \cdot \text{s)}$$

式中 l' 为流通计算高度，对热流体 $l' = l_e$，冷流体 $l' = l_c$。

计算给出：

$$G_{max1} = 4.69 \text{ kg/(m}^2 \cdot \text{s)}, \qquad f_{s1} = 1.093;$$

$$G_{max2} = 5.82 \text{ kg/(m}^2 \cdot \text{s)}, \qquad f_{s2} = 0.963;$$

$$\Delta p_1 = 224 \text{ N/m}^2;$$

$$\Delta p_2 = 219 \text{ N/m}^2。$$

2) 引、送风机功率增量

$$p = \frac{\Delta p V_o \rho_o}{1\,000 \times 3\,600 \eta_p} \quad (\text{取电动机效率 } \eta_p = 0.9)$$

$$p_1 = 0.447 \text{ kW}$$

$$p_2 = 0.393 \text{ kW}$$

功率总增量　$\Sigma p = p_1 + p_2 = 1.049 \text{ kW}$

安全性校核

1) 热管工作温度

$$t_v = \frac{R_c}{R_t}t_{m1} + \frac{R_e}{R_t}t_{m2} = 155.72 \text{ ℃}$$

$$t_{v,min} = t_1'' - Q_{s,1}R_e = 89.25 \text{ ℃} \qquad \left(Q_{s,1} \approx \frac{t_1'' - t_2'}{R_t} = 1\,668.23\right)$$

$$t_{v,max} = t_1' - Q_{s,f}R_e = 222.18 \text{ ℃} \qquad \left(Q_{s,f} \approx \frac{t_1' - t_2''}{R_t} = 1\,430.51\right)$$

$t_v = 89.25 \sim 222.18\,℃$，相应的工作压力 $p_v = (0.7 \sim 24.2) \times 10^5\,\text{Pa}$，工作温度符合使用要求。

2）热管携带极限计算

$$Q_{e,\max} = C_K^2 \frac{\pi d_i^2}{4} r \left[\rho_l^{-1/4} + \rho_v^{-1/4}\right]^{-2} \left[g\sigma(\rho_l - \rho_v)\right]^{1/4}$$

$$C_K = \sqrt{3.2}\,\tanh(0.5Bo^{1/4})$$
$$Bo = d_i \left[g(\rho_l - \rho_v)/\sigma\right]^{1/2}$$

以 t_v 为定性温度查水蒸气和饱和水物性可得

$$\rho_l = 911.49\,\text{kg/m}^3; \quad \rho_v = 2.946\,\text{kg/m}^3;$$
$$r = 2\,096\,\text{kJ/kg}; \quad \sigma = 431.7 \times 10^{-4}\,\text{N/m}$$

计算得：

$$Bo = 9.537; \quad C_K = 1.261;$$
$$Q_{e,\max} = 4\,362.7\,\text{W};$$
$$Q_{e,\max} > Q_{s,\max}，\text{工作安全}。$$

3）加热侧最低壁温

$$t_{p,\min} = t_1'' - Q_{s,1}R_1 = 116.07\,℃$$
$$t_{p,\min} > t_c（\text{烟气中的水蒸气露点}）$$

以上三方面的核算表明此设计符合安全性要求。

3.7　蒸发冷却（冷凝）器

3.7.1　蒸发冷却（冷凝）器的结构

蒸发冷却（冷凝）器的结构如图 3.85 所示。热流体流过管内，冷却用流体为空气与喷淋水的混合物，在管外流过。装置顶部装有风机，空气由下部窗口吸入，流过传热管束。装置下部为一蓄水池，水泵将水输送到喷淋管上向传热管喷射。喷淋水受热而使其中部分水分蒸发，其余的则流至蓄水池。流过管束的空气经上部的除雾器除去夹带的水分后，由风机排出。传热管束通常采用光管，因如采用翅片管，其表面无法完全被水润湿，翅片上水的成膜性很差，且翅片间的积水也会削弱翅片的作用，并使热阻增加。因为运行中，必有少量水分被排出的空气带走，所以应向蓄水池适当补充水量。喷淋水一面循环一面蒸发，水中的不纯物就不断浓缩，如果喷淋水中的不纯物达到一定限度以上，在管外要生成污垢，所以在蓄水池底部设有排污装置，连续地排出一定量的水，以便使喷淋水中不纯物的浓度控制在产生污垢的界限值以下。风机安装在顶部，在工作时可使风机下部空间形成负压区域，加速传热管外表面水膜的蒸发，有利于强化传热。

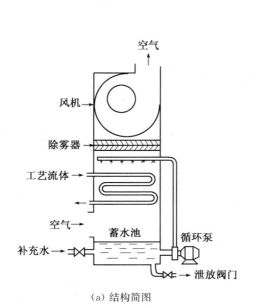

（a）结构简图

（b）实物图

图 3.85　蒸发冷却器

由上可见,蒸发冷却(冷凝)器在工作原理上是一种同时具有冷水塔(直接接触式)和管壳式热交换器性能的热交换器。当管内被冷却的工艺流体不发生相变时,称它为蒸发冷却器;当发生相变(冷凝)时,称为蒸发冷凝器。从形式上看,这似乎也是一种空冷器。由于蒸发冷却(冷凝)器中利用了水的蒸发吸热,与空冷器相比,它具有所需传热面小的优点。但是,当被冷却流体的温度在 80 ℃ 以上时,循环水中的不纯物常常会形成污垢,附着在蒸发冷却器的传热管上,造成使用困难。所以,冷却 80 ℃ 以上的流体时,最好将空冷器和蒸发冷却器串联起来,即将蒸发冷却器中的除雾器用翅片管代替,使高温热流体先流经翅片管束,预冷到 80 ℃ 以下后,再进入光管管束进行冷却。蒸发冷却(冷凝)器可用于引擎夹套水的冷却器、压缩机的中间冷却器、润滑油冷却器、空调装置冷却水的冷却器和其他工艺流体的冷却器。如将图 3.85 的结构稍加改进,即管式结构改为板式结构,热流体(室外空气)与冷流体(室内空气)及喷淋水分别流过板片两侧的通道,则构成板式蒸发冷却器,可用于空调系统,见参考文献[16]。

蒸发冷却(冷凝)器按风机操作不同可分为鼓风式和吸风式(大多用吸风式,图 3.85所示即属于该类);按传热元件分有管式及板式。管式又分水平管式与立管式,以水平管式用得最多。水平管式中有异型管及将换热盘管与其他换热单元体结合而成的填料式蒸发冷却(冷凝)器及鼓泡式蒸发冷却(冷凝)器。与水冷式相比,蒸发冷却(冷凝)器所用的循环水量为水冷式时的 10% ～ 30%,水泵功耗只有水冷式和冷却塔系统的 1/8 ～ 1/4,水质处理费低,总的占地面积小。所以,随着水资源及能源紧缺问题的突出,蒸发冷却(冷凝)器的需求量大增,特别在 80℃ 以下冷却领域,蒸发式冷却(冷凝)器有明显优势,应用前景广阔。蒸发式冷却(冷凝)器工程的初投资要比其他冷却(冷凝)器稍大,但随着应用的扩大,产品质量和数量的提高,价格更趋于合理,投资一台蒸发式冷却(冷凝)器一般在 1 ～ 2 年内即可收回投资。

我国对氨制冷装置用的蒸发式冷凝器建立了我国的机械行业标准,JB/T 7658.5—2006。按此标准,对其型号表示法规定如下:

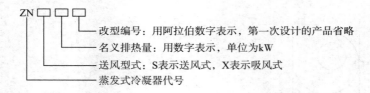

改型编号:用阿拉伯数字表示,第一次设计的产品省略
名义排热量:用数字表示,单位为kW
送风型式:S表示送风式,X表示吸风式
蒸发式冷凝器代号

示例:

ZNS500‐1:名义排热量,第一次改型的送风式冷凝器

ZNX200:名义排热量 200 KW 的吸风式冷凝器

3.7.2 蒸发冷却(冷凝)器中的传热

在蒸发冷却(冷凝)器中的传热过程为热量从管内流体经过壁面传递到喷淋水中,再从喷淋水传给空气。从喷淋水向空气的传热是依靠水的蒸发和冷却两种方式进行的。

1) 温度分布

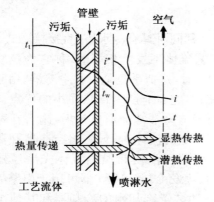

图 3.86 蒸发冷却器截面上流体温度分布

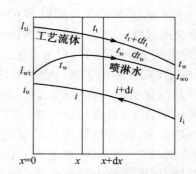

图 3.87 蒸发冷却器中沿流程的温度分布

当冷却管内流体时(即蒸发冷却器),蒸发冷却器截面上流体的温度分布如图 3.86 所示,沿流程的温度分布如图 3.87 所示。今取蒸发冷却器的微元高度段 $\mathrm{d}x$ 来讨论,管内流体失去的热量为

$$M_t c_t \mathrm{d}t_t = -K_o(t_t - t_w)\mathrm{d}x \tag{3.158a}$$

即

$$\frac{\mathrm{d}t_t}{\mathrm{d}x} = \frac{K_o}{M_t c_t}(t_w - t_t) \tag{3.158b}$$

喷淋水的温度变化是因从管内流体传入的热量与向空气传出的热量之差所致:

$$M_w c_w \mathrm{d}t_w = -K_M(i^* - i)\mathrm{d}x + K_o(t_t - t_w)\mathrm{d}x \tag{3.159a}$$

即

$$\frac{\mathrm{d}t_w}{\mathrm{d}x} = \frac{K_M}{M_w c_w}(i - i^*) - \frac{K_o}{M_w c_w}(t_w - t_t) \tag{3.159b}$$

空气得到的热量为

$$M_a \mathrm{d}i = -K_M(i^* - i)\mathrm{d}x \tag{3.160a}$$

即
$$\frac{\mathrm{d}i}{\mathrm{d}x} = \frac{K_M}{M_a}(i - i^*)$$
(3.160b)

以上各式中，

　　$\mathrm{d}x$—— 微元高度段的传热面积，m^2；

　　M_w—— 喷淋水的流量，$\mathrm{kg/s}$；

　　M_t—— 管内流体的流量，$\mathrm{kg/s}$；

　　M_a—— 空气的流量（当做干空气），$\mathrm{kg/s}$；

　　t_t—— 管内流体的温度，$\mathrm{℃}$；

　　t_w—— 喷淋水的温度，$\mathrm{℃}$；

　　i^*—— 与喷淋水温度相对应的饱和湿空气的焓，$\mathrm{J/kg}$（干空气）；

　　i—— 空气的焓，$\mathrm{J/kg}$（干空气）；

　　c_t—— 管内流体的比热，$\mathrm{J/(kg \cdot ℃)}$；

　　c_w—— 喷淋水的比热，$\mathrm{J/(kg \cdot ℃)}$；

　　K_o—— 从管内直至喷淋水的传热系数（以管外表面积为基准），$\mathrm{J/(m^2 \cdot s \cdot ℃)}$；

$$\frac{1}{K_o} = \frac{1}{\alpha_i}\left(\frac{d_o}{d_i}\right) + r_i\left(\frac{d_o}{d_i}\right) + \frac{\delta}{\lambda}\left(\frac{d_o}{d_m}\right) + r_o + \frac{1}{\alpha_o}$$
(3.161)

式中　α_i—— 管内流体与管内表面之间对流换热系数，$\mathrm{J/(m^2 \cdot s \cdot ℃)}$；

　　α_o—— 管外喷淋水与管外表面之间对流换热系数，$\mathrm{J/(m^2 \cdot s \cdot ℃)}$；

　　r_i, r_o—— 分别为管内、外壁上污垢热阻，$\mathrm{m^2 \cdot s \cdot ℃/J}$；

　　d_i, d_o—— 分别为管内、外直径，m；

　　d_m—— 传热管的对数平均直径，m；

$$d_m = \frac{(d_o - d_i)}{\ln\left(\dfrac{d_o}{d_i}\right)}$$

　　K_M—— 喷淋水向空气流的传质系数，$\mathrm{kg/(m^2 \cdot s \cdot \Delta X)}$，这里 ΔX 指含湿量差；

$$\frac{1}{K_M} = \frac{1}{K_Y} + \frac{m}{\alpha'}$$

　　K_Y—— 喷淋水与空气流之间的传质分系数，$\mathrm{kg/(m^2 \cdot s \cdot \Delta X)}$；

　　m—— 在湿空气的温 － 湿图中的饱和曲线斜率（在喷淋水温度下的值），查附录 H，$m = \dfrac{\mathrm{d}i}{\mathrm{d}t_w}$，$\mathrm{J/(kg \ 干空气 \cdot ℃)}$；

　　α'—— 喷淋水与空气、水界面之间的对流换热系数，$\mathrm{J/(m^2 \cdot s \cdot ℃)}$；

　　ΔX—— 含湿量的差[①]，$\mathrm{kg \ 蒸汽/kg \ 干空气}$；

$$\Delta X_i = X_i - X_o$$

　　X_i, X_o—— 分别为入口、出口处空气的含湿量，$\mathrm{kg \ 蒸汽/kg \ 干空气}$。

　　如取　　$a_1 = \dfrac{K_o}{M_t c_t}, a_2 = \dfrac{K_M}{M_w c_w}, a_3 = \dfrac{K_o}{M_w c_w}, a_4 = \dfrac{K_M}{M_a}$

则式(3.158b)、(3.159b)、(3.160b) 可分别写成：

注 ① 有些书将 X、ΔX 分别称为绝对湿度、绝对湿度差。

$$\frac{\mathrm{d}t_{\mathrm{t}}}{\mathrm{d}x} = a_1(t_{\mathrm{w}} - t_{\mathrm{t}}) \tag{3.162}$$

$$\frac{\mathrm{d}t_{\mathrm{w}}}{\mathrm{d}x} = a_2(i - i^*) - a_3(t_{\mathrm{w}} - t_{\mathrm{t}}) \tag{3.163}$$

$$\frac{\mathrm{d}i}{\mathrm{d}x} = a_4(i - i^*) \tag{3.164}$$

其中 i^* —— 喷淋水温度的函数，$i^* = f(t_{\mathrm{w}})$ $\tag{3.165}$

由于喷淋水是循环的，所以冷凝器入口处的喷淋水温度 t_{wi} 等于冷凝器出口处喷淋水的温度 t_{wo}，亦即

$$t_{\mathrm{wi}} = t_{\mathrm{wo}} \tag{3.166}$$

式(3.162)~(3.165)是表示蒸发冷却器温度特性的联立方程式，式(3.166)是其边界条件。

如果是蒸发冷凝器，即管内流体冷凝时，则因管内流体的温度 t_{t} 不变，故其温度特性式成为

$$t_{\mathrm{t}} = 常数 \tag{3.167}$$

$$\frac{\mathrm{d}t_{\mathrm{w}}}{\mathrm{d}x} = a_2(i - i^*) - a_3(t_{\mathrm{w}} - t_{\mathrm{t}}) \tag{3.168}$$

$$\frac{\mathrm{d}i}{\mathrm{d}x} = a_4(i - i^*) \tag{3.169}$$

$$i^* = f(t_{\mathrm{w}}) \tag{3.170}$$

边界条件 $\quad t_{\mathrm{wi}} = t_{\mathrm{wo}}$ $\tag{3.171}$

2) 对流换热系数和传质分系数

(1) 管外表面与喷淋水之间的对流换热系数 α_{o}

$$\alpha_{\mathrm{o}} = 55(1 + 0.016t_{\mathrm{f}})\left(\frac{\Gamma}{d_{\mathrm{o}}}\right)^{1/3} \tag{3.172}$$

该式的试验范围为 $1.389 < \dfrac{\Gamma}{d_{\mathrm{o}}} < 3.056$

$$0.694 < G_{\max} < 5.278$$

式中 $\quad \Gamma$ —— 流过单位宽度的流量，$\mathrm{kg/(m \cdot h)}$；

三角形错列时，$\Gamma = \dfrac{M_{\mathrm{w}} \times 3\,600}{(2 \times 一排中的管数) \times (2 \times 管长)}$

t_{f} —— 喷淋水的液膜温度，℃；

$$t_{\mathrm{f}} = \frac{(t_{\mathrm{w}} + t_{\mathrm{t}})}{2}$$

$G_{\max}$ —— 最小截面处湿空气的质量速度(冷凝器的出、入口平均)，$\mathrm{kg/(m^2 \cdot s)}$。

(2) 喷淋水与空气、水界面之间的对流换热系数 α'

在 $G_{\max}$ 为 $0.694 \sim 5.278\ \mathrm{kg/(m^2 \cdot s)}$，$\Gamma/d_{\mathrm{o}}$ 为 $1.389 \sim 5.278\ \mathrm{kg/(m^2 \cdot s)}$ 的范围内：

$\alpha' = 11\,630\ \mathrm{W/(m^2 \cdot ℃)}$

(3) 喷淋水与空气流之间的传质分系数 K_{Y}

$$K_{\mathrm{Y}} = 0.049 \times (G_{\max})^{0.905}，\mathrm{kg/(m^2 \cdot s \cdot \Delta X)} \tag{3.173}$$

3) 空气侧的压力损失 Δp_a，可按下式计算：

$$\Delta p_a = 1.3 \times 0.334 C_f n \frac{G_{\max}^2}{2\rho}, \text{N/m}^2 \tag{3.174}$$

式中 C_f—系数,示于表 3.14 中,表中,s_1/d_o—横向管中心距与管外径之比,s_2/d_o—纵向管中心距与管外径之比,n—流动方向的管排数。

表 3.14 系数 C_f 值

型式		s_2/d_o							
		顺排				错排			
Re	s_1/d_o	1.25	1.50	2.0	3.0	1.25	1.50	2.0	3.0
2 000	1.25	1.68	1.74	2.04	2.28	2.52	2.58	2.58	2.64
	1.50	0.79	0.97	1.20	1.56	1.80	1.80	1.80	1.92
	2.0	0.29	0.44	0.66	1.02	1.56	1.56	1.44	1.32
	3.0	0.12	0.22	0.40	0.60	1.30	1.38	1.13	1.02
8 000	1.25	1.68	1.74	2.04	2.28	1.98	2.10	2.16	2.28
	1.50	0.83	0.96	1.20	1.56	1.44	1.60	1.56	1.56
	2.0	0.35	0.48	0.63	1.02	1.19	1.16	1.14	1.13
	3.0	0.20	0.28	0.47	0.60	1.08	1.04	0.96	0.90
20 000	1.25	1.44	1.56	1.74	2.04	1.56	1.74	1.92	2.16
	1.50	0.84	0.96	1.13	1.46	1.10	1.16	1.32	1.44
	2.0	0.38	0.49	0.66	0.88	0.96	0.96	0.96	0.96
	3.0	0.22	0.30	0.42	0.55	0.86	0.84	0.78	0.74
40 000	1.25	1.20	1.32	1.56	1.80	1.26	1.50	1.68	1.98
	1.5	0.74	0.85	1.0	1.27	0.88	0.96	1.08	1.20
	2.0	0.41	0.48	0.62	0.77	0.77	0.79	0.82	0.84
	3.0	0.25	0.30	0.38	0.46	0.78	0.68	0.65	0.60

3.7.3 蒸发冷却器传热面积的计算

对于式(3.162 ~ 3.165),设

$$y = t_w - t_t, z = i - i^*$$

并把焓 i^* 近似地看成是喷淋水温度 t_w 的一次函数,则

$$\frac{\mathrm{d}i^*}{\mathrm{d}x} = m \frac{\mathrm{d}t_w}{\mathrm{d}x} \tag{3.175}$$

可得 $$\frac{\mathrm{d}y}{\mathrm{d}x} + b_1 y + b_2 z = 0 \tag{3.176}$$

$$\frac{\mathrm{d}z}{\mathrm{d}x} + b_3 y + b_4 z = 0 \tag{3.177}$$

式中 $b_1 = a_1 + a_3, b_2 = -a_2,$

$b_3 = -ma_3, b_4 = ma_2 - a_4.$

如果解式(3.176)和(3.177),可得

$$y = M_1 \mathrm{e}^{\psi_1 x} + M_2 \mathrm{e}^{\psi_2 x} \tag{3.178}$$

$$z = \frac{-M_1(\psi_1 + b_1)}{b_2} \cdot \mathrm{e}^{\psi_1 x} - \frac{M_2(\psi_2 + b_1)}{b_2} \mathrm{e}^{\psi_2 x} \tag{3.179}$$

式中，ψ_1、ψ_2 是下述二次方程的根：

$$\psi^2 + (b_1 + b_4)\psi + (b_1 b_4 - b_2 b_3) = 0 \tag{3.180}$$

在冷却器上端 $x = 0$ 处的边界条件：

$$t_t = t_{ti}, t_{wi}, t_t = t_{ti}, t_w = t_{wi}$$

可得

$$y_i = t_{wi} - t_{ti} = M_1 + M_2 \tag{3.181}$$

$$z_i = i_i - i_i^* = \frac{-M_1(\psi_1 + b_1)}{b_2} - \frac{M_2(\psi_2 + b_1)}{b_2} \tag{3.182}$$

在冷却器下端 $x = F_o$ 处的边界条件：

$$t_t = t_{to}, t_w = t_{wo} = t_{wi}, i = i_o, i^* = i_o^* = i_i^*$$

可得

$$y_o = t_{wi} - t_{to} = M_1 e^{\psi_1 F_o} + M_2 e^{\psi_2 F_o} \tag{3.183}$$

$$z_o = i_i - i_i^* = z = \frac{-M_1(\psi_1 + b_1)}{b_2} \cdot e^{\psi_1 F_o} - \frac{M_2(\psi_2 + b_1)}{b_2} e^{\psi_2 F_o} \tag{3.184}$$

由式（3.181）及（3.183）得

$$M_1 = \frac{(t_{wi} - t_{to}) - (t_{wi} - t_{ti}) e^{\psi_2 F_o}}{e^{\psi_1 F_o} - e^{\psi_2 F_o}} \tag{3.185}$$

$$M_2 = \frac{(t_{wi} - t_{to}) - (t_{wi} - t_{ti}) e^{\psi_1 F_o}}{e^{\psi_2 F_o} - e^{\psi_1 F_o}} \tag{3.186}$$

由式（3.182）及（3.184）得

$$M_1 = \left(\frac{-b_2}{\psi_1 + b_1}\right) \left[\frac{(i_o - i_i^*) - (i_i - i_i^*) e^{\psi_2 F_o}}{e^{\psi_1 F_o} - e^{\psi_2 F_o}}\right] \tag{3.187}$$

$$M_2 = \left(\frac{-b_2}{\psi_2 + b_1}\right) \left[\frac{(i_o - i_i^*) - (i_i - i_i^*) e^{\psi_1 F_o}}{e^{\psi_2 F_o} - e^{\psi_1 F_o}}\right] \tag{3.188}$$

由式（3.185）及（3.187）得传热面积（以管外表面积为基准）

$$F_o = \frac{1}{\psi_2} \ln\left[\frac{b_2(i_o - i_i^*) + (\psi_1 + b_1)(t_{wi} - t_{to})}{b_2(i_i - i_i^*) + (\psi_1 + b_1)(t_{wi} - t_{ti})}\right] \tag{3.189}$$

由式（3.186）及（3.188）得

$$F_o = \frac{1}{\psi_1} \ln\left[\frac{b_2(i_o - i_i^*) + (\psi_2 + b_1)(t_{wi} - t_{to})}{b_2(i_i - i_i^*) + (\psi_2 + b_1)(t_{wi} - t_{ti})}\right] \tag{3.190}$$

此外，$i_i^* = f(t_{wi})$ \hfill (3.191)

根据已知的 t_{ti}、t_{to}、i_i、i_o、b_1、b_2、ψ_1、ψ_2，如果解式（3.189）、（3.190）及（3.191）的联立方程式，就可以求出传热面积 F_o 和喷淋水温度 t_{wi}。在实际计算时，应先假设一个喷淋水温度 t_{wi} 的初值，由附录 G 求 i_i^*，代入式（3.189）和（3.190），分别求出传热面积 F_o。如由此两式所得结果不一致，则重新设定 t_{wi} 之值，直至由两式所得之 F_o 值接近为止。根据这一初步获得的 F_o 值选取管束的结构尺寸和排列方式，再作进一步的计算，求取应有的传热系数、传质系数、传热面积等数值。

3.8　微型热交换器

如何提高热交换器的紧凑度，以达到在单位体积上传递更多的热量，一直是热交换器研发和应用的一个目标。换热技术发展的进程——从早期的大型化管壳式热交换器，发展到20世纪二三十年代的以板式、板翅式为代表的紧凑式热交换器,直至20世纪90年代出现的标志着微型化的通道热交换器,正是显示了向这一目标的迈进。集成电路的发展,尤其是超大规模集成电路的应用,在小体积、高散热上提出了更高的要求。集成电路芯片的发热量,已从早期的 30 W/cm^2 升高到 300 W/cm^2 以上。设备的微型化、过程的集成化是未来科学技术的发展方向,微化工技术的出现同样要求包含微型热交换器在内的微化工系统。对于直径极小的流道的散热研究及其相应的微型热交换器的应用,显示了微型热交换器具有承担高热负载的能力,是热交换器向高紧凑度、微型化发展的一个重要方向。由于对微通道的传热及其整体的微型热交换器的研究和应用只有较短的时间,目前还处于试验研究和初步试用的阶段,所以本节只是把它作为一个发展方向进行概括性的阐述,为读者对其今后的发展和深入了解奠定一点基础。

3.8.1   分类与基本构造

目前尚无关于微型热交换器的确切定义,比较通行、直观的分类是由 Mehendale. S. S 提出的按其通道水力当量直径的尺寸来划分:

微通道(microchannels)	$d_e = 1 \sim 100 \ \mu m$
细通道(meso - channels)	$100 \ \mu m \sim 1 \ mm$
紧凑(compact) 通道	$1 \sim 6 \ mm$
常规(conventional) 通道	$> 6 \ mm$

进一步研究表明,对于气体,通道当量直径在 200 μm 以下时,流动和传热将会受到气体的稀薄效应的影响(这一影响可用努森数 $K_n = \lambda/d_e$ 来描述,其中 λ 为气体分子的平均自由行程,d_e 为水力当量直径)。考虑到这一因素,Kandlikar,Satish G[23] 提出了另一种分类:

常规通道(conventional channels)	$d_e > 3 \ mm$
微小通道(minichannels)	$3 \ mm \sim 200 \ \mu m$
微通道(microchannels)	$200 \sim 10 \ \mu m$
过渡通道(transitional channels)	$10 \sim 0.1 \ \mu m$
过渡微通道(transitional microchannels)	$10 \sim 1 \ \mu m$
过渡纳米通道(transitional nanochannels)	$1 \sim 0.1 \ \mu m$
分子纳米通道(molecular nanochannels)	$\leqslant 0.1 \ \mu m$

2003 年4 月召开的第一届微通道和微小型通道国际会议限定微通道的特征尺度在 10 $\mu m \sim$ 3.00 mm 范围内。但在热能与动力工程领域,通常我们将通道的水力当量直径在 1 $mm \sim 10 \ \mu m$ 内的热交换器称为微型热交换器或微通道热交换器。

微型热交换器的流体通道有深槽(深度与宽度比大于1)、扁槽(深度与宽度比小于1)、圆形、三角形、梯形、双梯形及多孔等,但以深槽和扁槽居多。图 3.88 显示的是在晶片上加工成形的多种形状的通道[23]。热交换器可以是单层多通道的,也可以是多层多通道的,构成顺流、逆流或叉流的微型热交换器。图3.89 所示为一种微通道热交换器结构。由于流道结构布置的不同,流体沿通道的流动可以是一个方向的单程流动(如图 3.89),也可以是有转折的多程流动(图 3.90)以及树枝状通道流动(图 3.91)等。传热的流体有液体或气体,无相变或有相变。图 3.92 为一种微型多通道蒸发器的整体及断面结构(扁槽)简图。两相流时,为保证流体均匀分布于各通道,以达到流动的稳定,在蒸发器两相流体进入的多通道前应加设分配器。

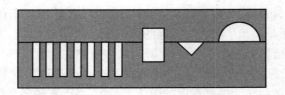

图 3.88　微型热交换器的多种通道形状

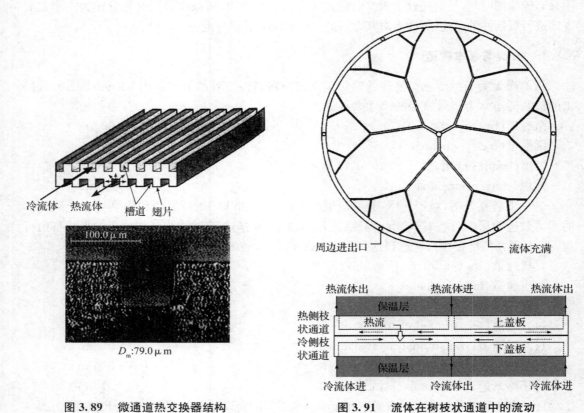

冷流体　热流体　槽道　翅片

$100.0\mu m$

D_m:79.0μm

图 3.89　微通道热交换器结构

周边进出口　流体充满

热流体出　热流体进　热流体出

保温层

热侧枝状通道　热流　上盖板

冷侧枝状通道　下盖板

保温层

冷流体进　冷流体出　冷流体进

图 3.91　流体在树枝状通道中的流动

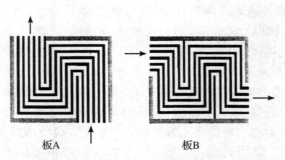

板A　板B

图 3.90　多程多通道微型热交换器(板 A、B 叠装)

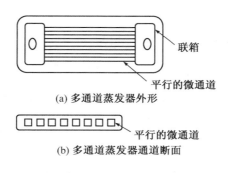

(a) 多通道蒸发器外形

平行的微通道

(b) 多通道蒸发器通道断面

图 3.92 微型多通道蒸发器

3.8.2 传热与阻力特性

对单个微型通道的传热和阻力的试验研究始于 20 世纪 80 年代,到目前为止已有许多有关的文献报导。但是由于通道尺寸都是微米的数量级,给实验、测量、可视化等带来了困难,所以,获得的数据还不足,不同的研究者所得结果差别较大。本书根据最近有关微型热交换器研究的专题报导,归纳出以下几点看法,供读者参考[23-25]。

(1) 微型热交换器的研究和应用 微型热交换器具有很高的紧凑度(可以达到 10 000 m^2/m^3 以上)和传热率(可以达到几百 W/cm^2 的数量级),如,据参考文献[25]报导,某台通道深为 200 μm、宽为 40 μm、长为 9 000 μm 的错流式微型热交换器,其紧凑度达到 15 294 m^2/m^3,总传热系数为 24.7 $kW/(m^2 K)$,单位体积传热量为 5 446 MW/m^3。显然,高的紧凑度使热交换器所占有的空间及材料消耗大大减少;因流通的空间小,使热交换器内的流体总量少,这对于流体属于价贵、有毒或易燃的,则更为经济和安全;高的传热率使热交换器的传热有效度提高。此外,传热界面小的热惰性(两流体间的壁厚薄)使传热的响应时间小,有利于小温差流体间传热时的温度控制。当然,微型热交换器也存在一些问题:阻力很大使压降增加;通道小,易结垢和堵塞,且一般的情况和维护是不可能的,对流体的清洁度要求高;流动的不稳定性和流动分布不均匀;联箱的设计复杂等。广义地说,微型热管也是微型热交换器的一种。它经历了从重力型、具有毛细芯的单根热管型到具有一束平行独立微槽道的平板热管型,再到内部槽道束通过蒸汽空间相互连通型等一系列变化,其目的就是要使其更有效地散热和适用于某些场合。图 3.93(a) 所示为单根微型热管,(b) 为用集成电路工艺制成的热管平面阵列示意图。

(2) 微通道中的单相流 对于液体单相流,在通道水力当量直径减小到某一值(约 381 μm)时,常规的理论公式已不适用于微通道的摩阻及努塞尔数的计算,这表明微通道换热已具有微尺度效应(表面效应)。对于气体单相流,在努森数 $K_n < 0.001$ 时,其传热和压降规律与常规通道相同。对于单相流,还要考虑壁面粗糙度(因对于微型的通道,相对粗糙度很大)、进口段及通道壁的非均匀热条件的影响,轴向导热等。

(3) 微通道中的流动沸腾 这是一个两相流的传热问题,要比单相流复杂得多。由于在微通道中两相流动的不稳定性,使流型随时间不断地变化。而且,由于气泡迅速膨胀成气块,会推动液体前后运动,并造成流体的逆向流动。这些现象会引起临界热负载的出现。微通道的流动沸腾换热系数也可用现有的常规通道时的沸腾换热关联式来帮助预测。

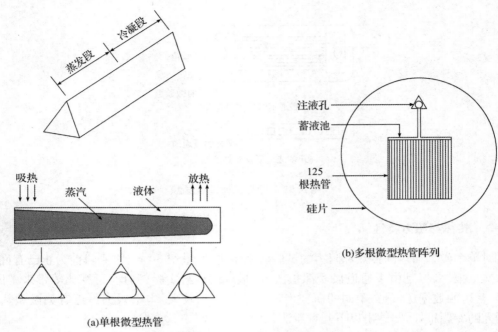

(a)单根微型热管

(b)多根微型热管阵列

图 3.93　微型热管示意图

（4）微通道中的凝结　微通道中的凝结换热显著地高于常规通道，在微通道内凝结换热的实验研究中观察到，凝结换热中除在常规尺度流道内可能有的环状流，波状流等流型外，还有珠状流，喷射流等流型。由于实验和测试的困难，目前关于微通道中的凝结换热规律尚无明确的论断。不论是凝结或沸腾的两相流动换热，受流道尺寸、流体性质等因素影响很大，需要进一步深入研究。

3.8.3　制造工艺与应用前景

微型热交换器的材料有聚甲基丙烯酸甲酯、镍、硅、铜、铝、陶瓷等。电子冷却的微型热交换器的通道通常是，从几毫米到 $0.1\ \mu m$，达到 5 个数量级，所以其制造工艺因通道尺寸的范围不同而异，在具体的选择上还要考虑到被加工材料的性质。微型通道的制造工艺可分为两大类：传统的微加工工艺，如，磨削和锯削、电火花加工、超声波和水力切割、光刻、电成形等；现代的加工工艺，如，激光加工、聚集离子束、湿化学蚀刻、干等离子蚀刻、紫外光刻、晶片链接等，对于毫米到几百微米尺寸的通道，可用普通的制造工艺。在几微米到 $0.1\ \mu m$ 以下范围内的通道，可用属于半导体制造工艺类的湿化学刻蚀及干等离子刻蚀等。在目前的应用研究中，主要关注的是几微米到几百微米的微通道，它们的制造工艺可以从传统的工艺、现代的半导体制造工艺或其他现代的工艺中优选。微型热交换器的微通道结构经历了从二维到三维的发展，对三维通道的加工工艺有：光刻电镀（LIGA）、准分子激光微细加工、双光子聚合（TPP）加工。不过，三维复杂微成形在技术上仍未得到很好的解决，正在积极开发新型的更有效的微加工和微成形技术。对于微型热交换器的整体封装，因不同的使用温度对材料的要求不同，故封装工艺也有很大差别。目前，对于采用多层槽道板叠装布置的结构，一般用扩散焊进行密封。

微型热交换器虽然在设计、制造、装配、密封技术和参数测量（无接触测量技术）等方面还存在很多难点，在运行上存在阻力大、对流体的清洁度要求高等问题，但是由于它具有结构紧凑、传热效率高、质量轻等特点，尤其在一些对换热设备的尺寸和重量有特殊要求的场合具有不可替代的优势，所以对它的研究和应用发展迅速，它已在微电子、航空航天、医疗、化学生物工程、材料科学、高温超导体的冷却、薄膜沉积中的热控制、强激光镜的冷却及涡轮机叶片的冷却等多方面得到了应用。今后的进一步发展是纳米通道的应用，如人造腰、人造肺等高效的传热传质部件。可以确信，随着大量的实践使用数据结果的积累、试验研究和数值模拟的开展、对其结构和性能等的技术改进（如，强化传热）及优化设计的研究，微型热交换器将日趋完善，并将在现在获得应用的微机电系统（MENS）和装置、微尺度传感器和执行机构、高强度的散热系统、微化工系统、生物医药及医疗等方面进一步扩展，应用前景极其广阔。

4 混合式热交换器

　　混合式热交换器是依靠冷、热流体直接接触进行传热的,这种传热方式避免了传热间壁及其两侧污垢所形成的热阻,只要流体间的接触情况良好,就有较大的传热速率。故凡允许流体相互混合的场合,都可以采用混合式热交换器,例如气体的洗涤与冷却,循环水的冷却,汽-水之间的混合加热,蒸汽的冷凝,等等。混合式热交换器的共同优点是结构简单、消耗材料少、接触面大,并因直接接触而有可能使得热量的利用比较完全,因此它的应用日渐广泛,遍及化工和冶金企业、动力工程、空气调节工程以及其他许多生产部门中。

　　按照用途的不同,混合式热交换器有以下几种不同的类型:

　　(1) 冷水塔(或称冷却塔)　　在这种设备中,用自然通风或机械通风的方法,利用空气将热水冷却降温,例如热力发电厂的循环水、合成氨生产中的冷却水,都是经过冷水塔降温之后循环使用以提高经济性。

　　(2) 气体洗涤塔(或称洗涤塔)　　工业上用这种设备来洗涤气体有各种目的,例如用液体吸收气体混合物中的某些组分、除净气体中的尘灰、气体的增湿或干燥等。但其最广泛的用途是冷却气体,而冷却所用的液体以水居多。由于以水冷却气体与上述用空气冷却循环水的传热机理基本相似,因而本章只以冷水塔为例加以讨论。

　　(3) 喷射式热交换器　　在这种设备中,使压力较高的流体由喷管喷出,形成很高的速度,低压流体被引入混合室与射流直接接触进行传热,并一同进入扩散管,在扩散管的出口达到同一压力和温度后送给用户。

　　(4) 混合式冷凝器　　这种设备一般是用水与蒸汽直接接触的方法使蒸汽冷凝,最后得到的是水与冷凝液的混合物,可以根据需要,或循环使用,或就地排放。

4.1　冷水塔

4.1.1　冷水塔的类型和构造

　　冷却过程是工业生产全过程的一部分,它的各项参数是根据全过程来确定的。随着工业的发展,对冷却水的需要也在增长。据有关资料统计,一个十万千瓦的热力发电厂,冷却水量需达 9 000 t/h 左右;一个年产 3 500 t 聚丙烯的化工设备,冷却水用量达 3 000 t/h 左右。一些大型化工企业的用水量甚至超过一些大城市的用水量[5]。由此可见对冷却水进行循环利用的重要性。对缺水地区,这一点尤为重要。

　　冷却水循环利用的关键在于它的温度。例如热力发电厂汽轮机效率的提高,与循环水温的下降成正比。使用固体燃料发电厂的中压机组,温度每降低 1 ℃ 能提高效率 0.47%,高压机组能提高 0.35%,使用核燃料的电厂能提高约 0.7%[5]。由此可见,精心设计冷水塔,保证良好的冷却效果有着重要意义。

　　冷水塔有很多种类,根据循环水在塔内是否与空气直接接触,可分成干式、湿式。干式冷水塔是把循环水送到安装于冷却塔中的散热器内被空气冷却,这种塔多用于水源奇缺而不允许水分散失或循环水有特殊污染的情况。湿式冷水塔则让水与空气直接接触,把水中的热传给空气,在这种塔中,水因蒸发而造成损耗,蒸发又使循环的冷却水含盐度增加,为了稳定水质,必须排放掉一部分含盐度较高的水,补充一定的新水,因此湿式冷水塔要有补给水源。

图 4.1 示出了湿式冷水塔的各种类型。在开放式冷水塔中,利用风力和空气的自然对流作用使空气进入冷水塔,其冷却效果要受到风力及风向的影响,水的散失比其他型式的冷水塔大。在风筒式自然通风冷水塔中,利用较大高度的风筒,空气形成的自然对流使空气流过塔内与水接触进行传热,其特点是冷却效果比较稳定。在机械通风冷水塔中,空气以鼓风机送入[如图 4.1 中的(c)]或以抽风机吸入[如图 4.1 中的(d)],所以它具有冷却效果好和稳定可靠的特点,它的淋水密度(指单位时间内通过冷水塔的单位截面积的水量)可远高于自然通风冷水塔。

按照热质交换区段水和空气两者流动方向的不同,方向相反的为逆流塔,方向垂直交叉的为横流塔[如图 4.1 中的(e)]。

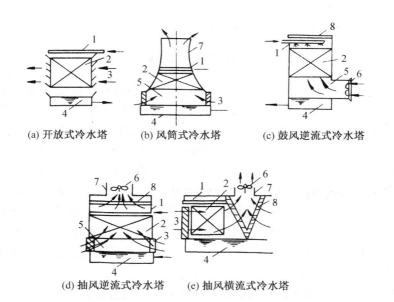

(a) 开放式冷水塔　　(b) 风筒式冷水塔　　(c) 鼓风逆流式冷水塔

(d) 抽风逆流式冷水塔　　(e) 抽风横流式冷水塔

图 4.1　各种湿式冷水塔示意图

1-配水系统;2-淋水装置;3-百叶窗;4-集水池;5-空气分配区;6-风机;7-风筒;8-收水器

各种型式的冷水塔,一般包括如下几个主要部分:

1) 淋水装置

淋水装置又称填料,其作用在于将进塔的热水尽可能形成细小的水滴或水膜,以增加水和空气的接触面积,延长接触时间,增进水气之间的热质交换。在选用淋水装置的型式时,要求它能提供较大的接触面积并具有良好的亲水性能,制造简单而又经久耐用,安装检修方便,价格便宜等。淋水装置可根据水在其中所呈现的形状分为点滴式、薄膜式及点滴薄膜式三种。

（1）点滴式　　这种淋水装置通常用水平的或倾斜布置的三角形或矩形板条按一定间距排列而成，如图 4.2 所示。在这里，以水滴下落过程中水滴表面的散热以及在板条上溅散而成的许多小水滴表面的散热为主，约占散热量的 60%～75%，而沿板条形成的水膜的散热只占总散热量的 25%～30%[11]。一般来说，减小板条之间的距离 s_1、s_2 可增大散热面积，但会增加空气阻力，减小溅散效果。通常取 s_1 为 150 mm，s_2 为 300 mm。风速的高低也对冷却效果产生影响，适当增加风速，使水滴降落速度减慢，增加接触时间，提高传热效果，增大填料散热能力；风速过大，使小水滴互相聚结的机会增大，反而降低传热效果，且增加电耗，还会使水滴带出，使水量损失增加。一般在点滴式机械通风冷水塔中可采用 1.3～2 m/s，自然通风冷水塔中采用 0.5～1.5 m/s。

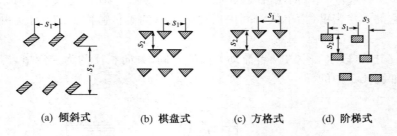

(a) 倾斜式　　　(b) 棋盘式　　　(c) 方格式　　　(d) 阶梯式

图 4.2　点滴式淋水装置板条布置方式

（2）薄膜式　　这种淋水装置的特点是利用间隔很小的平膜板或凹凸形波板、网格形膜板所组成的多层空心体，使水沿着其表面形成缓慢的水流，而空气则经多层空心体间的空隙，形成水气之间的接触面。水在其中的散热主要依靠表面水膜、格网间隙中的水滴表面和溅散而成的水滴的散热等三个部分，而水膜表面的散热居于主要地位，约占 70%[11]。图 4.3 中示出了其中四种薄膜式淋水装置的结构。对于斜波交错填料，安装时可将斜波片正反叠置，水流在相邻两片的棱背接触点上均匀地向两边分散。其规格的表示方法为"波矩×波高×倾角－填料总高"，以 mm 为单位。蜂窝淋水填料是用浸渍绝缘纸制成毛坯，在酚醛树脂溶液中浸胶烘干制成六角形管状蜂窝体，以多层连续放于支架上交错排列而成。它的孔眼的大小以正六边形内切圆的直径 d 表示。其规格的表示方法为：d（直径），总高 H＝层数×每层高－层距，例如：$d20$，H＝$12 \times 100 - 0$＝$1\,200$ mm。

（3）点滴薄膜式　　铅丝水泥网格板是点滴薄膜式淋水装置的一种（图 4.4），它是以 16～18# 铅丝作筋制成的 50 mm×50 mm×50 mm 方格孔的网板，每层之间留有 50 mm 左右的间隙，层层装设而成的。热水以水滴形式淋洒下去，故称点滴薄膜式，其表示方法为：G 层数×网孔－层距 mm。例如 $G16 \times 50 - 50$。

2）配水系统

配水系统的作用在于将热水均匀地分配到整个淋水面积上，从而使淋水装置发挥最大的冷却能力。常用的配水系统有槽式、管式和池式三种。

槽式配水系统通常由水槽、管嘴及溅水碟组成，热水从管嘴落到溅水碟上，溅成无数小水滴射向四周，以达到均匀布水的目的（图 4.5）。

管式配水系统的配水部分由干管、支管组成，它可采用不同的布水结构，只要布水均匀即

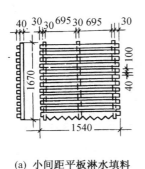

(a) 小间距平板淋水填料

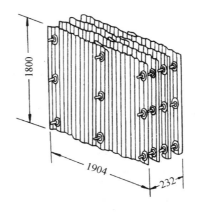

(b) 石棉水泥板淋水填料

(c) 斜波交错填料

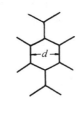

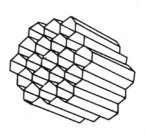

(d) 蜂窝淋水填料

图 4.3　薄膜式淋水装置的四种结构

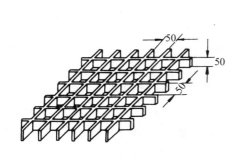

图 4.4　铅丝水泥网板淋水装置(单位:mm)

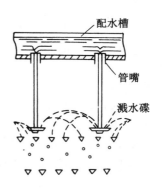

图 4.5　槽式配水系统

可。图 4.6 所示为一种旋转布水管系的平面图。

　　池式配水系统的配水池建于淋水装置正上方,池底均匀地开有 4～10 mm 孔口(或者装喷嘴、管嘴),池内水深一般不小于 100 mm,以保证洒水均匀。其结构示于图 4.7 中。

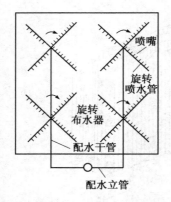

图 4.6 旋转布水的管式配水系统

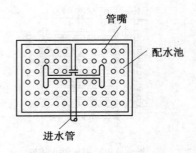

图 4.7 池式配水系统

3）通风筒

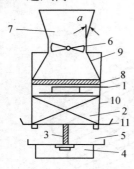

图 4.8 通风筒

1—布水器；2—填料；3—隔墙；
4—集水池；5—进风口；6—风机；
7—风筒；8—收水器；9—导风伞；
10—塔体；11—导风板

通风筒是冷水塔的外壳,气流的通道,其作用在于创造良好的空气动力条件,并将排出冷却塔的湿热空气送往高空,减少或避免湿热空气回流。自然通风冷水塔一般都很高。有的达150 m 以上,而机械通风冷水塔的高度一般在 10 m 左右。包括风机的进风口和上部的扩散筒,如图 4.8 所示。为了保证进、出风的平缓性和清除风筒口的涡流区,风筒的截面一般用圆锥形或抛物线形。

在机械通风冷水塔中,若鼓风机装在塔的下部地区,操作比较方便,这时由于它送出的是较冷的干空气,而不像装在塔顶的抽风机那样用于排除因受热而潮湿的空气,因此鼓风机的工作条件较好。但是,采用鼓风机时,从冷水塔排出的空气流速,仅有 1.5～2.0 m/s 左右,而且由于这种塔的高度不大,只要空中有微风吹过,就有可能将塔顶排出的热而潮湿的空气吹向下部,以致被风机吸入,造成热空气的局部循环,恶化了冷却效果。

4.1.2 冷水塔的工作原理

冷水塔内水的降温主要是由于水的蒸发散热和气水之间的接触传热。因为冷水塔多为封闭形式,且水温与周围构件的温度都不是很高,故辐射传热量可不予考虑。

根据气体动力学理论,处于无规则状态中的水分子,其运动速度差别很大,速度大的分子动能也大,它们能克服内聚力的束缚冲出水面,成为自由蒸汽分子。这些分子中的一部分与空气分子碰撞后可能重新回到水面被水吸收(冷凝),而另一部分可由于扩散和对流的作用进入空气的主流,成为空气中的水分子。上述这种水分子在常温下逸出水面成为自由蒸汽分子的传质现象称为水的表面蒸发。由于逸出水分子的平均动能比其余没有逸出水面的分子大,因而蒸发的结果会使水温下降。

单位面积水面上的表面蒸发速度(kg/m² · h)与水温和蒸汽分子向空气中扩散的速度有关。水温之所以有关是因为它标志着水分子的平均动能以及冲破内聚力的束缚而逸出水面的几率;而蒸汽分子向空气中扩散的速度之所以有关是因为空气中水分子返回水面的速度与空气中的水分浓度成比例。当空气中的水分子浓度达到某个数值时，会出现水分子逸出水面的速度与空气中水分子返回水面的速度相等的情况，这时空气中水分子含量达到饱和，蒸发散热就将减弱甚至停止。故在一定温度下，蒸发速度取决于水分子由水面附近向空气深处的扩散速度。

于是，一般认为当未饱和空气与水接触时，在水与气的分界面上存在极薄的一层饱和空气层，水首先蒸发到饱和气层中，然后再扩散到空气中去。

设水面温度为 t，紧贴水面的饱和空气层的温度与它相同，但其饱和水蒸气的分压力为 p''，而远离水面空气流的温度为 θ，它的蒸汽分压力是空气相对湿度 φ 和空气温度 θ 时的饱和蒸汽压力 p''_θ 的乘积，即

$$p = \varphi p''_\theta$$

式中　　p——温度为 θ℃ 的空气层中的蒸汽分压力，Pa；

　　　　φ——空气的相对湿度；

　　　　p''_θ——空气温度 θ℃ 时的饱和蒸汽压力，Pa。

于是在水面饱和气层和空气流之间就形成了分压力差

$$\Delta p = p'' - p,\text{Pa}$$

它是水分子向空气中蒸发扩散的推动力。只要 $p'' > p$，水的表面就会产生蒸发，而与水面温度 t 高于还是低于水面上的空气温度 θ 无关。在冷水塔的工作条件下，总是符合 $p'' > p$ 的，因此不论水温高于还是低于周围空气温度，Δp 总是正数，故在冷水塔中总能进行水的蒸发，蒸发所消耗的热量总是由水传给空气，其值可表示为

$$Q_\beta = \gamma \beta_p (p'' - p) F \tag{4.1}$$

式中　　Q_β——由蒸发产生的传热量，kW；

　　　　γ——汽化潜热，kJ/kg；

　　　　β_p——以分压差表示的传质系数，kg/(m²·s·Pa)。

水和空气温度不等导致接触传热是引起水温变化的另一个原因，接触传热的推动力为两者的温差 $(t - \theta)$，接触传热的热流方向可从空气流向水，也可从水流向空气，这要看两者的温度以何者为高，其值为

$$Q_\alpha = \alpha(t - \theta) F \tag{4.2}$$

式中　　Q_α——水气间的接触传热量，kW；

　　　　α——接触传热时的换热系数，kW/(m²·℃)。

在冷水塔中，一般空气量很大，空气温度变化较小。当水温高于气温时，蒸发散热和接触传热都向同一方向（即由水向空气）传热，因而由水放出的总热量为

$$Q = Q_\beta + Q_\alpha$$

其结果是使水温下降。当水温下降到等于空气温度时，接触传热量 $Q_\alpha = 0$。这时

$$Q = Q_\beta$$

故蒸发散热仍在进行。而当水温继续下降到低于气温时，接触传热量 Q_α 的热流方向从空气流向水，与蒸发散热的方向相反，于是由水放出的总热量为

$$Q = Q_\beta - Q_\alpha$$

如果 $Q_\beta > Q_\alpha$，水温仍将下降。但是 Q_β 渐趋减小，而 Q_α 渐趋增加，于是当水温下降到某一程度时，由空气传向水的接触传热量等于由水传向空气的蒸发散热量，这时

$$Q = Q_\beta - Q_a = 0$$

从此开始,总传热量等于零,水温也不再下降,这时的水温为水的冷却极限。对于一般的水的冷却条件,此冷却极限与空气的湿球温度近似相等。因而湿球温度代表着在当地气温条件下,水可能冷却到的最低温度。水的出口温度越接近于湿球温度(τ)时,所需冷却设备越庞大,故在生产中要求冷却后的水温比 τ 高 $3 \sim 5\ ℃$。

当然,在水温 $t = \tau$ 时,两种传热量之间的平衡具有动态平衡的特征,这是因为不论是水的蒸发或是水气间的接触传热都没有停止,只不过由接触传热传给水的热量全部都被消耗在水的蒸发上,这部分热量又由水蒸气重新带回到空气中。

从而可见,蒸发冷却过程中伴随着物质交换,水可以被冷却到比用以冷却它的空气的最初温度还要低的程度,这是蒸发冷却所特有的性质。

当水温被冷却到冷却极限 τ 时,Q_a 和 Q_β 之间的平衡关系可用下式表示:

$$\alpha(\theta - \tau)F = \gamma\beta_p(p''_\tau - p)F$$

式中　　τ——湿球温度,℃;

p''_τ——温度为 τ 时的饱和水蒸气压力,Pa;

F——水气接触面积,m^2。

为了推导和计算的方便,式(4.1)中的分压力差也可用含湿量差代替,但其中的 β_p 应以含湿量差表示的传质系数 β_x 代替,故式(4.1)可写成

$$Q_\beta = \gamma\beta_x(x'' - x)F \tag{4.3}$$

而 Q_a 和 Q_β 间的平衡关系:

$$\alpha(\theta - \tau)F = \gamma\beta_x(x''_\tau - x)F$$

式中　　β_x——以含湿量差表示的传质系数,$\text{kg/(m}^2 \cdot \text{s)}$;

x''_τ——与 τ 相应的饱和空气含湿量,kg/kg;

x——空气的含湿量,kg/kg。

关于水在塔内的接触面积 F,在薄膜式中,它取决于填料的表面积。而在点滴式淋水装置中,则取决于流体的自由表面积。然而具体确定此值是十分困难的,对某种特定的淋水装置而言,一定量的淋水装置体积相应具有一定量的面积,称为淋水装置(填料)的比表面积,以 $a(\text{m}^2/\text{m}^3)$ 表示。因此实际计算中就不用接触面积而改用淋水装置(或填料)体积以及与体积相应的传质系数 β_{xv} 和换热系数 α_v,于是

$$\beta_{xv} = \beta_x a,\ \text{kg/(m}^3 \cdot \text{s)};\quad \alpha_v = \alpha \cdot a,\ \text{kW/(m}^3 \cdot \text{℃)}。$$

而总传热量为

$$Q = \alpha_v(t - \theta)V + \gamma\beta_{xv}(x'' - x)V \tag{4.4}$$

4.1.3　冷水塔的热力计算

冷水塔的热力计算,逆流式与横流式有所不同。由于塔内热量、质量交换的复杂性,影响因素很多,很多研究者提出了多种计算方法。在逆流塔中,水和空气参数的变化仅在高度方向,而横流式冷却塔的淋水装置中,在垂直和水平两个方向都有变化,情况更为复杂。下面仅对逆流式冷水塔计算中的焓差法作一介绍。

1)迈克尔焓差方程

1925 年,迈克尔(MerKel)首先引用了热焓的概念建立了冷水塔的热焓平衡方程式。利

用迈克尔焓差方程和水、气的热平衡方程，可比较简便地求解水温 t 和热焓 i，因而至今仍是对冷水塔进行热力计算时所采用的主要方法，称为焓差法，其要点如下：

取逆流塔中某一微段 dZ（见图 4.9），设该微段内的水、气分布均匀，进入该微段的总水量为 L，其水温为 $t+dt$，经过该微段的热质交换，出水温度为 t，蒸发掉的水量为 dL。进入该微段的空气量为 G，气温为 θ，含湿量为 x，焓为 i，与水进行热交换后 dZ 段的温度、含湿量及焓分别为 $\theta+d\theta$、$x+dx$、$i+di$。

在微段内接触传热量与蒸发散热量之和为

$$dQ = \alpha(t-\theta)aA\,dZ + \gamma\beta_x(x''-x)aA\,dZ \tag{4.5}$$

或

$$dQ = [(\alpha/\beta_x t + rx'') - (\alpha/\beta_x \theta + rx)]\beta_x aA\,dZ$$

式中　a——填料的比表面积，m^2/m^3；

　　　A——塔的横截面积，m^2；

　　　Z——塔内填料高度，m；

　　　x''、x——与水温 t 相应的饱和空气含湿量以及与水相接触的空气的含湿量，kg/kg。

将路易斯（Lewis）关系式*

$$\alpha/\beta_x = c_x \quad (c_x \text{ 为湿空气比热})$$

及含湿量为 x 的湿空气的焓 $i_x = c_x\theta + rx$，

水面饱和空气层（其温度等于水温 t）的焓 $i'' = c_x t + rx''$，代入式（4.5）则得

$$dQ = \beta_x(i''-i)aA\,dZ \tag{4.6}$$

此即迈克尔焓差方程，它表明塔内任何部位水、气之间交换的总热量与该点水温下饱和空气焓 i'' 与该处

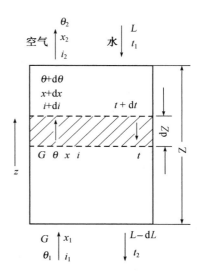

图 4.9　逆流式冷水塔中的冷却过程

空气焓 i 之差成正比。该方程可视为能量扩散方程，焓差正是这种扩散的推动力。但应指出，路易斯关系式只是在特定的绝热蒸发的条件下才是一个常数，因而迈克尔方程存在一定的近似性。

2）水气热平衡方程

在没有热损失的情况下，水所放出的热量应当等于空气增加的热量。在微段 dZ 内水所放出的热为

$$dQ = Lc(t+dt) - (L-dL)ct = (Ldt+tdL)c \tag{4.7}$$

其中 c 为水的比热。而空气在该微段吸收的热为

$$dQ = Gdi \tag{4.8}$$

因而

$$Gdi = c(Ldt+tdL) \tag{4.9}$$

式中等号右边第一项为水温降低 dt 放出之热，第二项为由于蒸发了 dL 水量所带走的热，此项数值与第一项比相对较小，为简化计算，将其影响考虑到第一项中，将第一项乘以系数

---

* 路易斯关系式的证明可见[4]。

$1/K$,因而得

$$Gdi = \frac{1}{K}cL\,dt \tag{4.10}$$

此即该微段的热平衡方程。

此处有必要对系数 K 做一些说明：

① 从上引出系数 K 的过程可知，它是一个与蒸发水量有关的系数，它应当小于 1；

② 将式（4.10）代入式（4.9），有 $Gdi = KGdi + ct\,dL$

整理后成为

$$K = 1 - \frac{ct\,dL}{G\,di} \tag{4.11}$$

其中的 $ct\,dL$ 值（即蒸发散热量）只占总传热量的百分之几，因而 $K \approx 1$；

③ 若用式（4.10）对全塔进行积分，则有

$$\left. \begin{array}{c} G(i_2 - i_1) = \dfrac{cL}{K}(t_1 - t_2) \\[2mm] \text{或} \quad K = \dfrac{cL(t_1 - t_2)}{G(i_2 - i_1)} \end{array} \right\} \tag{4.12}$$

又在淋水装置全程内，水气之间有如下热平衡：

$$cLt_1 - (L - \Delta L)ct_2 = G(i_2 - i_1)$$

或

$$\frac{cL(t_1 - t_2)}{G(i_2 - i_1)} = 1 - \frac{c\Delta Lt_2}{G(i_2 - i_1)} \tag{4.13}$$

将式（4.12）和式（4.13）比较后可知：

$$K = 1 - \frac{c\Delta Lt_2}{G(i_2 - i_1)} \tag{4.14}$$

其中 $\quad G(i_2 - i_1) = Q_\alpha + Q_\beta, \quad \Delta L = Q_\beta/r$

可得 $\quad K = 1 - \dfrac{\dfrac{Q_\beta}{r}ct_2}{Q_\alpha + Q_\beta} = 1 - \dfrac{ct_2}{r\left(1 + \dfrac{Q_\alpha}{Q_\beta}\right)} \tag{4.15}$

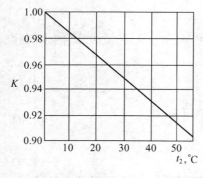

图 4.10　K 值与冷却水温 t_2 的关系

在炎热的夏季，接触传热量 Q_α 甚小，故 $\dfrac{Q_\alpha}{Q_\beta} \approx 0$，所以

$$K = 1 - \frac{ct_2}{r} \tag{4.16}$$

其中的汽化潜热 r 应取淋水装置中与水平均温度相应的数值，但它在一般的水冷却条件下变化不大，故实际计算中可用 t_2 时的汽化潜热。从上式可见，K 是出口水温 t_2 的函数，此关系示于图 4.10。

3）计算冷水塔的基本方程

综合迈克尔焓差方程（4.6）和热平衡方程（4.10），可得

$$\beta_x(i'' - i)\alpha A\,dZ = \frac{1}{K}cL\,dt \tag{4.17}$$

对此进行变量分离并加以积分：

$$\frac{c}{K}\int_{t_2}^{t_1}\frac{\mathrm{d}t}{i''-i} = \int_0^z \beta_x \frac{aA}{L}\mathrm{d}Z = \beta_x \frac{aAZ}{L} \tag{4.18}$$

式(4.18)是在迈克尔方程基础上以焓差为推动力进行冷却时,计算冷水塔的基本方程,若以 N 代表该式的左边部分,即

$$N = \frac{c}{K}\int_{t_2}^{t_1}\frac{\mathrm{d}t}{i''-i} \tag{4.19}$$

称 N 为按温度积分的冷却数,简称冷却数,它是一个无量纲数。

再以 N' 表示式(4.18)右边部分,即

$$N' = \beta_x \frac{aAZ}{L} \tag{4.20}$$

称 N' 为冷水塔特性数。冷却数表示水温从 t_1 降到 t_2 所需的特征数数值,它代表着冷却任务的大小。在冷却数中的 $(i''-i)$ 是指水面饱和空气层的焓与外界空气的焓之差 Δi,此值越小,水的散热就越困难。所以它与外部空气参数有关,而与冷水塔的结构和型式无关。在气量和水量之比相同时,N 值越大,表示要求散发的热量越多,所需淋水装置的体积越大。特性数中的 β_x 反映了淋水装置的散热能力,因而特性数反映了淋水塔所具有的冷却能力,它与淋水装置的构造尺寸、散热性能及水、气流量有关。

冷水塔的设计计算问题,就是要求冷却任务与冷却能力相适应,因而在设计中应保证 $N = N'$,以保证冷却任务的完成。

4) 冷却数的确定

冷却数实际上就是焓差的倒数求积分,上限为进水温度 t_1,下限为出水温度 t_2。但在冷却数定义式中,$(i''-i)$ 与水温 t 之间的关系极为复杂,一般只能近似求解,这里介绍各种近似解法中的辛普逊(Simpson)近似积分法。此法系将冷却数的积分式分项计算求得近似解。按辛普逊积分法的要求,将积分区间分成偶数个小段,设段数为 n,每个小段的水温变化值为 $\delta t/n$,从而可知各小段的水温。与每个水温相应的饱和焓 i'' 可在湿空气的温湿图(附录 H)或湿空气表(附录 G)上查到,与每个水温相应的空气的焓 i,也可由式(4.12)写成

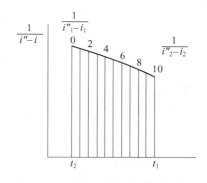

图 4.11 辛普逊积分法求冷却数

$$i_2 = i_1 + \frac{cL}{KG}(t_1 - t_2) \tag{4.21}$$

的形式,把它计算出来。

于是,就可得到与每个水温相对应的 $1/(i''-i)$ 值,并将它们绘成以 t 为横坐标,以 $1/(i''-i)$ 为纵坐标的点,然后以每三个点即 0、1、2,2、3、4,4、5、6,… 抛物线连接(如图 4.11),于是用辛普逊积分的结论,可得出 $t_2-0-10-t_1$ 所包围的面积为

$$\int_{t_2}^{t_1}\frac{\mathrm{d}t}{i''-i} = \frac{\delta t}{3n}\left(\frac{1}{\Delta i_0} + \frac{4}{\Delta i_1} + \frac{2}{\Delta i_2} + \frac{4}{\Delta i_3} + \frac{2}{\Delta i_4} + \frac{4}{\Delta i_5} + \cdots + \frac{2}{\Delta i_{n-2}} + \frac{4}{\Delta i_{n-1}} + \frac{1}{\Delta i_n}\right)$$

而冷却数为

$$N = \frac{c\delta t}{3nK}\left(\frac{1}{\Delta i_0} + \frac{4}{\Delta i_1} + \frac{2}{\Delta i_2} + \cdots + \frac{1}{\Delta i_n}\right) \tag{4.22}$$

由式(4.21)可知,后一个等分的 i_n 与前一个等分的 i_{n-1} 值的关系为

$$i_n - i_{n-1} = \frac{cL}{KG}\left(\frac{t_1 - t_2}{n}\right) \tag{4.23}$$

在计算时,应从淋水装置底层开始,先算出该层的 i 值,再逐步往上算出以上各段的 i 值。各段的 K 值也应根据相应段的水温按式(4.16)计算。

若对精度要求不高,且 $\delta t < 15\ ℃$ 时,常用下列两段公式简化计算:

$$N = \frac{c\delta t}{6K}\left(\frac{1}{i_1'' - i_1} + \frac{4}{i_m'' - i_m} + \frac{1}{i_2'' - i_2}\right) \tag{4.24}$$

式中　i_1''、i_2''、i_m'' —— 与水温 t_2、t_1、$t_m = \dfrac{t_1 + t_2}{2}$ 对应的饱和空气焓,kJ/kg;

　　　i_1、i_2 —— 分别为空气进口、出口处的焓,kJ/kg;

　　　δt —— 水在塔内的温降,℃。

而　$i_m = \dfrac{i_1 + i_2}{2}$。

5)特性数的确定

为使实际应用方便,常将式(4.20)定义的特性数改写成

$$N' = \beta_{xV} \frac{V}{L} \tag{4.25}$$

式中　β_{xV} —— 容积传质系数,$\beta_{xV} = \beta_x a$,kg/(m³ · sΔx);

　　　V —— 填料体积,m³。

可见特性数取决于容积传质系数、冷水塔的构造及淋水情况等因素。

6)换热系数与传质系数的计算

在计算冷水塔时要求确定换热系数和传质系数。假定热交换和质交换的共同过程是在两者之间的类比条件得到满足的情况下进行,由相似理论分析,换热系数和传质系数之间应保持一定的比例关系。此比例关系与路易斯关系式的结果一致。

$$\frac{\alpha}{\beta_x} = c_x$$

在冷水塔计算中,c_x 一般采用 1.05 kJ/(kg · ℃)。

由此可得到一个重要结论:即当液体蒸发冷却时,在空气温度及含湿量的实用范围变化很小时,换热系数和传质系数之间必须保持一定的比例关系,条件的变化可使某一个增大或减小,从而导致其他一个也相应地发生同样的变化。因而,当缺乏直接的实验资料时就可根据上述比例关系予以近似估计。

可以说直到现在为止,还没有一个通用的方程式可以计算水在冷水塔中冷却时的换热系数和传质系数,因此更有意义的是针对具体淋水装置进行实验,取得资料。图 4.12 和图 4.13 示出了由试验得到的两种填料的 β_{xV} 曲线*。图 4.14 则是已经把不同气水比(空气量与水量之比,以 λ 表示)整理成与特性数之间的关系曲线,图中示出了两种填料的特性,更多的资料可见参考文献[2]、[8]等。

7)气、水比的确定

---

* 注意图中 β_{xV} 的单位为 kg/(m³ · h),而 q_w 为淋水密度,单位为 m³/(m² · h)

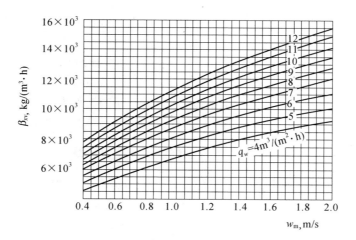

图 4.12 塑料斜波 $55 \times 12.5 \times 60° - 1\,000$ 型容积传质系数曲线[8]

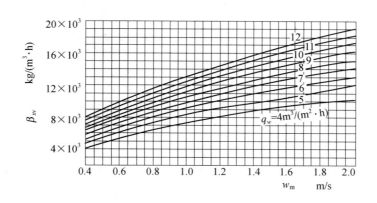

图 4.13 纸质蜂窝 $d_{20}, H = 10 \times 100 = 1\,000$ 型容积传质系数曲线[8]

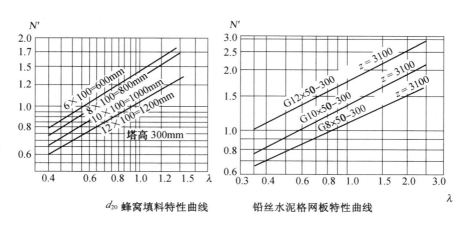

d_{20} 蜂窝填料特性曲线　　　铅丝水泥格网板特性曲线

图 4.14 两种填料的特性曲线[7]

气、水比是指冷却每公斤水所需的空气公斤数,气、水比越大,冷水塔的冷却能力越大,一般情况下可选 $\lambda = 0.8 \sim 1.5$。

由于空气的焓 i 与气、水比有关，因而冷却数也与气、水比有关。同时特性数也与气、水比有关，因此要求被确定的气、水比能使 $N = N'$。为此，可用牛顿迭代法上机计算或者在设计计算中假设几个不同的气、水比算出不同的冷却数 N，作如图 4.15 所示的 $N \sim \lambda$ 曲线。再在同一图上作出填料特性曲线 $N' \sim \lambda$ 曲线，这两条曲线的交点 P 所对应的气、水比 λ_P 就是所求的气、水比。P 点称为冷水塔的工作点。

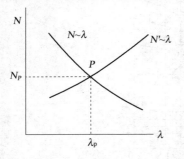

图 4.15 气、水比及冷却数的确定

4.1.4 冷水塔的通风阻力计算

通风阻力计算的目的是在求得阻力之后选择适当的风机（对机械通风冷却塔）或确定自然通风冷却塔的高度。

1）机械通风冷却塔

空气流动阻力包括由空气进口之后经过各个部位的局部阻力。各部位的阻力系数常采用试验数值或利用经验公式计算。表 4.1 列出了局部阻力系数的计算公式，在参考文献[8]中列出了多种填料的阻力特性曲线，可查阅。

表 4.1 冷水塔各部位的局部阻力系数

部 位 名 称	局部阻力系数	说 明
进风口	$\xi_1 = 0.55$	
导风装置	$\xi_2 = (0.1 + 0.000\,025 q_w) l$	q_w——淋水密度，$m^3/(m^2 \cdot h)$； l——导风装置长度，m，对逆流塔取其长度的一半，对横流塔取总长
淋水装置处气流转弯	$\xi_3 = 0.5$	
淋水装置进口气流突然收缩	$\xi_4 = 0.5\left(1 - \dfrac{f_0}{f_s}\right)$	f_0——淋水装置有效截面积，m^2； f_s——淋水装置总截面积，m^2
淋水装置	$\xi_5 = \xi_0(1 + K_s q_w)Z$	ξ_0——单位高度淋水装置阻力系数； K_s——系数，可查有关手册； Z——淋水装置高度，m
淋水装置进口气流突然扩大	$\xi_6 = \left(1 - \dfrac{f_0}{f_s}\right)^2$	
配水装置	$\xi_7 = \left[0.5 + 1.3\left(1 - \dfrac{f_{ch}}{f_s}\right)^2\right] \cdot \left(\dfrac{f_s}{f_{ch}}\right)^2$	f_{ch}——配水装置中气流通过的有效截面积，m^2
收水器	$\xi_8 = \left[0.5 + 2\left(1 - \dfrac{f_g}{f_n}\right)^2\right] \cdot \left(\dfrac{f_g}{f_n}\right)^2$	f_g——收水器有效截面积，m^2； f_n——收水器的总面积，m^2
风机进风口（渐缩管形）	ξ_9	可查参考文献[8]
风机扩散口	ξ_{10}	可查参考文献[7]
气流出口	$\xi_{11} = 1.0$	

塔的总阻力为各局部阻力之和,根据总阻力和空气的容积流量,即可选择风机。

2) 自然通风冷水塔

自然通风冷水塔的阻力必须等于它的抽力,由此原则可确定空气流速和塔筒高度。

抽力的计算公式为

$$Z = H_0 g(\rho_1 - \rho_2), \text{Pa} \tag{4.26}$$

阻力计算公式为

$$\Delta p = \xi \frac{\rho_m w_m^2}{2}, \text{Pa} \tag{4.27}$$

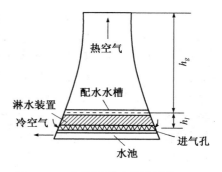

图 4.16　自然通风冷却塔计算

以上两式中:

ρ_1、ρ_2——分别为塔外的和填料上部的空气密度,kg/m³;

H_0—— 通风筒的有效高度,m;见图 4.16,$H_0 = h_1 + 0.5h_l$;

h_g—— 淋水装置上的配水槽水面到塔顶高度,m;

h_l—— 淋水装置底到配水槽水面高度,m;

ρ_m—— 淋水装置中的平均空气密度,kg/m³,$\rho_m = (\rho_1 + \rho_2)/2$;

w_m—— 淋水装置中的平均风速,m/s。

总阻力系数 ξ 等于各部位局部阻力系数之和,一般可用下式计算:

$$\xi = \frac{2.5}{\left(\dfrac{4H'}{D}\right)^2} + 0.32D + \left(\frac{F_{淋}}{F}\right)^2 + \xi_\beta \tag{4.28}$$

式中　　H'—— 进风口高度,m;

D—— 进风口处塔的直径,m;

$F_{淋}$—— 淋水装置横截面积,m²;

F—— 塔的出风口横截面积,m²;

ξ_β—— 淋水装置及其进、出口的阻力系数。

若已知塔型,可根据 $\Delta p = Z$ 用式(4.26)和式(4.27)确定风速 w_m

$$w_m = \sqrt{2H_0 g(\rho_1 - \rho_2)/\xi \rho_m}, \quad \text{m/s} \tag{4.29}$$

或已知风速亦可求出冷水塔有效高度 H_0。

关于出塔空气的状态,除了可以从式(4.21)求出 i_2 之外,还要求得 θ_2 或 φ_2。而出塔空气的相对湿度 φ_2,在气、水比小于或等于理论气、水比 $\lambda_{理}$ 的情况下,它应当等于1。这里的理论气、水比指的是出塔空气的含湿量恰好达到饱和($\varphi = 1$)时的气、水比。由式(4.12)可得

$$\lambda_{理} = \frac{c\Delta t}{K(i_2 - i_1)} \tag{4.30}$$

根据实测,$\lambda = 0.6 \sim 1.4$ 的范围内,出塔空气的相对湿度 $\varphi_2 = 1.0$。由此则可根据 i_2 及 $\varphi_2 = 1.0$ 从焓湿图上得得 θ_2,并从附录 G 中查取与 θ_2 相对应的饱和蒸汽压力 $p''_{汽}$,再由下式算出出塔空气的密度 ρ_2

$$\rho_2 = \rho_{汽} + \rho_{干} = \frac{p''_{汽}}{461.5(273 + \theta_2)} + \frac{101\,325 - p''_{汽}}{287(273 + \theta_2)}, \quad \text{kg/m}^3 \tag{4.31}$$

4.1.5 冷水塔的设计计算

前已提到,水能被冷却的理论极限温度是空气的湿球温度 τ,水出口温度越接近 τ 时,冷却效果越好,但冷却塔的尺寸越大。虽冷却温差(即冷却前后水温之差)、冷却水量均影响塔的尺寸,但 $(t_2 - \tau)$ 值(称为冷幅)的大小却居主要地位。因而生产上一般要求 t_2 要比 τ 高 3 ~ 5 ℃。由于冷水塔常按夏季不利气象条件计算,如果采用外界空气最高温度和最高湿度显然是不合适的,因为在水负荷或热负荷一定的情况下,空气的计算温度和湿球温度越高,塔的尺寸就越大,且在其余时间里,冷水塔不能充分发挥作用;反之,如采用较低的温度和湿球温度,塔体是小了,但可能使得在炎热季节中冷水塔的实际出水温度长期超过所要求的温度 t_2。由此可见,选择适当的 τ 具有重要意义。具体选择时一般用保证率作为衡量依据。一般可根据夏季每年最热的 10 天排除在外的最高日平均干、湿球温度(气象资料不少于 5 ~ 10 年)进行计算,例如,某地的日平均干球温度 30.1 ℃ 超过 10 天,日平均湿球温度 25.6 ℃ 超过 10 天,就以 30.1 ℃ 和 25.6 ℃ 作为干、湿球温度进行设计。这样在夏季三个月(6 ~ 8 月)的 92 天中,能保证冷却效果的时间(称为 τ 的保证率)有 82/92 = 89.1%,而不能保证时间为 10/92 = 10.9%。我国电力部门冷却水的最高温度按历年最炎热时期(3 个月)保证率为 90% 的平均气象条件计算;石油、化工、机械、冶金部门以每年不超过 5 个最热天的日平均干、湿球温度的当年平均值作为气象条件的最高计算值[11]。

冷水塔的具体计算通常要遇到两类不同的问题:

第一类问题是在规定的冷却任务下,即已知冷却水量 L,冷却前后的水温 t_1、t_2,当地气象资料(θ_1, τ, ψ, p 等)选择淋水装置型式,通过热力计算、空气动力计算,确定冷水塔的结构尺寸等。

如果已经选定塔型,则结合当地气象参数,确定冷却曲线与特性曲线的交点(工作点)p,从而求得所要的气、水比 λ_P,最后确定冷却塔的总面积、段数等。

第二类问题是在气量、水量、塔总面积、进水温度、空气参数、填料种类均已知的条件下,校核水的出口温度 t_2 是否符合要求。

[例 4.1] 要求将流量为 4 500 t/h、温度为 40 ℃ 的热水降温至 32 ℃,已知当地的干球温度 $\theta = 25.7$ ℃,湿球温度 $\tau = 22.8$ ℃,大气压力 $p = 101.3$ kPa,试计算机械通风冷却塔所需要的淋水面积。

[解]

1)冷却数计算

水的进出口温差 $t_1 - t_2 = 40 - 32 = 8$ ℃

水的平均温度 $t_m = (40 + 32)/2 = 36$ ℃

由附录 G 查得:

与进口水温 $t_1 = 40$ ℃ 相应的饱和空气焓 $i''_2 = 165.8$ kJ/kg

与平均水温 $t_m = 36$ ℃ 相应的饱的空气焓 $i''_m = 135.65$ kJ/kg

与出口水温 $t_2 = 32$ ℃ 相应的饱的空气焓 $i''_1 = 110.11$ kJ/kg

进口空气的焓 i_1,近似等于湿球温度 $\tau = 22.8$ ℃ 时的焓,查得该值 $i_1 = 67.1$ kJ/kg。

由于水的进出口温差($t_1 - t_2$)< 15 ℃,故可用辛普逊积分法的两段公式(式 4.24)计算冷却数。

由 $t_2 = 32\ ℃$ 查图 4.11,得系数 $K = 0.944$,求冷却数的过程列于表 4.2。

表 4.2   冷却数的计算

项目及符号	单位	计算公式	数值		
气、水比,G/L		假设	0.5	0.625	1
出口空气焓,i_2	kJ/kg	按式(4.21)	138.1	123.9	102.6
空气进出口焓平均值,i_m	kJ/kg	$(i_1 + i_2)/2$	102.6	95.5	84.9
Δi_2	kJ/kg	$i_2'' - i_2$	27.7	41.9	63.2
Δi_1	kJ/kg	$i_1'' - i_1$	43.1	43.1	43.1
Δi_m	kJ/kg	$i_m'' - i_m$	33	40.2	50.8
冷却数,N		按式(4.24)	1.01	0.867	0.697

2)求气、水比,计算空气流量

将表 4.2 所示不同气、水比时的冷却数作于图 4.17 上。

选择 d_{20},$Z = 10 \times 100 = 1\,000\ \text{mm}$ 的蜂窝式填料,将此种填料的特性曲线(见图 4.14)也绘到图 4.17 上,则两曲线交点 P 的气、水比 $\lambda_P = 0.61$,相应的冷却数 $N_P = 0.86$。故当 $L = 4\,500\ \text{t/h}$ 时,空气流量 $G = 0.61 \times 4\,500 = 2\,745\ \text{t/h}$。由 $\theta = 25.7\ ℃$ 及 $i_1 = 67.1\ \text{kJ/kg}$,查得进口空气的比容 $\upsilon = 0.868\,9\ \text{m}^3/\text{kg}$,故其密度 $\rho = 1.15\ \text{kg/m}^3$,空气的容积流量 $G' = 2\,745 \times 1\,000/(3\,600 \times 1.15) = 663\ \text{m}^3/\text{s}$。

3)选择平均风速,确定塔的总面积:

选取塔内平均风速,$w_m = 2\ \text{m/s}$。则塔的总截面积 $F = G'/w_m = 663/2 = 331.5\ \text{m}^2$。若采用四格 9×9 的冷水塔,减去柱子所占面积,可认为其平均断面积为 $80\ \text{m}^2$,因此塔的有效设计面积为 $4 \times 80 = 320\ \text{m}^2$。

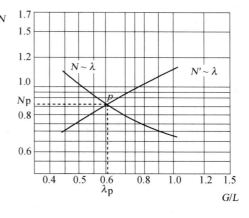

图 4.17   例 4.1 的 $N\text{-}G/L$ 曲线

从而淋水密度为 $q_w = 4\,500/320 = 14.1\ \text{m}^3/(\text{m}^2 \cdot \text{h})$,

每格塔的进风量为 $663/4 = 165.75\ \text{m}^3/\text{s}$。

4.2   喷射式热交换器

4.2.1   喷射式热交换器的一般问题

喷射式热交换器是一种以热交换为目的的喷射器,它和其他喷射器一样,是使压力、温度不同的两种流体相互混合,并在混合过程中进行能量交换的一种设备。

按照被混合的流体的不同,喷射式热交换器中可以是汽-水之间的热交换,水-水之间的热交换,汽-汽之间的热交换等等。图 4.18 是喷射式热交换器的原理图。它的主要部件有:工作喷管、引入室、混合室和扩散管。

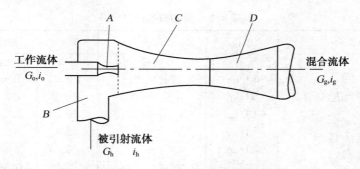

图 4.18　喷射式热交换器原理图
A— 工作喷管；B— 引入室；C— 混合室；D— 扩散管

压力较高的流体称工作流体。工作流体通过喷管的膨胀，使其势能转变为动能，以很高的速度从喷管喷出，并将压力较低的流体（称被引射流体）卷吸到引入室内。工作流体把一部分动能传给被引射流体，在沿喷射器流动过程中，工作流体与被引射流体混合后的混合流体的速度渐趋均衡，动能相反的转变为势能，然后送给用户。喷射式热交换器和其他各种喷射器一样，其中所发生的过程可用以下三个定律描述：

（1）质量守恒定律

$$G_g = G_o + G_h \tag{4.32}$$

或　　　　　$G_g = (1 + u)G_o$

式中　G_o—— 工作流体的质量流量，kg/s；

　　　G_h—— 被引射流体的质量流量，kg/s；

　　　G_g—— 混合流体的质量流量，kg/s；

　　　u—— 喷射系数，$u = G_h/G_o$。

（2）能量守恒定律

$$i_o + ui_h = (1 + u)i_g \tag{4.33}$$

式中　i_o—— 喷射器前工作流体的焓，kJ/kg；

　　　i_h—— 喷射器前被引射流体的焓，kJ/kg；

　　　i_g—— 喷射器后混合流体的焓，kJ/kg。

（3）动量定理

动量的增量等于冲量，对于不同形状的混合室，动量定理可分别写成不同的形式，它们的表达式将在后面分别描述。

根据工作流体与被引射流体相互作用的性质和条件，在喷射器里要产生一系列只属于一定类型喷射器所特有的附加过程，于是针对某一特定型式的喷射式热交换器，在计算时应作具体的考虑。从这一点出发，可将喷射式热交换器分成：

（1）工作流体和被引射流体在混合前处于不同相态，在混合过程中一种流体的相态发生改变，如汽-水喷射式热交换器及水-汽喷射加热器；

（2）工作流体和被引射流体的相态相同，如水-水喷射式热交换器和汽-汽喷射式热交换器。

喷射式热交换器的优点是在提高被引射流体的压力的过程中不直接消耗机械能,结构简单,与各种系统连接方便,因而在工程上有着广泛的应用。例如水-水喷射式热交换器可将高温水与部分低温水混合,得到一定温度的混合水,供室内采暖。汽-汽喷射式热交换器用来提高低压废气的压力,使工业废气得到回收,在凝结水回收系统中可借助于它使二次蒸汽得以利用。此外,汽-水喷射式热交换器和水-汽喷射式热交换器都可作为一种紧凑的冷凝器来使用,尤其是水-汽喷射热交换器,用在制糖、乳品加工等工业企业中,不仅可使蒸发装置的二次蒸汽冷凝,还可借助于它造成真空并排除少量的不凝性气体。

4.2.2 汽-水喷射式热交换器

1) 构造与工作原理

汽-水喷射式热交换器的喷管多做成渐缩渐扩喷管,混合室为圆筒形,如图 4.19 所示。压力 p_o 的工作蒸汽,从位于混合室前某一距离的喷管中绝热膨胀后,以很高的流速 w_p 喷射出来,卷吸周围的被引射水。当蒸汽和水的温差足够大的时候,可认为蒸汽在进入混合室之前完全被凝结在被引射水中,同时使被引射水温从 t_h 提高到 t_g。在混合室入口处,水的速度场很不均匀,经过混合室使混合水的流速得到均衡,达到 w_3,并使压力从混合室入口压力 p_2 升到混合室出口压力 p_3,再经过扩散管,混合水压力升高到 p_g 流出。

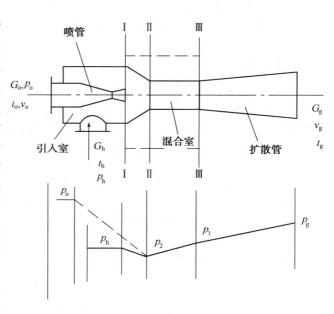

图 4.19 汽-水喷射式热交换器工作原理

2) 特性方程式

对于图 4.19 中用虚线围起来的那部分来说,质量守恒方程式与能量守恒方程式与式(4.32)、式(4.33)相同,但对汽-水喷射器,能量守恒方程式(4.33)还可写成:

$$i_o + uct_h = (1+u)ct_g \tag{4.34}$$

式中　c——水的比热,kJ/(kg·℃);

　　　t_h——在喷射器前被引射水的温度,℃;

　　　t_g——在喷射器后混合水的温度,℃。

动量方程式可写成如下形式:

$$\varphi_2(G_0 w_p + G_h w_h) - (G_0 + G_h)w_3 = p_3 f_3 + \int_{f_3}^{f_p + f_h} p\mathrm{d}f - (p_p f_p + p_h f_h) \tag{4.35}$$

式中　w_p——工作蒸汽在喷管出口处的流速,m/s;

　　　　　$w_p = \varphi_1(w_p)_a$

　　　$(w_p)_a$——绝热流动的蒸汽速度,m/s;

w_h——喷管出口截面上,被引射水流过环形截面处的流速,m/s;

w_3——混合室出口截面上混合水的流速,m/s;

f_p——喷管出口截面积,m^2;

f_h——被引射水流通过喷管出口截面处的环形截面积,m^2;

f_3——圆筒形混合室的截面积,m^2;

p_p——喷管出口工作蒸汽的绝对压力,Pa;

p_h——被引射水在引入室的绝对压力,Pa;

p_3——混合室出口处混合室的绝对压力,Pa;

φ_1、φ_2——考虑到流体在喷管和混合室中流动时存在摩擦而引起的能量损失,称速度系数。

为简化特性方程式的推导,可作如下假定:

(1) 由于 f_h 相对很大,可认为 $w_h \approx 0$;

(2) 喷管出口压力 p_p 等于引入室中水的压力 p_h;

(3) Ⅰ—Ⅰ 截面的截面积($f_p + f_h$)比圆筒形混合室截面积(f_3)大很多,因此被引射水的压力从 p_h 降到 p_2 是在靠近混合室的进口处达到的。故可认为,Ⅰ—Ⅰ 截面和Ⅱ—Ⅱ 截面之间作用于混合室入口段的圆锥形壁面上的冲量积分为

$$\int_{f_3}^{f_p+f_h} p\mathrm{d}f = p_h(f_p + f_h - f_3)$$

将上述假设代入式(4.35),并考虑 $u = G_h/G_0$,可得

$$\varphi_2 G_0 w_p - (1+u)G_0 w_3 = f_3(p_3 - p_h) \tag{4.36}$$

又,水在混合室出口处的流速

$$w_3 = (1+u)G_0 v_g/f_3, \mathrm{m/s} \tag{4.37}$$

混合室出口处混合水的绝对压力为

$$p_3 = p_g - \varphi_3^2 \frac{w_3^2}{2v_g}, \mathrm{Pa} \tag{4.38}$$

式中　v_g——混合水的比容,m^3/kg;

p_g——扩散管出口混合水的绝对压力,Pa;

φ_3——扩散管的速度系数。

喷管出口处的蒸汽流速:

$$w_p = \varphi_1 \sqrt{2(i_0 - i_p) \times 10^3}, \mathrm{m/s} \tag{4.39}$$

式中　i_p——蒸汽在喷管出口处的焓,kJ/kg。

由热力学可知,蒸汽通过缩扩喷管的最大流量

$$G_0 = f_1 \sqrt{2\frac{k}{k+1}\left(\frac{2}{k+1}\right)^{\frac{2}{k-1}} \frac{p_0}{v_0}}, \mathrm{kg/s} \tag{4.40}$$

式中　f_1——喷管喉部的截面积,m^2;

k——绝热指数;

p_0——蒸汽进入喷管前的绝对压力,Pa;

v_0——蒸汽进入喷管前的比容,m^3/kg。

将式(4.37)～(4.40)代入式(4.36),经过整理之后可得到汽-水喷射式热交换器的特

性方程式为

$$p_g - p_h = \varphi_1\varphi_2 \frac{f_1}{f_3} \sqrt{4A \times 10^3 \times \frac{p_0}{v_0}(i_0 - i_p)}$$
$$- (2 - \varphi_3^2)Av_g(1 + u)^2 \left(\frac{p_0}{v_0}\right)\left(\frac{f_1}{f_3}\right)^2 \tag{4.41}$$

式中　A——常数，$A = \dfrac{k}{k+1}\left(\dfrac{2}{k+1}\right)^{2/k-1}$，对于干饱和蒸汽，$k = 1.135$，则 $A = 0.202$。

$p_g - p_h = \Delta p_g$，为蒸汽-水喷射式热交换器产生的压力差即扬程，Pa。

根据经验数值，推荐 $\varphi_1 = 0.95$，$\varphi_2 = 0.975$，$\varphi_3 = 0.9$。又若用于采暖供热系统中，可认为 $v_g = v_h = 0.001\text{ m}^3/\text{kg}$，在这种情况下，上式成为

$$\Delta p_g = 26.33 \frac{f_1}{f_3}\sqrt{\frac{p_0}{v_0}(i_0 - i_p)} - 0.238 \times 10^{-3}\left(\frac{f_1}{f_3}\right)^2\left(\frac{p_0}{v_0}\right)(1 + u)^2 \tag{4.42}$$

当然，若不是用在采暖供热系统，则不能作这样的简化，特性方程仍为式(4.41)。

3) 极限工作状态及其计算

在汽-水喷射式热交换器中，喷射系数过小或过大都不能保证喷射器的正常工作。具体地说，在喷射系数过小时，水温可提高到混合室压力相应的饱和温度，这样就会由于没有足够的水来凝结进入的蒸汽而使喷射器的工作遭到破坏，这个状态决定了最小喷射系数 u_{min}。在喷射系数过大时，被引射水的流量过多，混合室中的水温要降低；同时混合室中水的流速增大，而水的压力要降低。当被引射水的流量增加到一定值时，混合室入口截面上的压力 p_2 要降到被加热水温 t_g 相对应的饱和压力 p_b，而引起混合室中水的沸腾，这个状态决定了最大喷射系数 u_{max}。只有 p_2 大于 t_g 所对应的饱和蒸汽压力 p_b 时，混合室中的液体才会流动，随后在混合室中将压力提高到 p_3，并在扩散管中将水的压力提高到 p_g。因此在设计一个喷射器时，应该检验其喷射系数是否在 u_{min} 和 u_{max} 的范围之内。至于 u_{min} 与 u_{max} 的大小可用下述方法来确定。

混合水温 t_g 可由能量守恒方程(4.34)得到

$$t_g = \frac{i_0/c + ut_h}{1 + u} \tag{4.43}$$

据此可用饱和蒸汽表确定与它相对应的饱和蒸汽压 p_b。

圆柱形混合室始端水压 p_2 取决于被引射水由于工作蒸汽和被引射水之间的动量交换而获得的速度。假使认为工作蒸汽凝结后，形成以很高速度流动且其所占截面积很小的工作液体流束，以及这股流束和被引射水的动量交换是在圆柱形混合室中进行，那么就可忽略在压力 p_h 下被引射水所具有的平均速度。在这样的情况下，混合室始端水的压力可用伯努利方程来确定：

$$p_2 = p_h - \frac{w_2^2}{2\varphi_4^2 v_h} = p_h - \frac{w_3^2}{1.7v_h}, \text{Pa} \tag{4.44}$$

式中　φ_4——混合室入口段的速度系数，一般 $\varphi_4 = 0.925$；

v_h——被引射水的比容，m^3/kg。

混合室入口处水的流速 w_2 值为

$$w_2 = \frac{G_0 + G_h}{f_3}v_h = \frac{G_0 v_h}{f_3}(1 + u), \text{m/s} \tag{4.45}$$

将式(4.45)代入式(4.44)可得

$$p_2 = p_h - \frac{G_0^2 v_h}{1.7 f_3^2}(1+u)^2, \text{Pa} \tag{4.46}$$

通过喷管的流量 G_0 也可写成

$$G_0 = f_1 \sqrt{k\left(\frac{2}{k+1}\right)^{\frac{k+1}{k-1}} \frac{p_0}{v_0}}, \text{kg/s} \tag{4.47}$$

于是

$$p_2 = p_h - \frac{f_1^2 k \left(\frac{2}{k+1}\right)^{\frac{k+1}{k-1}} \frac{p_0}{v_0} v_h}{1.7 f_3^2}(1+u)^2, \text{Pa} \tag{4.48}$$

以 $k = 1.135, v_h = 0.001\text{m}^3/\text{kg}$ 代入时,则有

$$p_2 = p_h - 0.237 \times 10^{-3} \frac{p_0}{v_0}\left(\frac{f_1}{f_3}\right)^2(1+u)^2, \text{Pa} \tag{4.49}$$

根据式(4.43)和式(4.49),可以求出不同喷射系数时的 t_g 和 p_2,以及与 t_g 相对应的饱和压力 p_b。将 $p_2 = f(u)$ 以及 $p_b = f(u)$ 绘于同一图上时,它们的交点即表示 u_{max} 和 u_{min},具体解法可见例 4.2。

4)喷射器几何尺寸的计算

喷管临界直径 d_1 可由下式计算:

$$d_1 = 2.88 \sqrt{\frac{G_0 v_1}{\sqrt{i_0 - i_1}}}, \text{mm} \tag{4.50}$$

式中 v_1——蒸汽在喷管中处于临界压力时的比容,m^3/kg;

i_1——蒸汽在临界压力时的焓,kJ/kg。

喷管的出口面积

$$f_p = \frac{G_0 v_p}{3\,600 w_p} \times 10^6, \text{mm} \tag{4.51}$$

喷管出口直径

$$d_p = 2.88 \sqrt{\frac{G_0 v_p}{\sqrt{i_0 - i_p}}}, \text{mm} \tag{4.52}$$

式中 v_p——蒸汽在喷管出口压力 P_p 时的比容,m^3/kg。

喷管渐扩部分的长度

$$L_k = \frac{d_p - d_1}{2\text{tg}\frac{\theta}{2}} \tag{4.53}$$

其中 θ 为扩散角,一般为 $6° \sim 8°$。

关于圆筒形混合室的直径 d_3,可由求出的截面比 $\left(\frac{f_1}{f_3}\right)$ 加以确定,其中 f_1 为喷管的临界截面积,该值为

$$f_1 = \frac{G_0 v_1}{3\,600 w_1} \times 10^6, \text{mm}^2 \tag{4.54}$$

圆筒形混合室之长 L_h,一般取 $L_h = (6 \sim 10)d_3$。

扩散管的扩角 θ,一般也取 $6° \sim 8°$,其出口直径 d_4 一般与供水干管相同。

[例 4.2][*]   在一蒸汽喷射取暖系统中,要求汽水喷射热交换器的设计参数如下:

热负荷 $Q = 502.8 \times 10^4$ kJ/h;

供水温度(即喷射器出口温度)$t_g = 95$ ℃;

回水温度(即被引射水的温度)$t_h = 70$ ℃;

系统和管路压降(即喷射器扬程)$\Delta p_g = 78.48$ kPa;

引水室的绝对压力 $p_h = 1.96 \times 10^5$ Pa。

试确定喷射器主要几何尺寸,并绘出它的特性曲线和确定极限工况。

[解]

1) 蒸汽喷射器的设计参数

试取进喷射器的饱和蒸汽参数为:绝对压力 $p_0 = 4.91 \times 10^5$ Pa,焓 $i_0 = 2\,749$ kJ/kg,比容 $v_0 = 0.38$ m^3/kg。

喷射器出口的混合水量

$$G_g = \frac{Q}{c(t_g - t_h)} = \frac{502.8 \times 10^4}{4.19 \times (95 - 70)} = 48 \text{ t/h}$$

由蒸汽喷射热水采暖系统的热平衡,可求出喷射系数

$$u = \frac{i_0 - ct_h}{c(t_g - t_h)} - 1 = \frac{2\,749 - 4.19 \times 70}{4.19 \times (95 - 70)} - 1 = 23.4$$

工作蒸汽量

$$G_0 = \frac{G_g}{1 + u} = \frac{48\,000}{1 + 23.4} = 1\,967 \text{ kg/h}$$

被引射的水量

$$G_h = G_g - G_0 = 48\,000 - 1\,967 = 46\,033 \text{ kg/h}$$

喷管出口蒸汽状态参数:$p_p = p_h = 1.96 \times 10^5$ Pa,由此查水蒸气焓熵图得:$i_p = 2\,589$ kJ/kg;$v_p = 0.85$ m^3/kg;故

$$i_0 - i_p = 2\,749 - 2\,589 = 160 \text{ kJ/kg}$$

喷管中的临界参数:

$$p_1 = \beta_c p_0 = 0.577 \times 4.91 \times 10^5 = 2.83 \times 10^5 \text{ Pa}$$

$$i_1 = 2\,652 \text{ kJ/kg}; \quad v_1 = 0.62 \text{ m}^3/\text{kg}$$

蒸汽自喷管进口绝热膨胀至临界状态时的焓降为

$$i_0 - i_1 = 2\,749 - 2\,652 = 97 \text{ kJ/kg}$$

按以上所得的喷管中的状态参数做成的示意图如图 4.20 所示。

2) 求蒸汽喷射器的截面比(f_1/f_3)

将有关参数代入特性方程式(4.42),并加以整理后得

$$1\,689.62 \left(\frac{f_1}{f_3}\right)^2 - 3\,785.82 \frac{f_1}{f_3} + 784.8 = 0$$

求得两根,即截面比:

$$\left(\frac{f_1}{f_3}\right)_1 = 2.01; \quad \left(\frac{f_1}{f_3}\right)_2 = 0.23$$

---

[*] 本例取材于参考文献[9],引用时作了一些修改。下例同。

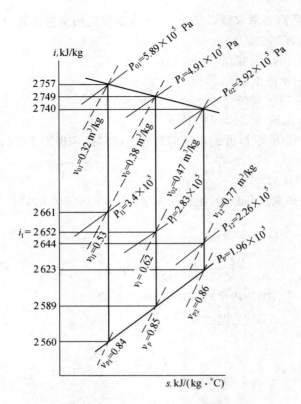

图 4.20　例 4.2 的水蒸气的焓熵图

其中第一个根是不合理的,故取 $\left(\dfrac{f_1}{f_3}\right) = 0.23$。

3) 计算喷射器的主要尺寸

由式(4.50)计算喷管的临界直径

$$d_1 = 2.88\sqrt{\frac{G_0 v_1}{\sqrt{i_0 - i_1}}} = 2.88\sqrt{\frac{2\,051 \times 0.62}{\sqrt{2\,749 - 2\,652}}} = 32.7\ \text{mm}$$

由式(4.52)计算喷管出口直径

$$d_\text{p} = 2.88\sqrt{\frac{G_0 v_\text{p}}{\sqrt{i_0 - i_\text{p}}}} = 2.88\sqrt{\frac{2\,051 \times 0.85}{\sqrt{160}}} = 33.8\ \text{mm}$$

取扩散角 $\theta = 8°$,则由式(4.53)计算喷管扩散段长度

$$L_\text{k} = \frac{d_\text{p} - d_1}{2\text{tg}\dfrac{\theta}{2}} = \frac{33.8 - 32.7}{2\text{tg}4°} = 7.9\ \text{mm}$$

由于 $\dfrac{f_1}{f_3} = \left(\dfrac{d_1}{d_3}\right)^2 = 0.23$,于是

圆筒形混合室直径　$d_3 = \dfrac{d_1}{\sqrt{0.23}} = \dfrac{32.7}{\sqrt{0.23}} = 68.1\ \text{mm}$

混合室长度,取 $L_\text{h} = 8d_3 = 8 \times 68.1 = 545\ \text{mm}$

4) 蒸汽喷射器特性曲线的绘制

当室外气温变化时,必须调整工作蒸汽的压力 p_0 和进汽量 G_0,以适应负荷的变化,因而应针对不同负荷绘制特性曲线。

（1）当室外气温低于设计气温时,供热负荷将要增加,若供热负荷增加为 $Q_1 = 1.15Q$,将蒸汽绝对压力提高到 $p_{01} = 5.89 \times 10^5$ Pa,从蒸汽表查得

$$i_{01} = 2\ 757\ \text{kJ/kg} \qquad v_{11} = 0.32\ \text{m}^3/\text{kg}$$

喷管喉部参数：

$$p_{11} = 0.577 \times 5.89 \times 10^5 = 3.4 \times 10^5\ \text{Pa}$$

$$i_{11} = 2\ 661\ \text{kJ/kg} \qquad v_{11} = 0.53\ \text{m}^3/\text{kg}$$

喷管出口参数：

$$p_{p1} = 1.06 \times 10^5\ \text{Pa} \qquad i_{p1} = 2\ 560\ \text{kJ/kg}$$

喷汽量

$$G_{01} = \frac{d_1^2 \sqrt{i_{01} - i_{11}}}{2.88^2 v_{11}} = \frac{32.7^2 \sqrt{2\ 757 - 2\ 661}}{2.88^2 \times 0.53} = 2\ 383\ \text{kg/h}$$

将上述有关参数代入喷射器特性方程（4.42）,即可得到 $p_{01} = 5.89 \times 10^5$ Pa 时的特性方程：

$$\Delta p_g = 26.33 \frac{f_1}{f_3} \sqrt{(i_{01} - i_{p1}) \frac{p_{01}}{v_{p1}}} - 0.238 \times 10^{-3} \left(\frac{f_1}{f_3}\right)^2 \left(\frac{p_{01}}{v_{01}}\right)(1+u)^2$$

$$= 26.33 \times 0.23 \sqrt{197 \times \frac{5.89 \times 10^5}{0.32}} - 0.238 \times 10^{-3} \times 0.23^2 \times \frac{5.89 \times 10^5}{0.32} \times (1+u)^2$$

$$= 11.53 \times 10^4 - 23.2(1+u)^2\ \text{Pa} \qquad (a)$$

（2）在设计工况下的特性方程,根据第 2）项的计算,应为

$$\Delta p_g = 26.33 \times 0.23 \sqrt{\frac{4.91 \times 10^5}{0.38} \times 160} - 0.238 \times 10^{-3} \times 0.23^2$$

$$\times \frac{4.91 \times 10^5}{0.38}(1+u)^2 = 8.71 \times 10^4 - 16.3(1+u)^2\ \text{Pa} \qquad (b)$$

（3）当室外气温高于设计气温时,供热负荷将减小,假设供热负荷降低到 $Q_2 = 0.8Q$,此时将工作蒸汽的绝对压力降低到 $p_{02} = 3.92 \times 10^5$ Pa,从蒸汽表查得

$$i_{02} = 2\ 740\ \text{kJ/kg} \qquad v_{02} = 0.47\ \text{m}^3/\text{kg}$$

喷管喉部参数：

$$p_{12} = 0.577 \quad p_{02} = 2.26 \times 10^5\ \text{Pa} \quad i_{12} = 2\ 644\ \text{kJ/kg} \quad v_{12} = 0.77\ \text{m}^3/\text{kg}$$

喷管出口参数：

$$p_{p2} = 1.96 \times 10^5\ \text{Pa} \quad i_{p2} = 2\ 623\ \text{kJ/kg}$$

喷汽量

$$G_{02} = \frac{d_1^2 \sqrt{i_{02} - i_{12}}}{2.88^2 v_{12}} = \frac{32.7^2 \times \sqrt{2\ 740 - 2\ 644}}{2.88^2 \times 0.77} = 1\ 640\ \text{kg/h}$$

将有关参数代入特性方程式（4.42）,并经整理后得

$$\Delta p_g = 5.98 \times 10^4 - 10.5(1+u)^2,\ \text{Pa} \qquad (c)$$

以不同的 u 值,代入（a）、（b）、（c）三式,可得到三种不同进汽压力下的 Δp_g 值,计算结果列于表 4.3。

表 4.3 不同进汽压力时的 Δp_g、V_g 与 u 的关系

u	$p_{01} = 5.89 \times 10^5$ Pa $G_{01} = 2\,383$ kg/h		$p_0 = 4.91 \times 10^5$ Pa $G_0 = 2\,051$ kg/h		$p_{02} = 3.92 \times 10^5$ Pa $G_{02} = 1\,640$ kg/h	
	V_g,m³/h	Δp_g,Pa	V_g,m³/h	Δp_g,Pa	V_g,m³/h	Δp_g,Pa
10	26.21	1.12×10^5	22.56	0.85×10^5	18.04	0.59×10^5
20	50.04	1.05×10^5	43.07	0.80×10^5	34.44	0.55×10^5
30	73.87	0.93×10^5	63.58	0.71×10^5	50.84	0.50×10^5
40	97.70	0.76×10^5	84.09	0.60×10^5	67.24	0.42×10^5
50	121.53	0.55×10^5	104.60	0.45×10^5	83.64	0.33×10^5

以扬程 Δp_g 为纵坐标,以 u 为横坐标,则可构成 $\Delta p_g = f(u)$ 曲线,如图 4.21 所示。

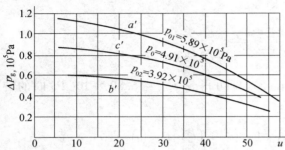

图 4.21 蒸汽喷射器的 $\Delta p_g = f(u)$ 曲线

0.784 8 $\times 10^5$ Pa,故 S 值为

$$S = \frac{\Delta p_g}{V_g^2} = 0.784\,8 \times 10^5 / 48^2$$
$$= 34.1 \text{ Pa} \cdot \text{h}^2/\text{m}^6$$

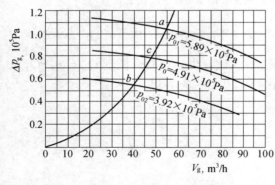

图 4.22 蒸汽喷射器的 $\Delta p_g = f(V_g)$ 曲线

当 $p_0 = 4.91 \times 10^5$ Pa 时,$u = 22.4$。

6) 蒸汽喷射器的极限工作状态

5) 喷射器的喷射系数

不同进汽压力下在不同的 u 值时喷射器出口处水的容积流量(即热水供暖系统循环水量)V_g,按下式计算:

$$V_g = 0.001(1+u)G_0, \text{ m}^3/\text{h}$$

计算结果也列于表 4.3 内。根据表中数据,绘出 $\Delta p_g = f(V_g)$ 曲线,如图 4.22。该图中还绘出了网路阻力特性曲线 $\Delta p_g = SV_g^2$。根据本例所给数据 $V_g = 48 \text{ m}^3/\text{h}$,$\Delta p_g = $

故 $\Delta p_g = 34.1 V_g^2$。喷射器在不同汽压力下运行时,它所产生的扬程(即压差)Δp_g 应与网路阻力相一致。因此图 4.22 上 a、b、c 三个交点的纵坐标分别表示所产生的扬程。其值分别为 1.03×10^5 Pa,0.54×10^5 Pa,0.785×10^5 Pa。再在图 4.21 上,查出与此三个值相对应的交点 a'、b'、c' 三点,据此可分别得到运行时的喷射系数 u,结果为

当 $p_{01} = 5.89 \times 10^5$ Pa 时,$u = 23$;

当 $p_{02} = 3.92 \times 10^5$ Pa 时,$u = 22$;

为求极限工作状态,应根据式(4.43)求出不同 u 时的混合水温 t_g 以及与 t_g 相对应的饱和压力 p_b,绘出 $p_b = f(u)$ 曲线。再按式(4.49)求出在不同喷射系数 u 时混合室入口压力 p_2 并绘出 $p_2 = f(u)$ 曲线。从两条曲线的交点找出 u_{min} 与 u_{max},检验喷射器运行时的 u 值是否在它们的范围之内。为此,必须对上述三种不同进汽压力予以分别考虑。

（1）在设计工况下，喷射器的进汽参数为 $p_0 = 4.91 \times 10^5$ Pa，$i_0 = 2\,749$ kJ/kg，被引射水温 $t_h = 70$ ℃，用式（4.43）计算出不同喷射系数时的 t_g 值，并由蒸汽表查得与 t_g 相应的饱和压力 p_b，其结果列于表4.4。

（2）在热负荷增加，$p_{01} = 5.89 \times 10^5$ Pa 时，$i_{01} = 2\,757$ kJ/kg，$G_{01} = 2\,383$ kg/h，此时可由热平衡关系求出供水系统回水温度（即被引射水温）

$$Q_1 = G_{01}(i_{01} - ct_{h1})$$

$$t_{h1} = \frac{i_{01}}{c} - \frac{1.15Q}{cG_{01}} = \frac{2\,757}{4.19} - \frac{1.15 \times 502.8 \times 10^4}{4.19 \times 2\,383} = 79 \text{ ℃}$$

将 i_{01} 及 t_{h1} 的值代入式（4.43）求出 t_{g1}，并查出与 t_{g1} 相应的饱和压力 p_{b1}，其结果也列在表4.4。

（3）在热负荷减小，$p_{02} = 3.92 \times 10^5$ Pa 时，$i_{02} = 2\,740$ kJ/kg，$G_{02} = 1\,640$ kg/h 时，此时供热系统回水温度仍由热平衡求得

$$t_{h2} = \frac{2\,740}{4.19} - \frac{0.8 \times 502.8 \times 10^4}{4.19 \times 1\,640} = 69 \text{ ℃}$$

所得之 t_{g2} 及 p_{b2} 也列在表4.4中。

表4.4　不同 u 值时的 t_g 与 p_b 值

u	10	20	30	40	50	60	70	80	90	100
	$p_0 = 4.91 \times 10^5$ Pa			$i_0 = 2\,749$ kJ/kg			$t_h = 70$ ℃			
t_g，℃	123.3	97.9	88.9	84.3	81.5	79.6	78.3	77.2	76.4	75.8
p_b，10^5 Pa	2.22	0.95	0.68	0.57	0.51	0.47	0.45	0.43	0.41	0.39
	$p_{01} = 5.89 \times 10^5$ Pa			$i_{01} = 2\,757$ kJ/kg			$G_{01} = 2\,383$ kg/h			
t_{g1}，℃	132	107	98	93	90	88.5	87	86	85.4	85
p_{b1}，10^5 Pa	3.0	1.04	0.95	0.80	0.70	0.68	0.64	0.60	0.59	0.57
	$p_{02} = 3.92 \times 10^5$ Pa			$i_{02} = 2\,740$ kJ/kg			$G_{02} = 1\,640$ kg/h			
t_{g2}，℃	122.2	96.8	87.8	83.3	80.5	78.6	77.2	76.2	75.4	74.8
p_{b2}，10^5 Pa	2.14	0.91	0.65	0.55	0.49	0.45	0.43	0.41	0.39	0.38

根据表4.4上所列的三组数据，分别绘出 $p_b = f(u)$ 曲线，如图4.23至图4.25中下面一条曲线。

为求出在不同喷射系数时的 p_2 值，将有关参数代入式（4.49），得到不同进汽压力时计算公式如下：

（1）当 $p_0 = 4.91 \times 10^5$ Pa 时，

$$p_2 = p_h - 0.237 \times 10^{-3} \frac{p_0}{v_0}\left(\frac{f_1}{f_3}\right)^2(1+u)^2$$
$$= 1.96 \times 10^5 - 0.237 \times 10^{-3}$$
$$\times \frac{4.91 \times 10^5}{0.38} \times 0.23^2 \times (1+u)^2$$

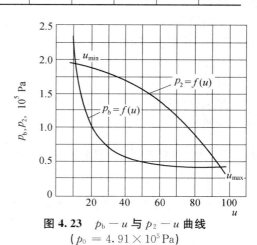

图4.23　$p_b - u$ 与 $p_2 - u$ 曲线
（$p_0 = 4.91 \times 10^5$ Pa）

$$= 1.96 \times 10^5 - 16.2(1+u)^2 \text{ Pa};$$

（2）当 $p_{01} = 5.89 \times 10^5$ Pa 时，$p_2 = 1.96 \times 10^5 - 23.1(1+u)^2$ Pa；

（3）当 $p_{02} = 3.92 \times 10^5$ Pa 时，$p_2 = 1.96 \times 10^5 - 10.5(1+u)^2$ Pa。

以不同的 u 代入，所得不同情况下的 p_2 值如表 4.5 所示。

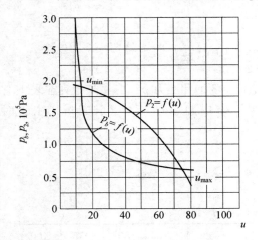

图 4.24 $p_b - u$ 与 $p_2 - u$ 曲线
（$p_0 = 5.89 \times 10^5$ Pa）

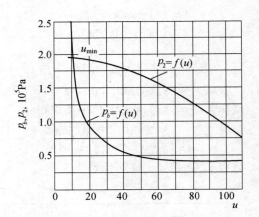

图 4.25 $p_b - u$ 与 $p_2 - u$ 曲线
（$p_0 = 3.92 \times 10^5$ Pa）

表 4.5　不同 u 值时的 p_2 值（$\times 10^5$ Pa）

u	10	20	30	40	50	60	70	80	90	100
$p_{01} = 5.89 \times 10^5$ Pa	1.93	1.36	1.74	1.57	1.36	1.10	0.80	0.44	0.047	
$p_0 = 4.91 \times 10^5$ Pa	1.94	1.89	1.80	1.68	1.54	1.36	1.14	0.90	0.62	0.31
$p_{02} = 3.92 \times 10^5$ Pa	1.95	1.91	1.86	1.78	1.69	1.57	1.43	1.27	1.09	0.88

将表中所列的 p_2 值，绘成 $p_2 = f(u)$ 的关系曲线，分别如图 4.23 至图 4.25 中上面一条曲线所示。

从图可见，在 $p_0 = 4.91 \times 10^5$ Pa 时，$u_{min} = 12$，$u_{max} = 95$。而在此种进汽压力下运行时的 $u = 22.4$，喷射器可以正常工作。

在 $p_{01} = 5.89 \times 10^5$ Pa 时，$u_{min} = 13$，$u_{max} = 76$。而在此种进汽压力下运行时的 $u = 23$，故喷射器也可正常工作。

在 $p_{02} = 3.92 \times 10^5$ Pa 时，$u_{min} = 11$，$u_{max} > 110$。而在此种进汽压力下运行时的 $u = 22$，故喷射器仍可正常工作。

4.2.3　水–水喷射式热交换器

1）构造与工作原理

水–水喷射式热交换器又称水喷射器，它的构造如图 4.26 所示，也是由喷管、引水室、混合室、扩散管等几个主要部件所组成。图的下方所示为运行时压力的变化情况。压力为 p_0 的高温水为工作流体，压力为 p_h 的低温水为被引射流体。高温水从喷管中喷射出来时具有很高

的速度 w_p，由于它的卷吸作用，在混合室入口处造成一个压力比 p_h 还低、其值为 p_2 的低压区，使被引射的低温水以 w_2 的速度进入混合室。在混合室中两股流体互相混合且使其流速和温度逐渐趋向相等，混合流以 w_3 的流速进入扩散管，在扩散管中混合流的流速逐渐降为 w_g、压力逐渐升高到 p_g 后流出喷射器。

水喷射器在喷管内的流体属于亚音速流动，故一般用的是渐缩喷管。

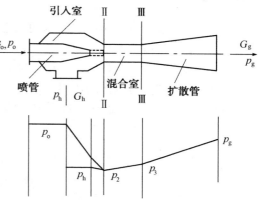

图 4.26　水-水喷射式热交换器的工作原理

2）特性方程式

水喷射器的质量守恒方程式与能量守恒方程式仍式（4.32）及式（4.33）相同，而其能量守恒方程式（4.33）还可写成：

$$t_0 + u t_h = (1 + u) t_g \qquad (4.55)$$

它的动量方程式，对圆筒形混合室而言，可由截面 Ⅱ—Ⅱ、Ⅲ—Ⅲ 得到

$$\varphi_2 (G_0 w_p + G_h w_2) - (G_0 + G_h) w_3 = (p_3 - p_2) f_3 \qquad (4.56)$$

式中　w_p——混合室入口截面上工作流体的流速，m/s；

w_2——混合室入口截面被引射流体的流速，m/s；

w_3——混合室出口截面混合流体的流速，m/s；

p_2——混合室入口截面流体的压力，Pa；

p_3——混合室出口截面流体的压力，Pa；

f_3——圆筒形混合室的截面积，m²；

φ_2——混合室的速度系数。

为简化特性方程的推导，可以认为工作流体与被引射流体在进混合室前不相混合，因而工作流体在混合室入口处所占面积与喷管出口面积 f_p 相等，如图 4.26 中所示那样。这一假定对于 $f_3 / f_p \geqslant 4$ 时具有足够的准确性。因而被引射流体在混合室入口截面上所占面积

$$f_2 = f_3 - f_p$$

通过喷管的工作流体流量应为

$$G_0 = \varphi_1 f_p \sqrt{\frac{2(p_0 - p_h)}{v_p}} \qquad (4.57)$$

式中　φ_1——喷管的速度系数；

p_0——工作流体进喷管的压力，Pa；

p_h——被引射流体在引入室的压力，Pa；

v_p——工作流体的比容，m³/kg。

由于引入室中被引射水的流速 w_h 和混合室流体出扩散管的流速 w_g 都相对较低，可忽略不计。那么根据动量守恒原理，被引射流体在混合室入口截面处的压力 p_2 与混合流体在混合室出口截面处的压力 p_3 可表示为

$$p_2 = p_h - \frac{\left(\frac{w_2}{\varphi_4}\right)^2}{2 v_h}, \text{Pa} \qquad (4.58)$$

$$p_3 = p_g - \frac{(\varphi_3 w_3)^2}{2v_g}, \text{Pa} \tag{4.59}$$

式中 p_g——扩散管出口处混合水的压力，Pa；

φ_3——扩散管速度系数；

φ_4——混合室入口段的速度系数；

v_h——被引射流体的比容，m^3/kg。

在水喷射器中，工作流体与被引射流体都是非弹性流体，因而各截面处的水流速可用连续性方程式计算，即

$$w_p = \frac{G_0 v_p}{f_p} = \varphi_1 \sqrt{2v_p(p_0 - p_h)}, \text{m/s} \tag{4.60}$$

$$w_2 = \frac{u G_0 v_h}{f_2} = \varphi_1 u f_p \frac{v_h}{f_2} \sqrt{\frac{2(p_0 - p_h)}{v_p}}, \text{m/s} \tag{4.61}$$

$$w_3 = (1+u)\frac{G_0 v_g}{f_2} = (1+u)\varphi_1 f_p \frac{v_g}{f_3} \sqrt{\frac{2(p_0 - p_h)}{v_p}}, \text{m/s} \tag{4.62}$$

式中 v_g——混合流体的比容，m^3/kg。

将以上各式所示关系代入式(4.56)并经整理后可得到水喷射器的特性方程式：

$$\frac{\Delta p_g}{\Delta p_p} = \frac{p_g - p_h}{p_0 - p_h}$$

$$= \varphi_1^2 \frac{f_p}{f_3}\left[2\varphi_2 + \left(2\varphi_2 - \frac{f_3}{\varphi_4^2 f_2}\right)\frac{f_p v_h}{f_2 v_p}u^2 - (2 - \varphi_3^2)\frac{f_p v_g}{f_3 v_p}(1+u)^2\right] \tag{4.63}$$

式中 $\Delta p_g = p_g - p_h$——水喷射器的扬程，Pa；

$\Delta p_p = p_0 - p_h$——工作流体在喷管内的压降，Pa。

$\Delta p_g / \Delta p_p$ 称为喷射器形成的相对压降。式(4.63)表明：当给定 u 值时，喷射器的扬程与工作流体的可用压降成正比。

在 $v_g = v_p = v_h$ 的条件下，并取 $\varphi_1 = 0.95, \varphi_2 = 0.975, \varphi_3 = 0.9, \varphi_4 = 0.925$ 时，特性方程简化为

$$\frac{\Delta p_g}{\Delta p_h} = \frac{f_p}{f_3}\left[1.76 + \left(1.76 - 1.05\frac{f_3}{f_2}\right)\frac{f_p}{f_2}u^2 - 1.07\frac{f_p}{f_3}(1+u)^2\right] \tag{4.64}$$

若将式中各截面比作如下变换：

$$\frac{f_3}{f_2} = \frac{f_3}{f_3 - f_p} = \frac{f_3/f_p}{\frac{f_3}{f_p} - 1}; \quad \frac{f_p}{f_2} = \frac{f_p}{f_3 - f_p} = \frac{1}{\frac{f_3}{f_p} - 1}$$

则式(4.64)变为

$$\frac{\Delta p_g}{\Delta p_p} = \frac{1.76}{\frac{f_3}{f_p}} + 1.76\frac{u^2}{\frac{f_3}{f_p}\left(\frac{f_3}{f_p} - 1\right)} - 1.05\frac{u^2}{\left(\frac{f_3}{f_p} - 1\right)^2} - 1.07\left[\frac{1+u}{\frac{f_3}{f_p}}\right]^2 \tag{4.65}$$

由此可见，水喷射器的特性 $\frac{\Delta p_g}{\Delta p_p} = f\left(u, \frac{f_3}{f_p}\right)$，而不决定于它的绝对尺寸。如果绝对尺寸不同，但截面比(f_3/f_p)相同，就具有相同的特性，$\frac{\Delta p_g}{\Delta p_p} = f(u)$。因而，($f_3/f_p$)是水喷射器的几何相似参数，这样就可使水喷射器的试验研究工作得以简化。

3）最佳截面比与可达到的参数

在设计水喷射器时，要求选择最佳截面比，以保证在工作流体压降（Δp_p）和喷射系数（u）给定的情况下，使它具有最大的扬程（Δp_g）。

因为 $\dfrac{\Delta p_\mathrm{g}}{\Delta p_\mathrm{p}} = f\left(u, \dfrac{f_3}{f_\mathrm{p}}\right)$，所以最佳截面比可根据特性方程式（4.65）求偏微分的方法求得，即

$$\frac{\partial(\Delta p_\mathrm{g}/\Delta p_\mathrm{p})}{\partial(f_3/f_\mathrm{p})} = 0$$

当喷射系数 u 一定时，（$\Delta p_\mathrm{g}/\Delta p_\mathrm{p}$）是（$f_3/f_\mathrm{p}$）的一元函数，可以计算出最佳截面比 $(f_3/f_\mathrm{p})_\mathrm{zj}$ 以及可产生的最大相对压降 $(\Delta p_\mathrm{g}/\Delta p_\mathrm{p})_\mathrm{max}$，表 4.6 中摘录了参考文献[9]中用电子计算机所得的部分数据。

表 4.6 $(\Delta p_\mathrm{g}/\Delta p_\mathrm{p})_\mathrm{max}$、$(f_3/f_\mathrm{p})_\mathrm{zj}$ 与 u 之间的关系[9]

u	0.2	0.4	0.6	0.8	1.0	1.2	1.4	1.6	1.8	2.0	2.2
$(\Delta p_\mathrm{g}/\Delta p_\mathrm{p})_\mathrm{max}$	0.48693	0.36725	0.29301	0.24190	0.20457	0.17613	0.15378	0.13580	0.12107	0.10874	0.09834
$(f_3/f_\mathrm{p})_\mathrm{zj}$	1.9	2.6	3.2	3.8	4.5	5.2	5.9	6.7	7.5	8.3	9.2
u	2.4	2.6	2.8	3.0	3.2	3.4	3.6	3.8	4.0	4.2	4.4
$(\Delta p_\mathrm{g}/\Delta p_\mathrm{p})_\mathrm{max}$	0.08946	0.08181	0.07514	0.06931	0.06415	0.05958	0.05550	0.05184	0.04855	0.04557	0.04186
$(f_3/f_\mathrm{p})_\mathrm{zj}$	10.1	11.0	11.9	12.9	14.0	15.0	16.1	17.2	18.4	19.6	20.8

4）几何尺寸的计算

喷管出口截面积由下式计算：

$$f_\mathrm{p} = \frac{G_0}{\varphi_1}\sqrt{\frac{v_\mathrm{p}}{2\Delta p_\mathrm{p}}}, \mathrm{m}^2 \tag{4.66}$$

喷管出口截面与圆筒形混合室入口截面之间的最佳距离 L_c 为

$$L_\mathrm{c} = (1.0 \sim 1.5)d_3 \tag{4.67}$$

式中 d_3——圆筒形混合室的直径，可根据 $(f_3/f_\mathrm{p})_\mathrm{zj}$ 及 f_p 求得 f_3 之后求出。

圆筒形混合室的长度 L_h，建议取 $L_\mathrm{h} = (6 \sim 10)d_3$；

扩散管的扩散角，一般取 $\theta = 6° \sim 8°$。

[例 4.3] 已知水喷射器热水供热系统的室外热水管网供水温度（即喷射器的工作温度）$t_0 = 130\ ℃$，回水温度（即被引射水温）$t_\mathrm{h} = 70\ ℃$，混合流体温度（即向用户供水温度）$t_\mathrm{g} = 95\ ℃$。供水系统的压力损失 $\Delta p_\mathrm{g} = 9\ 810\ \mathrm{Pa}$，用户热负荷 $Q = 8.4 \times 10^5\ \mathrm{kJ/h}$。试确定安装在用户入口处的水喷射器的主要尺寸，并计算在设计工况下，工作流体所需要的压降 Δp_p，绘出喷射器的特性曲线。

[解]

用式（4.55）确定喷射系数

$$u = \frac{t_0 - t_\mathrm{g}}{t_\mathrm{g} - t_\mathrm{h}} = \frac{130 - 95}{95 - 70} = 1.4$$

由表（4.6），当 $u = 1.4$ 时，可查得

最大相对压降$(\Delta p_{\mathrm{g}}/\Delta p_{\mathrm{p}})_{\max}=0.15378$,最佳截面积$(f_3/f_{\mathrm{p}})_{\mathrm{zj}}=5.9$

于是,工作流体在喷管内的压降

$$\Delta p_{\mathrm{p}}=\Delta p_{\mathrm{g}}/0.15378=9\,810/0.15378=63\,792\ \mathrm{Pa}$$

由热负荷计算工作流体的流量G_{02}:

$$G_{02}=\frac{Q}{3600(t_0-t_{\mathrm{h}})}=\frac{8.4\times10^5}{3\,600\times4.19\times(130-70)}=0.928\ \mathrm{kg/s}$$

由式(4.66)计算喷管出口截面积:

$$f_{\mathrm{p}}=\frac{G_0}{\varphi_1}\sqrt{\frac{v_{\mathrm{p}}}{2\Delta p_{\mathrm{p}}}}=\frac{0.928}{0.95}\sqrt{\frac{0.001}{2\times63\,792}}=8.65\times10^{-5}\ \mathrm{m}^2$$

由于$f_{\mathrm{p}}=\dfrac{\pi}{4}d_{\mathrm{p}}^2$

故喷管出口直径 $\quad d_{\mathrm{p}}=\sqrt{\dfrac{\pi}{4}f_{\mathrm{p}}}=1.13\sqrt{8.65\times10^{-5}}=0.0105\ \mathrm{m}$

圆筒形混合室尺寸:

截面积 $f_3=\left(\dfrac{f_3}{f_{\mathrm{p}}}\right)_{\mathrm{zj}}\cdot f_{\mathrm{p}}=5.9\times8.65\times10^{-5}=51\times10^{-5}\ \mathrm{m}^2$,

直径 $\quad d_3=1.13\sqrt{f_3}=1.13\sqrt{51\times10^{-5}}=0.0255\ \mathrm{m}$,

长度 $\quad L_{\mathrm{h}}=8d_3=8\times0.0255=0.204\ \mathrm{m}$

喷管出口截面与混合室入口截面间的距离:

$$L_{\mathrm{c}}=1.2d_3=1.2\times0.0255=0.0306\ \mathrm{m}$$

扩散管的尺寸:取其出口处的混合水速度$w_{\mathrm{g}}=1\ \mathrm{m/s}$,扩散角$\theta=8^\circ$,则

出口截面积 $f_{\mathrm{g}}=\dfrac{(1+u)G_0v_{\mathrm{g}}}{w_{\mathrm{g}}}=\dfrac{(1+1.4)\times0.928\times0.001}{1.0}=2.23\times10^{-3}\ \mathrm{m}^2$

出口直径 $\quad d_{\mathrm{g}}=1.13\sqrt{f_{\mathrm{g}}}=1.13\sqrt{2.23\times10^{-3}}=0.0534\ \mathrm{m}$

长度 $\quad L_{\mathrm{k}}=\dfrac{d_{\mathrm{g}}-d_3}{2\mathrm{tg}\dfrac{\theta}{2}}=\dfrac{0.0534-0.0255}{2\mathrm{tg}4^\circ}=0.199\ \mathrm{mm}$

喷射器各截面比:

$$f_3/f_{\mathrm{p}}=\frac{51\times10^{-5}}{8.65\times10^{-5}}=5.9;\qquad \frac{f_{\mathrm{p}}}{f_3}=\frac{1}{5.9}=0.169$$

$$\frac{f_{\mathrm{p}}}{f_2}=\frac{f_{\mathrm{p}}}{f_3-f_{\mathrm{p}}}=\frac{8.65\times10^{-5}}{(51-8.65)\times10^{-5}}=0.204;\qquad \frac{f_3}{f_2}=\frac{51\times10^{-5}}{(51-8.65)\times10^{-5}}=1.204$$

将上述各数值代入特性方程式(4.64),得

$$\frac{\Delta p_{\mathrm{g}}}{\Delta p_{\mathrm{p}}}=\frac{f_{\mathrm{p}}}{f_3}\left[1.76+\left(1.76-1.05\,\frac{f_3}{f_2}\right)\frac{f_{\mathrm{p}}}{f_2}u^2-1.07\,\frac{f_{\mathrm{p}}}{f_3}(1+u)^2\right]$$

$$=0.169[1.76+(1.76-1.05\times1.204)\times0.204u^2-1.07\times0.169(1+u)^2]$$

$$=0.297+0.017u^2-0.0306(1+u)^2$$

以不同的喷射系数代入之后,可求出不同的$(\Delta p_{\mathrm{g}}/\Delta p_{\mathrm{p}})$,其结果列于表4.7及图4.27上。图中的$a$点为设计工况。

表 4.7 不同喷射系数时的 $(\Delta p_g / \Delta p_p)$

u	1	1.25	1.5	1.75	2.0	2.5
$\Delta p_g / \Delta p_p$	0.191 6	0.168 7	0.144 0	0.117 6	0.089 6	0.028 4

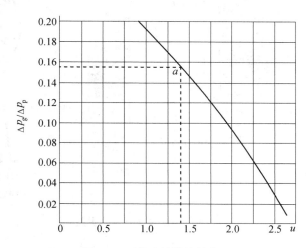

图 4.27 水喷射器特性曲线

与例 4.2 一样,对水喷射器也可绘出工作流体在不同压力下 $\Delta p_g = f(V_g)$ 的特性曲线,根据这些特性曲线的管网阻力特性曲线的交点,即可确定水喷射器在不同 Δp_g 时的工作点。

4.3 混合式冷凝器

混合式冷凝器的作用在于使蒸汽与冷却水直接接触过程中放出潜热而被冷凝,这种冷凝方式只适用于冷凝液没有回收价值或者对冷凝液纯净度要求不高的场合,例如单效或多效蒸发装置二次蒸汽的冷凝。

混合式冷凝器的类型较多,现在广泛使用的类型有如图 4.28 所示的几种。其中图(a)是液柱式冷凝器,在其内部安装多块圆缺形多孔淋水板,水从板的小孔以柱状淋洒而下,以增大冷却水和蒸汽的接触面积。图(b)是液膜式冷凝器,在其内部有盘环间隔排列的淋水板,冷却水从板上流下时形成液膜,蒸汽与液膜接触时产生冷凝。图(c)是填充式冷凝器,采用拉西环等作为填料,填充于塔体之内,冷却水沿填料表面下流,故填料表面即为水和蒸汽的接触场所,使蒸汽冷凝。以上图(a)~(c)三种型式的共同特点是汽水为逆流方向,蒸汽都是由下而上流动,两相接触时间长,热的交换充分,水的出口温度高,可节约用水,且不凝气温度低,体积小,可节省抽气设备动力。图(d)为喷射式冷凝器,其工作原理基于文丘里管,故冷却水在入口必须具备一定压力,以使喷管喷出之水呈雾状,并将蒸汽吸入器内进行混合冷凝,同时夹带不凝性气体从下部流出。所以它具有不需抽出不凝性气体的优点,但单位蒸汽冷凝量所用的冷却水量较大。

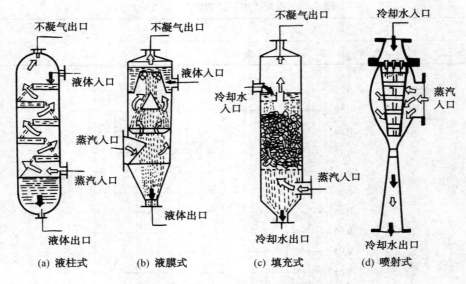

图 4.28　混合式冷凝器的类型

(a) 液柱式　　(b) 液膜式　　(c) 填充式　　(d) 喷射式

由于类型不同,传热计算和结构计算也各不相同,具体的设计计算可参考文献[10]。

5　蓄热式热交换器

在蓄热式热交换器中，冷、热流体交替地流过同一固体传热面及其所形成的通道，依靠构成传热面的物体的热容作用(吸热或放热)，实现冷、热流体之间的热交换。与间壁式热交换器相比，虽都需要有固体传热面，但间壁式中，热量是在同一时刻通过固体壁由一侧的热流体传递给另一侧的冷流体。若与直接接触式热交换器相比，则差别更为明显，因为在蓄热式中不是通过冷、热流体的直接混合来换热的。

蓄热式热交换器常用于流量大的气-气热交换场合，如动力、硅酸盐、石油化工等工业中的余热利用和废热回收等方面。

5.1　蓄热式热交换器的结构和工作原理

5.1.1　回转型蓄热式热交换器

回转型蓄热式热交换器主要由圆筒形蓄热体(常称转子)及风罩两部分组成。它又分为转子回转型和外壳回转型。转子就是一个蓄热体。图 5.1 所示是一种转子回转型的蓄热式热交换器。在转子回转型中，转子转动，而风罩不动。转子回转时，按照一定的周期不断交替地通过冷、热流体通道。设转子某部分在某一时刻通过了热流体通道，转子上的蓄热体就吸收并积蓄了热能。到下一时刻，转子该部分到达冷流体通道，就把所储蓄的热能释放给冷流体。对于外壳回转型(图 5.3)，转子不动，而外壳(亦即风罩)在转动，同样达到了热交换的目的。在大型的动力锅炉中使用这种回转式空气预热器以代替管式空气预热器，金属用量约为管式的 1/3，所以日益受到重视。

在图 5.1 的转子回转型空气预热器中，转子的中心轴支承在上下轴承上，转子周界上装有环形长齿条，马达带动主动齿轮并通过齿条使转子以每分钟 3/4 ~ 5/4 转的转速绕中心轴转动。圆形转子从上到下被 12 块径向隔板隔成互不通气的 12 个大扇形格，每个 30° 的大扇形格又被许多块横向和径向短隔板规则地分为许多小格仓，小格仓中放满预先叠扎好的蓄热板。蓄热板由厚为 0.5 ~ 1.25 mm 钢板压成的波纹板和定位板两种组件相间排列而成(图 5.2)。定位板除起传热面作用外，还起到使波纹板相对位置固定的作用。工作时烟气从上方通过烟道和一半的转子截面(180°)从下方流出，空气从另一侧下方进入，经风道和 $\frac{1}{3}$(120°)的转子截面从上方流出。转子每转一圈，蓄热板吸、放热各一次，使烟气和冷空气之间实现热交换。由于烟气容积流量比空气大，故烟气的通流截面要比空气大。在烟气和空气的通流截面之间设置了占转子断面两个 30° 的过渡区(也称密封区)。其中无气流流过，起隔离烟气和空气的作用，使两者互不渗混(见图 5.1)。转子回转型空气预热器又可按其旋转轴的方位分为垂直轴回转型和水平轴回转型两种，图 5.1 所示为垂直轴回转型。

蓄热板的形状[见图 5.2，图中(a)(b)为同类板型但结构尺寸不同的两种]应不使气体在

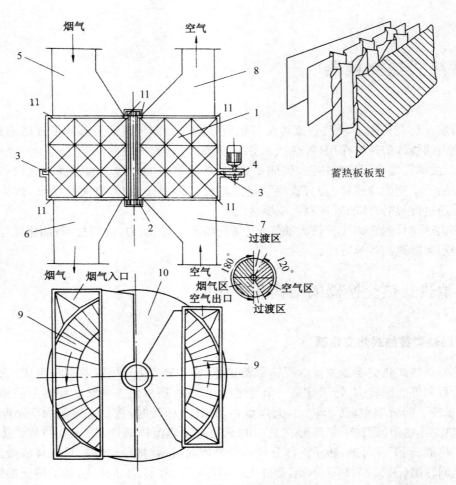

图 5.1 转子回转型空气预热器

1—转子；2—转子的中心轴；3—环形长齿条；4—主动齿轮；5—烟气入口；
6—烟气出口；7—空气入口；8—空气出口；9—径向隔板；10—过渡区；11—密封装置

其上作层流流动,同时能防止它在烟气中发生腐蚀和堵塞。气体在其中平均流速为 8 ～ 16 m/s,流动阻力控制在每米 250 ～ 1 000 Pa。蓄热板组合件中的波形板和定位板上斜波纹与气流方向约成 30° 夹角,而两者波纹方向相反(见图 5.1 中蓄热板板型),以加强扰动,提高传热效果。因蓄热板布置紧密,容易堵灰,故在传热面的上下部设有蒸汽吹灰装置。当空气预热器发生二次燃烧(焦炭复燃)事故时,吹灰装置尚可兼作灭火设施使用。

5.1.2 阀门切换型蓄热式热交换器

图 5.3 所示为外壳回转型的蓄热式热交换器,它由上下回转风罩、传动装置、蓄热体、密封装置、烟道和风道构成,一端为 8 字形而另一端为圆柱形的两个风罩盖在定子的上下两个端面上,其安装方位相同,并且同步绕轴旋转。由于风罩是 8 字形,风罩旋转一周的过程中,蓄热体两次被加热和冷却,因此风罩旋转的回转型空气预热器的转速要比受热面旋转的回转型空气预热器低。上下风罩同步旋转的速度一般为 0.75 ～ 1.4 r/min。空气通过上风罩进入

定子,被蓄热体加热后由下风罩流出,烟气在风罩外面流经定子。回转风罩与固定风道之间设有环形密封,与定子之间也设有密封装置,以防止空气泄漏到烟气中。在整个定子截面上,烟气流通截面积占50%～60%,空气流通截面积占35%～45%,密封区占5%～10%。风罩旋转的回转型空气热预器的优点为不易出现受热面因温度分布不均而产生蘑菇状变形,且可使用重量大、强度低但能防腐蚀的陶瓷受热面,缺点为结构较复杂。对于大型的转子回转型空气预热器,因转子十分笨重,旋转时易发生受热面变形及轴弯曲等问题。而风罩旋转的回转型空气预热器采用了使受热面与烟道一起构成坚固的定子以及使质量轻的风罩能转动的结构,能避免这类问题的发生。

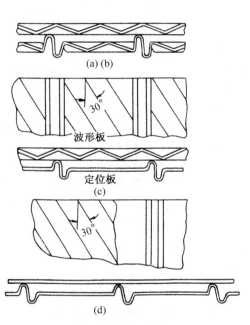

图5.2 蓄热板结构图

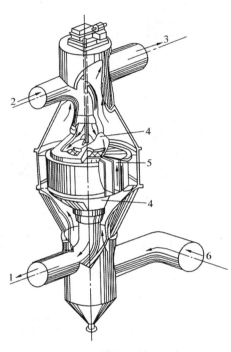

图5.3 风罩旋转的回转型空气预热器

1-空气出口;2-空气入口;3-烟气出口;
4-回转风罩;5-隔板;6-烟气入口

图5.4为阀门切换型蓄热式热交换器的原理图。它由两个相同的充满蓄热体的蓄热室所构成。当双通阀门处于图示位置时,冷空气从蓄热室乙流过,蓄热体释放热量使冷空气受热,热烟气则在同时流过蓄热室甲,将甲中蓄热体加热而烟气本身被冷却。在一定时间间隔后,将双通阀门转动90°,则使冷空气改向流过甲,热烟气流过乙。如此定期地不断切换双通阀就可实现冷、热气体之间热交换。

蓄热室中的蓄热体大多由耐火砖砌成的"格子砖"构成(见图5.5)。为了连续运行,都具有两个蓄热室

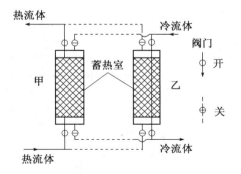

图5.4 阀门切换型蓄热式
热交换器工作原理图

（图 5.4）。这种阀门切换型常用于玻璃窑炉，冶金工业中高炉的热风炉。图 5.6 所示为一玻璃窑炉中使用的阀门切换型蓄热式热交换器。从玻璃加热池上排出的高温烟气进入蓄热式格子体时温度约为 1 100～1 300 ℃，通过蓄热室后温度约为 400～600 ℃，进入蓄热室的空气温度约 100～120 ℃，排出时达到约 900～1 100 ℃，然后进入加热池内供燃油用。

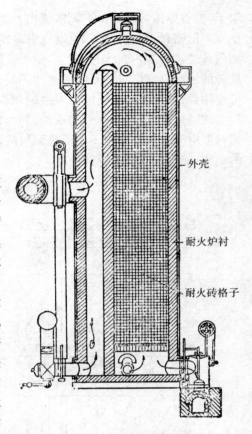

图 5.5 蓄热室结构简图

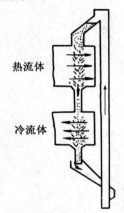

图 5.7 蓄热体颗粒移动型热交换器工作原理

阀门切换型蓄热式热交换器还用于空分装置的蓄冷器，常用卵石或铝波纹片作蓄热体。在应用于太阳能空气集热系统时，在蓄热室中蓄热体也常常是卵石而不是格子砖。传统的蓄热室采用格子砖作为蓄热体，传热效率低，蓄热室体积庞大，换向周期长，新型蓄热室采用陶瓷小球或蜂窝体作为蓄热体，其比面积高达 200～1 000 m^2/m^3。蓄热体的发展趋势是采用陶瓷蜂窝体，其高温段为高纯铝质材料，中部采用莫来石材料，低温段材质为堇青石。

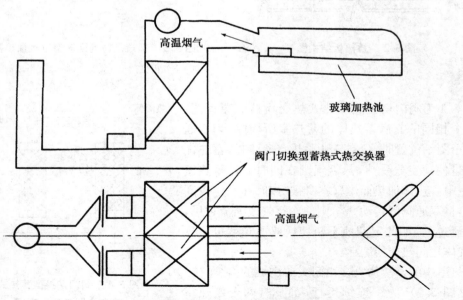

图 5.6 阀门切换型热交换器用于玻璃窑炉示意图

除以上两种蓄热式热交换器在工业上应用较广外,还有一种蓄热体颗粒移动型热交换器。在这种热交换器中,蓄热体颗粒靠自重作用先通过热流体室吸收热量,继而流过冷流体室放出热量,以此实现了把热流体热量传给冷流体。蓄热体颗粒通过冷流体室后又被送回热流体室上部,开始下一个工作周期(图5.7)。

5.2 蓄热式热交换器与间壁式热交换器的比较

由于蓄热式热交换器中的热交换是依靠蓄热物质的热容量及冷、热流体通道周期性地交替,使得蓄热式热交换器中传热面及流体温度的变化具有一定的特点。特点之一是,蓄热材料的壁面温度在整个工作周期中不断地变化,而且在加热期间的变化情况与冷却期间的变化情况也不相同。与此同时,除了在蓄热式热交换器的冷、热气体进口处之外,冷、热气体的温度还随时间而变化。为了说明这种变化特点,今在蓄热式热交换器高度方向上取某一截面(图5.8(a)中 $A-A$ 截面),在整个周期内,该处蓄热材料及气体的温度按图5.8(b)所示情

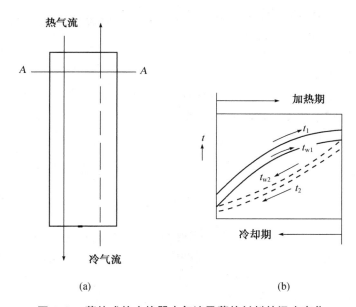

图 5.8   蓄热式热交换器中气流及蓄热材料的温度变化

况变化。在加热期内,热气体不断地把热量传给蓄热材料,随着时间的增加,沿热交换器高度各处蓄热材料的温度不断升高($A-A$ 处, $t_{w,1}$)。由于热气体的进口温度是不变的,这就使得进口截面处热气体和蓄热材料之间温差愈来愈小,因而进口截面处热气体的温度下降愈来愈小, $A-A$ 截面处热气体的温度 t_1 也随之上升。在冷却期内,冷气体不断冷却蓄热材料,使得沿热交换器高度各处蓄热材料温度随着时间增加而降低($A-A$ 处, $t_{w,2}$)。由于冷气体进口温度也是不变的,使得进口处蓄热材料与冷气体间温差愈来愈小,因而进口截面上冷气体温升愈来愈小, $A-A$ 处冷气体的温度 t_2 随之下降。正由于这种变化,常常使得加热和冷却期内蓄热材料温度不沿同一条曲线变化。至于间壁式热交换器,在稳定工况下,各处传热面及流

体温度均是稳定不变的。特点之二是，蓄热材料和流体温度变化具有周期性，即每经过一个周期这些温度变化又重复一次。

由于周期性的特点，我们可以以周期为单位，来考虑蓄热式热交换器中的热平衡及传热，进而可采用类似于稳定工况下的间壁式热交换器所用的简单公式，方便地计算蓄热式热交换器。

以图 5.9 所示逆流时的间壁式热交换器和蓄热式热交换器为例。假设气体 1 的温度高于气体 2 的温度，若以蓄热式热交换器一个循环的时间为单位，对间壁式与蓄热式都是从气体温度的变化来计算热量。在间壁式热交换器中，气体 1 所放出的热量为

$$Q_1 = M_1 c_{p1}(t'_1 - t''_1)$$

气体 2 所吸收的热量为

$$Q_2 = M_2 c_{p2}(t''_1 - t'_2)$$

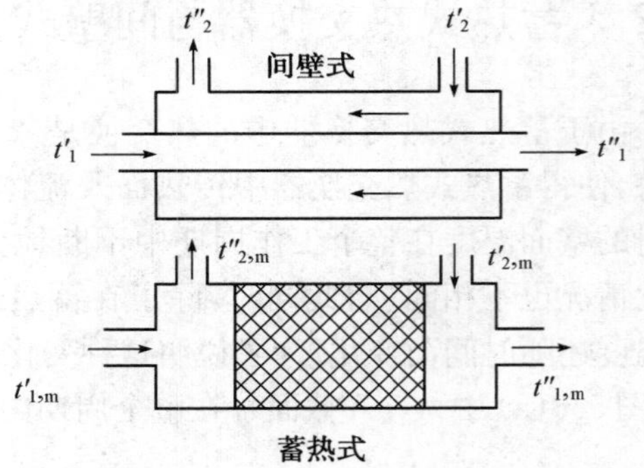

图 5.9　在逆流下的间壁式和蓄热式热交换器

式中　　M_1、M_2——相应于所流过的气体 1、2 的质量流量；

c_{p1}、c_{p2}—— 分别为气体 1、2 的比热；

t'_1、t''_1—— 分别为气体 1 的进、出口温度；

t'_2、t''_2—— 分别为气体 2 的进、出口温度。

如忽略热损失，间壁式中换热气体 1、2 间热平衡式为

$$M_1 c_{p1}(t'_1 - t''_1) = M_2 c_{p2}(t'_2 - t''_2) \tag{5.1}$$

对于蓄热式热交换器，气体 1 所放出的热量为

$$Q_1 = M_1 c_{p1}(t'_{1,m} - t''_{1,m})$$

气体 2 所吸收的热量为

$$Q_2 = M_2 c_{p2}(t''_{2,m} - t'_{2,m})$$

式中　　$t'_{1,m}$、$t''_{1,m}$—— 分别为气体 1 在一周期内平均的进、出口温度；

$t'_{2,m}$、$t''_{2,m}$—— 分别为气体 2 在一周期内平均的进、出口温度。

如忽略对外热损失，则得热平衡式为

$$M_1 c_{p1}(t'_{1,m} - t''_{1,m}) = M_2 c_{p2}(t''_{2,m} - t'_{2,m}) \tag{5.2}$$

将式(5.1)与(5.2)比较可见，以一个周期为单位考虑蓄热式热交换器的传热量时，采用了周期中的气体平均温度，所以它的热平衡式在形式上与间壁式相类似。再以一个周期为单位，分别对蓄热式及间壁式热交换器进行传热计算。今以蓄热体及进、出口流体在加热期及冷却期的平均温度作为间壁式热交换器的壁及流体的进出口温度，即可按照蓄热式热交换器的工况作出假想的间壁式热交换器传热工况，如图 5.10 所示。

设热交换器的传热面积为 F，循环周期为 τ_0（其中，加热时间为 τ_1，冷却时间为 τ_2），参考图 5.10，可以得出蓄热式中的传热量为

$$Q = KF(t_{1,m} - t_{2,m})\tau_0, \text{J} \tag{5.3}$$

式中　　$t_{1,m}$、$t_{2,m}$—— 分别为热、冷流体的平均温度，℃；

K—— 相应于 $t_{1,m}$、$t_{2,m}$ 下蓄热式热交换器中的传热系数，W/(m² · ℃)。

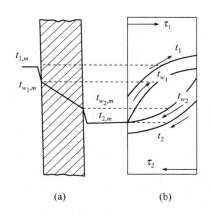

(a)   (b)

图 5.10　蓄热式热交换器中以及假想的
间壁式热交换器中的传热过程
（a）假想的间壁式换热过程
（b）蓄热式换热过程

传热量 Q 也可由热气体 1 与蓄热体间对流换热量来表示

$$Q = \alpha_1 F \int_0^{\tau_1} (t_1 - t_{w_1})\mathrm{d}\tau$$

$$= \alpha_1 F(t_{1,m} - t_{w_1,m})\tau_1 , \mathrm{J} \qquad (5.4)$$

式中　α_1——加热周期热气体的对流换热系数，W/(m²·℃)；

$t_{w_1,m}$——加热周期受热壁面在受热过程中的平均壁温，℃。

或可由冷气体 2 与蓄热体间对流换热量来表示

$$Q = \alpha_2 F \int_0^{\tau_2} (t_{w_2} - t_2)\mathrm{d}\tau$$

$$= \alpha_2 F(t_{w_2,m} - t_{2,m})\tau_2 , \mathrm{J} \qquad (5.5)$$

式中　α_2——冷却周期冷气体的对流换热系数，W/(m²·℃)；

$t_{w_2,m}$——冷却周期冷却壁面在冷却过程中的平均壁温，℃。

综合以上三式可得蓄热式热交换器的传热系数计算式为

$$K = \cfrac{1}{\cfrac{1}{\alpha_1\left(\cfrac{\tau_1}{\tau_0}\right)} + \cfrac{1}{\alpha_2\left(\cfrac{\tau_2}{\tau_0}\right)}}\left[1 - \frac{t_{w_1,m} - t_{w_2,m}}{t_{1,m} - t_{2,m}}\right], \mathrm{W}/(\mathrm{m}^2 \cdot ℃) \qquad (5.6)$$

如 $\tau_1 = \tau_2$，则

$$K = \cfrac{1}{\cfrac{2}{\alpha_1} + \cfrac{2}{\alpha_2}}\left[1 - \frac{t_{w_1,m} - t_{w_2,m}}{t_{1,m} - t_{2,m}}\right], \mathrm{W}/(\mathrm{m}^2 \cdot ℃) \qquad (5.7)$$

再设有一间壁式热交换器，其传热面积也为 F，但对于冷气体及热气体各占一半，热气体的平均温度为 $t_{1,m}$，冷气体的平均温度为 $t_{2,m}$ 则在时间 τ_0 内该间壁式热交换器的传热量可表示为

$$Q = KF(t_{1,m} - t_{2,m})\tau_0 , \mathrm{J} \qquad (5.8)$$

而热气体的放热量为

$$Q = \alpha_1 \frac{F}{2}(t_{1,m} - t_{w_1,m})\tau_0 , \mathrm{J} \qquad (5.9)$$

冷气体的吸热量为

$$Q = \alpha_2 \frac{F}{2}(t_{w_2,m} - t_{2,m})\tau_0 , \mathrm{J} \qquad (5.10)$$

如忽略间壁式热交换器的壁面热阻，即 $t_{w_1,m} = t_{w_2,m}$，则得到

$$K = \cfrac{1}{\cfrac{2}{\alpha_1} + \cfrac{2}{\alpha_2}}, \mathrm{W}/(\mathrm{m}^2 \cdot ℃) \qquad (5.11)$$

比较式（5.3）与（5.8）及（5.7）与（5.11）可见，由于在蓄热式热交换器中加热与冷却过程的平均传热壁温不相等，使得在其他条件相同时，蓄热式热交换器的传热量仅为间壁式热

交换器的$\left[1 - \dfrac{t_{w_1,m} - t_{w_2,m}}{t_{1,m} - t_{2,m}}\right]$倍。

式(5.6)中系数$\left[1 - \dfrac{t_{w_1,m} - t_{w_2,m}}{t_{1,m} - t_{2,m}}\right]$是由于蓄热式热交换器的传热表面温度不稳定而产生的,因为由图5.8(b)可见,当蓄热式热交换器的换热周期$\tau_0 \to 0$时,曲线t_{w_1}与t_{w_2}将变成同一直线,因而$t_{w_1,m} = t_{w_2,m}$,这一系数值为1。所以,也称它为考虑非稳定换热影响的系数,以符号C_n代表。

当$\tau_0 \to 0$时,$C_n = 1$,这表明在其他条件相同时,蓄热式热交换器达到所能传递的最大热量。其数值与同样条件下间壁式热交换器所能传递的热量相同。但是实际上$\tau_0 > 0$,$(t_{w_1,m} - t_{w_2,m}) > 0$,使$C_n < 1$,这表明蓄热式热交换器的传热量总是小于在相同条件下间壁式热交换器所能传递的热量。所以,从单位传热表面积的传热量方面,看不出采用蓄热式热交换器的优点。

与间壁式热交换器相比,蓄热式热交换器主要在结构方面有以下三个优点:

① 紧凑性很高。如,采用$20 \sim 50$目的金属网板作蓄热体时,每立方米容积可能容纳的传热面积为$2\,296 \sim 6\,560\ m^2$。而在间壁式热交换器中,即使紧凑性最高的板翅式热交换器一般只有$2\,000\ m^2/m^3$左右。

② 单位传热面积的价格要比间壁式便宜得多,而且易于采用耐腐蚀、耐高温的材料(如陶瓷)作传热面。

③ 有一定的自洁作用。因为传热面周期性地受到参与换热的气体的方向相反的流动,与间壁式相比就不易存在永久性的流动停滞区,并且传热面上积灰较易自动去除。

蓄热式与间壁式相比的主要缺点是:

① 因为同一蓄热体交替地作为冷、热气体的通道和受热面,因而在回转型蓄热式热交换器中,势必导致一通道中的气体带入另一通道。两气体通道间的密封不严,将会造成冷、热气体之间某种程度的混合。在阀门切换型蓄热式热交换器中,也将由于阀门的切换而使冷、热气体之间有不同程度的混合。

② 对于回转型蓄热式热交换器来说,密封问题比较困难,因而会造成较大的漏风,特别是在高温和低温气体之间压差很大时。例如,在回转型空气预热器中,空气向烟气中的泄漏量约占流过的空气量的$5\% \sim 10\%$。

5.3　蓄热式热交换器传热设计计算特点

由于蓄热式热交换器始终处于不稳定传热工况下工作,换热流体或传热面的温度都随时间和它的位置而变化,所以传热系数和传热量也随时间而变。为了解决这一困难,在计算中常把加热期和冷却期合在一起作为一个循环周期来考虑,即传热系数为一个循环周期内的平均值。这样,我们就可以像普通的间壁式热交换器那样进行设计计算。蓄热式热交换器设计计算的基本方法为对数平均温差法,由于篇幅所限,本章仅根据这类热交换器因结构和工作情况的不同而导致的传热设计计算上的差异作一必要的阐述。

5.3.1　传热系数

对于回转型蓄热式热交换器,基于式(5.7)同时还应考虑到烟气、空气冲刷转子的份额不同(一般,烟气冲刷占 180°,空气冲刷占 120°,过渡区为 2×30°)及蓄热板表面积灰等因素,因而传热系数的计算式为

$$K = \varepsilon \cdot C_n \frac{1}{\dfrac{1}{x_1 \alpha_1} + \dfrac{1}{x_2 \alpha_2}} , W/(m^2 \cdot ℃) \tag{5.12}$$

式中　ε——综合考虑烟气对蓄热板表面的灰污以及烟气和空气对传热面未能冲刷完全及漏风等因素对传热系数影响的利用系数,一般,$\varepsilon = 0.8 \sim 0.9$;

C_n——考虑低转速时不稳定导热影响的系数,其值主要与转速有关;

x_1、x_2——分别为烟气、空气冲刷转子的份额,可表示为

$$x_1 = \frac{\tau_1}{\tau_0} = \frac{F_1}{F} = \frac{f_1}{f}$$

$$x_2 = \frac{\tau_2}{\tau_0} = \frac{F_2}{F} = \frac{f_2}{f}$$

式中　F、F_1、F_2——分别为总的、通过烟气和空气处的传热面积;

f、f_1、f_2——分别为总的、烟气和空气的流通截面积。

对于阀门切换型蓄热式热交换器,由于蓄热体是格子砖,其蓄热能力及砖表面与内部温度之差等对传热的影响较大,所以每周期传热系数的计算式常表示为

$$K = \left[\frac{1}{\alpha_1 \tau_1} + \frac{1}{\alpha_2 \tau_2} + \frac{2}{C \gamma \delta \eta \xi} \right]^{-1} , J/(m^2 \cdot ℃\ 周期) \tag{5.13}$$

式中　C——格子砖的平均比热;

γ——格子砖的容重;

δ——格子砖的厚度;

η——格子砖的利用率;

ξ——格子砖的温度变动系数。

由于蓄热室格子体的上、下部温差较大,在计算传热系数及对流换热系数时分别按格子体上部(热端)和下部(冷端)来求取,再计算其平均值,因而

$$K = \frac{K_t + n K_b}{1 + n} , J/(m^2 \cdot ℃\ 周期) \tag{5.14}$$

式中　K_t、K_b——分别为上、下部的传热系数值;

n——考虑上、下部传热系数差别的经验修正系数。

阀门切换型蓄热式热交换器的传热系数计算式还有其他的形式和计算方法,读者可参阅相关书籍。

5.3.2　对流换热系数

对于回转型,可由下式计算:

$$Nu = A Re^m Pr^{0.4} C_t C_1 \tag{5.15}$$

式中　A——系数,因蓄热板的结构不同而异;

C_t——与蓄热板壁温及气流温度有关的系数。当烟气被冷却时,$C_t = 1$;空气被加热时,$C_t = (T/T_b)^{0.5}$,式中 T 为流过气体的温度,T_b 为蓄热板壁温;

C_1——考虑蓄热板通道长度与其当量直径比值的修正系数,当 $l/d_e \geqslant 50$ 时,$C_1 = 1.0$。

用式(5.15)计算时,定型尺寸为蓄热板通道的当量直径,定性温度为流过气体的平均温度。

对于阀门切换型,对流换热系数值可按下式计算:

$$\alpha_c = B \cdot W_{\max}^{0.5} \cdot d_e^{-0.33} \phi, \mathrm{W}/(\mathrm{m}^2 \cdot ℃) \tag{5.16}$$

式中 B—— 系数,因格子体结构不同而异;

        d_e—— 格孔的当量直径,m;

        $W_{\max}$—— 折算到标准状况下气体在最小截面处流速,$\mathrm{Nm}/(\mathrm{m}^2 \cdot \mathrm{s})$;

        ϕ—— 与温度有关的校正系数。

由于烟气温度高,对于烟气与格子砖间换热除了包含对流换热外同时应考虑辐射换热,即采用复合换热系数:

$$\alpha_{1,t} = \alpha_{1,tc} + \alpha_{1,tr} \tag{5.17a}$$

$$\alpha_{1,b} = \alpha_{1,bc} + \alpha_{1,br} \tag{5.17b}$$

式中 $\alpha_{1,t} \text{、} \alpha_{1,b}$—— 分别为蓄热室上、下部烟气与格子砖间复合换热系数;

        $\alpha_{1,tc} \text{、} \alpha_{1,bc}$—— 分别为蓄热室上下部烟气与格子砖间对流换热系数,可按式(5.16)求取;

        $\alpha_{1,tr} \text{、} \alpha_{1,br}$—— 分别为蓄热室上下部烟气与格子砖间辐射换热系数,可根据气体与物体间辐射换热求解。

对于空气与格子砖间换热则仅考虑对流换热,即

$$\alpha_{2,t} = \alpha_{2,tc} \tag{5.18a}$$

$$\alpha_{2,b} = \alpha_{2,bc} \tag{5.18b}$$

这样,由式(5.17a)、(5.18a)及(5.13)可求得 K_t,由式(5.17b)、(5.18b)及(5.13)可求得 K_b,最后由式(5.14)即可求得总传热系数 K。

5.3.3 传热面积

对于回转型,传热面积 F 的计算常与所消耗的燃料量联系起来,因而其计算式为

$$F = \frac{B_j Q}{K \cdot \Delta t_{1m,c}}, \mathrm{m}^2 \tag{5.19}$$

式中 B_j—— 燃料消耗量,kg/h;

        Q—— 1kg 燃料所产生的烟气量(包括漏风量)在空气预热器中放出的热量,J/kg。

对于阀门切换型,传热面积的计算式为

$$F = \frac{Q}{K \cdot \Delta t_{1m,c}} \cdot \frac{1 + \eta_p}{2\eta_p}, \mathrm{m}^2 \tag{5.20}$$

式中 Q—— 每周期内预热气体从格子体获得的热量,J/ 周期;

        η_p—— 预热气体从格子体获得的热量与烟气在蓄热室中所释放的热量之比。

此外,阀门切换型的传热面积还可以根据不同的炉窑及燃料种类选取经验值。关于蓄热式热交换器的详细设计计算可参阅参考文献[1]、[2]。

6 热交换器的试验与研究

上述各章从传热学的角度出发论述了不同类型热交换器的设计问题。由于设计过程中采用某些简化或近似的方法，以及实际热交换器过程的复杂性等因素，对于设计制造而成的新的热交换器必须测定其实际的热性能，对于使用过的旧的热交换器更需如此。所以，了解与掌握热交换器的试验和掌握热交换器的设计同样重要。此外，作为一个从事与热交换有关的工作者，不仅要了解设计与试验，而且要了解如何改善和研究其性能，如何使设计更合理。为此，本章将择要阐述：热交换器的传热与阻力特性试验，结垢与腐蚀，传热强化，优化及设计性能评价等方面的问题。

6.1 传热特性试验

工程上，对于一台尚未使用或已使用过的热交换器，一般都要直接测定它的传热系数。但更完善的办法应该是同时再确定热交换器冷、热两侧流体的对流换热系数，以便找出问题所在，进行改进。本节除阐述测定传热系数的试验方法外，还将详细讨论对流换热系数的测定。

6.1.1 传热系数的测定

为了鉴定一台新设计的热交换器能否达到预定的传热性能，或检验一台已运行一段时期的热交换器的实际性能有何变化，或确定在改变远行条件下（如改变参数与热交换器的介质）的传热性能，或为了比较不同型式和种类的热交换器的传热性能的好坏，常常需要测定热交换器的传热系数。

根据传热计算的基本方程式，可以得出传热系数 K 为

$$K = \frac{Q}{F\Delta t_{\mathrm{m}}}$$

对于一台已有的热交换器，传热面积 F 是已知值。传热量 Q 在不计热损失的条件下可以通过热平衡方程式来计算。在非顺流或逆流的情况下，Δt_{m} 可以按逆流时对数平均温差 $\Delta t_{\mathrm{1m,c}}$，再乘以修正系数 ψ 来求得。因而，只要在实验中测得冷、热流体的流量和进、出口温度，并利用流体的热物性数据表查得它们的比热数值，即可求得在相应的运行条件下的传热系数 K 值。

今以某一实验装置为例，说明实验测定 K 值的方法和步骤。图6.1为水-水套管式热交换器的实验系统。电热水箱1中的水在被加热到一定温度后，经水泵2送入套管热交换器的内管，与套管的夹层空间6中流过的冷却水换热后返回热水箱。冷水从冷却水池（或其他来源）进入冷水箱8，被水泵9抽出后，通过阀12和温度测点18（构成逆流工况），或通过阀11和温度测点17（构成顺流工况），进入夹层空间6，再由测点17、阀13（逆流时），或测点18、阀14（顺流时），排入冷却水池。冷、热水温度可用玻璃温度计或热电偶等方法测量，分别在测量点17、18及15、16处读取。冷、热水流量可用孔板流量计，转子流量计或涡轮流量计（配频率计数仪）

等方法测量,分别在流量计 10、4 处读取。热水箱的水温用可控硅电压调节装置控制其维持在某一稳定的数值上。

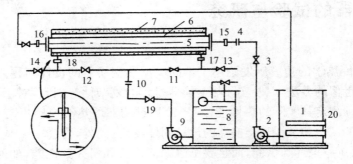

图 6.1　水-水管套式热交换器实验系统

1—电热水箱;2—水泵;3、11、12、13、14、19—阀门;4、10—流量计;5—内管;6—套管
7—保温套;8—冷水箱;9—水泵;15、16、17、18—温度测点;20—电加热器

对于水-水热交换器类型的实验,可按以下步骤进行:

(1) 了解实验系统、操作方法及测量仪表的使用方法。

(2) 接通热水箱电加热器的电源,将水加热到预定温度。

(3) 启动冷、热水泵。

(4) 根据预定的实验要求,分别调节冷、热水流量达到预定值,然后维持在此工况下运行。

(5) 当冷、热水的进、出口温度均达稳定时,测量并记录冷、热水流量及各项温度值。

(6) 改变冷水(或热水)流量若干次,即改变运行工况,再进行步骤(5)的测量。

(7) 如需要,调节加热功率,将水加热到另一预定温度,重复(4)~(6)步骤。

(8) 实验中如有必要,可以改变任一侧流体的流向,重复(5)、(6)两步骤。

(9) 实验完毕依次关闭电加热器、热水泵及冷水泵等。

为使实验正确而又顺利地进行,实验过程中应注意以下几点:

(1) 实验前必须校验所使用的仪器仪表在系统中的安装位置与校验方法是否适当,以保证测量数据的准确。

(2) 实验中,如流体进出口温差不大,应特别注意测温的准确。方法有:采用高一级精度的温度计,如用 1/10 ℃ 刻度的玻璃温度计;在测点处接入一个混合器(图 6.2)使流体充分地混合,同时在管径较小时仍能保证玻璃温度计有相当大的插入深度;测点加以保温。

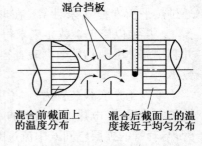

混合挡板

混合前截面上
的温度分布

混合后截面上的温
度接近于均匀分布

图 6.2　测温混合器

(3) 当热交换器的散热面较大,或热交换器的外壳温度与室温相差较大时,应将热交换器的外壳保温,以减小热平衡误差。

(4) 为了提高流量测量的精度,对于液体流量的测量,在有条件的测量系统中,可考虑采用直接称重法测定(特别是在流量较小时)。

(5) 每一个实验工况应在稳定条件下测定。但绝对的稳定是不可能的,只能要求被测量值在允许范围内波动。所以,每改变一个实验工况,应有相当的时间间隔(如 20 min 左右),并视各点温度值基本不变时才测取。测定中,对于同一个实验工况,应连续同时测取各点数值三次,以便在数据整理时淘汰不符合要求的值(见数据整理注意事项)。

(6) 在利用蒸汽加热的热交换器中,在实验过程中应特别注意在适当部位排放非凝结性气体(如空气),否则将严重影响数据的准确性。

对于实验数据的整理,应注意以下几点:

(1) 关于传热量 Q　由于种种原因,通过测试求得的冷流体吸热量不会完全等于热流体的放热量,所以应以它们的算术平均值,即 $Q = (Q_1 + Q_2)/2$ 作为实际的传热量。在某些情况下,如果可以确认其中某一侧的热量计算可靠,而另一侧的热量难以准确计算时,则也可以该侧的热量为依据。例如,对一般的油-水热交换,水的比热可以相当准确地得出,但油的比热如未经专门的实验测定,仅凭一般手册上的数据,那是不可靠的,此时就可以水侧的换热量作为传热量。

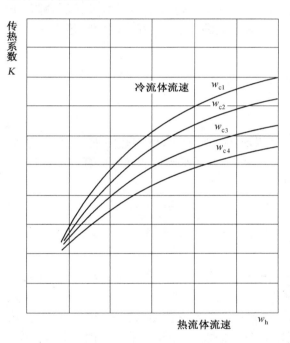

图 6.3　$K = f(w)$ 曲线

(2) 关于数据点的选取　实验过程中,误差总是避免不了的。为了保证结果的正确性,在数据整理时应舍取一些不合理的点。通常,工程上以热平衡的相对误差

$$\delta = \frac{|Q_1 - Q_2|}{(Q_1 + Q_2)/2} \leqslant 5\%$$

为标准。凡 $\delta > 5\%$ 的点,应予舍弃。在实验中进行的测定,属于非工程性实验,此相对误差还可以取得稍微小一些。

(3) 关于传热面积　前述各章中已经指出,对于大多数热交换器,计算传热系数时,有一个以哪一种表面积为基准的问题,在整理实验数据时同样应注意这一问题。

(4) 为了较直观地表示热交换器的传热性能,通常要用曲线或图表示传热系数 K 与流体流速 w 之间的关系(见图6.3)。并且,常常选取流速 $w = 1\mathrm{m/s}$ 时的 K 值作为比较不同型式热交换器的传热性能的标准(与此同时还应比较它们的阻力降 Δp。)

(5) 为使实验结果清晰明了和便于分析,最后可将测得的数据和整理结果列成表格。

对于汽-液冷凝用热交换器及汽-液蒸发用热交换器的实验步骤及数据整理还有其它要求,读者可参阅国家标准 GB/T 27698.1—2011。

6.1.2　对流换热系数的测定

传热系数 K 的测定并不难,但我们不能从传热系数值的大小,直接分析出影响传热系数的原因。若能同时分别确定两侧的对流换热系数及污垢热阻,就可进一步找出问题所在,提出改进的措施。

关于对流换热系数的确定,对于一些常规定型结构的热交换器,可以通过现有的准则关系式来计算。如管壳式热交换器,对于在光滑管内湍流流动而且是受热的流体,存在下列关系式:

$$Nu_f = 0.023Re_f^{0.8} Pr^{0.4}$$

可见,只要测得管内流体温度、流速及查得有关热物性参数,即可求得管内流体的对流换热系数 α_i。但是,① 对于新型结构的热交换器,有时无现成的计算公式可用。例如,在管内加某些插入物,上式就不能用,必须设法确定这种特殊情况下的计算式。② 对于某些工质,特别是一些新的混合工质,它们的热物性数据还无处可查。③ 在已知壁温条件下,对流换热系数可由牛顿公式 $Q = \alpha(t_w - t_f)F$ 求解。但是通过测定得到正确的壁温值并非易事,特别是对于紧凑式热交换器,如板式热交换器,安装热电偶极其困难。

至于污垢热阻问题,虽然已有一些垢阻的数据可查(例如附录 C ~ E),但真正的垢阻值往往与实际运行情况,如流体种类、流道结构、流体流速、热交换器使用时间的长短等紧密相关,所以几乎可以说没有真实的垢阻值可查,应该实际测定。

基于上述原因,应当寻求其他较为简单可靠的办法来确定对流换热系数及污垢热阻。下面讨论几种不需要测量壁温,进行间接确定对流换热系数的方法,并着重阐明在稳态条件下如何确定对流换热系数。

1) 估算分离法

根据传热过程总热阻与分热阻之间的关系式

$$\frac{1}{K_o} = R_o + R_w + R_s + R_i$$

可以看出,在稳态条件下,式中的传热系数 K_o 可用前述方法测定,壁面热阻 R_w 和污垢热阻 R_s 可认为在实验期间变化不多,此时如能有条件将 R_i(或 R_o)作比较准确的估算,则可将 R_w、R_s、R_i(或 R_o)三项在整个实验中当做已知数对待,因而如果令

$$R' = R_w + R_s + R_i \quad 或 \quad R' = R_w + R_s + R_o$$

则待测定的

$$R_o(或 R_i) = \frac{1}{K_o} - R'$$

这样就把待测的 R_o(或 R_i)从总热阻中分离出来,从而测定出换热系数。这种方法比较适合于一侧为蒸汽冷凝放热,而另一侧是待测的气体的换热系数的汽-气系统。根据参考文献 [2] 的分析,这种系统中蒸汽侧的放热热阻通常只有待测气侧热阻的 3% ~ 10%。如果换热面间接触热阻可忽略不计,又将它的可测工况限制在 $0.2 \leqslant NTU \leqslant 3$ 的范围内,用此法求得的换热系数的相对误差可小于 $\pm 4\%$,结果比较可靠。它是测定紧凑式换热面换热性能比较通用的方法。

2) 威尔逊(E. E. Wilson) 图解法 —— 拟合曲线分离法

今以管式冷凝器为例,水蒸气在管外冷凝,冷却水流过管内。许多实验已经证明,当管内冷却水处于旺盛湍流时,对流换热系数与管内流速 0.8 次方成正比,即

$$\alpha_i = c_i w_i^{0.8} \tag{6.1}$$

式中　　c_i—— 待定系数。

将式(6.1)代入下列传热系数的公式

$$\frac{1}{K_o} = \frac{1}{\alpha_o} + r_w + r_s + \frac{1}{\alpha_i}\frac{F_o}{F_i} \tag{6.2}$$

得

$$\frac{1}{K_o} = \frac{1}{\alpha_o} + r_w + r_s + \frac{1}{c_i w_i^{0.8}} \frac{F_o}{F_i} \qquad (6.3)$$

若在实验中保持上式右边前三项不变,而在不同管内水流速 w_i 下分别测出相应的 K_o,则上式成为

$$\frac{1}{K_o} = 定数 + \frac{1}{c_i} \frac{F_o}{F_i} \frac{1}{w_i^{0.8}} \qquad (6.4)$$

式(6.4)就相当于一个直线方程:

$$y = a + bx \qquad (6.5)$$

表示在 $y-x$ 的直角坐标中,为一条截距为 a,斜率为 b 的直线(见图 6.4)

$$b = \frac{1}{c_i} \frac{F_o}{F_i} = \frac{y_2 - y_1}{x_2 - x_1}$$

它的截距 a 即代表了定数 $\left(\frac{1}{\alpha_o} + r_w + r_s\right)$。因而,得系数 c_i 为

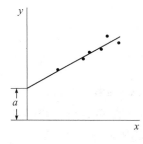

图 6.4　$y = a + bx$

$$c_i = \frac{1}{b} \frac{F_o}{F_i} \qquad (6.6)$$

并由式(6.1)求得管内对流换热系数 α_i。如果壁面热阻 r_w 及垢阻 r_s 均已知,同时还可得出管外的凝结换热系数

$$\alpha_o = \frac{1}{a - r_w - r_s} \qquad (6.7)$$

可见,这种方法要通过图 6.4 所示的图线的途径才能求解,常称为威尔逊图解法。显然,从数学上来说,这是通过曲线对一系列实验点的拟合,求得 $\frac{1}{K_o}$ 的函数式(6.4)或(6.5),从中分离出换热系数,所以是一种曲线拟合的分离法。

在应用本法时,实验中除了要求正确测量蒸汽及水的温度和流量(或流速)外,重要的是应保持 $\left(\frac{1}{\alpha_o} + r_w + r_s\right)$ 为定值。对于本例的水蒸气管外冷凝换热而言,管外的凝结换热系数 α_o 与管子几何尺寸,冷凝液膜平均温度(影响到物性参数值),冷凝压力及冷凝温差(冷凝温度与壁温之差)有关。管子几何尺寸是一定的,实验时的冷凝温度及其相应的冷凝压力可以维持不变,但冷却水流速变化会引起壁温变化,也就影响到液膜平均温度和冷凝温差。因而,严格说来,实验过程中 α_o 并非常数。但是从努塞尔的冷凝放热公式可知,由壁温变化所引起的冷凝温差变化,以及由液膜平均温度变化所引起的物性参数值的变化都是以 $\frac{1}{4}$ 次方的关系影响 α_o,所以影响都不大。加之水蒸气的冷凝换热系数比一般水流速时的对流换热系数大得多,相对地说,因水流速变化而产生的对 α_o 的影响要比对 α_i 的影响小得多。因此,实验中只要保持冷凝温度不变,就可以认为 α_o 是个定数。至于污垢热阻,只要使同一组实验在一两天内完成,即可认为在该组实验中基本不变。壁温的变化对管壁热阻虽也有影响,但一般都比较小。这样,总的来说,对于本例在实验中保持 $\left(\frac{1}{\alpha_o} + r_w + r_s\right)$ 是可以做到的。

对于水侧的对流换热系数 α_i,本例中把它看成仅是水流速 w_i 的函数也是近似的。实际

上,它还和因水的平均温度的变化而引起的热物性变化有关。当水流速变化时,水的换热条件改变,水的平均温度也必随之改变,进一步引起了水的黏度、导热系数等变化,从而使 α_i 发生变化。一些学者建议,对于水可以认为 α_i 与 $(1+0.015)\bar{t}_i$ 成正比(式中 $\bar{t}_i$ 为水的平均温度)。这样,应以 $\dfrac{F_o}{F_i}c_i^{-1}\left[(1+0.015)\bar{t}_i w_i^{0.8}\right]^{-1}$ 来代替式(6.3)中最后一项。同时,图6.4中横坐标也应改为 $x=\left[(1+0.015)\bar{t}_i w_i^{0.8}\right]^{-1}$。但由此也可见,对水来说,如 $\bar{t}_i$ 变化不大,温度的影响可以不予考虑。对于其他介质,如无已知的温度修正式,则实验中应保持它的平均温度不变,以免引起过大的误差。

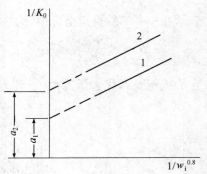

图 6.5　威尔逊解法求垢阻

应用威尔逊图解法,在一定条件下还可以求取总污垢热阻 r_s。如在本例中,能在传热面清洁状态时(刚投试的新的热交换器或刚经清洗过的热交换器)进行实验,则可由威尔逊图解法得直线1(图6.5),这时的垢阻为零。经一段时间运行后,在蒸汽冷凝温度和冷却水平均温度与前次基本相同的条件下(即,使两次实验中同样流速下的 α_o 基本不变)再由威尔逊图解法得直线2,则两条直线的截距之差(a_2-a_1)即为所求壁面两侧总污垢热阻 r_s。

从以上讨论可见,应用威尔逊图解法应具备以下条件:① 所需要测定一侧的对流换热系数与实验变量的方次关系必须已知。如上例中,水侧对流换热与流速的 0.8 次方成正比。② 在同一组实验中必须保持另一侧流体的换热情况基本不变。③ 在同一组实验中应使污垢热阻基本不变。第一个条件使我们难以将这种方法用到基本规律还不很清楚的换热场合,而第二个条件则对实验提出了较高的要求,因此出现了修正的威尔逊图解法。它能在不满足 ①、② 条件下,求得某一侧的对流换热系数。

3) 修正的威尔逊图解法

今以套管式热交换器为例,讨论在污垢热阻已知条件下,如何应用修正的威尔逊图解法来分离出换热系数。

(1) 使用的计算式

由传热学知,湍流时管内流体的对流换热准则关系式为

$$Nu_1 = c_1 Re_1^{0.8} Pr_1^{1/3}\left(\frac{\mu_1}{\mu_{w_1}}\right)^{0.14} \tag{6.8}$$

假设套管环隙流体的对流换热准则关系式为

$$Nu_2 = c_2 Re_2^{m_2} Pr_2^{1/3}\left(\frac{\mu_2}{\mu_{w_2}}\right)^{0.14} \tag{6.9}*$$

将上两式改写成

$$\alpha_1 = c_1 Re_1^{0.8}\frac{B_1}{\mu_{w_1}^{0.14}} \tag{6.10}$$

---

　　* 实际上,式(6.8)、(6.9)应具有相同的形式,为了说明如何应用修正的威尔逊图解法,故在此假设存在式(6.9)的关系,并设 c_1、c_2、m_2 为未知。

$$\alpha_2 = c_2 Re_2^{m_2} \frac{B_2}{\mu_{w_2}^{0.14}} \tag{6.11}$$

式中　　　　$B_1 = Pr_1^{1/3} \lambda_1 \frac{\mu_1^{0.14}}{d_1}$,　　$B_2 = Pr_2^{1/3} \lambda_2 \frac{\mu_2^{0.14}}{d_3^2 - d_2^2} d_2$

d_3、d_2 分别为外管内径及内管外径。

今采用平均面积计算传热系数 K,所以,它与各项热阻间关系为

$$\frac{1}{K} = \frac{1}{\alpha_1} + r_w + r_s + \frac{1}{\alpha_2} \tag{6.12}$$

以下标"i"表示试验点的序号,并将式(6.10)、(6.11)代入式(6.12),则得

$$\frac{1}{K_i} = \frac{1}{c_1 Re_{1,i}^{0.8} \dfrac{B_{1,i}}{\mu_{w_1,i}^{0.14}}} + r_w + r_s + \frac{1}{c_2 Re_{2,i}^{m_2} \dfrac{B_{2,i}}{\mu_{w_2,i}^{0.14}}}$$

再将它改写为

$$\left(\frac{1}{K_i} - r_w - r_s\right) Re_{2,i}^{m_2} \frac{B_{2,i}}{\mu_{w_2,i}^{0.14}} = \frac{1}{c_2} + \frac{1}{c_1} \frac{Re_{2,i}^{m_2} \dfrac{B_{2,i}}{\mu_{w_2,i}^{0.14}}}{Re_{1,i}^{0.8} \dfrac{B_{1,i}}{\mu_{w_1,i}^{0.14}}} \tag{6.13}$$

该式就相当于一个直线方程:$y = a + bx$,截距 $a = \dfrac{1}{c_2}$ 及斜率 $b = \dfrac{1}{c_1}$ 可通过线性回归求得。式中的每一个试验点的值相应为

$$x_1 = \frac{Re_{2,i}^{m_2} \dfrac{B_{2,i}}{\mu_{w_2,i}^{0.14}}}{Re_{1,i}^{0.8} \dfrac{B_{1,i}}{\mu_{w_1,i}^{0.14}}}$$

$$y_1 = \left(\frac{1}{K_i} - r_w - r_s\right) Re_{2,i}^{m_2} \frac{B_{2,i}}{\mu_{w_2,i}^{0.14}}$$

（2）求解步骤

在本例中,由于式(6.13)包括了三个未知数 c_1、c_2 及 m_2,所以必须选择其中某一个数,假设它的初值,通过试算来求解。其步骤为

① 假设 c_1 的初始值为 c_{10}。

② 确定壁温 $t_{w1,i}$ 及 $t_{w2,i}$

由于壁温未知,用式(6.10)、(6.11)来确定 α_1、α_2 及求解式(6.13)均成为不可能,可通过假设壁温 $t_{w1,i}$,用牛顿迭代法来确定壁温值(可参阅参考文献[1])。

③ 求 m_2 值

由式(6.12)求出 α_2,再利用式(6.11),通过线性回归求取 m_2。

对式(6.11)两边取对数,得

$$\lg\alpha_{2,i} = \lg c_2 + m_2 \lg Re_{2,i} + \lg\left(\frac{B_{2,i}}{\mu_{w_2,i}^{0.14}}\right)$$

式中的下标 i 表示相当于某一个试验点。该式可改写为

$$\lg\alpha_{2,i} - \lg\left(\frac{B_{2,i}}{\mu_{w_2,i}^{0.14}}\right) = \lg c_2 + m_2 \lg Re_{2,i} \tag{6.14}$$

此即相当于一直线方程 $y = a' + b'x$,式中,$a' = \lg c_2$,为了与下面由式(6.13)所得 c_2 比较,令

在此所得 c_2 为 c_{20}，即 $c_{20} = c_2 = 10^{a'}$

$$m_2 = b'$$

$$x = \lg Re_{2,i}$$

$$y = \lg \alpha_{2,i} - \lg\left(\frac{B_{2,i}}{\mu_{w_2,i}^{0.14}}\right)$$

④ 求 c_1

今因 m_2 已经求得，故由式(6.13)线性回归得

$$c_1 = \frac{1}{b}, c_2 = \frac{1}{a}$$

⑤ 比较 c_1 与 c_{10} 及 c_2 与 c_{20}，是否满足

$$|c_1 - c_{10}| < \varepsilon_1, |c_2 - c_{20}| < \varepsilon_2$$

ε_1、ε_2 分别为预先规定的所允许的差值。如这两不等式成立，则 c_1、c_2 及 m_2 即为所求。否则，重设 c_{10}，并重复上述计算过程，直至满足要求为止。

要完成上述计算过程，工作量较大，故宜于用计算机求解，其计算程序框图可按图6.6进行。具体的程序编写可参阅参考文献[1]。

由上可见，在修正的威尔逊图解法中，当污垢热阻已知或为零时，威尔逊图解法的两个条件已被完全舍弃。在试验时应使影响两侧换热的主要因素同时在相当大的范围内变化，以便获得较为满意的结果。但是还应注意到，在换热规律关系式中，系数与指数过多未知的条件下，即使用修正的威尔逊图解法也是难于求解的。

在某些条件下，运用修正的威尔逊图解法，不仅可以确定发生热交换的两种流体的放热规律，而且可以确定污垢热阻。有关这方面的讨论，可参阅参考文献[3]。在修正的威尔逊图解法中，如果迭代计算的初始值选取不合理，则会使计算工作的量过大。为此，在某些情况下，可运用非线性回归来获得较合理的初始值，使计算量减少，读者可参阅参考文献[24]。

4）其他方法

（1）瞬态法

威尔逊图解法要求能凭经验预先确定反映放热规律的数学模型（函数形式），这在一定程度上影响了结果的正确性。而且，试验要在达到热稳定情况下进行。瞬态法与这些方法同样地不需要测量壁温，也不必预先确定反映放热规律的数学模型，要求在非热稳定下进行。瞬态法的原理如下：

在流体流入热交换器的传热面时，对流体突然地进行加热（或冷却）。这时，流体进口温度将按某种规律变化（如，指数函数），流体的出口温度也相应地发生变化。流体出口温度的瞬时变化是流体进口温度条件和流体与该传热面之间的传热单元数 NTU 的单值函数。通过建立热交换的微分方程组，由分析解或数值解可预先求得流体的出口温度与时间 τ 及传热单元数 NTU 间函数关系 $t_{f,2}(\tau, NTU)$。由于 NTU 是未知值，所以，要将实验测得的流体出口温度随时间的变化与计算所得的曲线簇 $t_{f,2}(\tau, NTU)$ 进行配比。通过配比，与实测值最相吻合的那条流体出口温度的理论曲线的 NTU 值，就是该传热面在测定工况下的 NTU 值。由于在此的 NTU 定义为 NTU $= \dfrac{\alpha F}{m_f c_p}$（$m_f$——质量流率，$c_p$——流体定压比热），因而就可求得其平均对流换热系数 α。

瞬态法的研究工作开始于 20 世纪 30 年代。几十年来，不少学者从配比方法，固体纵向导热效应的考虑、流体进口温度的变化规律等方面进行了改进[4][5]。国内学者也在配比方法上

作了较大的改进[6]，在采用选点配比方法中，考虑到流体出口温度的测量误差对配比结果（即NTU 数）的影响，提出根据不同工况，选取不同的配比时间点，即所谓"最佳配比时间"的概念，从而使测量误差对配比结果的影响最小。瞬态法现已应用于确定一些热交换器中的对流换热系数，可望今后有进一步的发展。

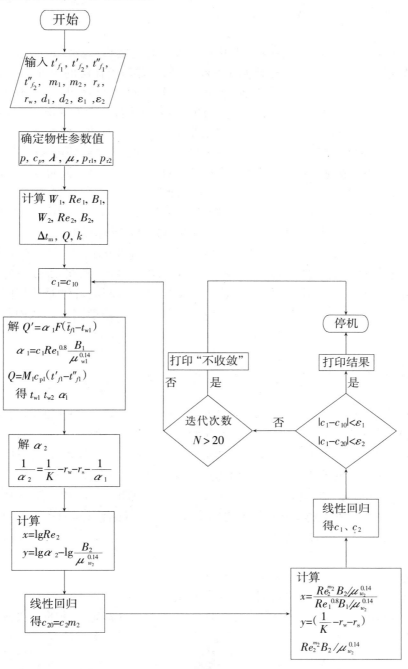

图 6.6　修正威尔逊图解法确定套管热交换器中流体对流换热系数程序框图

上述瞬态法为单吹瞬态法,只能用于确定平均对流换热系数。另一种与此同时发展的瞬态法为周期瞬态法。此法最早是由 Hausen H 提出的,他通过分析回热器中气体温度按线性变化的规律来确定其对流换热系数。几十年来,不少学者对这一方法作了改进,如:将热交换器的进、出口流体温度按正弦函数变化来处理。Roetzel 等将此法进一步发展为可用于测定管内局部对流换热系数[7][8],给实际应用带来了方便。

（2）热质类比法

国外在 20 世纪 50 年代后期采用萘升华技术求取对流换热系数。70 年代,开始用于确定局部对流换热系数[9][10]。国内,也开始了这方面的研究。热质类比法的原理是:先将萘在模型中浇铸成型,再按实际的热交换器结构组合成试件。让与试件温度相同的、不含萘的空气流过试件,由于萘的升华作用,构成传热面的萘片的重量和厚度都将发生变化。通过测定实验前后萘片的重量及沿萘片表面各处的厚度变化、气流温度、实验持续时间及空气流量等,计算出萘与空气的总质量交换率及局部质量交换率,再根据热质交换的类比关系即可求得平均及局部的对流热交换系数。这种方法的主要优点是能确定局部的对流热交换系数,同时也无须测量壁温,所以对进一步研究对流热交换的强化会有很大的帮助。此法不足之处是,它对试件的制作、数据的测定等都要求十分高,稍一不慎将对结果的准确度造成很大影响,而且,利用萘升华技术的热质类比法目前只限于用在空气热交换器,进一步的扩展应用还有待于研究。

除以上一些方法外,还有一些在特殊条件下可以应用的方法,如等雷诺数法。对于具有冷热通道几何相似的热交换器,如套管热交换器、板式热交换器等,在无相变换热条件下,可以应用等雷诺数法分离对流换热系数。它是在热交换器冷热两侧流体服从相同的放热规律前提下,按照冷热流体的雷诺数相等的条件进行实验,从而求得准则关系式中的系数与雷诺数的指数。读者如有需要可参阅参考文献[11]。

6.2 阻力特性实验

一台热交换器的性能好坏,不仅表现在传热性能上,而且表现在它的阻力性能上。假如两台热交换器的传热性能相同,则显然是阻力小的热交换器更好。因此,应对一台热交换器进行阻力特性实验,一方面测定流体流经热交换器的压降,以比较不同热交换器的阻力特性,并寻求减小压降的改进措施;另一方面为选择泵或风机的容量提供依据。

流体在流动中所遇到的阻力通常为 2.4 节所述的摩擦阻力 Δp_{f} 和局部阻力 Δp_{l}。在气体非定温流动时,由于气体的密度和速度都将随之改变,因而还有引起消耗于气体加速度上的附加阻力 Δp_{a},它可按下式计算:

$$\Delta p_{\mathrm{a}} = \rho_2 w_2^2 - \rho_1 w_1^2 \tag{6.15}$$

式中　　$\rho_1 、\rho_2$——分别为进、出口截面上的气体密度,kg/m³;

　　　　$w_1 、w_2$——分别为进、出口截面上的气体流速,m/s。

在非定温流动情况下,还应考虑受热流体的受迫运动在流道下沉的一段区域内受到向上浮升力的反抗而引起的内阻力。在数值上它等于浮升力,可由下式计算:

$$\Delta p_{\mathrm{s}} = \pm g(\rho_0 - \rho)h \tag{6.16}$$

式中　　$\rho 、\rho_0$——分别为流体的平均密度和周围空气的密度,kg/m³;

　　　　h——流体流动的进出口间垂直距离,m。

在流体下沉流动时，压力降 Δp_s 为正；上升流动时，压力降为负。如热交换器连接在一个闭式系统中，即流体不排向周围空气，则 Δp_s 为零。

因而上述情况下总的流动阻力为

$$\Delta p = \Delta p_f + \Delta p_1 + \Delta p_a + \Delta p_s \qquad (6.17)$$

应该注意到，在设计计算中，我们可以认为串联各段的总流动阻力等于各段流动阻力之和，但实际的情况并非如此。每段的流动阻力要取决于该段的上流地区流体流动的性质。如，弯头后面一段直流道的阻力就远超过弯头前面同样一段直流道的阻力。此外，在实用上如要考虑非定温流动而按式(6.17)求取总阻力也是非常困难的。所以，较为合适的方法应该通过实验去确定阻力的大小。在设计计算时，可查有关手册作近似计算。此外，尚需特别指出的是，对于气(汽)-液两相流的流动阻力计算，从概念上来说，其总的流动阻力仍可用式(6.17)，但其中每一项的阻力产生机理及其计算方法均与单相流时有所不同，读者可参阅有关两相流的著作。

测定阻力时，应先估计一下阻力的大小，再选用 U 形压差计或精度较高的压力表。根据测得的总阻力 Δp，整理成压降和流速的关系 $\Delta p = f(w)$，或 $Eu = f(Re)$ 的关系，并绘成图线，如图 6.7、图 6.8。

根据计算或测试求得的 Δp，再由下式确定所需要的泵或风机的功率 N：

$$N = \frac{V \Delta p}{1\,000 \eta}, \text{kW} \qquad (6.18)$$

式中　　V——体积流量，m^3/s；

　　　　Δp——总阻力，N/m^2；

　　　　η——泵或风机效率。

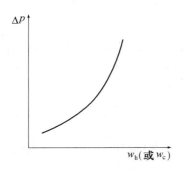

图 6.7　$\Delta p = f(w)$ 曲线

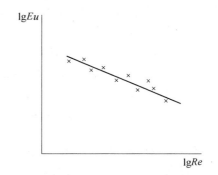

图 6.8　$Eu = f(Re)$ 曲线

6.3　传热强化及结垢与腐蚀

科学技术的发展和能源问题的日益突出，对热交换器的要求越来越高。在满足一定换热量前提下，要求它紧凑、节省材料、价格便宜、安全可靠、耐用。因而，在热交换器研制上应考虑到两方面问题，一是热交换器中传热过程的强化。所谓传热强化或增强传热，是指通过对影响传热的各种因素的分析与计算，采取某些技术措施或改进结构以提高换热设备的传热量。或者在满足原有传热量条件下，使它的体积缩小。另一是研究出某一方面或几方面性能良好的热交换器,通过改进热交换器的结构或材料,使之在具有较好传热性能条件下,能耐腐蚀和价格便宜。由于传热强化的具体方法因热交换条件的不同而有很多种,热交换器的研究与改进所牵涉的方面也很广,热交换器的结垢与腐蚀又是一个研究的专题,所以本节拟在综合文献和应用的基础上,作一概括叙述。

6.3.1 增强传热的基本途径

根据传热的基本公式 $Q = KF\Delta t$ 可见,传热量 Q 的增加可以通过提高传热系数 K、扩展传热面积 F、加大传热温差 Δt 的途径来实现。

1)扩展传热面积 F

扩展传热面积以增加传热,不应理解为通过单一地扩大设备体积来增加传热面积或增加设备台数来增加传热量,而应是合理地提高设备单位体积的传热面积,如采用翅片管、波纹管、板翅式传热面等,也就是说从研究如何改进传热面结构和布置出发加大传热面积,以达到换热设备高效紧凑的目的。

2)加大传热温差 Δt

改变热流体或冷流体温度就能改变传热温差 Δt。例如,提高辐射采暖板管内蒸汽的压力;提高热水采暖的热水温度;冷凝器冷却水用温度较低的深井水代替自来水;空气冷却器中降低冷却水的温度等,都可以直接增加传热温差。另一方面,改变换热流体之间的流动方式,如顺流、逆流或错流等,它们的传热温差也就不同。

增加传热温差应考虑到实际工艺或设备条件上是否允许。例如,提高辐射采暖板的蒸汽温度,不能超过辐射采暖允许的辐射强度,同时也会受到锅炉条件的限制等。应该认识到,传热温差的增大将使整个热力系统的不可逆性增加,降低了热力系统的可用能。所以,不能一味追求传热温差的增加,而应兼顾整个热力系统的能量合理应用。

3)提高传热系数 K

增强传热的积极措施是设法提高传热系数。因为传热过程总热阻是各项分热阻的叠加,所以要改变传热系数就必须分析传热过程的每一项热阻。在换热设备中,一般都是金属薄壁,壁的热阻很小,可以略去不计,为便于分析也不考虑污垢热阻,则传热系数为

$$K = \left(\frac{1}{\alpha_1} + \frac{1}{\alpha_2}\right)^{-1} = \frac{\alpha_1\alpha_2}{\alpha_1 + \alpha_2} = \frac{\alpha_1}{\alpha_1 + \alpha_2}\alpha_2 = \frac{\alpha_2}{\alpha_1 + \alpha_2}\alpha_1$$

由式可见,K 值比 α_1 和 α_2 值都要小。那么在加大传热系数时,应加大哪一侧的换热系数更为有效?今将 K 对 α_1 和 α_2 分别求偏导

$$K_1' = \left(\frac{\partial K}{\partial \alpha_1}\right)_{\alpha_2} = \frac{\alpha_2^2}{(\alpha_1 + \alpha_2)^2}$$

$$K_2' = \left(\frac{\partial K}{\partial \alpha_2}\right)_{\alpha_1} = \frac{\alpha_1^2}{(\alpha_1 + \alpha_2)^2}$$

所得两个偏导数 K_1' 及 K_2' 分别表示了传热系数 K 随 α_1 及 α_2 的增长率。如设 $\alpha_1 > \alpha_2$,则可写为 $\alpha_1 = n\alpha_2$(其中 $n > 1$),得

$$K_2' = n^2 K_1'$$

这表明当 $\alpha_1 = n\alpha_2$ 的时候,K 值随 α_2 的增长率要比随 α_1 的增长率大 n^2 倍。可见,提高 α_2 对增强传热更为有效。亦即,应该使对流换热系数小的那一项增大,才能更有效地增加传热系数。

翅片管能加强传热的原因是在对流换热系数小的一侧加了翅片,通过以薄翅片的方式来增加传热面,也就相当于使这一侧的对流换热系数增加,从而提高以光管表面积为基准的传热系数。

6.3.2　增强传热的方法

围绕上述三条增强传热基本途径而采取的一系列技术措施即形成增强传热的方法。由于扩展传热面积及加大传热温差常常受到一定的条件限制,因而本节只讨论如何提高传热系数的问题。

由传热系数 K 的计算式分析已经了解到,换热系数中的较小者对传热系数大小起着控制作用。在对流换热的情况下,影响对流换热强弱的主要因素是流体的流动状态、物性和换热面的形状及尺寸等。这些因素的综合效果反映在对流换热系数的大小上。因此,强化传热就应针对这些影响因素采取相应的措施,如加强扰动以改变流态;加入添加剂以改变流体的热物性等。在同时存在辐射换热时,在传热系数的计算式中把辐射换热的影响考虑在对流换热系数中,所以强化传热时还应同时针对影响辐射换热的因素采取相应措施。本节主要综述如何增强对流换热以增强传热的问题,可参阅参考文献[12][13]。

1)改变流体的流动情况

(1)增加流速　增加流速可改变流动状态,并提高湍流脉动程度。如管壳式热交换器中管程、壳程的分程就是加大流速、增加流程长度和扰动的措施之一。在第二章中,曾指出管内湍流时增加流速对增强传热能收到较显著的效果,但又须注意增加流速也受到各种因素的限制。因此,在设计或实际使用中应权衡各种因素,选择最佳流速或为流体输送机械所允许的流速。

(2)射流冲击　这是使流体通过圆形或狭缝形喷嘴直接喷射到固体表面进行冷却或加热的方法。由于流体直接冲击固体壁面,流程短而边界层薄,所以对流换热系数显著增大。在用液体射流冲击加热面时,如热流密度已高至足以产生沸腾,则就成为两相射流冲击换热。实验表明,此时不但可提高沸腾换热系数,而且可使烧毁点推迟,显著提高临界热流值。

(3)加插入物　在管内安放或管外套装如金属丝、金属螺旋圈环、盘状构件、麻花铁、翼形物等多种型式的插入物,可增强扰动、破坏流动边界层而使传热增加。如用薄金属条片扭转而成的麻花铁扰流子插入管内后,使流体形成一股强烈的旋转流而增强换热。插入时若能紧密接触管壁,则尚能起到翅片的作用,扩展传热面。大量的试验研究表明,加插入物对受迫对流换热等有显著增强的作用,但也会产生流动阻力增加、通道易堵塞与结垢等运行上的问题。在使用插入物时应沿管道的全段流程,以保持全流程上的强化传热。而且,在选择插入物的形式时,应考虑到在小阻力下增强传热。

(4)加旋转流动装置　旋转流动的离心力作用将使流体产生二次环流,因而会强化传热。上述的某些插入物,如麻花铁、金属螺旋丝等,除其本身特点外,也都能产生旋转流动。在此要提及的是一些专门产生旋转流动的元件或装置。例如,涡流发生器,它能使流体在一定压力下以切线方向进入管内作剧烈地旋转运动。研究表明,涡旋强化传热的程度与雷诺数有关。在一定的热源温度下,对流换热系数随着 Re 值而增加,且将达到某一个最大值然后下降。在应用上应控制实际的 Re 值接近于使对流换热系数达最大时的临界 Re 值,以充分利用旋转流动的效果。除了流体转动外,也有传热面转动的情况,当管道绕不同轴线旋转时利用其离心力、切应力、重力和浮力等所产生的二次环流可促使传热强化。据参考文献[13]综述,管道旋转对层流放热的强化效果显著,而湍流时效果不明显。过冷沸腾与大空间沸腾的试验表明,对于带有螺旋斜面和切向槽涡流发生器的管道,可使沸腾换热系数或临界热负荷得到提高。

(5) 依靠外来能量作用　　大体上有三方面措施:① 用机械或电的方法使传热表面或流体发生振动或通过搅拌使流体很好地混合。试验表明,振动对于自由流动换热、受迫流动换热均有一定效果。对于沸腾换热的效果不明显,但在流体振动时对于旺盛的大空间沸腾,可使临界热负荷显著提高。此法对大型换热设备,在具体应用上有一定困难。利用机械传动带动搅拌器,通过流体的良好混合来强化对流换热,效果显著,故应用较广,尤其对于高黏度的流体。② 对流体施加声波或超声波,使之交替地受到压缩和膨胀,以增加脉动而强化传热。综合各研究者试验研究结果显示出,对于液体或气体,只有处于管内层流或过渡流时,声波作用才较明显。对于大空间泡状沸腾的换热影响极微,而对于过渡沸腾或膜态沸腾的换热改善较为显著。对于凝结换热及自由流动换热均有一定效果。在声波强化措施的实用中,要注意解决如何更有效地将声振动或超声振动传送至换热设备内部的问题。③ 电磁场作用。对于参与换热的流体加以高电压而形成一个非均匀的径向电场,这样的静电场能引起传热面附近电介质流体的混合作用,因而使对流换热加强。试验表明对于自由流动换热、膜状沸腾换热、凝结换热的强化效果均较显著。如果在流体中掺入磁铁粉,则即使在较大的 Re 数下,磁场也能对换热起强化作用。如,在水或油中掺入磁铁粉,在磁场的作用下,可使换热系数提高 50% 以上。

2) 改变流体的物性

流体的物性对对流换热系数有较大的影响,一般导热系数与容积比热较大的流体,其换热系数也较大。例如冷却设备中用水冷比风冷的体积可减小很多,因为空气与壁面间的 α 值在 $1 \sim 60$ W/(m² · ℃) 范围内,而水与壁面间的 α 值在 $200 \sim 12\,000$ W/(m² · ℃) 范围内。改变流体某些性能的另一种方法是在流体内加入一些添加剂,这是近二三十年来形成的添加剂强化传热研究的新课题。添加剂可以是固体或液体,它与换热流体组合成气–固、液–固、汽–液以及液–液混合流动系统,例如:

(1) 气流中加入少量固体细粒,如石墨、黄沙、铅粉、玻璃球等形成气–固悬浮系统。由于固体颗粒的容积比热比气体大几百倍乃至几千倍,大大提高了流体热容量;固体颗粒能使气流的湍流程度增强;同时固体颗粒具有比气体高得多的热辐射作用等,这些因素使换热系数得到明显增大。其他还有流化床(沸腾床)换热,也可归入气–固这一类型。

(2) 液体中加入固体细粒,如油中加入聚苯乙烯悬浮物。合理的解释认为,液–固系统的传热类似于搅拌完善的液体传热,因而截面温度分布平均,平均温度较单纯液体时高,层流底层的温度梯度比较大,使传热增强。

(3) 在蒸汽或气体中喷入液滴。如,在蒸汽中加入硬脂酸、油酸等物质,促使形成珠状凝结而提高换热系数。又如,在管外空气冷却的系统中喷入雾状液滴,可使换热系数明显增大。这是因为当气流中的液雾被固体壁面捕集时,气相换热变为液膜换热,加之液膜表面的蒸发又使换热兼有相变换热的优点,因而换热加强。

(4) 液体中加入少量液体添加剂。如水中加入挥发性强的添加剂,可使其大空间沸腾换热系数增加 40% 左右。某些能润湿加热面的液体作为添加剂加入换热液体时,能增强沸腾换热。如,当传热面被油脂沾污时会使沸腾换热系数严重下降,加入少量碳酸钠则可使换热系数显著上升。

(5) 纳米流体强化传热。将 $1 \sim 100$ nm 的金属或非金属粒子悬浮在基液中形成稳定的悬浮液,即构成纳米流体。其中的纳米粒子,有氧化物、氮化物、金属、非金属碳化物等,液体有水、乙烯基乙二醇、煤油等。研究表明,通过合理的配比和制备等,可使传热性能得到显著改善。由于该问题的复杂性,虽从上世纪90年代就开始了研究,但其传热机理、理论模型、影响因素等诸方面尚需深入研究。

3）改变换热表面情况

换热表面的性质、形状、大小都对对流换热系数有很大影响,通常可通过以下方法增强传热：

（1）增加壁面粗糙度　　增加壁面粗糙度不仅有利于管内受迫流动换热,也有利于沸腾和凝结换热及管外受迫流动换热。同样的粗糙度在不同流动及换热条件下,对传热效果的影响是不同的。增加粗糙度也会带来流动阻力的增加,在工业应用中应予考虑。

（2）改变换热面形状和大小　　为了增大对流换热系数,亦可采用各种异形管和表面开槽等,如椭圆管、螺旋管、波纹管、变截面管及纵槽管等。椭圆管在相同截面积下当量直径小于圆管,故换热系数大。其他异形管除传热面积略有增大外,由于表面形状的变化,流体在流动中将会不断改变方向和速度,促使湍流程度加强,边界层厚度减薄,故能加强传热。对低肋螺纹管,在凝结换热时还具有减薄冷凝膜的作用,对于有机工质的冷凝（氟利昂等）用低肋螺纹管很有利。在低肋管基础上发展而成的微细肋管,则更有利于氟利昂等低沸点有机介质的冷凝换热,如日本的C管,我国的DAC管。对于垂直凝结时,如使用纵槽管,则由于液体的表面张力把波峰处凝液拉入波谷,在波峰处形成极薄凝液膜,而波谷又排泄凝液,故使凝结换热强化。

（3）改进表面结构　　对金属管进行烧结、电火花加工或切削,使之管表面形成一层很薄的多孔金属层而构成多孔管,可以增强沸腾和凝结换热。如：用于沸腾换热的美国的高热流管,日本的E型管,德国的T型管,我国的DAE管等。此外还有,如在沸腾换热液体中,把一块多孔物体置于加热表面上,靠通过这种多孔加热面连续地移走蒸汽,即所谓"吸入"的办法,因而使膜状沸腾换热得到改善。

（4）表面涂层　　在凝结换热时,可在换热表面涂上一层表面张力小的材料,如聚四氟乙烯等以造成珠状凝结,有利于增大换热系数。对于沸腾换热,可根据受热液体的物性,在加热面上涂以适当厚度的某种物质的薄膜,使之成为非润湿表面,则可明显提高沸腾换热系数。在太阳能利用中,在集热器的吸热表面上涂以选择性物质薄层,以提高其对太阳光的吸收率和降低其发射率,达到增强对辐射热的吸收和减少辐射热损失的目的。

总之,随着生产和科学技术的发展而提出来的增强传热的方法很多,并且尚在不断改进和发展之中,无法一一列举。大体上来说,可以将这些增强传热的方法按是否消耗外界能量分为两类,一为被动式,即不需要直接使用外界动力,如加插入物、增加表面粗糙度等；另一则为主动式,如外加静电场、用机械的方法使传热表面振动等。这些技术可单独使用,也可同时采用两种以上的技术而称之为复合式强化。其中有些强化也可以是系统本身自然形成的,如,一般用机械加工出来的表面具有一定的粗糙度；由于机械的转动或流体的振动而引起的表面振动；电子设备中存在的电场等。上述的一些方法,有些还不够成熟；有些还待进一步深入探讨其增强传热的机理；有些还没有找到数量上的规律。此外,这些方法在具体实施中也还有设备制造的难易,运行检修是否方便,与工艺要求是否矛盾,以及动力消耗、经济核算等各方面的问题需要考虑。一般来说,采用主动式传热强化技术,常常需要消耗较大的外界动力,因此在某种特殊需要场合应用,较为合理,而且在一些大型装置中使用不便。由于工程实际中换热设备多种多样,因此必须对具体的换热设备进行综合分析,抓住其妨碍提高传热的主要矛盾,提出改进措施。

基于流动和传热状况、结构和制造技术的不断研究改进,热交换器的性能及结构型式都有了相当大的改善。如,以折流杆代替折流板或采用螺旋折流板结构的管壳式热交换器,均能使 $\alpha/\Delta p$ 的比值有较大的提高;微细肋管的研制成功,使制冷系统用的蒸发器、冷凝器的性能得以较大的改善;焊接和非对称型板式热交换器的出现,进一步扩大了板式热交换器代替一些低效、不紧凑的热交换器的范围;微细结构的热交换器的诞生[14],使热交换器的体积大大缩小,其紧凑性高达约 $6\,000\ \mathrm{m^2/m^3}$,为研制未来的高效、高紧凑性热交换器展示了美好的前景。

6.3.3　热交换器的结垢与腐蚀

凡投入运行的热交换器都将因与流体的接触而在传热面上结垢,从而影响流动与传热。与此同时,流体常会对传热面产生腐蚀,严重时将影响到热交换器的使用寿命。所以,结垢与腐蚀问题成为工程传热所要研究的两个重要方面,对此作一概括了解甚为必要。

1) 污垢类型及除垢方法

污垢的种类因流体的特性、流体中夹带物及传热面材料的不同而有很多类型,除垢方法因而亦异,归纳起来大致如下。

(1) 结晶型污垢

如钙镁类盐,在水中的溶解度随温度升高而降低,在壁面上形成结晶型污垢。对水质进行预处理或加入化学物质以提高结晶盐类在水中的溶解度,可消除或减轻此类污垢。

(2) 沉积型污垢

壁面上的锈、杂物、悬浮在燃烧产物中的灰和未燃尽的颗粒等,一旦进入热交换器就会因流速下降而沉积下来;另一类带负电荷的胶体颗粒常与传热面上一层溶于水中的带正电的铁离子互相作用而沉积成垢。一般可通过机械过滤、沉淀或化学凝聚等方法除去这类污垢。

(3) 生物型污垢

如藻类、菌类本身或其剥落物附着在传热面上形成污垢,不但阻碍流动和影响传热,而且腐蚀传热面。在水中加入氯或杀藻剂等可防止此类污垢形成。

(4) 其他

由于壁面腐蚀,燃烧结焦,某些工艺过程生成的化学反应物或聚合物等,也都形成污垢,可针对其生成原因采取相应措施。

至于污垢的形成速度、厚度及牢度还和运行条件、设备结构状况等有关。总体来说,介质中含悬浮物、溶解物及化学稳定性差的物质易结垢;流体流速低、温度变化大或与壁面间温差大时易结垢;壁面粗糙或结构上有旁通、短路、死角等使流动不均匀或滞流时易结垢。

减轻甚至消除污垢的方法很多,应根据热交换器中流体的性质、材质及热交换器的构造而选用合适的方法。为了除垢,可以从对流体的预先处理、运行中防止和清理传热面结垢三方面采取措施。如,为了减轻电站冷凝器的结垢,对于闭式的冷却水系统,可以对冷却水采用加酸处理、炉烟处理和添加磷酸盐的处理等方法。同时,还可以对冷凝器在运行中采用海绵球的自动清洗方法,见参考文献[15]。

2) 污垢热阻

传热面上污垢对传热系数的影响通常用污垢热阻 r_s 或其倒数 —— 污垢系数 h_s 来度量。

$$r_s = \frac{\delta_s}{\lambda_s} = \frac{1}{h_s}, \text{m}^2 \cdot {}^\circ\text{C/W} \tag{6.19}$$

式中　δ_s、λ_s 分别为垢层厚度及其导热系数。

　　污垢热阻的大小和流体种类、流体流速、运行温度、流道结构、传热表面状况、传热面材料等多种因素有关。图 6.9 表示了水和原油的污垢系数随温度和流速而变化的情况。有关污垢的经验数值可参考附录 C ～ E。

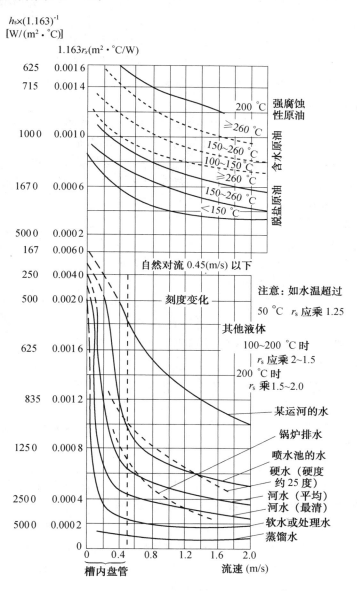

图 6.9　温度和流速对结垢的影响

　　每单位面积上的材料沉积量 m 和垢阻 r_s、垢的密度 ρ_s、垢的导热系数 λ_s 及沉积厚度 δ_s 之间有以下关系：

$$m = \rho_s \delta_s = \rho_s \lambda_s r_s \tag{6.20}$$

结垢曲线即为 m 或 r_s 与时间 τ 的函数关系，曲线的型式一般有三种：① 随时间线性增加。② 随时间增加结垢速率下降。③ 渐近特性，即 m 或 r_s 值最后趋于与时间无关。在沉积或结垢前，常常有一段起始或滞后时间（图 6.10），是否有这一潜伏期取决于结垢的型式[17]。对于污垢热阻的测定，可以采用对所使用的热交换器进行现场实测的方法，也可以利用动态污垢监测装置对一个试验元件进行垢阻测定[16]。污垢的存在使流体的流动和传热状况变差，从而影响其经济性。它体现在：① 设备投资增加；② 能耗加大；③ 维护清洗费用增加；④ 产品产量降低。据参考文献[25] 报导，我国专家按上述 ① ~ ③ 对我国 2000 年电力工业的锅炉和冷凝器因污垢而增加的费用粗略估算为 128.21 亿元，约占我国 GDP 的 0.15%。这一数字仅是针对电力系统中的部分设备，如果再考虑其他行业，则污垢费用将会大幅增加，可见污垢造成的损失多么巨大。所以，防垢除垢已成为节能降耗的一个不可忽视的重要方面。

3）腐蚀类型及腐蚀测试

由于所接触的介质的作用使材料遭受损害、性能恶化或破坏的过程称为腐蚀。腐蚀产物会形成污垢；污垢也会引起腐蚀，因此腐蚀与污垢的形成都不是独立的过程，两者密切相关、相互影响。腐蚀的种类很多，影响腐蚀的因素也很多。热交换器的材料、结构情况、参与热交换的流体种类、成分、温度、流速等等都影响着腐蚀。水是热交换器中用得最广的一种热交换流体，在此以水为例来讨论金属在水中的腐蚀。

（1）腐蚀类型

由于工业用水中含有杂质而造成工业用水对大部分金属产生腐蚀。金属在水中的腐蚀为电化学腐蚀，电化学腐蚀又分全面腐蚀和局部腐蚀。如果腐蚀分布在整个金属表面上，就称为全面腐蚀，但它可以是均匀的，也可以是不均匀的。如果腐蚀破坏主要集中在一定的区域，而其他部分未被腐蚀，则这种腐蚀破坏形态称为局部腐蚀。局部腐蚀比全面腐蚀更危险。腐蚀面积越小，点蚀越深，危害也越大。实际上引起热交换器穿孔的主要原因往往是点蚀。水中杂质对腐蚀影响最大的是来自空气中的溶解氧；另一种最常见的引起腐蚀的物质是水中的溶解盐类，其中最主要的是氯化物。金属在水中的腐蚀类型大致有以下几类：

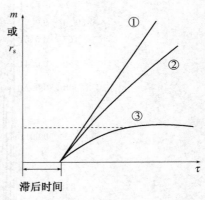

图 6.10　垢阻与时间关系

① 溶解氧腐蚀

这种腐蚀是由于碳钢与溶于水中的氧作用生成铁的氧化物所致。这类腐蚀往往是不均匀的全面腐蚀。但如果水质较硬，也有可能出现局部腐蚀。

② 电偶腐蚀

如果设备中的某些零部件用不同的金属材料制成，它们又相互连接并置于水中，则由于不同材料的金属的电极电位不同而形成电偶电池，这时所产生的腐蚀为电偶腐蚀。最常见的例子是碳钢与铜之间的电偶合而加速钢的腐蚀。

③ 缝隙腐蚀

缝隙腐蚀是由于金属与覆盖物（金属或非金属）之间形成特别小的缝隙，使缝隙内的介质处于滞流状态，而且这种介质中存在危害性阴离子（Cl^-）时所产生的一种腐蚀形式。如，热交换器的法兰连接面、锈层和垢层下面等处均可能产生。热交换器的穿孔常常由于缝隙腐蚀所引起。

④ 点腐蚀

点蚀是一种特殊的局部腐蚀,导致在金属上产生小孔,严重时可使设备穿孔。点蚀主要发生在像铝、钛、不锈钢等一类能自钝化(包括有钝化膜)的材料在含有溶解氧和危害性阴离子(主要是 Cl^-)的介质中。一般说来对点蚀敏感的金属,在有缝隙的情况下也特别容易产生缝隙腐蚀。在所有的材料中,不锈钢对点蚀最敏感。

⑤ 应力腐蚀开裂(SCC)

金属在拉应力和腐蚀介质的联合作用下所引起的开裂,称为应力腐蚀开裂,习惯上用SCC 来表示。对于不锈钢、钛合金、铝合金,有时甚至碳钢等材料在通入含 Cl^- 的气体介质中,由于应力的作用,很容易产生应力腐蚀开裂。如图 6.11 所示的一台垂直安装的不锈钢热交换器,冷却水在管外,工艺介质在管内。因为设计上的不合理,管的上部不能充满冷却水而出现了死角。在冷却水的流动过程中,由于冷却水的飞溅作用使死角成为干、湿交替的部位。即使冷却水的盐度很低,但在这个干湿交替部位由于冷却水不断被浓缩,盐度不断增高,胀管部位的张应力和高温促使管子在缝隙处很快开裂。

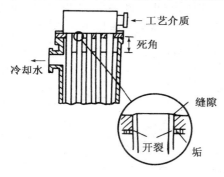

图 6.11　不锈钢热交换器的应力腐蚀开裂示意图

⑥ 磨损腐蚀

由于介质的运动速度大,或介质与金属构件相对运动速度大,导致构件局部表面受到严重的腐蚀损坏,这类腐蚀称为磨损腐蚀。磨损腐蚀是高速流体对金属表面已经生成的腐蚀产物的机械冲刷作用和对新裸露金属表面的侵蚀作用的综合结果。磨损腐蚀又可分为湍流腐蚀和空泡腐蚀两种。湍流腐蚀发生在设备的某些特定部位,如热交换器管的入口端,由于流速的突然增大在该处形成湍流,使金属表面受到很大的扰动(切应力),从而引起的腐蚀。空泡腐蚀又称气蚀。它是在流体与金属构件做相对运动时,在金属表面局部地区产生涡流,因而伴随有气泡在金属表面迅速生成和破灭,由此对金属表面产生冲击而导致腐蚀。

⑦ 氢危害

它表示由于氢的存在或和氢作用而使金属遭受的损害,包括:氢鼓泡、氢脆、脱碳、氢腐蚀四种。如,碳钢与低合金钢在含硫化氢的地热水中就可能发生氢脆。

⑧ 微生物腐蚀

微生物腐蚀是一种特殊类型的腐蚀,它很难单独存在,往往总和电化学腐蚀同时发生。产生微生物腐蚀的最主要原因是由于污泥积聚,污泥覆盖下的金属表面是贫氧区,由于氧浓差电池的作用使金属遭受局部腐蚀。此外,由于微生物的繁殖产生了特殊的腐蚀环境,使腐蚀加剧。例如,冷却水系统中沉积的河底淤泥含有硫酸盐还原菌,这是一种腐蚀性很强的细菌,它能把硫酸盐还原成硫化物。

(2) 腐蚀测试

金属遭受腐蚀后,其重量、厚度、机械性能、组织结构等都会发生变化。这些物理和力学性能的变化率可用来表示金属腐蚀的程度,因而有不同的腐蚀率的表示方法,常用的一种是深度表示法。

金属腐蚀的深度表示法是用单位时间(通常以年计)的腐蚀深度来表示腐蚀率,我国常用单位是 mm/yr。在一些文献中尚有以 iPY(英寸／年)和 mPY(密耳／年,1 密耳 = 10^{-3} 英寸）为单位。

以深度表示的腐蚀率可按下式计算：

$$K_1 = \frac{m_1 - m_2}{A\tau} \times 24 \times 365 \times 10^{-3} / \rho = \frac{K_m}{\rho} \times 24 \times 365 \times 10^{-3}, \quad mm/yr \quad (6.21)$$

式中　m_1、m_2—— 腐蚀前后挂片的质量，g；

　　　　A—— 挂片表面积，m^2；

　　　　τ—— 挂片试验的时间，h；

　　　　ρ—— 挂片密度，g/cm^3；对于钢，$\rho \approx 7.8\ g/cm^3$；

　　　　K_m—— 以失重表示的腐蚀率，$g/(m^2 \cdot h)$。

根据年腐蚀深度的不同，可将金属的耐腐蚀性分为十级标准，见表 6.1。表中所列指标只适用于均匀腐蚀的评定，不能用来评定局部腐蚀。

应该注意到，腐蚀率是一个随时间而变化的量。在腐蚀开始阶段，腐蚀率一般是最高的，以后由于保护性腐蚀产物或多或少地沉积于金属表面，腐蚀率逐渐下降。在水腐蚀过程中，金属的失重和沉积物厚度的增加与时间的关系呈如图 6.12 所示的非线性关系。由图可见，随着测试时间不同，平均腐蚀率也将不同，测试时间越长，测得的平均腐蚀率越接近于实际值。

腐蚀率的测试方法通常采用挂片测试。挂片的材质应当是被研究对象（如热交换器的传热面）的材质。挂片形状一般都为矩形薄片，大小可按需要确定。为了达到某种特殊测试目的，可制成专用的试样。如，测定缝隙腐蚀，应制成缝隙试样。进行挂片测试前，应对挂片表面处理（除锈、抛光等）、脱脂清洗。测试时，最好把挂片浸入与被研究对象相接触的流动液体中（如，流过热交换器传热面的水），一般可悬挂在液面以下 $1 \sim 2\ cm$。根据需要，尚可作间浸（即一段时间浸入液面以下，另一段时间挂在液面上，如此交替进行）测试。挂片的天数一般不要少于 3 天，挂片数目以 3 片为宜，以便求取平均值，减少测试误差。

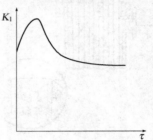

图 6.12　腐蚀率－时间曲线示意图

至于点腐蚀的测试就不能用失重法，应测量点蚀的深度，目前应用最广的方法是测定单位时间内的最高腐蚀深度，mm/yr 和单位面积上的点蚀数，用这两个数来表示点蚀程度。

表 6.1　均匀腐蚀的十级标准

耐腐蚀性的分类		耐蚀性的等级	腐蚀速度，mm/yr
Ⅰ	完全耐蚀	1	< 0.001
Ⅱ	很耐蚀	2 3	$0.001 \sim 0.005$ $0.005 \sim 0.01$
Ⅲ	耐　蚀	4 5	$0.01 \sim 0.05$ $0.05 \sim 0.1$
Ⅳ	尚耐蚀	6 7	$0.1 \sim 0.5$ $0.5 \sim 1.0$
Ⅴ	欠耐蚀	8 9	$1.0 \sim 5.0$ $5.0 \sim 10.0$
Ⅵ	不耐蚀	10	> 10.0

4）腐蚀的防止

鉴于腐蚀类型及影响腐蚀因素极多,对于腐蚀的防止应根据具体对象及条件采取针对性措施。概括起来,大致有以下一些防蚀办法。

（1）加添加剂。为了减轻腐蚀,在条件许可的情况下,可在传热流体中加入缓蚀剂、阻垢剂、杀菌剂等。如,在热交换器的冷却水中加入铬酸盐,使在传热的金属表面上形成金属氧化物的保护膜而抑制腐蚀反应。

（2）电化学保护。它是对被保护的金属设备通以直流电,使之极化,以消除引起腐蚀的电位差。有阴极保护和阳极保护两种。

（3）采用耐腐蚀的材料或涂（镀）层。根据腐蚀介质的情况,采用耐腐蚀的金属或非金属材料,或者在基材上涂（镀）某种耐腐蚀的材料。如,用加有石墨的聚丙烯制造管壳式热交换器;在板式热交换器传热板片上加金属镀层。

（4）改进结构设计。如,凝汽器的冷却水管入口端易发生冲击腐蚀（即空泡腐蚀）,为此可在这部分的铜管上加装一段聚乙烯套管,把铜套表面覆盖起来;为避免产生应力腐蚀性开裂,热交换器的结构设计时应考虑到尽量避免产生应力集中。

（5）控制运行工况。使热交换器运行在合理的工况下,避免因偏离设计工况过大而造成逐步温度或流速过高使腐蚀加剧。

（6）注意热交换器的清洗。为避免热交换器中因结垢或淤泥堵塞或微生物繁殖而引起腐蚀,应根据热交换器的工作条件进行反冲洗或化学清洗或机械清洗。

6.4　热交换器的优化设计简介

热交换器的优化设计,就是要求所设计的热交换器在满足一定的要求下,一个或数个指标达到最好。经验证明,一个好的设计,往往能使热交换器的投资节省 $10\% \sim 20\%$ 。许多工厂离不开热交换器,一个炼油厂,热交换器的投资竟达到全部工艺设备投资的 40% 左右,因此,"经济性"常常成为热交换器优化设计中的目标。在优化方法上,把所要研究的目标,如"经济性",称为目标函数,其目的就是要通过优化设计,使这个目标函数达到最佳值,亦即达到最经济。由于实际问题的要求不同,如有的设计要在满足一定热负荷下阻力最小;有的要求传热面最小等等,因而就有不同的目标函数。

任何一个优化设计方案都要用一些相关的物理和几何量来表示。由于设计问题的类别或要求不同,这些量可能不同,但不论哪种优化设计,都可将这些量分成给定的和未给定的两种。未给定的那些量就需要在设计中优选,通过对它们的优选,最终使目标函数达到最优值,我们把这些未定变量称为设计变量。如,以热交换器的传热系数为目标函数的优化设计,流体的流速、温度等就是设计变量。这样,对于有 n 个设计变量 $x_1, x_2, \cdots, x_n$ 的最优化问题,目标函数 $F(X)$ 可写作

$$F(X) = F(x_1, x_2, \cdots, x_n)$$

显然,目标函数是设计变量的函数。最优化过程就是设计变量的优选过程,最终使目标函数达到最优值。最优化问题中设计变量的数目称为该问题的维数。设计者应尽量地减少设计变量的数目,把对设计所追求目标影响比较大的少数变量选为设计变量,以便使最优化问题较易求解。

在优化设计过程中,常常对设计变量的选取加以某些限制或设置一些附加设计条件,这些设计条件称为约束条件。如求解热交换器传热性能最好的问题,常常有阻力损失不能超过某个数值的约束条件。约束条件可分为等式约束条件和不等式约束条件。在某些特殊情况下,还会有无约束的最优化问题。最优化问题的求解可以是求取目标函数的最小值,或求取目标函数的最大值。一般情况下,习惯上都是求取目标函数的最小值,所以,对于求取 $F(X)$ 的最大值问题应转化成求取相反数 $-F(X)$ 的最小值问题。如,求取热交换器传热系数最大的问题就是求取传热热阻最小的问题。

这样,最优化问题的一般形式可表达为

$$\min F(X)$$

约束条件

$$h_i(X) = 0 \qquad (i = 1, 2, \cdots, m)$$
$$g_j(X) \leqslant 0 \qquad (j = 1, 2, \cdots, l)$$

式中,$X = [x_1, x_2, \cdots, x_n]^\mathrm{T}$,表示为一个由 n 个设计变量所组成的矩阵(角码 T 为矩阵的转置)。$h_i(X)$ 及 $g_j(X)$ 分别表示 i 个等式约束及 j 个不等式约束条件。在上式所表达的最优化问题中,根据 $F(X)$、$h(X)$ 和 $g(X)$ 与变量 X 之间的函数关系不同及变量 X 的变化不同,可分为不同类型的最优化问题,因而其数学求解的方法也不同。热交换器优化设计问题一般都是约束(非线性)最优化问题(也可称为约束规划问题)。约束最优化问题的求解方法有消元法、拉格朗日乘子法、惩罚函数法、复合形法等多种,读者可参阅有关优化方法的书籍来了解这些方法。

今以热交换器的设计来考虑经济性问题为例来讨论设计的最优化。设一台热交换器的投资费用为 $B[\mathrm{RMB¥/台}]$,它的使用年限为 n 年,亦即折旧率为 $\frac{1}{n} \times 100\% = \eta'\%$,而输送热交换器中流体所需能耗费用为 $A[\mathrm{RMB¥/yr}]$,则考虑了这些因素的热交换器的经济指标 ϕ 可表示为

$$\phi = A + \frac{B}{n}, \mathrm{RMB¥/yr} \tag{6.22}$$

现在要求设计出来的热交换器为最经济,即这是一个 $\min F(X) = \min\phi$ 的最优化问题。固然可以把上式中的 A、B 等量当做设计变量,但是它们不能直接反映出与热交换器设计中密切相关的一些几何量与物理量,所以应该进一步对 A、B 等量作一分析。

已知传热的基本方程式为

$$F = \frac{Q}{K \Delta t_\mathrm{m}}$$

对于热力系统中的一台热交换器,流体的进、出口温度及所需传递的热量 Q 一般都已被工艺流程的要求所决定,平均温差 Δt_m 可认为差别不大,则传热面积 F 成为仅是传热系数 K 的函数。在确定了某种结构类型的热交换器前提下,K 值与传热面的具体布置等有关,要由设计者确定。

如果忽略热交换器金属壁的热阻,并且不考虑污垢热阻,则传热系数 K 为

$$K = \frac{1}{\dfrac{1}{\alpha_1} + \dfrac{1}{\alpha_2}}$$

设该热交换器为翅片管式,管内为热水,管外为空气,则对于管内强迫对流换热 α_1 可用式

$$Nu_f = 0.023 Re_f^{0.8} Pr_f^{0.3}$$

求解。对于管外的空气横掠翅片管对流换热的 α_2 可用式

$$Nu = 0.1378 Re^{0.718} Pr^{1/3} (Y/H)^{0.296} \tag{6.23}$$

求解。根据准则的定义知,$Re = \dfrac{wd}{\nu} = \dfrac{wd\rho}{\mu}$ 及 $Pr = \dfrac{\nu}{\alpha} = \dfrac{\mu c_p}{\lambda}$,结合以上各式,可将传热面积 F 表示为如下的函数形式:

$$F = f(w_1, w_2, d, \rho_1, \rho_2, \lambda_1, \lambda_2, \mu_1, \mu_2, c_{p1}, c_{p2})$$

因为流体的进出口温度已经给定,它们的热物性参数 λ、ρ、μ、c_p 等可视为常数。为了使问题简化,如也给定某种管径 d,则

$$F = f(w_1, w_2)$$

即传热面积的大小由两侧流体流速所决定。据统计,热交换器的金属材料费用占热交换器费用的 50% 以上,即金属材料费用的多少决定了热交换器的投资费用的增减,而金属消耗量又主要决定于传热面积,所以,我们可以把设备投资与传热面积关联起来。亦即从传热角度看,增大流速,可使传热面积减少,相应的也就降低了热交换器的投资费用 B。

但是从输送流体的能量消耗观点来看,恰恰相反。流速的增加,必然使阻力增加。因为由式(6.17)可见,在忽略气体加速产生的附加阻力及浮力引起的内阻力情况下,两侧流动阻力为

$$\Delta p_1 = \Delta p_{f1} + \Delta p_{11} = f(w_1)$$
$$\Delta p_2 = \Delta p_{f2} + \Delta p_{12} = f(w_2)$$

阻力的增加意味着输送流体的能耗费用 A 亦增加。

由上分析可见,对于所给定的条件,两侧流体流速 w_1 及 w_2 是决定设备投资费用 B 与能耗费用 A 的关键性参数。流速的选择是否恰当,将直接影响热交换器的设计是否合理,从而影响经济指标 ϕ,所以也可称这种参数为"经济性参数"。

为了使问题进一步简化,对于所设计的热交换器还可从两侧流速中分析出影响最大的一侧流速。今为气-液热交换,可以认为主要热阻在空气侧,而且水与能耗的关系不如空气时那样显著,也就是说矛盾的主要方面是在空气侧,因而可仅将空气的流速 w_2 作为经济性参数。这样,通过以上分析与简化得出,该优化设计为以空气流速 w_2 为设计变量的一维无约束优化(严格说,应为约束优化,因风机功率有限,阻力损失总有一定限度),即

$$\min F(X) = \min \phi(w_2)$$

如果我们知道了 $\phi(w_2)$ 这一具体的函数关系式,就可用一维搜索方法来求解。为了避免应用最优化的数学方法,下面我们采用图解法来说明这一优化过程。

对所需设计的热交换器选取一系列不同的流速 w_2,并由传热计算求得相应所需要的一系列传热面积 F,从而由传热面的单位造价 b RMB¥/m² 求得总造价 B,即

$$B = bF, \text{RMB¥}$$

再由用户提出的使用年限 n 确定折旧率 $\eta'\%$,这样即可求得流速 w_2 与折旧费 $\eta'B$ 的关系曲线 $\eta'B = f(w_2)$。

另外,根据不同流速 w_2 可求得相应阻力值 Δp,并求得相应的功率消耗

$$N = \frac{V\Delta p}{1\,000\eta}$$

如果每年运行时间为 $\tau(h)$，电费为 $S[\mathrm{RMB¥/(kW \cdot h)}]$ 则能耗费用为

$$A = N\tau S, \mathrm{RMB¥/yr}$$

所以也可求得每年的运行费用 A 与流速 w_2 的关系曲线 $A = \xi(w_2)$。

将两条曲线绘于同一图上，进行叠加，即得 ϕ-w_2 的曲线。此曲线的最低点的流速为最佳流速（即最优化点），相应的经济指标 ϕ 值即为最优值（见图6.13）。

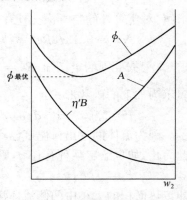

图6.13 经济指标与流速的关系

按照上述所讨论的情况，某单位曾对 $3\,200\ \mathrm{m^3/h}$ 的全低压制氧装置中的液空过冷器进行了分析计算。设电费 $S = 7 \times 10^{-2}\ \mathrm{RMB¥/(kW \cdot h)}$，制造费用单价 $b = 400\ \mathrm{RMB¥/m^2}$，折旧率 $= 10\%$，则得最佳流速 $w_2 = 2.5\ \mathrm{m/s}$。式(6.22)中的每一个量给定为不同值时都会引起最佳流速的变化，如，经计算当电费降到 $S = 3 \times 10^{-2}\ \mathrm{RMB¥/(kW \cdot h)}$，设折旧率 η 不变，则空气最佳流速增大到 $3\ \mathrm{m/s}$。当折旧率 η 上升时（即使用年限缩短），设提高到 $\eta = 50\%$，则空气最佳流速增大到 $3.5\ \mathrm{m/s}$。

应该指出，对于上例的热交换器优化设计，只考虑空气流速为设计变量是不够完善的。一般，还应从以下这些量中选择若干个作为设计变量：管长，管径，翅片高，翅间距，工质出口温度，设备安装费，工质（如水）费用等。当然，设计变量越多，寻求最优化的过程越复杂，计算工作就越大。但是，随着计算技术的发展，解决热交换器设计的优化已不成问题。用电子计算机进行热交换器的设计，将会大大节省人力，并能获得令人满意的结果。

近年来，一些先进的优化方法被引入到热交换器的优化设计中，如，模糊优化设计。它可以根据人们对换热器的设计要求达到"重量轻，换热效率高、压降小"这种多目标、但又无确切边界的"模糊"的问题，运用结构模糊优化理论来寻求目标相对地达到最优。模糊优化的具体方法有多种，由于实际工程的复杂性，目前模糊优化设计还应用得很少，但这是应值得关注的新方法。

6.5　热交换器性能评价

一台符合生产需要又较完善的热交换器应满足几项基本要求：(1)保证满足生产过程所要求的热负荷；(2)强度足够及结构合理；(3)便于制造、安装和检修；(4)经济上合理。在符合这些要求的前提下，尚需衡量热交换器技术上的先进性和经济上的合理性问题，即所谓热交换器的性能评价问题，以便确定和比较热交换器的完善程度。广义地说，热交换器的性能含义很广，有传热性能、阻力性能、机械性能、经济性等。用一个或多个指标从一个方面或几个方面来评价热交换器的性能问题一直是许多专家长期以来在探索的问题，目前尚在研究改进中。本节对现在已在使用和正在探索中的一些性能评价方法及其所使用的性能评价指标作一综述，旨在给予读者较广泛的了解，以便选取或探讨新的方法。

6.5.1 热交换器的单一性能评价法

长期以来,对于热交换器的热性能,采用了一些单一性能的热性能指标,例如:

冷、热流体各自的温度效率

$$E_c = \frac{冷流体温升}{两流体进口温度差}, E_h = \frac{热流体温降}{两流体进口温度差};$$

热交换器效率(即有效度) $\varepsilon = \dfrac{Q}{Q_{max}}$;

传热系数: K;

压　　降: Δp。

由于这些指标直观地从能量的利用或消耗角度描述热交换器的传热和阻力性能,所以给实用带来方便,易为用户所接受。但是,从能量合理利用的角度来分析,这些指标只是从能量利用的数量上,并且常常是从能量利用的某一个方面来衡量其热性能,因此应用上有其局限性,而且可能顾此失彼。例如,热交换器效率 ε 高,只有从热力学第一定律说明它所能传递的热量的相对能力大,不能同时反映出其他方面的性能。如果为了盲目地追求高的 ε 值,可以通过增加传热面积或提高流速的办法达到,但这时如果不同时考虑它的传热系数 K 或流动阻力 ΔP 的变化,就难于说明它的性能改善得如何。因此,在实用上对于这种单一性能指标的使用已有改进,即同时应用几个单一性能指标,以达到较为全面地反映热交换器热性能的目的。例如,在工业界常常选择在某一个合理流速下(如,液-液热交换时常选为 1 m/s),确定热交换器的传热系数和阻力(即压降)。经过这样的改进,这种方法虽仍有不足之处,但使用简便、效果直观,而且在一定可比条件下具有一定的科学性,所以为工业界广泛采用。

6.5.2 传热量与流动阻力损失相结合的热性能评价法

单一地或同时分别用传热量和流动压力降的绝对值的大小,难于比较不同热交换器之间或热交换器传热强化前后的热性能的高低。如,一台热交换器加入扰流元件后,在传热量增加的同时阻力也加大了,这时比较热性能的较为科学的办法应该是把两个量相结合,采用比较这些量的相对变化的大小。为此,Борановский НВ 提出以消耗单位的流体输送机械的功率 N 所得传递的热量 Q,即 Q/N 作为评价热交换器性能的指标。它把传热量与阻力损失结合在一个指标中加以考虑了,但不足之处是该项指标仍只从能量利用的数量上来反映热交换器的热性能。

6.5.3 熵分析法

从热力学第二定律知,对于热交换器中的传热过程,由于存在着冷、热流体间的温度差以及流体流动中的压力损失,必然是一个不可逆过程,也就是熵增过程。这样,虽然热量与阻力是两种不同的能量形态,但是都可以通过熵的产生来分析它们的损失情况。本杰(Bejan A)提出使用熵产单元数 N_s(Number of Entropy Production Units)作为评定热交换器热性能的指标[18-19]。他定义 N_s 为热交换器系统由于过程不可逆性而产生的熵增 ΔS 与两种传热流体中热容量较大流体的热容量 C_{max} 之比,即

$$N_s = \Delta S / C_{max} \tag{6.24}$$

通过一个简单的传热模型,他把 N_s 表达为

$$N_s = \frac{\dot{m}}{pq'}(-\frac{\mathrm{d}p}{\mathrm{d}x}) + \frac{\Delta T}{T}(1 + \frac{\Delta T}{T})^{-1} \qquad (6.25)$$

式中 $\dot{m}$ —— 质量流率;

ρ —— 流体密度;

q' —— 单位长度上传热量;

p —— 流体压力;

T —— 流体绝对温度;

ΔT —— 壁温与流体温度差。

等式右边第一项表示因摩阻产生熵增而造成对 N_s 的影响,第二项则表示因传热温差(热阻)产生熵增而造成对 N_s 的影响。显然,ΔT 或 Δp 愈大,则 N_s 愈大,说明传热过程中的不可逆程度愈大。如果 $N_s \to 0$,则表示这是一个接近于理想情况的热交换器。因此,使用熵产单元数,一方面可以用来指导热交换器设计,使它更接近于热力学上的理想情况;另一方面可以从能源合理利用角度来比较不同型式热交换器传热和流动性能的优劣。本杰还利用所建立的模型,通过优化计算论证了在 Q/N 之值为最小值时,N_s 并不最小[19]。由此表明,利用上述方法二(Q/N 指标)评价或设计热交换器时不能充分反映能源利用的合理性。通过熵分析法,采用热性能指标 N_s,把 ΔT 及 Δp 所造成的影响都统一到系统熵的变化这一个参数上来考虑,无疑地这在热交换器的性能评价方面是一个重要进展,因为它将热交换器的热性能评价指标从以往的能量数量上的衡量提高到能量质量上评价,这对于接入热力系统中的一台热交换器来说更具有实际意义。一些研究者发现,本杰提出的熵产单元数的定义式(6.24)不够完善,因传热量小也可导致总熵产小,使得在确定换热器的性能和比较不同的换热器性能时存在一定的局限性,故对该定义式提出了修正的表达式,读者可参阅参考文献[23]。

6.5.4 烟分析法

从能源合理利用的角度来评价热交换器的热性能,还可以应用烟分析法。参考文献[20]的编著者以热交换器的烟效率作为衡量热交换器热性能的指标,并定义烟效率为

$$\eta_e = \frac{E_{2,o} - E_{2,i}}{E_{1,i} - E_{1,o}} \qquad (6.26)$$

式中 $E_{1,i}$、$E_{1,o}$ —— 分别为热流体流入、流出的总烟;

$E_{2,i}$、$E_{2,o}$ —— 分别为冷流体流入、流出的总烟。

通过演算,可将此烟效率表达为三种效率的积:

$$\eta_e = \eta_t \, \eta_{e,T} \, \eta_{e,p} \qquad (6.27)$$

其中,η_t 为热交换器的热效率,即为冷流体的吸热量 Q_2 与流体的放热量 Q_1 之比,它反映了热交换器的保温性能。

$$\eta_t = \frac{Q_2}{Q_1} \qquad (6.28)$$

$\eta_{e,T}$ 及 $\eta_{e,p}$ 分别为热交换器的温度烟效率与压力烟效率

$$\eta_{e,T} = \frac{1 - \dfrac{T_o}{\overline{T}_2}}{1 - \dfrac{T_o}{\overline{T}_1}} \tag{6.29}$$

$$\eta_{e,p} = \frac{1 - \varepsilon_2}{1 - \varepsilon_1} \tag{6.30}$$

式中 T_o—— 环境温度;

$\overline{T}_2$、$\overline{T}_1$—— 分别为冷流体吸热的平均温度和热流体放热的平均温度;

ε_2—— 由于流动阻力引起的冷流体的㶲损 I_{r_2} 与它吸收的热流㶲 E_{Q_2} 的比值

$$\varepsilon_2 = \frac{I_{r_2}}{E_{Q_2}} \tag{6.31}$$

ε_1—— 由于流动阻力引起的热流体的㶲损 I_{r_1} 与它放出的热流㶲 E_{Q_1} 的比值

$$\varepsilon_1 = \frac{I_{r1}}{E_{Q1}} \tag{6.32}$$

显然,$(1 - \eta_{e,T})$ 表示了因冷流体吸热平均温度与热流体放热平均温度不同而引起的㶲耗损; $(1 - \eta_{e,p})$ 则反映了因冷、热流体流动阻力引起的㶲耗损。所以,㶲效率类似于熵产单元数那样从能量的质量上综合考虑传热与流动的影响,而且也能用于优化设计。所不同的是,熵分析法是从能量的损耗角度来分析,希望 N_s 值愈小愈好,而㶲分析法是从可用能的被利用角度来分析,希望 η_e 值愈大愈好。但是,N_s 并未表示出由于摩阻与温差而产生的不可逆损失与获得的可用能之间的正面关系,实用上不够方便。

还有一些学者,基于㶲分析法采用其他一些指标来评价热交换器的热性能,读者可参阅参考文献[21]等。

6.5.5   具有强化传热表面的热交换器热性能评价 —— 纵向比较法

随着传热技术的发展,工业上已在开始利用传热表面的强化来研制更紧凑和较便宜的热交换器,同时也利用这种技术来提高系统的热力学效率,使运行费用减少。由于传热表面强化的应用,同时也带来了材料的消耗、传热系数的变化、动力消耗、制造安装、运行和维修费用的增减等问题,就需要有一个性能评价的标准。不少学者对这方面进行了研究,威伯(Webb R L)在总结和分析前人工作的基础上,提出了一套较为完整的性能评价判据PEC(Performance Evaluation Criteria)[22]。他把热交换器的传热强化分成三种目的 —— 减少表面积、增加热负荷和减少功率消耗,然后分别在三种不同的几限制条件下 —— 几何状况固定、流通截面不变、几何状况可变,比较强化与未强化时的某些性能,如传热量之比 Q/Q_s、功率消耗之比 N/N_s(有下标 s 者表示光管时之值),从这些比值的大小可以优选出某种确定的传热表面强化技术下针对某种目的的最佳几何结构,并进而比较出哪一种强化技术下的结果最佳。本杰等人也提出了用强化与未强化时的熵产率之比作为比较的判据。总体来说,这一方法是按强化目的分类,进行单项性能的比较法(我们称它为"纵向比较法")。比较结果明确,具有一定的实用价值,但还不够全面。

6.5.6   热经济学分析法

上述几种方法的共同缺点是,它们都只从单一的科学技术观点来评价热性能。社会的发展告诉人们,科学技术的进步必须和经济的发展相结合。但是,即使我们采用了热力学第二定律的分析法(熵分析法和㶲分析法),也没有体现出经济的观点。如,对于一台管壳式热交换器,通过重新选择管径和排列方式,使传热系数提高,平均温差降低,压力降增加,总的结果可能是㶲效率提高或熵产单元数减小,但这并不能说明这台热交换器的全部费用(包括设备费、运行费等多方面费用)是否也减小了。为了解决在工程应用上大量存在的这一类问题,一门新兴的学科 —— 热经济学正在兴起,它把技术和经济融合为一体,用热力学第二定律分析法与经济优化技术相结合的热经济学分析法,对一个系统或一个设备作出全面的热经济性评价。热经济学分析法的任务除了研究体系与自然环境之间的相互作用外,还要研究体系内部的经济参量与环境的经济参量之间的相互作用,所以,它以第二定律分析法为基础,而最后得到的结果却能直接地给出以经济量纲表示的答案。由于热经济学分析法牵涉面很广,比较复杂,使用中还有许多具体问题有待解决。但应该肯定,这是一种目前所提出的各种方法中最为完善的方法,现已在美国等国家开始部分采用,并收到较好的效果。

　　作者认为,上述各种方法都有其合适的使用范围或场合。在实际使用中,宜根据具体的要求目标来选用,加强针对性。如,当阻力问题突出时,就可选用第一种方法,通过简单、直观的比较来选用合适的热交换器。

习 题 选 编

1. 一热交换器的热端温差为冷端温差的两倍,如果两种流体都没有相态的变化,流体的对流换热系数和比热不随温度变化,求从热端量起传热面占多少份额时,可以传递总热量的一半。

2. 一管壳式热交换器,蒸汽在管外冷凝,其冷凝温度为 266 ℃,另一种流体在管内走双程,从 187 ℃ 加热到 255 ℃,试求在第一程出口处流体已被加热到多少度?

3. 某一错流式热交换器中(两流体各自均无横向混合的一次错流),以排出的热气体将 2.5 kg/s 的水从 35 ℃ 加热到 85 ℃,热气体的比热为 1.09 kJ/(kg·℃),进入热交换器的温度为 200 ℃,离开时的温度为 93 ℃,若该热交换器的传热系数为 180 W/(m²·℃),试求其传热面积和平均温差。

若水的流量减少一半,而气体的流量及两流体的进口温度保持不变,计算因水流量减少而导致换热量减小的百分比,假定传热系数不变。

4. 某汽车空调设备上冷凝器的设计参数为:当汽车在 35 ℃ 的环境里以 64 km/h 速度运行时,能从氟利昂 12 中带走 17 500 W 的热量。在这种状态下氟利昂 12 的温度为 65 ℃。假定空气横向流过的温升为 5 ℃,此时所用的翅管冷凝器的传热系数为 40 W/(m²·℃)。如果传热系数随速度的 0.7 次方变化,空气的质量流量与速度成正比变化,且令氟利昂 12 的温度始终维持在 65 ℃,试求汽车在 32 km/h 的速度开行时,传热量降低的百分比。

5. 一逆流式管壳热交换器,采用将油从 100 ℃ 冷却到 65 ℃ 的方法把水从 25 ℃ 加热到 50 ℃,此热交换器是按传热量 20 kW、传热系数 340 W/(m²·℃) 的条件设计的,试计算其传热面积 F_1。

假设上面所说的油相当的脏,以致在分析中必须取其污垢热阻为 0.004 m²·℃/W,这时传热面积 F_2 应为多少?若传热面积仍为 F_1,流体进口温度不变,试问当选用一污垢热阻后,传热量会减小多少?

6. 在热交换器中,重油从 300 ℃ 冷却到 200 ℃,而石油则从 25 ℃ 被加热到 175 ℃,在传热系数和所传递的热量都不变的条件下,试求:

(1) 作顺流布置和逆流布置时,逆流时所需传热面和顺流时所需传热面之间的关系。

(2) 若设计成石油不混合而重油混合的错流式时,与顺流相比,错流可以节省多少传热面?

7. 每秒送入管壳式冷凝器 0.06 kg,11.77 bar 和 95 ℃ 的氨,用 15 ℃ 的水进行逆流冷却,液态氨在冷凝温度下由冷凝器排出,假如冷凝器内任何地方氨与水的温差都不低于 5 ℃,试求所需的最小冷却水量、水从冷凝器排出时的温度、设备内各段的平均温差以及各段传热面之比。

已知:氨在 11.77 bar 时的饱和温度为 30.3 ℃;

11.77 bar、95 ℃ 时氨过热蒸汽的焓为 1 886 kJ/kg;

11.77 bar 氨饱和液体焓为 562 kJ/kg;

11.77 bar 时氨饱和蒸汽焓为 1 707 kJ/kg。

8. 欲用初温为 175 ℃ 的油 [$c_p = 2.1$ kJ/(kg·℃)] 把流量为 230 kg/h 的水从 35 ℃ 加热到 93 ℃,油的流量亦为 230 kg/h,现有下面两个逆流式热交换器:

热交换器 1 $K = 570\ \text{W}/(\text{m}^2 \cdot ℃), F = 0.47\ \text{m}^2$

热交换器 2 $K = 370\ \text{W}/(\text{m}^2 \cdot ℃), F = 0.94\ \text{m}^2$

试问应当使用哪个热交换器?

9. 在低温条件下打开心脏的手术步骤中,要求在手术之前冷却病人的血液,并在手术之后把血液加温.现提出以一个 0.5 m 长的套管逆流热交换器用于此目的,热交换器内装有直径为 55 mm 的薄壁内管,如果用 60 ℃ 的水以 0.1 kg/s 的流量来给血液加温,后者进入热交换器的温度为 18 ℃,流量为 0.05 kg/s,问血液离开热交换器的温度为多少?设传热系数为 500 W/(m² · K),血液比热为 3 500 J/(kg · ℃).

10. 某加热器中把流量为 35t/h、浓度为 30% 的 NaOH 溶液从 30 ℃ 加热到 92 ℃,此加热器中用压力为 1.5 bar 的饱和蒸汽加热,采用管径为 32/28 mm 的钢管立式多管程热交换器,溶液在管内流速为 1.5 m/s,假定此加热器的热损失系数为 97%,求所需的传热面积.

已知溶液的物性:

比热:3 684 J/(kg · ℃)

导热系数:0.616 W/(m · ℃)

密度:1 295 kg/m³

黏度 μ:52.015 × 10⁻⁴ kg/(m · s)

Pr:31.1

11. 一冷油器,$F = 7.5\ \text{m}^2$,$K = 600\ \text{W}/(\text{m}^2 \cdot ℃)$.比热为 2 kJ/(kg · ℃),流量为 2 000 kg/h 的油进入冷油器时的温度为 80 ℃,要求把它冷却到 42 ℃,冷却水逆流进入冷油器,如其初温为 10 ℃,欲达到此目的,冷却水的流量应为多少?

12. 在套管式热交换器中,水和油逆流换热,水的流量为 4 000 kg/h,进口温度为 25 ℃,出口温度为 66.9 ℃,油的流量为 6 500 kg/h,进口温度为 110 ℃,出口油温为 53.9 ℃,油的比热为 1.93 kJ/(kg · ℃),此热交换器的传热面积为 15 m²,传热系数 $K = 350\ \text{W}/(\text{m}^2 \cdot ℃)$.现该工

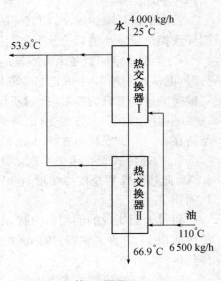

第 12 题图

厂打算另建两个传热面积相等的较小的逆流套管热交换器,以完成上述的水冷却油的要求,油等量地并联分配在这个小型热交换器中,而水在这两个热交换器中串联通过(如图),假设传热系数仍为 350 W/(m² · ℃),如果小型热交换器的造价按单位面积计比大型的贵 20%,问从造价角度考虑哪一个方案比较经济?

13. 用 20 号透平油冷却某鼓风机轴承,吸热后的透平油在沉浸式热交换器中冷却后循环使用(如图),该热交换器用公称直径为 40 mm 的钢管制成,其传热面积为 3.14 m²,所用循环油泵的最大流量为 2 000 kg/h,油泵压头中可供克服热交换器阻力的允许压头为 0.25 bar.

已知在夏初某一天测定得:

冷却水量:$m_2 = 2\ 260\ \text{kg/h}$

水温 $t_2' = 21.6\ ℃$

第 13 题图

循环油量 $m_1 = 1\ 250\ \text{kg/h}$

油侧阻力造成的压降 $\Delta p = 4.2\ \text{Pa}$

油温：$t_1' = 48\ ℃$，$t_1'' = 42\ ℃$

油侧分热阻占总热阻的 42.2%

水侧分热阻占总热阻的 30%

壁面及污垢分热阻占总热阻的 27.8%

到盛夏，因为：

1. 冷却水进口温度 t_2' 上升到 30 ℃，

2. 鼓风机因检修质量下降，轴承损失由原来为额定功率的 1.53% 上升到 2.04%。

请校核此时的油温 $t_1' = ?$

为安全起见，要使油温 $t_1' < 55\ ℃$，厂方技术人员提出将管径减小一半而传热面不变和管径不变而增加传热面积等两个方案，请论证它们的可行性。你认为还有什么比较好的方案。

物性数据如下表：

物性	密度 ρ，kg/m^3	比热 c_p，kJ/(kg·℃)	导热系数 λ，W/(m·℃)	黏度 υ，m^2/s
水	995.6	4.187	0.62	0.805×10^{-6}
油	860	2.05	0.122	14.4×10^{-6}

14. 设计一管壳式油冷却器，把 10 000 kg/h 煤油由 $t_1' = 100\ ℃$ 冷却到 $t_1'' = 40\ ℃$，冷却水进口温度 $t_2' = 20\ ℃$，出口温度 $t_2'' = 35\ ℃$。

已知煤油在卡路里温度 58 ℃ 时的物性：

$\mu_1 = 0.001\ \text{kg/(m·s)}$，$c_{p1} = 2.22\ \text{kJ/(kg·℃)}$

$\lambda_1 = 0.14\ \text{W/(m·℃)}$，$\rho_1 = 840\ \text{kg/m}^3$。

而水在卡路里温度 24.5 ℃ 时的物性：

$\mu_2 = 1.187 \times 10^{-3}\ \text{kg/(m·s)}$，$c_{p2} = 4.178\ \text{kJ/(kg·℃)}$

$\rho_2 = 997\ \text{kg/m}^3$，$\lambda_2 = 0.61\ \text{W/(m·℃)}$。

15. 设计一热交换器，它是用原油将某回流液从 194 ℃ 冷却到 101.8 ℃，回流液走管程，流量为 76.8 m^3/h，原液最初温度为 53.7 ℃，经换热后升高到 122.1 ℃。

已知回流液和原油在定性温度下的物性：

	ρ，kg/m^3	μ，kg/(m·s)	c_p，kJ/(kg·℃)	λ，W/(m·℃)
回流液	701	0.509×10^{-3}	2.89	0.151
原 油	798	6.27×10^{-3}	2.2	0.131

污垢热阻值：

回流液　0.000 2 m^2·℃/W

原　油　0.000 4 m^2·℃/W

16. 长为 0.508 m 的矩形轴向槽道式氨热管具有下列特性：

铝管外径 $d_o = 0.012\ 7\ \text{m}$ 及内径 $d_i = 0.010\ 7\ \text{m}$，槽道深度 $\delta = 7.62 \times 10^{-4}\ \text{m}$，槽道宽度 $\overline{W} = 4.57 \times 10^{-4}\ \text{m}$，槽道数 $n = 36$，蒸汽通道直径 $d_v = 9.14 \times 10^{-3}\ \text{m}$，热管倾斜角 $\theta = 0$，冷

凝段长度 $l_c = 0.127$ m,绝热段长度 $l_a = 0.254$ m,蒸发段长度 $l_e = 0.127$ m,吸液芯的有效毛细半径 $r_e = W$,液体流道的平均半径 $r_m = (d_v + \delta)/2$,吸液芯的横截面积 $A_{\overline{w}} = 2\pi r_m \delta$,吸液芯的孔隙率 $\varepsilon = nW/(2\pi rm)$,槽道的水力半径 $r_{hl} = 2W\delta/(W+2\delta)$,$f_l Re_l = 15$,浸满液体芯的有效导热系数 $\lambda_e = 2.58$ W/(m·K)。

假设工质的平均温度为 300 K,试分别计算该热管所可能出现的携带极限、毛细极限及沸腾极限的最大传热量。

17. 设螺旋板的板厚为 3 mm,两通道宽分别为 8 mm 和 15 mm,内侧螺旋圈数为 3,试作图绘制该螺旋体,并计算其各有关几何尺寸的值。

18. 今有一台螺旋板式热交换器用于水-水换热,热水从 90 ℃ 冷却到 60 ℃,冷却水从 40 ℃ 加热到 70 ℃,通道宽为 5 mm,螺旋板有效宽度为 0.9 m。另有一台板式热交换器,板间距为 5 mm,流体的对流换热的准则关联式为 $Nu = 0.238Re^{0.7}Pr^{0.3(0.4)}$,运行工况与螺旋板式热交换器相同。试比较流体在两台换热器中流速均为 0.5 m/s 情况下,它们的传热系数值。

19. 试用一台板式热交换器将 3 000 kg/h 的煤油从 110 ℃ 冷却到 40 ℃,冷却水入口温度为 30 ℃,出口温度为 60 ℃。今已选定用某厂生产的 BR01 人字形板式热交换器,板片的外形尺寸为 584 mm × 218 mm,有效传热面积为 0.1 m²,板间距为 4 mm,对流换热的准则关联式为 $Nu = 0.171Re^{0.655}Pr^{0.3(0.4)}$,压降的准则关联式为 $Eu = 396.4Re^{-0.17}$,试计算该台板式热交换器所需的传热面积、板片数、流程组合,并核算是否满足压降要求(设两侧压降均不允超过0.1 MPa)。

20. 已知一冷却塔的汽水比为 0.8,进出塔水温分别为 40 ℃ 和 32 ℃,处理水量为 600 t/h,进塔空气的干湿球温度分别为 33 ℃ 和 27 ℃,工作压力为 101.325 kPa,该塔淋水装置采用水泥网格板填料,传质系数 $\beta_{xv} = 2\,270$ kg/(m³·h),求淋水装置体积。

附　　录

附录 A　传热系数经验数值

A.1　常用热交换器的传热系数大致范围[2-4]*

热交换器型式	热交换流体		传热系数 K,W/(m² · ℃)	备　　注
	内　侧	外　侧		
管壳式（光管）	气	气	10～35	常压
	气	高压气	170～160	20～30 MPa
	高压气	气	170～450	20～30 MPa
	气	清水	20～70	常压
	高压气	清水	200～700	20～30 MPa
	清水	清水	1 000～2 000	
	清水	水蒸气冷凝	2 000～4 000	
	高黏度液体	清水	100～300	液体层流
	高温液体	气体	30	
	低黏度液体	清水	200～450	液体层流
水喷淋式水平管冷却器	蒸汽凝结	清水	350～1 000	
	气	清水	20～60	常压
	高压气	清水	170～350	10 MPa
	高压气	清水	300～900	20～30 MPa
盘香管（外侧沉浸于液体中）	水蒸气冷凝	搅动液	700～2 000	铜管
	水蒸气冷凝	沸腾液	1 000～3 500	铜管
	冷水	搅动液	900～1 400	铜管
	水蒸气凝结	液	280～1 400	铜管
	清水	清水	600～900	铜管
	高压汽	搅动水	100～350	铜管,20～30 MPa
套管式	气	气	10～35	
	高压气	气	20～60	20～30 MPa
	高压气	高压气	170～450	20～30 MPa
	高压气	清水	200～600	20～30 MPa
	水	水	1 700～3 000	

＊　此处指本资料引自第 2 章的参考文献[4]，以下表示方法同。

A.2 螺旋板式热交换器的传热系数

流型	流　　体	传热系统 K，W/(m² · ℃)
逆流单相	水−水(两侧流速都小于 1.5 m/s)	1 750 ～ 2 210
	水−废液	1 400 ～ 2 100
	水−盐水	1 160 ～ 1 750
	水− 20% 硫酸(铅)	一般 810 ～ 900,流速高时达 1 400
	水− 98% 稀酸或发烟硫酸	一般 520 ～ 760,流速高时达 1 160
	水−含硝硫酸(流速为 0.3 ～ 0.4 m/s)	465
	蒸汽凝水−电解碱液 30 ～ 90 ℃	870 ～ 930
	冷水−浓碱液	465 ～ 580
	铜液−铜液	580 ～ 760
	水−润滑油	140 ～ 350
	有机物−有机物	350 ～ 810
	焦油,中油−焦油,中油	160 ～ 200
	油−油(较黏)	95 ～ 140
	气−盐水	35 ～ 70
	气−油	30 ～ 45
有相变交错流	水蒸气−水	1 500 ～ 1 980
	含油水蒸气−粗轻油	350 ～ 580
	有机蒸汽(或含水蒸气)−水	810 ～ 1400

A.3 板式热交换器的传热系数

物　　料	水−水	水蒸气(或热水)−油	冷水−油	油−油	气−水
K,W/(m² · ℃)	2 900 ～ 4 650	810 ～ 930	400 ～ 580	175 ～ 350	25 ～ 58

A.4 （a）空冷器传热系数经验值[3-10]（以光管外表面积为基准）

流体名称	传热系数 K_o，W/(m²·℃)	流体名称	传热系数 K_o，W/(m²·℃)
液体冷却			
油品 20°API		重油 8～14℃API	
93℃（平均温度）	58～93	150℃（平均温度）	35～58
150℃（平均温度）	75～128	200℃（平均温度）	58～93
200℃（平均温度）	175～232	柴油	260～320
油品 30°API		煤油	320～350
65℃（平均温度）	70～133	重石脑油	350～378
93℃（平均温度）	145～203	轻石脑油	378～407
150℃（平均温度）	260～320	汽油	407～435
200℃（平均温度）	290～350	轻烃类	435～465
油品 4°API		醇及大多数有机溶剂	407～435
65℃（平均温度）	145～203	氨	580～700
93℃（平均温度）	290～350	25％的盐水（水 75％）	523～640
150℃（平均温度）	320～378	水	700～815
200℃（平均温度）	350～407	50％乙烯乙二醇和水	580～700
冷凝			
蒸汽	815～930	汽油	350～435
含 10％不凝气的蒸汽	580～640	汽油-蒸汽混合物	407～435
含 20％不凝气的蒸汽	550～580	中等组分烃类	260～290
含 40％不凝气的蒸汽	407～435	中等组分烃类水-蒸汽	320～350
纯的轻烃	465～495	纯有机溶剂	435～465
混合的轻烃	378～435	氨	580～640

流体名称	压力，×10⁵ Pa				
	0.7	3.5	7	21	35
气体冷却 传热系数 K_o，W/(m²·℃)					
轻组分烃	87～116	175～205	260～290	378～407	407～435
中等组分烃及有机熔剂	87～116	205～233	260～290	378～407	407～435
轻无机气体	58～87	87～116	175～205	260～290	290～320
空气	46～58	87～116	145～175	233～260	260～290
氨	58～87	87～116	175～205	260～290	290～320
蒸汽	58～87	87～116	145～175	260～290	320～350
氢 100％	116～175	260～290	378～407	495～552	552～580
75％（体积）	100～163	233～260	350～378	465～495	495～523
50％（体积）	87～145	205～233	320～350	435～465	495～523
25％（体积）	70～135	175～205	260～290	378～407	465～495

A.4 （b）空冷器传热系数经验值[3-10]（以光管外表面为基准）

流　体　名　称	操作条件或说明,压力,$\times 10^5$ Pa	传热系数 K_o,W/($m^2 \cdot$ ℃)
气　体　冷　却		
甲烷、天然气	0～3.5(表压)(压力降0.07)	198
	3.5～14(表压)(压力降0.2)	290
	14～100(表压)	
	压力降0.07	350
	压力降0.2	407
	压力降0.34	488
	压力降0.7	535
H_2	17(压力降0.2)	350
乙烯	80～90	407～465
炼厂气	与本表中甲烷相似的操作条件下 K_o 的 70%,如含 H_2 量稍多(设 >20%～30%),则 K_o 值可斟酌提高	
重整反应出口气体		290～350
加氢精制反应出口气体		290～350
合成氨及合成甲醇反应出口气体		465～450
空气、烟道气等	0～2(表压)($\Delta p = 0.14$)	116
	2～7(表压)($\Delta p = 0.35$)	175
冷　　凝		
原油常压分馏塔顶气体冷凝		350～407
催化裂化分馏塔顶的冷凝		350～407
轻汽油-水蒸气-不凝气的冷凝	含不凝气 30% 以下	350～407
炼厂富气冷凝	含不凝气 50% 以上	233～290
轻碳氢化合物的冷凝 C_2,C_3,C_4,C_5,C_6		523 465
粗轻汽油	0.7(表压) 1.4(表压) 4.9(表压)	425 483 510
轻汽油		465
煤　油		372
芳　烃		407～465
加氢过程反应器出口气体	部分冷凝	

续 A.4 （b）

流 体 名 称	操作条件或说明,压力,$\times 10^5$ Pa	传热系数 K_o,W/m^2·℃
冷 凝		
加氢裂解	100 ～ 200（表压）	455
催化重整	25 ～ 32（表压）	425
加氢精制（汽油）	80（表压）	395
加氢精制（柴油）	65（表压）	337
乙醇胺塔顶冷凝 50 ～ 80 ℃		350
乙醇胺塔顶冷凝 80 ～ 110 ℃		523
水蒸气冷凝		700
NH$_3$		580
C$_3$,C$_4$		435 ～ 552
芳 烃		407 ～ 465
汽 油		407 ～ 435
重整产物		407
煤 油		350 ～ 407
轻柴油		290 ～ 300
重柴油		233 ～ 290
燃料油		116
润滑油（高黏度）		58 ～ 87
润滑油（低黏度）		116 ～ 145
渣 油		52
焦 油		29 ～ 35
工艺过程水		610 ～ 727
工业用水（冷却水）	经过净化	580 ～ 700
贫碳酸钠（钾）溶液		465
环丁砜溶液	出口黏度约 7×10^{-3} Pa·s	395
乙醇胺溶液 15% ～ 20%		580
乙醇胺溶液 20% ～ 25%		535

附录 B　当量直径计算公式

通道形状	d_e 传热计算时	d_e 阻力计算时	备注
套管环隙(内管传热)	$\dfrac{d_2^2 - d_1^2}{d_1}$	$d_2 - d_1$	d_1—— 内管外径 d_2—— 外管内径
板式热交换器	$2b$	$\dfrac{2Lb}{L+b}$	L—— 板有效宽度 b—— 板间距
螺旋板式热交换器	$2b$	$\dfrac{2Hb}{H+b}$	H—— 板有效宽度 b—— 通道间距
正方形排列管束 (顺管束轴线方向流动)	$\dfrac{D_s^2}{\pi d_o} - d_o$ 或 $\dfrac{4s_1 s_2}{\pi d_o} - d_o$	$\dfrac{D_s^2 - nd_o^2}{D_s + nd_o}$	D_s—— 壳体内径 d_o—— 管子外径 s_1—— 纵向管间距 s_2—— 横向管间距 n—— 管子总数
等边三角形排列管束 (顺管束轴线方向流动)	$\dfrac{D_s^2 - nd_o^2}{nd_o}$ 或 $\dfrac{1.1s_1 s_2}{d_o} - d_o$	$\dfrac{D_s^2 - nd_o^2}{D_s + nd_o}$	同　　上
椭圆管	$\dfrac{ab}{\sqrt{\dfrac{a^2 + b^2}{2}}}$	同　左	a—— 椭圆长轴 b—— 椭圆短轴
圆管内有纵向肋片	$\dfrac{4\left(\dfrac{\pi}{4}d_i^2 - n\delta l\right)}{\pi d + 2nl}$	同　左	n—— 肋片数 δ—— 肋片厚 l—— 肋片高 d_i—— 管内径
板翅式热交换器的通道	$\dfrac{2xy}{x+y}$	同　左	x—— 翅片内距 y—— 翅片内高

附录 C 水的污垢热阻经验数据[3-10]

m² · ℃/W

水 的 种 类	加热流体温度 ≤ 115 ℃		加热流体温度 116 ~ 205 ℃	
	水 温 ≤ 52 ℃		水 温 ≥ 53 ℃	
	水速 ≤ 1 m/s	水速 > 1 m/s	水速 ≤ 1 m/s	水速 > 1m/s
蒸馏水(凝结水)	0.000 086	0.000 086	0.000 86	0.000 86
海　水	0.000 086	0.000 086	0.000 17	0.000 17
干净的软水	0.000 17	0.000 17	0.000 34	0.000 34
自来水	0.000 17	0.000 17	0.000 34	0.000 34
井　水	0.000 17	0.000 17	0.000 34	0.000 34
干净的湖水	0.000 17	0.000 17	0.000 34	0.000 34
锅炉给水(净化后)	0.000 17	0.000 86	0.000 17	0.000 17
硬水(> 0.25 g/L)	0.000 52	0.000 52	0.008 6	0.008 6
凉水塔或清水池				
用净化水补充	0.000 17	0.000 17	0.000 34	0.000 34
用未净化水补充	0.000 52	0.000 52	0.008 6	0.000 69

附录 D 气体的污垢热阻经验数据[3-10]

类别	污垢热阻 m² · ℃/W	有 代 表 性 的 气 体
最干净的	0.000 086	干净的空气
		干净的水蒸气
较干净的	0.000 17	干净的有机化合物气体
		一般油田气、天然气
		一般炼厂气,如:
		1. 常压塔顶及催化裂化分馏塔顶的油气或不凝气
		2. 重整及加氢反应塔顶气或含氢气体
		3. 烷基化及叠合装置的油气
不太干净的	0.000 34	热加工油气(如热裂化、焦化及减黏分馏塔顶油气或不凝气)
		减压塔顶油气
		减压塔顶油气未净化的空气,带油的压缩机出口气体

附录 E　各种油品及溶液的污垢热阻经验数据[3-10]

种　　类	污垢热阻 m² · ℃/W	说　　明
液化甲烷、乙烷	0.000 17	
液化气	0.000 17	
天然汽油	0.000 17	
汽油		
轻汽油	0.000 17	
粗汽油(二次加工原料)	0.000 34	
成品汽油	0.000 17	
烷基化油(含微量酸)	0.000 34	
重整进料	0.000 34	有惰性气体保护
	0.000 6	无惰性气体保护
加氢精制进料与出料	0.000 34	
溶剂油	0.000 17	
煤油		
粗煤油(二次加工原料)	0.000 43	
成品	0.000 17 ~ 0.000 26	
吸收油		
贫油	0.000 43	
富油	0.000 17	
柴油		
直馏及催化裂化(轻)	0.000 34	
直馏及催化裂化(重)	0.000 52	
热裂化、焦化(轻)	0.000 52	指粗柴油,若经再
热裂化、焦化(重)	0.000 69	一次加工,可酌减
汽油再蒸馏塔底油		
较轻	0.000 34	
较重	0.000 43	
易叠合的油品		
轻汽油	0.000 34	
重汽油	0.000 52	
更重的	0.000 69	
催化裂化原料油	0.000 34	≤ 120 ℃
	0.000 69	> 120 ℃
循环油		
较轻	0.000 52	
较重	0.000 69	
催化裂化油浆	0.001 7	流速至少为 1.4 m/s
重油、燃料油	0.000 8	
残油、渣油		
常压塔底	0.000 69	
减压塔底	0.000 8 ~ 0.001 7	
焦化塔底	0.000 8	
催化塔底	0.001 7	
冷载体、热载体		
冷冻剂(氨、丙烯、氟利昂)	0.000 17	
有机热载体	0.000 17	
溶盐	0.000 086	

附录 F　流体流速的选择

F.1　热交换器内常用流速范围

流体	流速，m/s	
	管　程	壳　程
循　环　水	1.0～2.0	0.5～1.5
新　鲜　水	0.8～1.5	0.5～1.5
低黏度油	0.8～1.8	0.4～1.0
高黏度油	0.5～1.5	0.3～0.8
气　　体	5～30	2～15

对于异型光滑管，可参照管程流速，有突起或流道截面及流向有显著变化时，可参照壳程流速。

F.2　易结垢液体，或具有悬浮物质的冷却水（如河水、海水），要求速度不小于 1.5～2 m/s，壳程流速应大于 0.5 m/s。

F.3　对于黏性液体，由于为达到湍流所需流速过大，有时就不得不在层流或微弱的湍流情况下工作，以钢壁为例的常用流速如下：

流体黏度，Pa·s	最大流速，m/s	流体黏度，Pa·s	最大流速，m/s
＞1.5	0.6	0.035～0.1	1.5
0.5～1	0.75	0.001～0.035	1.8
0.1～0.5	1.1	＜0.001	2.4

F.4　对于易燃、易爆液体的流速应在安全流速以下，例如：

乙醚、CS_2、苯　　　　　　　　＜1 m/s
甲醇、乙醇、汽油　　　　　　　＜2～3 m/s
丙酮　　　　　　　　　　　　　＜10 m/s

安全流速还与管径有关，以煤油为例：

管径，mm	10	25	50	100	200	400	600
安全容许流速，m/s	8.0	4.9	3.5	2.5	1.8	1.3	1.0

F.5　不同壁面材料所容许的流速，以水为例：

壁面材料	紫铜	海军铜 (71Cu28Zn1Sn)	碳钢	铝铜 (76Cu22Zn2Al)	铜镍合金 (70Cu30Ni 或 90Cu10Ni)	蒙乃尔合金 (67Ni30Cul.4Fe)	不锈钢
流速，m/s	1.2	1.5	1.8	2.5	3～3.5	3～3.5	4.5

附录 G　湿空气的密度、水蒸气压力、含湿量和焓

（大气压 $B = 101.3$ kPa）

空气温度 ℃	干空气密度 kg/m³	饱和空气密度 kg/m³	饱和空气的 水蒸气分压力 10^2 Pa	饱和空气含湿量 g/kg 干空气	饱和空气焓 kJ/kg 干空气
−20	1.396	1.395	1.02	0.63	−18.55
−19	1.394	1.393	1.13	0.70	−17.39
−18	1.385	1.384	1.25	0.77	−16.20
−17	1.379	1.378	1.37	0.85	−14.99
−16	1.374	1.373	1.50	0.93	−13.77
−15	1.368	1.367	1.65	1.01	−12.60
−14	1.363	1.362	1.81	1.11	−11.35
−13	1.358	1.357	1.98	1.22	−10.05
−12	1.353	1.352	2.17	1.34	−8.75
−11	1.348	1.347	2.37	1.46	−7.45
−10	1.342	1.341	2.59	1.60	−6.07
−9	1.337	1.336	2.83	1.75	−4.73
−8	1.332	1.331	3.09	1.91	−3.31
−7	1.327	1.325	3.36	2.08	−1.88
−6	1.322	1.320	3.67	2.27	−0.42
−5	1.317	1.315	4.00	2.47	1.09
−4	1.312	1.310	4.36	2.69	2.68
−3	1.308	1.306	4.75	2.94	4.31
−2	1.303	1.301	5.16	3.19	5.90
−1	1.298	1.295	5.61	3.47	7.62
0	1.293	1.290	6.09	3.78	9.42
1	1.288	1.285	6.56	4.07	11.14
2	1.284	1.281	7.04	4.37	12.89
3	1.279	1.275	7.57	4.70	14.74
4	1.275	1.271	8.11	5.03	16.58
5	1.270	1.266	8.70	5.40	18.51
6	1.265	1.261	9.32	5.79	20.51
7	1.261	1.256	9.99	6.21	22.61
8	1.256	1.251	10.70	6.65	24.70
9	1.252	1.247	11.46	7.13	26.92
10	1.248	1.242	12.25	7.63	29.18
11	1.243	1.237	13.09	8.15	31.52
12	1.239	1.232	13.99	8.75	34.08
13	1.235	1.228	14.94	9.35	36.59
14	1.230	1.223	15.95	9.97	39.19
15	1.226	1.218	17.01	10.6	41.78
16	1.222	1.214	18.13	11.4	44.80
17	1.217	1.208	19.32	12.1	47.73
18	1.213	1.204	20.59	12.9	50.66
19	1.209	1.200	21.92	13.8	54.01

空气温度 ℃	干空气密度 kg/m³	饱和空气密度 kg/m³	饱和空气的 水蒸气分压力 10²Pa	饱和空气含湿量 g/kg 干空气	饱和空气焓 kJ/kg 干空气
20	1.205	1.195	23.31	14.7	57.78
21	1.201	1.190	24.80	15.6	61.13
22	1.197	1.185	26.37	16.6	64.06
23	1.193	1.181	28.02	17.7	67.83
24	1.189	1.176	29.77	18.8	72.01
25	1.185	1.171	31.60	20.0	75.78
26	1.181	1.166	33.53	21.4	80.39
27	1.177	1.161	35.56	22.6	84.57
28	1.173	1.156	37.71	24.0	89.18
29	1.169	1.151	39.95	25.6	94.20
30	1.165	1.146	42.32	27.2	99.65
31	1.161	1.141	44.82	28.8	104.67
32	1.157	1.136	47.43	30.6	110.11
33	1.154	1.131	50.18	32.5	115.97
34	1.150	1.126	53.07	34.4	122.25
35	1.146	1.121	56.10	36.6	128.95
36	1.142	1.116	59.26	38.8	135.65
37	1.139	1.111	62.60	41.1	142.35
38	1.135	1.107	66.09	43.5	149.47
39	1.132	1.102	69.75	46.0	157.42
40	1.128	1.097	73.58	48.8	165.80
41	1.124	1.091	77.59	51.7	174.17
42	1.121	1.086	81.80	54.8	182.96
43	1.117	1.081	86.18	58.0	192.17
44	1.114	1.076	90.79	61.3	202.22
45	1.110	1.070	95.60	65.0	212.69
46	1.107	1.065	100.61	68.9	223.57
47	1.103	1.059	105.87	72.8	235.30
48	1.100	1.054	111.33	77.0	247.02
49	1.096	1.048	117.07	81.5	260.00
50	1.093	1.043	123.04	86.2	273.40
55	1.076	1.013	156.94	114	352.11
60	1.060	0.981	198.70	152	456.36
65	1.044	0.946	249.38	204	598.71
70	1.029	0.909	310.82	276	795.50
75	1.014	0.868	384.50	382	1080.19
80	1.000	0.823	472.28	545	1519.81
85	0.986	0.773	576.69	828	2281.81
90	0.973	0.718	699.31	1400	3818.36
95	0.959	0.656	843.09	3120	8436.40
100	0.947	0.589	1013.00	—	—

本表引自:清华大学等校合编. 空气调节. 第二版. 北京:中国建筑工业出版社,1986

附录 H　湿空气的焓湿图[4-11]

1kcal/kg 干空气 =4.186 8J/kg 干空气
1mmhg=133.32Pa

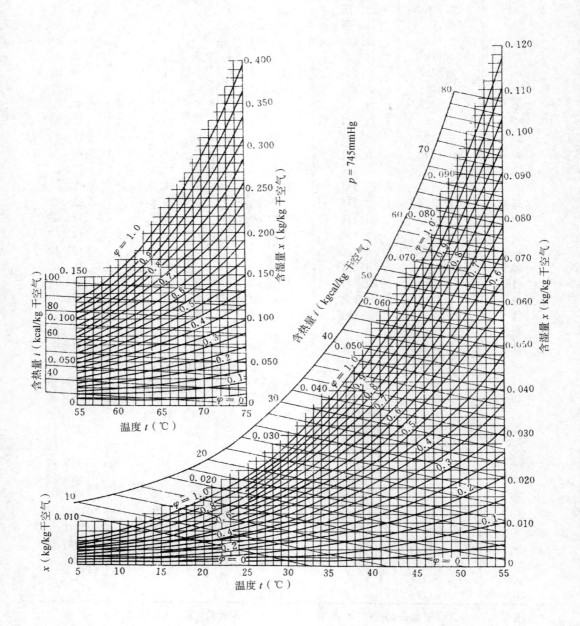

附录 I 高翅片管空冷器的 $\psi = f(P,R)$ 图[3-10]

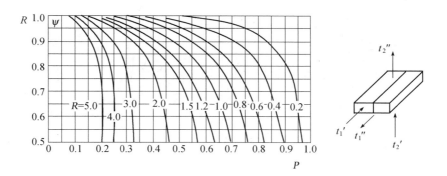

图附录 I.1 并列错流 二管程

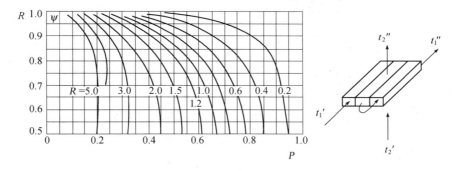

图附录 I.2 并列错流 三管程

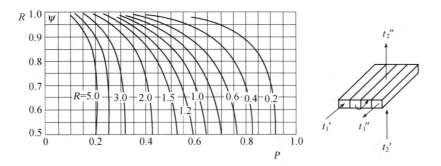

图附录 I.3 并列错流 大于三管程

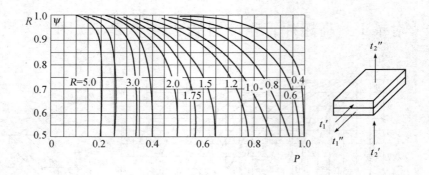

图附录 I.4 逆向错流 二管程

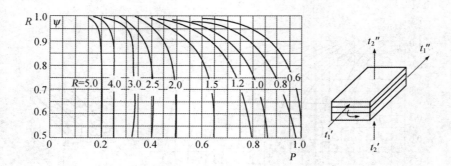

图附录 I.5 逆向错流 三管程

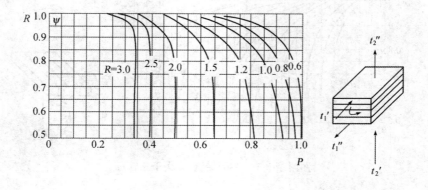

图附录 I.6 逆向错流 四管程

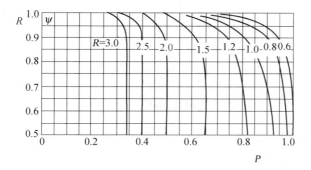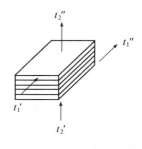

图附录 I.7　逆向错流　五管程

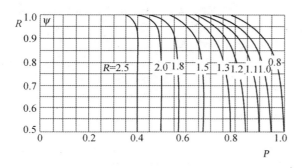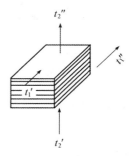

图附录 I.8　逆向错流　七管程

附录 J　环形翅片效率图[3-15]

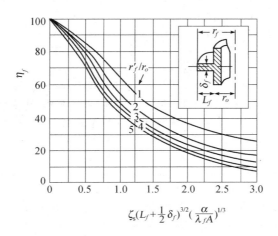

$$\zeta_s(L_f+\frac{1}{2}\delta_f)^{3/2}(\frac{\alpha}{\lambda_f A})^{1/3}$$

参考文献

0　绪论

1 兰州化学工业公司化工机械研究所情报室. 化工机械与设备国内外概况. 化工机械,1978(2):41～45.

2 余德渊. 换热器技术发展综述. 化工炼油机械,1984(1):1～8.

1　热交换器热计算的基本原理

1 杨世铭. 传热学. 北京:人民教育出版社,1980.

2 卓宁,孙家庆. 工程对流换热. 北京:机械工业出版社,1982.

3 С. С. Кутателадзе и В. м. Боришанский. Справочник по Теплопередаче. москва, госэнергоиздат,1958.

4 [日]尾花英朗. 热交换器设计手册(上册). 徐忠权,译. 北京:石油工业出版社,1981.

5 Kays W M, London A L. Compact Heat Exchangers. 2nd ed. New York:MacGraw — Hill Book Company,1964.

6 [美]弗兰克 P 英克鲁佩勒,戴维 P 戴威特. 传热的基本原理. 葛新石,等译. 合肥:安徽教育出版社,1985.

7 [美]罗森诺 W M,等. 传热学应用手册(上册). 谢力,译. 北京:科学出版社,1992.

8 [联邦德国]施林德尔 E U. 换热器设计手册(第一卷)换热器原理. 马庆芳,马重芳,主译. 北京:机械工业出版社,1987.

9 Jakob M. Heat Transfer. Vol. Ⅱ. New York:John Wiley & Sons,Inc.,1957.

2　管壳式热交换器

1 国家质量监督检验检疫总局,国家标准化管理委员会. 热交换器:GB/T 151—2014. 北京:中国标准出版社,2015.

2 《化工设备机械基础》编写组. 化工设备机械基础(第三册). 北京:石油化学工业出版社,1978.

3 艾夫根 N H,施林德尔 E U. 换热器设计与理论原典. 马庆芳,等译. 北京:机械工业出版社,1983.

4 钱滨江,等. 简明传热手册. 北京:高等教育出版社,1983.

5 化学装置. 1966,8(1, 2).

6 Kern D Q. Process Heat Transfer. New York:McGraw — Hill Book Company,INC. ,1950.

7 [日]尾花英朗. 热交换器设计手册(下册). 徐忠权,译. 北京:石油工业出版社,1982.

8 Palen J W. Heat Exchanger Sourcebook. Washington:Hemisphere Publishing Cor. ,1986.

9 《化学工程手册编辑委员会》编. 化学工程手册(第 8 篇). 北京:化学工业出版社,1987.

10 毛希澜. 换热器设计. 上海:上海科学技术出版社,1988.

11 Kakac S,et al. Heat Exchangers - Thermal - Hydraulic Fundamentals and Design. Washington:Hemisphere Pub. Cor. ,1981.

12 朱聘冠. 换热器原理及计算. 北京:清华大学出版社,1987.

13 Schlünder E U,Editor - in - chief. Heat Exchanger Design handbook. Hemisphere Pub. Cor. ,1983.

14 《化工设备设计基础》编写组. 化工设备设计基础. 上海:上海科学技术出版社,1987.

15 余国琮,等. 化工容器及设备. 天津:天津大学出版社,1988.

16 天津大学化工原理教研室编. 化工原理(上册). 天津:天津科学技术出版社,1983.

17 卿定彬. 工业炉用热交换装置. 北京:冶金工业出版社,1986.

18 孙承绪,等. 玻璃窑炉热工计算及设计. 北京:中国建筑工业出版社,1983.

19 西安交大制冷教研室,热工教研室编. 全低压制氧机原理及计算. 北京:机械工业出版社,1976.

3　高效间壁式热交换器

1 Shah R K,et al. Compact Heat Exchangers. Hemisphere Publishing Corporation,1990.

2 王中铮,赵镇南,等. 非对称型板式换热器. 专利号 9122,9855. 3.

3 Focke W W,et al. The effect of the corrugation inclination angle on the thermohydraulic performance of plate heat exchangers. Int. J. Heat Mass Transfer,1985,28(8).

4 [日]尾花英朗. 热交换器设计手册(下). 徐忠权,译. 北京:石油工业出版社,1982.

5 Buonopane R,Troupe R,Morgan J. Heat transfer design method for plate heat exchangers. Chem. Eng. Progr. ,1963,59:57～61.

6 Marriott J. Where and how to use plate heat exchangers. Chemical Engineering ,1971:127 ~ 133.

7 Raju K S N, et al. Design of plate heat exchangers,heat exchanger sourcebook(Palen,J. W.). Chapter 24,Hemisphere Publishing Corporation,1986:537 ~ 547.

8 王松汉,等. 板翅式热交换器. 北京:化学工业出版社,1984.

9 Kays W M, London A L. Compact Heat Exchangers. New York:McGraw — Hill,1984.

10 马义伟,等. 空气冷却器. 北京:化学工业出版社,1982.

11 石油化学工业部石油化工规划设计院. 冷换设备工艺计算. 北京:石油工业出版社,1976.

12 李崇岳,等. 板式换热器流体力学性能的研究. 化工炼油机械,1986(5).

13 [日]池田义雄,等. 实用热管技术. 商政宋,等译. 北京:化学工业出版社,1988.

14 庄骏,等. 热管技术及其工程应用. 北京:化学工业出版社,2000.

15 靳明聪,陈远国. 热管及热管换热器. 重庆:重庆大学出版社,1986.

16 王中铮,郭新川,等. 非直接蒸发冷却系统. 天津大学学报,1994,27(3).

17 夏慧霖. 可拆式螺旋板换热器设计计算. 化工装备技术,1999,3(14).

18 钱颂文. 换热器设计手册. 北京:化学工业出版社,2002.

19 杨崇麟. 板式换热器工程设计手册. 北京:机械工业出版社,1994.

20 陈长青,等. 多组分多股流相变换热器的传热计算. 化工学报,1994,45(2).

21 Sadlk Kakac, Hongtan Lin. Heat exchangers:selection,rating and thermal design. US:CRC Press,1998.

22 J Marriott. Performance of an Alfaflex plate heat exchanger. Chemical Engineering Progress,1997,2:73 ~ 78.

23 Kandlikar,Satish G, et al. Evaluation of microchannel flow passages—thermohydraulic performance and fabrication technology. Heat Transfer Engineering,2003,24(1):3 ~ 17.

24 Bergles,Arthure E, et al. Boiling and Evoporation in Small diameter channels. Heat Transfer Engineering,2003,24(1):18 ~ 40.

25 Yilim Fan, Lingai Luo. Recent applications of advances in microchannel heat exchangers and multi — scale design optimigation. Heat Transfer Engineering,2008,29(5):461 ~ 474.

26 兰州石油机械研究所. 换热器(第二版). 北京:中国石化出版社,2013.

4　混合式热交换器

1 [苏]В. А. 格拉特柯夫,Ю. И. 阿拉菲郁夫,等. 机械通风冷却塔. 施健中,等译. 北京:化学工业出版社,1981.

2 赵振国. 冷却塔. 北京:中国水利水电出版社,1997.

3 [苏]Н. Н. 叶戈罗夫. 气体在洗涤塔中的冷却. 沙必时,译. 北京:高等教育出版社,1957.

4 [苏]Л. Д. 别尔曼. 循环水的蒸发冷却. 胡伦桢,等译. 北京:中国工业出版社,1965.

5 [民主德国]艾·汉佩. 冷却塔. 胡贤章,译. 北京:电力工业出版社,1980.

6 [苏]索柯洛夫,Е. Я,津格尔,Н. М. 喷射器. 黄秋云,译. 北京:科学出版社,1977.

7 顾夏声,等. 水处理工程. 北京:清华大学出版社,1985.

8 华东建筑设计院. 给水排水设计手册(第4册). 北京:中国建筑工业出版社,1986.

9 哈尔滨建筑工程学院. 供热工程(第二版). 北京:中国建筑工业出版社,1985.

10 [日]尾花英朗. 热交换器设计手册(下册). 徐忠权,译. 北京:石油工业出版社,1982.

11 许保玖,等. 给水处理理论与设计. 北京:中国建筑工业出版社,1992.

5　蓄热式热交换器

1 孙承绪,等. 玻璃窑炉热工计算及设计. 北京:中国建筑工业出版社,1983.

2 史美中,王中铮. 热交换器原理与设计. 南京:东南大学出版社,1989.

6　热交换器的试验与研究

1 涂颉,章熙民,等. 热工实验基础. 北京:高等教育出版社,1986.

2 蔡祖恢. 关于紧凑式换热面放热性能测定方法的讨论. 上海机械学院学报,1980(1).

3 西安交通大学热工教研室. 在换热器传热试验中用威尔逊图解法确定给热系数. 化工与通用机械,1974(7):24 ~ 35.

4 Pucci P F, et al. The single - blow transient testing technique for compact heat exchanger surface. Transaction of the

ASME,Series A,1967,1:29～40.

5 Liang C Y. Modified single - blow technique for performance evaluation on heat transfer surfaces. Transaction of the ASME,Series C ,1975,2:16～21.

6 任禾盛,蔡祖恢. 一种考虑纵向导热效应的修正瞬变法. 上海机械学院学报,1981(2):1～19.

7 Roetzel W, Prinzen S. Measurement of Local Heat Transfer Coefficients Using Temperature Oscillations,in Experimental Heat Transfer,Fluid Mechanics and Thermodynamics 1991,J F Keffer et al. ,Eds. ,pp. 497 ～ 504,Elsevier,New York,1991.

8 宣益民,Rotezl W. 管内局部对流换热系数的瞬态测量方法. 中国工程热物理学会传热传质学术会议论文集(大连),p. 18－11－6,1994. 7.

9 Saboya F E M, et al. Local and average transfer coefficients for one - row plate fin and tube heat exchanger configurations. Transactions of the ASME,Series C,pp. 265 ～ 272,August,1974.

10 Saboya F E M, et al. Transfer characteristics of two - row plate fin and tube heat exchanger configurations,Int. J. Heat Mass Transfer,1976,19:41～49.

11 河北工学院化工系. 用等雷诺数法建立给热系数关联式. 化工与通用机械,1977.

12 Bergles A E. Enhancement of heat transfer,a keynote lecture at 6th Int. Heat Transfer Conf. ,Tronto,1978.

13 Zukauskas A. Heat transfer augmentation in single - phase flow,Proc,of 8th Int. Heat Transfer Conf. ,San Francisco,1986,47 ～ 57.

14 Swift,Gregory, et al. Construction and Measurements with an Extremely Compact Cross - Flow Heat Exchanger. Heat Transfer Engineering,1985,6(2).

15 武汉水利电力学院电厂化学教研室. 热力发电厂水处理(下册). 北京:水利电力出版社,1985.

16 徐寿昌,等. 工业冷却水处理技术. 北京:化学工业出版社,1984.

17 Epstein,Norman,Fouling of Heat Exchange,Heat Exchanger Sourcebook,edited by Palen,J. W. Hemisphere Publishing Corporation,1986,677 ～ 697.

18 Bejan A. The concept of irreversibility in heat exchanger design:counterflow heat exchangers for gas - to - gas applications. Transaction of the ASME,Series C,Journal of heat transfer,1977,99(1):374～380.

19 Bejan A. General criterion for rating heat - exchanger performance,Int. J. Heat Mass Transfer,1978,21:655～658.

20 宋之平,王加璇. 节能原理. 北京:水利电力出版社,1986:312～382.

21 倪振伟,等. 评价换热器热性能的三项指标. 工程热物理学报,1984(4).

22 Webb R L. Performance evalation criteria for use of enhanced heat transfer surfaces in heat exchanger desingn,Int. J. Heat Mass Transfer,1981,24(4):715～726.

23 徐志明,等. 换热器熵产分析方法讨论. 中国工程热物理学会传热传质学术会议论文集,1999,Ⅷ:25～29.

24 朱志斌,等. 一种综合非线性回归和 wilson 图解法计算对流换热系数的新方法. 化工机械,2008,35(4):197～201.

25 杨善让,等. 换热设备结垢与对策(第二版). 北京:科学出版社,2004.